绿色植保与乡村振兴

● 陈万权 主编

中国农业科学技术出版社

图书在版编目（CIP）数据

绿色植保与乡村振兴 / 陈万权主编 .—北京：中国农业科学技术出版社，2018. 10
ISBN 978-7-5116-3766-6

Ⅰ. ①绿…　Ⅱ. ①陈…　Ⅲ. ①植物保护-文集　Ⅳ. ①S4-53

中国版本图书馆 CIP 数据核字（2018）第 145944 号

责任编辑　姚　欢
责任校对　贾海霞

出 版 者　中国农业科学技术出版社
北京市中关村南大街 12 号　邮编：100081
电　　话　(010)82106636(编辑室)　(010)82109702(发行部)
(010)82109709(读者服务部)
传　　真　(010) 82106631
网　　址　http://www.castp.cn
经 销 者　各地新华书店
印 刷 者　北京富泰印刷有限责任公司
开　　本　787 mm×1 092 mm　1/16
印　　张　22
字　　数　500 千字
版　　次　2018 年 10 月第 1 版　2018 年 10 月第 1 次印刷
定　　价　120.00 元

《绿色植保与乡村振兴》

编 委 会

主　编：陈万权

副主编：郑传临　文丽萍　倪汉祥　冯凌云

编　委：（以姓氏笔画为序）

马永清　王　勇　王桂荣　叶恭银　刘文德

刘晓辉　李启云　李香菊　杨　松　张礼生

胡静明　周志强　黄丽丽

前　言

为深入贯彻落实国家乡村振兴战略，推动我国农业绿色发展，促进我国植保协同创新，搭建我国植保科技“产学研”学术交流平台，中国植物保护学会2018年学术年会暨植保科技奖颁奖大会定于2018年10月24—27日在陕西省西安市召开。会议主题——绿色植保与乡村振兴。实施乡村振兴战略，是党的十九大做出的重大决策部署，是决胜全面建成小康社会、全面建设社会主义现代化强国的重大历史任务，是新时代“三农”工作的总抓手。以绿色植保助力乡村振兴，推进农业绿色发展，不断提升农产品质量，增加绿色优质农产品有效供给是植保科技工作者的重要使命。中国植物保护学会各级组织和广大会员要认清新形势、新目标、新任务对植保科技创新提出的新要求，坚持为科技工作者服务、为创新驱动发展服务、为提高全民科学素质服务、为党和政府科学决策服务的职责定位，以科技创新为引领，加强植保科学普及和成果转化应用，促进植保科技事业的繁荣与发展，真正成为党领导下团结联系广大植保科技工作者的科技社团，成为科技创新的重要力量，为实施乡村振兴战略、促进现代农业建设提供强大科技支撑。

本届年会主要内容有：（1）大会开幕式，举行“2018年度中国植物保护学会科学技术奖颁奖典礼”和特邀学术报告；（2）分会场学术交流：分为农业虫害与绿色防控、植物病害与绿色防控、生物防治技术与应用、农药减量增效、农田草害与绿色防控、农田鼠害与绿色防控6个分会场进行交流；同时评选分会场青年优秀学术报告奖；（3）召开中国植物保护学会第十二届理事会第二次全体会议暨十二届三次常务理事会议。

此次大会由中国植物保护学会主办，植物病虫害生物学国家重点实验室、中国农业科学院植物保护研究所协办，西北农林科技大学植物保护学院、陕西省植物保护学会、陕西省植物保护总站、旱区作物逆境生物学国家重点实验室承办。本届学术年会是我国农业领域的又一次高层次、高水平的大型学术会议，参会人员有两院院士，全国农业科研院所、高等院校、技术推广和植保企业的专家学者、科技工作者、研究生等千余人。为了便于会议期间的学术交流和读者的保存使用，特组织编辑、出版本论文集，以展示植物保护领域专家学者的最新技术和成果。论文集征稿过程中受到广大植保科技工作者的高度重视，大家积极踊跃投稿。由于时间紧迫，组委会对作者论文内容和文字未作修改，论文文责自负。在编排和文字处理中有不当之处，敬请读者批评指正。

预祝中国植物保护学会2018年学术年会暨植保科技奖颁奖大会圆满成功！

编　者

2018年10月

目 录

大会报告

植物病害

农业害虫

生物防治

有害生物综合防治

大会报告

特色农镇建设的研究与思考

陈剑平
（宁波大学植物病毒学研究所，宁波　315211）

小镇是作为社会组织概念上的“聚落”存在的“镇”，而不是一般现代行政概念的“城”或“镇”；小镇是一个“共同体”，是生活在其间的人基于血缘、地缘和精神构成的“共同体”，而并非像现代城市中被“社会原子化”单独个体。

理想的特色农镇是经济发达的地方，农业产业绿色发展、融合发展，创新创业，科技支撑，文化创意，农民生活富裕；是环境美丽的地方，人与环境和谐友好，人是环境的保护者、共生者，小镇因为人而获得生命和生长；是社会和谐的地方，人与人的关系融洽，构建熟人社会，破解现代文明下的人与人之间的冷漠和对抗；是自我安心的地方，人与自我的和谐，“此心安处是吾乡”，是一个可以融入归属的地方，是一个可以重塑自我的地方，是一个可以叶落归根的地方，是一个可以世世代代生活的地方。

当前特色农镇建设遇到的“卡脖子”问题主要有农业是弱质产业，增收难；农民是弱势群体，自筹资金难；建设需要大量土地，用地指标难；部分农村环境受到破坏，修复难；乡村能人少，留住难；回报少，大量资本投入难。

特色农镇建设的使命是重点解决乡村地区生产、生活、生态、文化“人本”空间和内涵的构建与运行，主要任务是解决农业产业怎么发展，村民房子怎么造，村民生活怎么过三大问题。我们破题的切入点是农镇生产与生活的有机结合，推动中国新一轮农村改造与社会实践。

农镇规划要有体系思维，坚持全球视野、历史关切、产业发达、特色鲜明。以农民为本，科学把握生物多样性、文化多元化和市场多样性，处理好产业导入、经济发展、人与自然、人与人的和谐关系，注重建设的商业模式和可持续发展模式。不仅要把单个农镇做精做细，也要考虑不同农镇之间的联系，融合与互补，做到你中有我、我中有你，把盆景变成风景，呈现无限生机。

特色农镇产业设计要体现 4 大转型思路，包括功能转型：从简单农牧业生产功能到集生产、加工、销售、展示为一体的复合功能。模式转型：从农业模式转变成农业+模式。产业转型：从农业产业链转变成综合产业链，产业链从生产端向人本端转变。价值转型：从田园产出不高到拓展新的价值空间，实现经济价值、生态价值和生活价值的提升。因此，农业产业发展要从传统的项目思维转变成体系思维，构建核心产业、支撑产业、配套产业、衍生产业以及产业延伸与互动模式、培育生产经营主体与职业农民培育、科技支撑与引领、食品与环境质量控制、互联网+流通、多重组合投融资、公共设施与社区服务等七大系统，把农技、农艺、农工、农通、农安、农校从叠加到集成，把农资、农金从借用到共生，进行空间规划、产业布局、生活设计、群体融合，使得自然生态更美丽，社会生态更和谐，产业生态更强劲。

特色农镇规划过程中需要保障生态的保护、修复与重塑，创造具有地域特色的景观，“和谐”型自然田园社区，农业及自然景观专业设计，“人本”型活动空间和乡土文化时空双维度衍生等6大设计要点，因地制宜地呈现8大功能分区，包括农业生产区（大田农业生产空间）、农业景观区（吸引人气，提高财气的核心田园空间）、现代农业产业园区（农业产业链现代化延伸，种养、加工、推介、销售、研发）、生活居住区（城镇化得以实现的核心片区）、农业科普教育及农事体验区（承载农业文化内涵教育功能重要区域）、乡镇休闲及乡村度假区（满足游客农业创意活动的空间）、产城一体服务配套区（提供服务、保障的核心区域）、衍生产业区（农业综合体高级发展模式试点区）。

特色农镇建设实施基本思路：破除城乡二元思想；市民下乡、社会资本、商业模式、专业团队；赚市民的钱去帮助农民，同时满足市民的需求，实现城乡共生共荣。

特色农镇的建设路径。生活再造：享受改革开放红利和现代文明发展成果，把城市的现代工业文明，现代信息文明和社会福利体系下沉、反哺于新型城镇化建设美丽乡村建设，使现代化内部环境（现代化交通网络建设、现代化物流体系建设、现代化互联网建设、现代化基础设施建设现代化教育、养老、医疗体系建设）与乡村生态化外部环境（农镇社会结构、农镇伦理结构、农镇农耕文明农镇文化传承）相融合。生产再造：包括经营主体、劳动主体、土地利用方式、生产经营保障、生产经营等组织结构再造和产前（生产资料准备）、产中（农业生产）、产后（加工流通环节）等生产流程再造。生态再造：提高农业科技进步贡献率，提升综合机械化水平，减少农业废弃物排放；提升农田灌溉水利用系数，发展高效节水灌溉；控制化肥农药施用量，提高种养殖废弃物综合利用效率；推动土地集约化，建设集中连片、旱涝保收的高标准农田；增强林业生态功能，保护草原生态，恢复水生生态系统，保护生物多样性。服务再造：包括生产管家（农业生产服务、园艺养护服务、园艺养护服务）和生活管家（营养健康咨询服务、优质食材配送服务、检测及安全评价服务）。

最后实现特色农镇的农业+N产业（科技、创意、观光、休闲、养生、度假、金融、信息、新能源）的产业融合；生产、加工、观光、休闲、体验、度假、博览、科普、培训、养生、养老、居住、健康等功能融合；要素流动、优化组合、社区互动、空间景观等城乡融合；原住民与新住民的和谐相处，互为风景的人的融合，成为实现产业、功能、城乡、居民等多元融合的理想农镇。

特色农镇建设应该注意的问题：强调政府主导而忽视农民主体地位，资本下乡妖魔化（房地产异化），简单地用工业化思路来发展农业，照搬城镇化要求和理念建设乡村，脱离工业化、城镇化来推进农业农村现代化，以个案现象概括整个乡村发展状况，单纯以土地面积来评判农业规模经营，战略短视损害乡土传统价值。

特色农镇建设要营造好环境、打造好体系、塑造好主体、建造好产品，避免运动化、功利化、园区化、地产化、雷同化，遵循渐进化、产业化、人本化、科学化、市场化。小镇建在人心上、小镇建在法规上。

中国小麦条锈病及其绿色防控策略探索

康振生
（西北农林科技大学，杨凌　712100）

小麦条锈病是影响小麦安全生产的重大真菌病害，发生区域广、流行频率高、暴发性强。我国植物病理工作者经几十年的不懈努力，揭示了我国条锈病的独特流行体系，发现“越夏易变区”是我国条锈病的菌源基地和病菌毒性变异的关键地带，建立了“重点治理越夏区、持续控制冬季繁殖区、全面预防春季流行区”的区域治理策略，创建了以“作物结构调整、抗病品种布局、药剂拌种、阻止病菌变异”等为措施的防控技术体系，使我国小麦条锈病得到有效持续控制，保障了小麦的生产安全。

利用抗病品种是防治条锈病最经济有效的措施，然而由于病菌致病性变异导致品种抗病性丧失，引发条锈病流行频繁发生。近年来研究发现，小麦条锈病转主寄主小檗在我国种类多、分布广，条锈菌的有性生殖在野生小檗上常年发生；自然条件下有性生殖是条锈菌致病性变异的主要途径，是我国条锈菌越夏易变区形成的根本原因，并可为病害发生提供菌源。据此，建立了“铲除小檗、隔离冬孢子、药剂处理”等降低条锈菌有性生殖速率的措施，示范推广显著效果，为小麦条锈病防控提供了新的途径。

此外，结合条锈菌基因组与转录组，从条锈菌营养代谢、致病因子及信号通路等方面着手开展研究，鉴定到糖代谢及转运的关键基因、关键效应蛋白基因及 MAPK 和 cAMP-PKA 信号通路基因，明确了其在条锈菌致病性中的功能及调控机理，并进一步获得了稳定的 RNAi 转基因小麦材料，提高了小麦对条锈菌的抗性，为利用病菌基因创制持久抗小麦条锈病的种质资源奠定了基础。

鼠类对全球变化响应及防控对策

张知彬
（中国科学院动物研究所，北京　100101）

鼠害是我国重大生物灾害，对农业持续发展、生态环境建设及人民身体健康构成严重威胁。近年来，全球变化进程不断加快，气候异常、城市化、工业化、农业现代化等影响不断加大，我国农业鼠害发生和防治也出现了许多新情况、新问题，比如鼠类分布区快速变化、重大害鼠群落更替，经济作物鼠害、退耕还林鼠害、岛屿鼠害、鼠传疾病突出等问题。鼠害发生面临许多不确定性和复杂性，对鼠害预警和预测预报及防控也提出了更高的要求。因此，加强全球变化下鼠害发生规律及应对研究十分必要、也十分迫切。本文将简要回顾有关鼠类对全球变化响应方面的研究进展，提出未来研究的重点和防治对策，强调要突出大尺度气候和人类活动对鼠类区域性发生的影响，突出其多层次、多营养级通路、非单调性作用等鼠害研究。

中国农田杂草抗药性状况与治理技术

柏连阳
（湖南省农业科学院，长沙　410125）

摘　要：化学除草是当今杂草防控最为有效的措施，长期、大量使用相对有限的化学除草剂，致使我国农田抗药性杂草迅猛发展，呈现出分布广、种类多、种群演替快、抗药性水平高的特点，已对我国农田杂草防控、生态环境和粮食安全造成严重威胁，引起全球关注。目前，我国已有 44 种杂草（阔叶草 21 个，单子叶草 23 个）共 74 个生物型对 11 类 38 种化学除草剂产生了抗药性，分布在水稻、小麦、玉米、大豆、棉花、油菜等主要作物田及果园，其中抗药性杂草发生最为严重的作物为水稻，小麦和大豆，发生最为严重的杂草为禾本科、菊科和十字花科杂草，涉及抗药性杂草生物最多的为乙酰乳酸合成酶抑制剂，乙酰辅酶 A 羧化酶抑制剂和合成激素类除草剂。为有效治理抗药性杂草，我国已开展农田杂草抗药性监测预警及除草剂抗性风险评估，综合化学措施、农艺措施，机械、物理措施，生物、生态措施等多样性治理策略，建立了水稻田、小麦田、大豆田、玉米田、棉花田主要杂草抗药性治理技术体系，在抗药性杂草多样性治理体系中，目前以化学治理措施为主，包括除草剂的科学使用，研发新除草剂及除草剂的安全高效施用技术。

关键词：农田杂草；抗药性；治理策略

昆虫性信息素在测报和防治中的应用及其机理

杜永均
（浙江大学，杭州　310009）

昆虫性成熟时释放的性信息素在田间气流的作用下向四周扩散，吸引同种异性成虫的嗅觉行为反应，以完成交配，这一行为调控作用可以通过合成信息素的群集诱杀和交配干扰等方法用于害虫的测报和防治。该技术的关键在合成信息素化合物的配比、在田间的缓释控制和稳定，以及配套和田间应用技术。在群集诱杀方面，不同昆虫的飞行和着陆行为的差异，需要设计不同结构的诱捕器。寄主植物和环境中的生物和非生物因子影响昆虫释放性信息素化合物的组成、配比和剂量差异。同时也影响相对应的嗅觉系统的个体间差异，由此导致嗅觉反应谱的地理区系差异。对于多食性昆虫，寄主植物和食物源影响昆虫的发育进程，导致世代重叠严重，因此，需要更长持效期的诱芯，中间不间断诱捕或交配干扰，以及相应的结合当地实际发生规律、耕作制度的田间应用技术。昆虫的生理状态、年龄、雄性生殖系统发月、交配状态、迁飞状态等显著影响嗅觉系统调控的行为反应。风影响性信息素气味的扩散和靶标害虫的飞行活性。温度影响昆虫的行为活性、活动范围，从而影响诱捕效果。成虫的化蛹、栖息、生活习性和补充营养场所也显著影响诱捕效果。诱捕器或信息素释放器的设置高度、田间的性比、作物背景和同生境气味也是其中的重要因子。季节性综合影响以上各种因子，因此，性信息素技术针对越冬代的诱杀或交配干扰，防治效果最为理想。根据交配行为的昼夜节律，开发出针对特定靶标害虫而设置信息素化合物喷施时间范围和间隔的交配干扰技术。本报告也介绍了利用性诱的专一性、敏感性、不需要种类鉴定等优势，由此开发了性诱自动计数和智能测报系统，从而实现测报的数字化和远程实时监测。也由于其对靶标害虫的专一性，使用性信息素技术的区域，天敌的种类和种群数量都显著提高。由于性信息素技术的兼容性，可以与其他任何技术配合使用，因此，其重要性在害虫绿色防控中的作用正日益显现。

基于靶标组结构的超高效除草剂创制

杨光富*

（华中师范大学农药与化学生物学教育部重点实验室，武汉　430079）

随着人类社会对环境生态的日益重视，生态友好成为农药创制的必然趋势，而高效性、选择性以及规避抗药性（或反抗性）是农药实现生态友好的前提。采用源于医药研究的基于靶标结构的分子设计（Structure-based Drug Design，SBDD）技术进行农药创制已成为当前的主流研究模式。在医药研发中，这种基于靶标结构的分子设计方法往往只偏重于考虑活性小分子与单一种属作用靶标的相互作用（解决高效性）。而农药分子设计不仅要考虑其生物活性强度，而且还要考虑农药分子对人类及环境生物的影响，同时还要考虑进入市场后有害生物对其产生抗性的风险。因此，笔者认为，在开展农药分子设计时，既要考虑不同种属的野生型作用靶标与农药分子的相互作用，以解决高效性和选择性。与此同时，还要考虑不同种属的突变型作用靶标与农药分子的相互作用，以规避抗药性。这种在系统考虑不同种属农药作用靶标及其突变体结构基础上的分子设计（即，基于靶标组结构的分子设计，Targetome Structure-based Design，TSBD）方法的建立和发展有可能同时解决农药分子的高效性、选择性和规避抗药性（或反抗性）这 3 个关键科学问题。

笔者实验室长期致力于发展农药分子设计技术，通过集成现代有机合成技术、现代生物技术以及高性能计算技术，构建了较为完善的面向生态农药分子设计的计算化学生物学技术平台，并建立了相应的在线服务器（http：//chemyang. ccnu. edu. cn/）。该平台可以显著提高农药创制效率。本报告将系统介绍该平台的基本功能（下图），并以超高效除草剂喹草酮的创制为例，介绍其在农药创制中的应用。

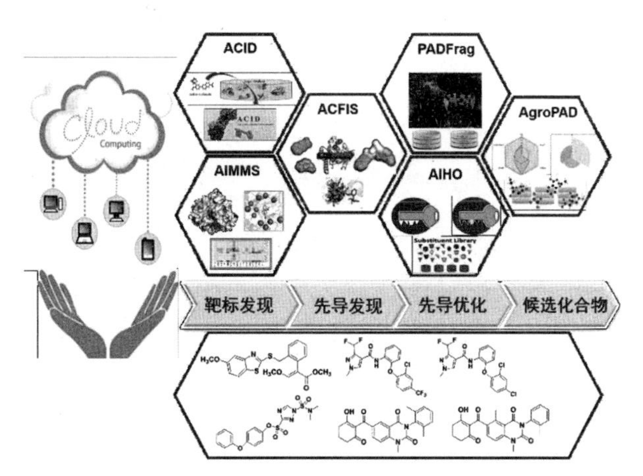

图　面向绿色农药分子设计的计算化学生物学技术平台

* 第一作者：杨光富；E-mail：gfyang@ mail. ccnu. edu. cn

植物病害

我国南方稻区稻瘟菌 *Avr-Pik* 无毒基因型空间分析*

郭芳芳** 徐竹宣 王 雪 王世维 周惠汝 王 宁 吴波明***

（中国农业大学植物保护学院植物病理系，北京 100193）

摘 要：稻瘟病菌（*Magnaporthe oryzae*）群体的无毒基因型及其频率分布是有效利用抗病品种进行稻瘟病防治的关键。为了明确我国南方稻区稻瘟病菌无毒基因 *Avr-Pik* 的基因型及其空间分布，本研究选取了分离自我国南方稻区的 483 株稻瘟病菌单孢菌株，提取各菌株基因组 DNA 作为模板，采用 *Avr-pik* 特异引物进行 PCR 扩增，并对扩增产物测序。结果显示，含有单个或纯合多拷贝 *Avr-pik* 的样品共 165 个，包含 *Avr-Pik-A*，*Avr-Pik-D*，*Avr-Pik-E* 三种基因型；含有两个杂合拷贝 *Avr-pik* 的样品共有 180 个，其中，两个拷贝的基因型为 *Avr-Pik-D* 和 *Avr-Pik-E* 的样品共 153 个，两个拷贝的基因型为 *Avr-Pik-A* 和 *Avr-Pik-D* 的样品共 27 个；其余的样品可能含有两个或多个 *Avr-Pik* 拷贝。卡方检验初步结果显示各 *Avr-Pik* 基因型频率在不同地区具有显著差异。在 GIS 中使用反距离权重法插值绘制了各基因型出现概率在不同地区的分布，并采用辛普森多样性指数分析了 *Avr-Pik* 基因型多样性的空间分布。结果表明，湖南、重庆、广东、江西南部 *Avr-Pik* 基因型多样性较高。研究结果为我国南方稻区水稻抗病基因（品种）布局提供参考。

关键词：稻瘟病菌；无毒基因 *Avr-Pik*；GIS；空间分析

---

* 基金项目：国家自然科学基金（31471727）

** 第一作者：郭芳芳，研究生，植物病害流行学；E-mail：guofangfang@ cau. edu. cn

*** 通信作者：吴波明，教授，植物病害流行学；E-mail：bmwu@ cau. edu. cn

稻瘟病菌分生孢子空间散布梯度模型研究*

王　雪** 　吴波明***
（中国农业大学植物保护学院，北京　100193）

摘　要：通过空气传播的分生孢子是水稻稻瘟病发生和流行的初侵染源和再侵染源，了解稻瘟病菌分生孢子随气流传播的梯度对于理解稻瘟病的流行和制定防控策略具有重要意义。本研究通过室内风洞模拟，分析了稻瘟菌正常野生型和孢子形态突变型菌株的分生孢子在4m/s、6m/s、8m/s风速下沿水平和垂直方向飞散的密度梯度。初步结果显示：在水平方向上，稻瘟病菌分生孢子密度随着与菌源中心距离的增加而递减，此梯度可以用负幂函数模型 $y=ad^{-b}$ 拟合；在垂直方向上，孢子密度随着与菌源向上和向下高度差的增加而递减，这一梯度可以用负指数模型 $y=ae^{-bx}$ 拟合，并且其递减的速度 b 由近及远随距离增加而下降。

关键词：稻瘟病；分生孢子；孢子飞散；散布曲线

---

* 基金项目：国家自然科学基金项目（31471727）

** 第一作者：王雪，研究生，植物病害流行学；E-mail：wangxue8621@126.com
*** 通信作者：吴波明，教授；E-mail：bmwu@cau.edu.cn

吉林省南繁水稻品种（系）抗稻瘟病鉴定技术研究与实践*

李　莉** 刘晓梅 姜兆远 王继春 朱　峰 孙　辉 任金平***
（吉林省农业科学院，长春 130024）

摘　要：南繁区已经发展成为我国最大的、最具影响力的和最开放的农业科技试验基地。水稻是最早进行南繁的作物之一。水稻稻瘟病是广泛发生于世界各地的具有毁灭性的最重要的水稻病害之一，严重影响稻谷的质量和产量，稻瘟病是影响水稻生产的重要病害。选育和利用抗病品种是防治稻瘟病的最经济有效的方法，而科学准确地鉴定与评价品种的抗病性是基础，通过此项技术，直接反映水稻品种的抗性类型，为新品种的推广提供安全保障，为品种的选育和布局以及病害控制提供理论依据。随着近年来吉林省水稻品种南繁现象的盛行，南繁加代当季的水稻品种一直没有进行抗瘟性鉴定，缺少世代持续性的抗性评价的问题也随之凸显出来，因此对吉林省南繁水稻品种（系）进行抗瘟性鉴定，是刻不容缓亟待解决的问题。

本试验初次探讨“菌种北育，南繁抗鉴”的方法，并获得成功，同时对吉林省部分南繁水稻材料进行了苗期人工接种鉴定。对231份水稻材料进行苗期人工接菌抗稻瘟病鉴定结果表明，整体抗病率为17.74%，除去75份近等基因系外的抗病率为23.72%，吉林省南繁的育种材料抗性水平总体表现不是很好。而持有Pi40标记的吉粳88的近等基因系的材料中，抗病率仅为5.33%，究其原因，无外乎与近年来吉粳88在吉林省的种植面积和年限有关。因此，笔者建议，目前育种上应尽量选择具有抗病血缘的亲本材料，要广泛收集抗病资源或亲本，使育成品种的抗病基因遗传背景多样化，合理布局、合理轮换，降低稻瘟病的流行速度和强度。

在此基础上，还开展了南北方鉴定结果的比对试验，结果表明南北方苗期接种抗鉴吻合度可达91.67%。也就是说，南北方的苗期接种鉴定都是可以应用的。

关键词：水稻稻瘟病；抗性鉴定；南繁

* 基金项目：吉林省科技引导计划项目（20170412047XH）；国家科技部“十三五”粮食丰产增效科技创新重点专项（2017YFD0300606 和 2017YFD0300608）；农业部作物种质资源保护项目（2018NWB036-12）

** 第一作者：李莉，博士，研究员，研究方向：植物病理生理和诱导剂筛选；E-mail：lililanjun@126.com

*** 通信作者：任金平，研究员；E-mail：rjpcjaas@163.com

水稻材料抗稻瘟病鉴定评价及抗源筛选*

刘晓梅[1**] 姜兆远[1] 李 莉[1] 张金花[1] 孙 辉[1] 谢丽英[2] 任金平[1***]

（1. 吉林省农业科学院植物保护研究所，公主岭 136100；

2. 向阳镇农业技术推广总站，向阳 135305）

摘 要：本文对268份水稻材料进行稻瘟病抗性鉴定与评价，鉴定材料分属中早熟、中熟、中晚熟和晚熟4个熟期组。鉴定方法包括苗期人工接种鉴定和成株期田间自然诱发鉴定，鉴定结果中，中早熟材料49份，苗瘟和穗瘟鉴定结果达中抗以上的品种有28份和19份，占鉴定总数的57.14%和38.78%；中熟材料67份，苗瘟和穗瘟鉴定结果达中抗以上的材料有25份和23份，占鉴定总数的37.31%和34.33%；中晚熟材料96份，苗瘟和穗瘟鉴定结果达中抗以上的材料有40份和49份，占鉴定总数的41.67%和51.04%；晚熟材料56份，苗瘟和穗瘟鉴定结果达中抗以上的材料有26份和29份，占鉴定总数的46.43%和51.79%。整体苗瘟与穗瘟鉴定结果的抗性表现基本吻合，由于熟期不同和环境条件的影响导致个别材料出现苗瘟和穗瘟的鉴定结果不一致属正常现象。

从抗鉴结果中初步筛选出抗病材料并对其抗性进行重复测定，连续三年鉴定结果进行综合评价，确定其最终抗性，确保其抗性的准确性，筛选出76份抗源材料既可作为育种的中间材料进行品种培育，也可直接在生产上推广和利用，降低了病害的发生和发展。

整个鉴定结果中存在抗病品种较感病品种略少的现象，且穗瘟没有高抗品种，所以在今后的育种工作中还需加大抗病品种，尤其是抗穗瘟品种的培育，对保证水稻的高产、优质具有重要意义。

关键词：水稻；稻瘟病；鉴定；抗源筛选

---

* 基金项目：农业部作物种质资源保护子项目“主要作物抗病虫、抗逆和品质性状鉴定评价”（2018NWB036-12）

** 第一作者：刘晓梅，副研究员，从事水稻病害防治；E-mail：xmsuliu@163.com

*** 通信作者：任金平，研究员；E-mail：rjpcjaas@163.com

江淮区域冬小麦赤霉病发生生态成因及估测模式*

李卫国** 陈 华 张琤琤 罗 桓 嵇福建

（江苏省农业科学院农业信息研究所，南京 210014）

摘 要：及时、有效对大田冬小麦赤霉病进行估测，可辅助农业植保管理部门合理调整大田防治措施，实现减轻病害、增加产量的目的。本研究基于冬小麦赤霉病发生的生态成因，在综合分析抽穗阶段赤霉病病情指数与气候因素（日均气温、空气相对湿度）和农学因素（叶面积指数、地上部生物量和叶片叶绿素含量）互作关系基础上，建立了气候因素与农学参数结合的冬小麦赤霉病估测模型。结果表明，冬小麦抽穗阶段不同处理的日均气温和空气相对湿度均与赤霉病病情指数之间存在不同程度正相关性，其中，5日均气温和5日均空气相对湿度对赤霉病发生的影响作用最大，达到极显著水平（$P<0.01$）。冬小麦叶面积指数（LAI）、地上部生物量和叶片叶绿素含量与赤霉病病情指数间具有极显著正相关关系，说明麦田阴郁密闭、密度过大以及偏施氮肥是易发赤霉病的主要农学原因。综合5日均气温、5日均空气相对湿度、冬小麦LAI、地上部生物量和叶片叶绿素含量，建立抽穗阶段冬小麦赤霉病病情指数估测模型（$WSEM_{C\&G}$），模型验证的RMSE为4.2%，估测精度为91.2%，说明本研究建立的冬小麦赤霉病估测模型可以对江淮大田冬小麦抽穗阶段的赤霉病进行有效估测。

关键词：冬小麦；温湿度；生长参数；赤霉病估测；江淮麦区

冬小麦赤霉病是江淮麦区典型的气候型病害之一，在有一定菌量存在以及气候条件适宜的情况下较容易发生[1,2]。主要是引起苗枯、茎基腐、秆腐和穗腐，从幼苗到灌浆都可受害，其中影响最严重是穗腐。穗腐是在冬小麦扬花时，病菌侵染小穗或颖壳产生浅褐色病斑，空气湿度增大时，病斑处生成粉红色霉层，小穗发病后可扩展至枝梗，最终形成枯白穗。赤霉病不仅会给冬小麦造成严重产量损失和籽粒品质影响，而且其病麦毒素也可影响食品安全，备受各级政府管理部门关注。因此，尽早对大田冬小麦赤霉病的发生情况进行预测，及时实施科学防治显得尤为重要。

现有的冬小麦病害病情估测有两类方法，一类是基于人工抽样的病原菌（囊孢子）数量调查预测方法，是农业植保管理经常采用的方法[3,4]；另一类是基于多气象因子预测方法，多被气象部门利用[5-7]。这两类预测方法各有利弊，前者（概称为农业预测方法）针对具体发病田块进行农学调查，病情信息获取的准确性较好，但需花费大量人工成本；后者（概称为气象预测方法）对区域病害发生的趋势性预测有利，但对不同田块之间病情差异性重视不够。将二者有效结合起来，研究基于生长参数与气候因素结合的冬小麦赤霉病估测方法，有利于提升冬小麦赤霉病估测的准确性、区域性和动态性[8,9]。

本研究基于冬小麦赤霉病发生的农学与气候成因，在综合分析抽穗阶段赤霉病病情指

* 基金项目：江苏省重点研究计划项目（BE2016730）；中国科学院数字地球重点实验室开放基金项目（2016LDE007）

** 第一作者：李卫国，主要研究方向为农作物病虫害信息化监测预报；E-mail：jaaslwg@126.com

数与日均气温、空气相对湿度、叶面积指数、地上部生物量和叶片叶绿素含量间互作关系基础上，建立气候因素与农学参数结合的冬小麦赤霉病估测模型，旨在为江淮区域大田冬小麦赤霉病信息快速获取提供有效方法参考。

1　材料与方法

1.1　试验布置与数据获取

2014年和2016年在江苏省宿迁市沭阳县、泰州市兴化市和盐城市大丰区布置冬小麦赤霉病遥感监测试验。利用GPS建立试验监测样点45个，其中，2014年每市（或县区）各8个，2016年各7个。观测样点空间间隔约2~3km。每个观测样点在冬小麦集中连片、面积在300m×300m冬小麦种植区域中间位置确定田块，田块面积约60m×60m。冬小麦供试品种为当地主栽品种（包括农19、淮31、宁14和扬16号），田块无喷施农药，肥水管理同一般大田。冬小麦齐穗期调查的农学数据有叶面积指数、地上部生物量和叶片叶绿素含量。冬小麦花后25天（乳熟末期）相同试验监测样点调查赤霉病发生情况，参照GB/T 15796—2011标准计算病情指数。由于冬小麦齐穗期赤霉病发病特征不明显，较难调查与计量，本研究采用冬小麦花后25天的赤霉病病情数据进行分析建模与模型验证。

1.2　农学参数测定

冬小麦叶面积指数利用英国的Sunscan作物冠层分析仪在各监测样点采用梅花样点法测定5次，求取平均值作为单个监测样点的叶面积指数。叶片叶绿素含量利用日本的SPAD502叶绿素仪在监测样点测定10张叶片，取均值作为单个监测样点的叶片叶绿素含量。地上部生物量（植株）样品在监测样点随机取20个茎蘖装编号袋，置室内烘干称取重量作为单个监测样点的20个茎蘖的生物量，然后结合调查的每公顷茎蘖数再换算为每公顷地上部生物量。植株鲜样烘干方法：先在105℃烘箱杀青30min，然后在75℃烘干48h以上，直至质量恒定，随即称量。

1.3　气象数据处理

对由气象部门提供的冬小麦生长期间（抽穗—齐穗阶段）单日平均气温数据进行二次处理，分别形成日均（1天,℃）、3日均（3天,℃）、5日均（5天,℃）、7日均（7天,℃）和10日均气温（10天,℃）6个处理。日均气温（1天,℃）为冬小麦齐穗期当天的日均气温，3日均气温（3天,℃）为齐穗期前3天（含齐穗期当天）日均气温的平均值；5日均（5天,℃）、7日均（7天,℃）和10日均气温（10天,℃）同3日均气温（3天,℃）含义。同样对单日平均空气相对湿度数据进行处理。处理或计算方法与日均温度类似，分别得到冬小麦齐穗期日均（1天,%）、3日均（3天,%）、5日均（5天,%）、7日均（7天,%）和10日均（10天,%）空气相对湿度数据。

1.4　试验数据应用

2014年兴化市、大丰区和2016年沭阳县、兴化市共30个试验样点数据用于分析建模。建模样点范围的日均气温15.8~26.3℃，日均空气相对湿度45%~85%，冬小麦叶面积指数4.3~5.7，地上部生物量8 270~12 930kg/hm^2，叶片叶绿素含量36.7%~57.4%，病情指数12.8~28.7。2014年沭阳县和2016年大丰区共15个试验样点数据用于模型验证。模型验证样点范围的日均气温16.8~24.8℃，日均空气相对湿度41%~83%，叶面积指数4.4~5.8，地上部生物量8 320~13 010kg/hm^2，叶片叶绿素含量46.2%~62.1%，病情指数 16.3~27.9。

1.5 模型精度验证

冬小麦赤霉病估测模型精度验证，分别采用均方根差（root mean square error, RMSE）和平均精度（mean accuracy, MA）两种方法验证。其计算公式如下：

$$RMSE = \sqrt{\frac{1}{n}\sum_{i=1}^{n}(XO_i - XE_i)^2}, \quad MA(\%) = \frac{1}{n}\sum_{i=1}^{n}\left|\frac{XO_i - XE_i}{XO_i}\right| \times 100$$

上式中 n 为验证模型的样点数量，XO_i 为试验观测值，XE_i 为模型估测值。

2 结果与分析

2.1 不同日均气温处理与赤霉病病情指数间关系

将 30 个试验监测样点（$n=30$）的日均气温、3 日均气温、5 日均气温、7 日均气温和 10 日均气温 5 个处理分别与冬小麦赤霉病病情指数数据进行回归分析，结果列于表 1。从表 1 可以看出，不同的日均气温处理与赤霉病病情指数之间存在不同程度正相关性，其中，10 日均气温达到显著水平（$P<0.05$），3 日均气温、5 日均气温和 7 日均气温达到极显著水平（$P<0.01$），5 日均气温与赤霉病病情指数之间的相关系数最大，r 值为 0.783 8。冬小麦赤霉病病情指数（y,%）与不同处理日均气温（x,℃）线性拟合关系中，3 日均气温和 5 日均气温的决定系数均呈现极显著水平（$P<0.01$），R^2 值分别为 0.571 4 和 0.614 4。说明冬小麦齐穗阶段日均气温变化对赤霉病的发病影响明显，5 日均气温的影响作用最大。因此，将 5 日内的日均气温作为判断赤霉病可否发生的主要温度（气候）因素要比其他时间步长日均气温的精确性好。

表 1 不同日均气温处理与赤霉病病情指数间的定量关系（$n=30$）

温度类型（℃）	相关系数（r）	拟合关系	决定系数（R^2）
日均气温	0.146 7	y=0.069 8x+19.491 0	0.021 5
3 日均气温	0.755 9**	y=0.482 6x+8.824 7	0.571 4**
5 日均气温	0.783 8**	y=0.544 7x+6.850 2	0.614 4**
7 日均气温	0.701 3**	y=0.544 7x+6.850 2	0.491 8
10 日均气温	0.618 2*	y=0.544 7x+6.850 2	0.382 2

注：* 显著（$P<0.05$），** 极显著（$P<0.01$），下同。

2.2 不同日均空气相对湿度处理与赤霉病病情指数间关系

表 2 是不同日均空气相对湿度处理与赤霉病病情指数试验监测样点（$n=30$）回归分析的结果。不同的日均空气相对湿度处理对冬小麦赤霉病发生的影响均有正相关性，但影响作用不尽相同，说明日均空气相对湿度的增高是易发赤霉病的主要原因。在不同日均空气相对湿度处理与赤霉病病情指数的相关性中，日均空气相对湿度未达显著，10 日均空气相对湿度达显著水平（$P<0.05$），3 日、5 日和 7 日均空气相对湿度均达到极显著水平（$P<0.01$），说明冬小麦齐穗阶段遇连续阴雨天是冬小麦赤霉病易发的关键诱因。表 2 冬小麦赤霉病病情指数（y,%）与不同日均空气相对湿度处理（x,℃）线性拟合关系中，

3日和5日均空气相对湿度的决定系数均呈现极显著水平（$P<0.01$），R^2 值分别为0.674 1和0.696 8。说明冬小麦齐穗阶段日均空气相对湿度变化对赤霉病影响作用大于日均气温变化。在不同的日均空气相对湿度处理中，5日均空气相对湿度对赤霉病影响作用最大，可将5日内的日均空气相对湿度作为判断赤霉病可否发生的主要湿度（气候）因素之一。

表2　不同日均空气相对湿度处理与赤霉病病情指数间的定量关系

空气湿度类型（%）	相关系数（r）	拟合关系	决定系数（R^2）
日均相对湿度	0.533 3	$y=1.310\ 3x+37.294\ 0$	0.284 4
3日均相对湿度	0.821 0**	$y=1.900\ 0x+26.812\ 0$	0.674 1**
5日均相对湿度	0.834 7**	$y=1.987\ 9x+25.235\ 0$	0.696 8**
7日均相对湿度	0.740 8**	$y=1.535\ 3x+35.095\ 0$	0.548 8*
10日均相对湿度	0.669 6*	$y=1.183\ 6x+42.433\ 0$	0.484 8

2.3　不同类型生长参数与赤霉病病情指数间关系

表3为冬小麦叶面积指数（LAI）、地上部生物量和叶片叶绿素含量3种生长参数与赤霉病病情指数的试验监测样点数据（$n=30$）统计分析结果。可以看出，3种生长参数与赤霉病病情指数均呈现极显著（$P<0.01$）正相关关系，相关性大小依次为地上部生物量>LAI >叶片叶绿素含量。

表3　不同类型生长参数与赤霉病病情指数间的定量关系

生长参数	相关系数（r）	拟合关系	决定系数（R^2）
LAI	0.795 7**	$y=10.880\ 0x-35.795\ 0$	0.633 1
地上部生物量（kg/hm²）	0.807 8**	$y=0.002\ 8x-8.530\ 4$	0.652 6
叶片叶绿素含量（%）	0.776 5**	$y=0.499\ 2x-4.736\ 7$	0.603 0

地上部生物量是反映大田冬小麦稠密程度的重要生长参数，位居江淮区域的江苏省大多数麦田采用人工撒播的方式，种植户为保证出苗率会过量播种，常常造成冬小麦种植密度过大。种植密度过大，生物量偏高，植株群体内通风透光性差，瘦株弱株比例增加，会加大病害发生风险。LAI（叶面积指数）是反映大田冬小麦郁闭程度的重要生长参数，适宜的LAI有利于冬小麦的光合生长。LAI过大，冠层遮光性增强，植株中下部叶片的透光性差，光合作用减缓，生长减弱，增加了植株受病害侵蚀可能。叶片叶绿素含量是间接反映冬小麦氮素丰缺的重要生长参数。麦田偏施氮素，叶片叶绿素含量过高，不但利于冬小麦合理生长，常会旺长使植株群体荫郁，降低抵御病害能力。综上分析，冬小麦的LAI、地上部生物量和叶片叶绿素含量3种生长参数变化对赤霉病发生具有明显影响作用，可以将这3种生长参数用作判断冬小麦赤霉病是否发生的重要农学依据或指标。

2.4　气候因素与生长参数结合的赤霉病病情指数估测模型

通过2.1至2.3节分析可知，气候因素（5日均气温和5日均空气相对湿度）和冬小麦生长参数（LAI、生物量和叶片叶绿素含量）是与冬小麦赤霉病发生关系较为紧密的影响因子。因此，将这5个敏感因子作为自变量，冬小麦赤霉病病情指数作为因变量，建立气候因素与生长参数结合的赤霉病病情指数估测模型（Winter wheat scab estimating model for the combination ofclimate factors and growth parameters，$WSEM_{C\&G}$），以实现单点（或单个田块）冬小麦赤霉病病情指数的估测。

$$Y_s = a_s \times TEM_s + b_s \times WET_s + c_s \times LAI_s + d_s \times ABDW_s + e_s \times CCL_s + f_s \quad (1)$$

模型（式1）中，Y_s（%）为估测的单点冬小麦始花期赤霉病病情指数，TEM_s（℃）为单点5日均气温，WET_s（%）为单点5日均空气相对湿度，LAI_s为单点冬小麦叶面积指数，$ABDW_s$（Aboveground biomass dry weight，kg/hm^2）为单点冬小麦生物量干重，CCL_s（Chlorophyll content of leaves，%）为单点冬小麦叶片叶绿素含量。a_s、b_s、c_s、d_s、e_s和f_s均为模型参数，分别取值0.441、0.129、2.39、0.00067、0.084和-19.75。

利用2014年沭阳县和2016年大丰区共15个试验样点数据对模型进行验证。下图是冬小麦齐穗期赤霉病病情指数估测值与实测值之间的1：1关系图。

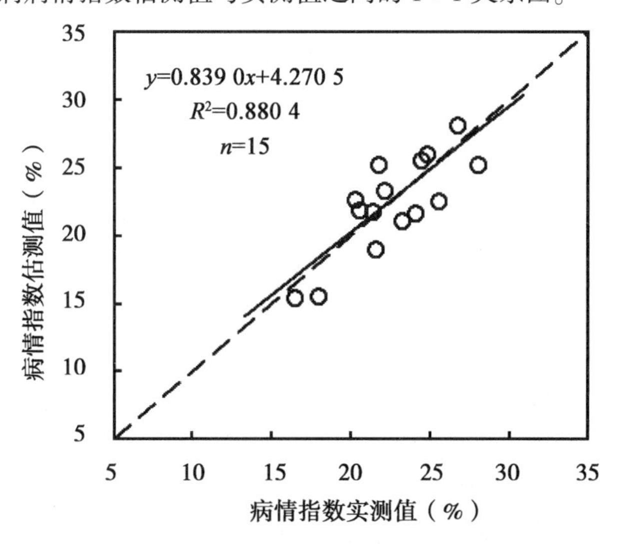

图1　冬小麦赤霉病病情指数估测值与实测值间的比较

由图中可以看出，试验验证样点的冬小麦赤霉病病情指数在16~28，多数样点集中在20~25，样点间差异非常明显，说明田块间冬小麦赤霉病发病程度不尽相同。模型验证样点的估测值与实测值较为一致，二者间的决定系数为0.880 4。多数样点集中在1：1关系线（图中虚线）附近，RMSE为4.2%，估测精度为91.2%。说明本研究构建的气候因素与生长参数结合的赤霉病病情指数估测模型具有较好估测精度，可以对县域大田冬小麦抽穗阶段的赤霉病发生状况进行有效估测。

3　讨论

江淮区域冬小麦主要病害有3种，包括赤霉病、白粉病和纹枯病，其中赤霉病暴发对农业生产的影响最重，因此对于主要病害发病信息获取与及时防治显得尤为重要[10]。县级植保管理中常采用的病害信息获取方法是人工实地抽样调查方法，这一传统调查方法虽已在冬小麦病害防治方面发挥了重要作用，但对于大面积冬小麦病害发生而言，传统监测方法不仅需花费大量人力物力成本，且取样范围和样本量较为有限，很难及时获得大范围的病情数据信息，在很大程度上影响到防治措施的有效实施。因此，需要采用及时、大范围、低成本的信息化监测方法来解决大面积农田冬小麦赤霉病信息获取问题。

麦田偏施氮肥、密度大以及田间郁闭极会诱发赤霉病的发生，本研究结合赤霉病发生的物候与生态特点，在分析赤霉病形成的气候与农学成因的基础上，综合气候因素日均气温、日均空气相对湿度与冬小麦长势指标叶面积指数、叶片叶绿素含量以及地上部生物量，建立抽穗阶段冬小麦赤霉病病情指数估测模型，来估测区域冬小麦赤霉病的发病情况，在增强估测模型或方法解释性的同时，明显提高了病情估测的准确性。个别试验样点误差值偏大，可能还存在其他的影响病害发生因素未被发现，有必要进一步对冬小麦赤霉病估测模型进行修订与完善。

参考文献

[1] 刘易科，佟汉文，朱展望，等．小麦赤霉病抗性机理研究进展［J］．中国农业科学，2016，49（8）：1476-1488.

[2] 程顺和，张勇，别同德，等．中国小麦赤霉病的危害及抗性遗传改良［J］．江苏农业学报，2012，28（5）：938-942.

[3] 刁春友，朱叶芹，于淦军，等．农作物主要病虫害预测预报与防治［M］．南京：江苏科学技术出版社，2006.

[4] 闫征远，范洁茹，刘伟，等．基于田间空气中病菌孢子浓度的小麦白粉病病情估计模型研究［J］．植物病理学报，2017，47（2）：253-261.

[5] 张旭晖，高苹，居为民，等．小麦赤霉病气象条件适宜程度等级预报［J］．气象科学，2009，29（4）：552-556.

[6] 司丽丽，姚树然，闫峰．基于 Fisher 判别准则的河北省小麦白粉病气象条件中期预报模型［J］．气象与环境科学，2013，34（3）：338-341.

[7] 刘伟昌，王君，陈怀亮，等．河南省小麦病虫害气象预测预报模型研究［J］．气象与环境科学，2008，31（3）：29-31.

[8] 尹雯，李卫国，申双和，等．县域冬小麦生物量动态变化遥感估测研究［J］．麦类作物学报，2018，38（1）：50-57.

[9] 金正婷．利用卫星遥感估测冬小麦长势与赤霉病害的研究［D］．南京：南京信息工程大学，2016.

[10] 陈永明，林付根，赵阳，等．论江苏东部麦区赤霉病流行成因与监控对策［J］．农学学报，2015，5（5）：33-38.

利用BSR-Seq方法对农家品种白芒麦成株抗条锈病基因进行初定位分析*

孙　偲[1,2**]　王凤涛[1]　冯　晶[1]　马东方[2]　蔺瑞明[1***]　徐世昌[1]

（1. 中国农业科学研究院植物保护研究所，植物病虫害生物学国家重点实验室，北京　100193；2. 长江大学农学院，主要粮食作物产业化湖北省协同创新中心，荆州　434025）

摘　要：小麦条锈病（*Puccinia striiformis* f. sp. *tritici*）是威胁小麦安全生产的重要病害之一。挖掘抗病基因，培育抗病品种是防治该病害大区性流行最经济有效的措施。成株抗性是小麦持久抗条锈病的重要遗传组成成分。农家品种白芒麦在成株期高抗我国条锈菌当前优势生理小种。为明确其携带的抗病基因类型及染色体位置，通过白芒麦与高感条锈病品种Taichung29杂交构建F_2分离群体，利用条锈菌生理小种CYR32和CYR34混合菌系对312份F_2家系进行田间成株抗性鉴定及遗传分析，初步确定白芒麦成株抗条锈性由单个显性基因独立控制。为进一步锚定该基因所在染色体位置，利用BSR-Seq方法（Bulked segregant RNA-Seq，BSR-Seq）对随机挑选的52份（抗病株系，感病株系各25份，抗病亲本及感病亲本各1份）白芒麦与Taichung29杂交的F_{10}重组自交系（Recombinantinbredline，RIL）材料进行RNA测序（RNA sequencing，RNA-Seq），并进行SNP位点挖掘及抗条锈性关联分析。最终得到4 501个高质量SNP位点，并在4B染色体末端得到1个与目的性状关联的候选区域，总长度为59Mb。利用BLAST软件对候选区间内的编码基因进行深度注释，共注释到609个基因，其中包含非同义突变SNP位点的基因共21个，差异表达基因58个。这些SNP位点所在的基因功能很有可能与目的性状相关。本研究基于候选区段内所有SNP位点及基因注释信息，共设计了492对引物进行后续标记开发，以期进一步标记目的基因所在染色体位置。

关键词：白芒麦；条锈病；分子标记；BSR-Seq

---

* 基金项目：国家重点研发计划长江流域冬小麦双减项目（2018YFD0200500）

** 第一作者：孙偲，硕士研究生，主要从事植物抗病遗传研究；E-mail：SUNCAI1211@163.com

*** 通信作者：蔺瑞明，副研究员，主要从事分子病理学研究；E-mail：linruiming@caas.cn

与小麦衰老相关的 NAC 转录因子 *TaNAC025* 正调控对条锈病的抗性*

王　培[1,2]**　王凤涛[1]　蔺瑞明[1]***　郭青云[2]　冯　晶[1]　徐世昌[1]

（1. 中国农业科学院植物保护研究所，植物病虫害生物学国家重点实验室，农业部作物有害生物综合治理重点实验室，北京　100193；2. 青海大学农牧学院，西宁　810016）

摘　要：小麦条锈病是由小麦条锈菌（*Puccinia striiformis* f. sp. *tritici*）侵染引起的气传叶部真菌病害，是我国小麦生产的第一大病害，已有研究表明，转录因子在水稻、小麦和大豆等作物调控病原菌侵染过程中起重要的作用。植物转录因子 NAP（NAC-Like，Activated by AP3/PI）是近年来发现的一类与调控植物生长发育、控制叶片衰老以及响应外界环境胁迫等功能有关的转录因子（Uauy *et al.*，2006）。本文利用实验室前期利用条锈菌小种 CY32 侵染诱导的小麦抗条锈病基因 *Yr*10 的近等基因品系 Taichung29 * 6/*Yr*10 的 cDNA 文库筛选克隆得到 1 个新的小麦 NAC 家族的转录因子基因，命名为 *TaNAC*025（基因组序列包含 3 个外显子，2 个内含子），属于 NAC 转录因子家族的 NAP 亚组。表达谱分析表明 *TaNAC*025 主要在小麦衰老的叶片中表达，小麦与条锈菌的亲和、非亲和互作中均诱导表达，小麦喷施外源植物激素 ABA 后 *TaNAC*025 的表达水平显著上调。利用 BSMV-VIGS 技术体系干扰 *TaNAC*025 的表达后，叶片的孢子堆更大、单位面积内的孢子堆数量更多，即提高了小麦对条锈病的感病性，同时延迟了黑暗诱导的叶片衰老。利用基因枪遗传转化技术获得 *TaNAC*025 过量表达的转基因材料，通过筛选获得 8 个超量表达稳定的阳性株系。对阳性株系和转化受体材料（KN199）接种条锈菌后调查潜育期并进行差异显著性，KN199（323h±2.88）和超量表达株系（318h±6.6）接种条锈菌后病菌的潜育期无显著差异，统计 KN199 和超量表达株系接菌条锈菌后的孢子堆密度，统计分析发现，KN199 的孢子堆密度显著高于超量表达株系；且 KN199 接种病菌后条锈菌的生物量显著高于超量表达株系。因此 TaNAC025 作为 NAP 亚组的一个新成员，可能通过 ABA 信号通路正调控小麦对条锈病的抗性，并在叶片的衰老中起重要的调控作用。

关键词：*TaNAC*025 转基因小麦；小麦条锈病；抗病性鉴定

---

* 基金项目：国家重点研发计划（2016YFD0100102，2018YFD0200408）

** 第一作者：王培，硕士研究生，主要从事植物分子病理学研究；E-mail：18811456183@163.com

*** 通信作者：蔺瑞明，副研究员，主要从事分子病理学研究；E-mail：linruiming@caas.cn

小麦籽粒粗蛋白含量与抗条锈病性的关系*

徐默然** 冯 晶*** 蔺瑞明 王凤涛 徐世昌
（中国农业科学院植物保护所植物病虫害生物学国家重点实验室，北京 100193）

摘 要：为探究小麦不同品种的籽粒粗蛋白含量和抗条锈性之间的关系，在苗期对小麦接种条锈菌生理小种 CYR29、CRY30、CYR31、CYR32 和 CYR33 进行抗条锈性鉴定，并利用 Perten IM 9200 近红外谷物分析仪快速测定供试小麦品种的籽粒粗蛋白含量。结果显示：只有一个品种苏州 7906 对 5 个供试的条锈菌均表现抗病，有 58 个品种对 5 个生理小种均表现感病；84 份小麦籽粒平均粗蛋白含量为 10.48%，粗蛋白含量最高的是来源于陕西的竹叶青（白）为 13.47%，最低的是来源于北京的京花 1 号为 6.42%；同一地区小麦籽粒粗蛋白含量各不相同，通过对 84 个小麦品种的聚类分析表明小麦籽粒粗蛋白含量和品种来源地之间无明显相关性；通过相关性分析，小麦籽粒粗蛋白含量与小麦对 CYR29、CRY30、CYR31 和 CYR32 抗性相关性很低且无显著水平，小麦籽粒粗蛋白含量与对 CYR33 的抗性呈极显著相关；结果说明，供试的 84 份小麦品种对条锈菌生理小种的抗性较低，且不同品种对不同的生理小种抗性有很大差异；粗蛋白含量与品种来源地没有明显关系，与小麦品种对生理小种的抗性也不存在相关性。

关键词：小麦；条锈病；抗病性；粗蛋白；相关性分析

---

* 基金项目：国家自然科学基金（31272033）；国家重点研发计划（2016YFD0300705）

** 第一作者：徐默然，硕士研究生，研究小麦条锈病抗病遗传机制；E-mail：moran0225@163.com

*** 通信作者：冯晶；E-mail：jingfeng@ippcaas.cn

小麦品种多样性田间条锈菌群体遗传结构分析*

初炳瑶** 张书铭 王翠翠 江冰冰 马占鸿***

（中国农业大学植物病理学系，农业部植物病理学重点开放实验室，北京 100193）

摘　要：理论和实践证明，小麦品种多样性种植可以减轻小麦条锈病的为害程度，是防治该病的有效措施之一。本研究选取5个不同抗性小麦品种组成9个不同混种处理，于2016—2018年在四川省梓潼县进行了为期两年的田间试验，旨在研究不同品种混种对条锈菌群体遗传结构的影响，进一步揭示品种多样性种植防治小麦条锈病机制。5个单种对照品种分别为高感品种绵农4号，中感品种内麦9号，中抗品种川麦51，高抗品种川育21和川麦55。9个混种处理（MZ1-9）分别包括由3个品种（MZ1-7）、4个品种（MZ8）和5个品种（MZ9）等比例混播的混种组合。于小麦条锈病春季流行期分别采集不同处理上的小麦条锈菌样品，带回室内进行挑单孢扩繁，2016—2017年共获得835个单孢系，2017—2018年共获得568个单孢系。运用10对SSR引物分别对不同处理的样品进行扩增，测序后分析其基因型和基因多样性，遗传种群个数和优势遗传种群频率。结果显示，2016—2017年分别有9个和8个（MZ3除外）混种组合与其单种对照相比，基因型多样性和基因多样性有所增加；2017—2018年分别有7个（MZ1、MZ4除外）和6个（MZ1、MA4、MA5除外）混种组合较其对照基因型多样性和基因多样性有所增加。2016—2017年和2017—2018年单种绵农4号遗传种群个数分别为4个和6个，优势遗传种群频率分别为51%和74%；2016—2017年混种处理组（MZ1、MZ2、MZ3、MZ9）的遗传种群个数分别为4，6，5，3，优势遗传种群频率分别为38%，59%，76%，49%；2017—2018年的遗传种群个数分别为5，8，5，8，优势遗传种群频率分别为82%，58%，45%，28%。2016—2017年和2017—2018年单种内麦9号遗传种群个数分别为4个和5个，优势遗传种群频率分别为96%和49%；2016—2017年混种处理组（MZ4、MA6、MA7、MA8）的遗传种群个数分别为6，3，4，5，优势遗传种群频率分别为88%，82%，86%，81%；2017—2018年遗传种群个数分别为6，6，7，6，优势遗传种群频率分别为40%，42%，28%，44%。2016—2017年和2017—2018年单种川麦51遗传种群个数分别为3个和6个，优势遗传种群频率为79%和45%；2016—2017年和2017—2018年混种处理组（MZ5）的遗传种群个数分别为5，6，优势遗传种群频率分别为55%，38%。因此，绝大部分的品种组合可以提高条锈菌群体的基因型和基因多样性，增加遗传种群的数量，降低优势遗传种群的比例。相比于3个品种的混种组合，4个（MZ8）和5个（MZ9）品种混种组合更能稳定调控条锈菌的群体遗传结构。且不同的品种组合直接影响多样化控害效果。

关键词：品种多样性；小麦条锈菌；群体遗传结构

---

* 基金项目：国家重点研发计划项目（2017YFD0200400，2017YFD0201700）

** 第一作者：初炳瑶，博士研究生，从事植物病害流行学研究；E-mail：chubingyao@163.com

*** 通信作者：马占鸿，教授，从事植物病害流行和宏观植物病理学研究；E-mail：mazh@cau.edu.cn

四川省宁南县小麦条锈菌季节亚群体遗传结构分析*

江冰冰** 张书铭 王翠翠 初炳瑶 骆 勇 马占鸿***
（中国农业大学植物保护学院，北京 100193）

摘 要：小麦条锈病是一种由条形柄锈菌小麦专化型 *Puccinia striiformis* f. sp. *tritici*（*Pst*）引起的气传性小麦病害，在我国流行年份可造成严重的产量和经济损失。四川省宁南县位于川西南山地，*Pst* 在该地区能够完成周年循环，为其他麦区提供有效菌源。因此，明确宁南县 *Pst* 群体的季节演变，对于小麦条锈病的综合防控提供一定的理论依据。本研究利用 9 对 SSR 引物标记了四川省宁南县两个 *Pst* 季节亚群体，比较了两个季节亚群体基因多样性，基因型多样性，以及遗传分化水平。结果表明：共获得 96 个单孢系，其中 2016 年秋苗期 44 个，2017 年返青苗期 52 个。秋苗期亚群体有效等位基因数（*Ne*）为 1.299 8，Nei's 基因多样性指数（*H*）为 0.178 5，Shannon 信息指数（*I*）为 0.273 2，均高于返青苗期亚群体（*Ne*=1.235 4，*H*=0.126 5，*I*=0.208 9）。在 96 个个体中共检测出 25 个基因型，多样性为 0.26，其中秋苗期亚群体（0.386）显著高于返青苗期亚群体（0.173）。分子方差分析（AMOVA）显示变异主要来自群体内部，群体间的变异占总变异的 37%。2 个亚群体的遗传分化系数 *Fst* 为 0.415（*P*=0.001），另外 PCoA 分析显示两个亚群体在二维空间中仅有少量覆盖，均表明两个亚群体存在一定的遗传分化。*Pst* 能在宁南县越冬，但不同品种、海拔以及采样的地理范围等均可能影响越冬前后 *Pst* 群体的稳定性，其影响因素尚待进一步分析。

关键词：小麦条锈病；SSR 标记；季节；遗传分化

---

* 基金项目：国家重点研发计划项目（2016YFD0300702）

** 第一作者：江冰冰，博士研究生，主要从事植物病害流行学研究；E-mail：judyjiang520@163.com

*** 通信作者：马占鸿，主要从事植物病害流行学和宏观植物病理学研究；E-mail：mazh@cau.edu.cn

锌指类转录因子在调控小麦条锈菌耐高温性中的作用*

李　雪** 吴艳琴 王凤涛 冯　晶 蔺瑞明*** 徐世昌

（中国农业科学院植物保护研究所，植物病虫害生物学国家重点实验室，北京　100193）

摘　要：小麦条锈病是由条形柄锈菌小麦专化型（*Puccinia striiformis* Westend. f. sp. *tritici* Erikes，*Pst*）引起的气传真菌病害，在我国大部分麦区为害十分严重。小麦条锈病适宜在低温冷凉气候条件下发生，病原菌越夏效率决定当年秋季初侵染菌源数量。近年来，条锈菌越夏海拔下限逐年下降，越夏区域向低海拔地区转移扩展，越夏地区范围进一步扩大。不同流行区域耐高温菌株的出现，给小麦条锈病防治带来新的挑战。锌指类转录因子在调控生物生长发育和抗逆性过程中发挥关键作用。本研究选择小麦感病品种 Local Red 作为寄主材料，利用寄主诱导的基因沉默（host induced gene silencing，HIGS）技术构建研究条锈菌耐高温相关基因功能的 BSMV Agro/LIC HIGS 基因沉默体系，分析锌指类转录因子基因，明确其在调控小麦条锈菌耐高温性机制中的作用。

利用 HIGS 技术对条锈菌 C_2H_2 类锌指转录因子基因（PSTG_16147）和 Zn_2Cys_6 类锌指转录因子基因（PSTG_00514）在调控条锈菌耐高温反应中的功能进行分析。结果显示，在 21℃高温接种条件下，与对照组相比，干涉锌指转录因子基因（PSTG_16147）与（PSTG_00514）抑制了条锈菌病情的发展，干涉 C_2H_2 类锌指转录因子基因（PSTG_16147）组孢子堆密度降低 11.76%，发病严重度降低 20.58%；干涉 Zn_2Cys_6 类锌指转录因子基因（PSTG_00514）组孢子堆密度降低 7.85%，发病严重度降低 19.57%。因此，C_2H_2 类锌指转录因子基因（PSTG_08547）和 Zn_2Cys_6 类锌指转录因子基因（PSTG_00514）可能作为正调控因子参与条锈菌耐高温胁迫过程。本研究为进一步解析条锈菌适应高温胁迫的调控机制提供了相关论据。

关键词：小麦条锈菌；耐高温性；锌指类转录因子；HIGS 技术

---

* 基金项目：国家重点研发计划长江流域冬小麦双减项目（2018YFD0200500）

** 第一作者：李雪，硕士研究生，主要从事分子植物病理学研究；E-mail：caaslixue@163.com

*** 通信作者：蔺瑞明，副研究员，主要从事分子植物病理学研究；E-mail：linruiming@caas.cn

安徽中部和南部小麦白粉菌群体遗传多样性*

宛　琼** 曹志强　齐永霞　张承启　陈　莉*** 丁克坚***

（安徽农业大学植物保护学院，合肥　230036）

摘　要：为了解安徽中部和南部地区小麦白粉病病原菌群体的遗传多样性并探讨其相互间亲缘关系，对分离自安徽中部的合肥、六安、马鞍山和南部的安庆、宣城等地的菌株进行 AFLP 多态性分析。研究结果显示，安徽中部和南部小麦白粉菌群体的 *Nei*'s（1973）基因多样性指数（*H*）分别为 0.20 和 0.24，Shannon 多样性指数（*I*）分别为 0.24 和 0.31，表明南部群体遗传多样性水平高于中部群体；基因流（N_m = 13.0005）表明两群体间存在频繁的基因交流；分子方差结果显示两病菌群体的内部遗传变异占总变异的 99%，群体间遗传变异仅占总变异的 1%，表明两群体的遗传变异绝大多数来源于群体内部；主成分分析结果显示两群体重叠分布较多；基因型分析结果显示两群体的基因型多样性均为 0.5 以上，且两群体间存在较多的共有基因型，共有基因型数目分别占中部和南部病菌群体基因型的 71.4% 和 50%。综上结果表明，中部和南部小麦白粉菌群体间亲缘关系很近；同时初步揭示，与安徽中部小麦白粉菌群体对南部群体的影响相比，南部病菌群体对北部群体的影响更大。该研究结果将为安徽中部和南部地区小麦白粉病的流行预测和可持续控制提供理论依据。

关键词：小麦白粉菌；安徽；遗传多样性

---

* 基金项目：国家自然科学基金（31401684）；公益性行业（农业）科研专项（201503130）；安徽省科技重大专项（17030701050）

** 第一作者：宛琼，讲师，主要从事植物病害流行学研究；E-mail：wanqiong_8689@163.com

*** 通信作者：陈莉，副教授，主要从事植物病害流行学研究；E-mail：Chenli31029@163.com

丁克坚，教授，主要从事植物病害流行学研究；E-mail：zbd@ahau.edu.cn

国家区试小麦品种叶枯病发生情况简述

毕云青
（云南省农业科学院农业环境资源研究所，昆明 650205）

摘 要：小麦叶枯病是世界性小麦病害，其病原菌寄主范围极广，能侵染小麦、大麦、燕麦、黑麦等禾谷类作物和几十种禾本科杂草。该病除可引起麦株叶枯斑外，还可侵染其他部位，产生穗腐、褐斑粒、黑胚、根腐等为害症状。近年来，不论是国家冬小麦区域（长江上游、中下游冬麦组）小麦品种还是云南省育种后备材料，在昆明试验区大部分品种上均有发生。现以2015—2016年和2017—2018年两个年度的国家冬小麦区域（长江上游、中下游冬麦组）小麦品种为例：昆明试验点叶枯病害主要表现为叶斑或叶枯症状，麦株叶部产生大小不等、形状不一的长圆形或梭形病斑，病斑可散生也可几个联合成较大的病斑；病斑多呈黄色至浅褐色或至深黄褐色。病叶斑枯面积可占叶面积的5%~60%不等，病害后期叶片可变干枯死。82个发病品种的田间自然发病调查结果为：病株率≤10%有5个品种，病株率≤20%有16个品种，病株率≤30%有25个品种，病株率≤40%有15个品种，病株率≤40%有15个品种，病株率≤50%有11个品种，病株率≤60%有5个品种，病株率≤100%有1个品种。严重度≤10%有1个品种，严重度≤20%有23个品种，严重度≤30%有9个品种，严重度≤40%有8个品种，严重度≤50%有2个品种，严重度≤60%有8个品种。该病害病原菌：无性世代为麦根腐平脐蠕孢［*Bipolaris sorokiniana*（Sacc.）Shoem］；有性世代为禾旋孢腔菌［*Cochliobolus sativus*（Ito *et* Kurib.）Drechsl］。田间多以麦根腐平脐蠕孢病原菌常见。其分生孢子梗生于麦叶病斑枯死部位。分生孢子在有水滴或饱和湿度条件下易萌发，萌发适温22~32℃；侵染适温22~30℃。菌丝生长适温24~28℃。病害发生特点：土壤、病残体、种子均可带菌，为小麦根腐病的主要初侵染菌源。菌丝可在麦收后遗留在田间的病残体以及土表或浅土层中未腐烂的病残体中越冬越夏；也可潜伏在种皮、胚乳、胚等组织里存活多年；种子表面也可附带病菌分生孢子。此外，感病的自生麦苗及其他寄主也是病菌来源。分生孢子在水滴叶面上萌发长出芽管，并从气孔和伤口侵入叶片；也可直接穿透叶片表皮侵入，形成初次侵染。发病适宜条件下病害潜育期为5~7天，在病部产生分生孢子进行再次侵染。小麦叶枯病发生及流行取决于寄主抗病性、菌源基数、气候条件、田间栽培管理、耕作制度等多种因素。气候条件、田间菌源量是影响叶枯型病害发生和流行的主要直接因素。

关键词：小麦叶枯病；发生及流行；菌源；栽培管理

不同小麦品种对纹枯病菌的抗性鉴定*

李秀花** 马 娟 高 波 王容燕 陈书龙
（河北省农林科学院植物保护研究所/河北省农业有害生物综合防治工程技术研究中心/农业部华北北部作物有害生物综合治理重点实验室，保定 071000）

摘 要：小麦纹枯病（*Rhizotonia cerealis*）和小麦孢囊线虫（*Heterodera avenae*）均是小麦生产上的重要病害，严重地影响小麦的安全生产。近年来，由于小麦品种、栽培制度、肥水条件的改变，小麦纹枯病和小麦孢囊线虫病均呈逐年加重趋势。同一地块这2种病害经常同时发生，因此开展2种病害的互作关系研究对于2种病害的防控均具有重要的意义。本研究拟在前期明确不同小麦生产品种对小麦孢囊线虫抗性的基础上，进一步测试对小麦孢囊线虫中感或高感的品种对小麦纹枯病的抗性。旨在为今后研究小麦纹枯病菌和小麦孢囊线虫的互作关系提供技术支撑。

待测品种包括高感小麦孢囊线虫的小麦品种石新733、邯郸6172、河农825、太空4号、轮选518、中农博士6号、矮抗58、石麦15、富麦2008、中麦175、温麦4号、北京0045、5389、济麦22、冀麦2号和中感孢囊线虫品种良星99、泰山22、北农9549、良星66共19个品种。首先在25℃条件下利用PDA培养基培养小麦纹枯病病菌，按照每250ml土混入直径8cm菌饼一个进行接种。先把病原菌菌饼用搅拌机打碎后，用少量灭菌的沙子混匀，然后再掺到灭菌土里混匀，分装到20cm×5cm的PV管里，每管播种一粒种子，然后再覆盖灭菌土壤。每个品种处理重复8管。在24℃恒温培养箱中培养，培养50天时调查发病情况。

试验结果表明，测试的19个品种中，发病率都在55%以上，其中河农825和矮抗58的病情指数和发病率较低分别为11.4%、11.1%和57.1%、55.6%。发病程度较高的小麦品种分别是石新733、泰山22、中农博士6号、济麦22，其病情指数分别为75.0、62.5、60.0、57.5，发病率分别为91.7%、62.5%、100%、100%。

关键词：小麦纹枯病菌；小麦孢囊线虫；病情指数

---

* 基金项目：公益性行业（农业）科研专项（201503114）

** 第一作者：李秀花，副研究员，从事线虫学研究；E-mail：lixiuhua727@163.com

295 份小麦品种（系）对茎基腐病的抗性评价*

金京京[1**]　王　丽[1]　王芳芳[1]　齐永志[1]
赵　勇[3]　马　骏[2***]　甄文超[3***]　杨学举[4]
（1. 河北农业大学植物保护学院，保定　071001；2. 中国农业大学农学院，
北京　100193；3. 河北农业大学农学院，保定　071001；
4. 河北农业大学生命科学学院，保定　071001）

摘　要：小麦茎基腐病主要是由镰刀菌侵染引起的一种世界性土传病害，近年来已严重威胁到小麦的安全生产。为筛选我国具有茎基腐病抗性的小麦种质资源，本研究采用孢子悬浮液浸种法，以中抗品种周麦 24 和高感品种国麦 301 为对照，鉴定了 138 份 2000—2018 年审定的小麦品种和 157 份小麦品系对茎基腐病的抗性。结果表明，295 份供试材料中无免疫和高抗品种（系）；中抗材料占供试材料的 8.5%，其中，济麦 19、石优 17 号和烟农 999 等 15 份中抗品种占 5.1%，新麦 3 号、保 5113 和保 5067 等 10 份中抗品系占 3.4%，平均病指为 14.0；中感材料占供试材料的 12.9%（品种 5.1%、品系 7.8%），平均病指为 24.6；高感材料占 78.6%（品种 36.6%、品系 42.0%），平均病指为 60.1。2000—2010 年审定的 80 份品种中包括 13.8%中抗品种，而 2011—2018 年审定的 58 份品种中抗品种仅为 6.9%。河北、山东、山西、江苏、安徽和河南主推小麦品种总数分别为 57 个、39 个、37 个、50 个、39 个和 66 个，分别包括 14.0%（济麦 19、石 02-6207、石 4366、邯麦 10 号、济南 17、山农鉴 25-229、泰山 21 和宝麦 8 号）、12.8%（烟农 19、山农鉴 25-229、烟农 21、泰山 21 和晋麦 63）、10.8%（济麦 19、临优 145、山农鉴 25-229 和长 4640）、10%（烟农 999、淮麦 26、烟农 19、泰山 21 和晋麦 63）、7.7%（烟农 999、泰山 21 和晋麦 63）和 6.1%（烟农 999、山农鉴 25-229、泰山 21 和晋麦 63）的中抗品种；其中，河南和安徽抗病资源均较少。上述结果表明，我国小麦品种总体抗性较差可能是导致茎基腐病重发的主要原因。本研究筛选到的中抗品种可为该病害综合防控体系的制定及抗病资源的筛选提供部分理论依据。

关键词：假禾谷镰刀菌；小麦茎基腐病；抗病资源；抗性评价

---

* 基金项目：“十三五”国家重点研发计划（2017YFD0300906、2018YFD0300502）

** 第一作者：金京京，在读博士生，主要从事小麦抗茎基腐病分子植物病理学研究；E-mail：jingjing1809@ yeah. net

*** 通信作者：甄文超，博士，教授，博士生导师，主要从事农业生态学与植物生态病理学研究；E-mail：wenchao@ hebau. edu. cn

马　骏，博士，副教授，博士生导师，主要从事小麦遗传育种研究；E-mail：junma@ cau. edu. cn

河北麦区主推小麦品种对茎基腐病的抗性*

王芳芳[1**]　王　丽[1]　贾素月[1]　金京京[1]　齐永志[1***]　马　骏[2]　甄文超[3***]

（1. 河北农业大学植物保护学院，保定　071001；2. 中国农业大学农学院，北京　100193；3. 河北农业大学农学院，保定　071001）

摘　要：近年来，主要由假禾谷镰刀菌（*Fusarium pseudograminearum*）引起的小麦茎基腐病在河北麦区发生逐年加重，已成为该区影响小麦安全生产的新问题之一。为明确河北省主推小麦品种对茎基腐病的抗性，本研究以假禾谷镰刀菌 Wz2-8A 菌株为供试菌，以中抗品种周麦 24 和高感品种国麦 301 为对照，利用室内盆栽接种试验对河北麦区主推小麦品种进行了抗性评价。结果表明：供试 49 份品种无免疫和高抗品种，石优 17 号等 6 个品种表现为中抗，平均病指 13. 60，占供试品种的 12. 2%；藁优 9908 等 5 个品种表现为中感，平均病指为 24. 76，占供试品种的 10. 2%；其余品种均表现为高感，平均病指为 57. 19，占供试品种的 77. 6%。17 份 1999—2005 年审定品种、20 份 2006—2011 年审定品种和 12 份 2012—2018 年审定品种中，中抗品种分别占各时间段供试品种总数的 11. 8%（济南 17 和宝麦 8 号）、10. 0%（邯麦 10 号和石优 17 号）和 16. 7%（石 4366 和山农鉴 25-229）；中感品种分别占 11. 8%（衡 95 观 26 和藁优 9908）、10. 0%（长 4738 和舜麦 1718）和 8. 3%（沧麦 6005）；高感品种分别占 76. 4%、80. 0%和 75. 0%。由此可见，河北省主推小麦品种对茎基腐病的整体抗性较差，需要进一步加强抗病资源筛选，提高主栽小麦品种的抗性水平。

关键词：河北麦区；假禾谷镰刀菌；小麦茎基腐病；抗性评价

---

* 基金项目：“十三五”国家重点研发计划（2017YFD0300906、2018YFD0300502）

** 第一作者：王芳芳，在读硕士生，主要从事植物生态病理学研究；E-mail：wang2018927@163. com

*** 通信作者：齐永志，博士，讲师，硕士生导师，主要从事植物生态病理学研究；E-mail：qiyongzhi1981@163. com

甄文超，博士，教授，博士生导师，主要从事农业生态学与植物生态病理学研究；E-mail：wenchao@hebau. edu. cn

湖北省小麦根病发生现状及病原种类调查

汪　华　张学江　刘美玲　杨立军　向诗阳　喻大昭
（湖北省农业科学院植保土肥研究所/农作物重大病虫草害防控湖北省重点实验/
农业部华中作物有害生物综合治理重点实验室，武汉　430064）

摘　要：小麦根病是指由土传真菌侵染引起根腐、基腐和茎腐病害的总称，世界各国均有发生。引起我国小麦根病的主要病原菌有镰刀菌、丝核菌、禾顶囊壳菌、蠕孢菌等。作为我国小麦主产区之一的湖北省，自2013年以来小麦根病发生面积超过200万亩，并有在全省大面积扩展和蔓延的趋势，严重影响湖北省小麦生产。为了解湖北省小麦根病种类、分布及为害情况，分析湖北省小麦根病发生特点，为药剂防治提供依据。湖北省农业科学院根部病害团队从2015—2017年，对湖北省小麦根病发生有代表性的麦区进行调查，并从各代表麦区（临河南南阳麦区、湖北汉江中游麦区、临长江麦区）采集病样进行分离鉴定，初步明确了湖北省小麦根部病害发生、发展及蔓延趋势。其中2015—2016年，临河南南阳麦区采样点位于襄州区，汉江中游麦区采样点位于南漳县、钟祥县和沙洋县，临长江麦区采样点位于洪湖市；2016—2017年，临河南南阳麦区采样点位于襄州区和枣阳县，汉江中游麦区采样点位于南漳县、宜城县、钟祥县和沙洋县，临长江麦区采样点位于洪湖市。选取代表性样本，对各麦区小麦根部病样进行病原菌分离及鉴定，每样本分离病部组织块12个，3天后挑起病根部组织块上病菌进行单培养，对单培养菌株根据菌落形态和分生孢子形状进行分类鉴定，结果表明：2015—2016年，临河南南阳麦区襄州区小麦根病病源主要为禾顶囊壳菌，其次为丝核菌和镰孢菌，少量蠕孢菌；汉江中游麦区南漳县、钟祥县小麦根病病源主要为禾谷镰孢菌，其次为丝核菌，少量蠕孢菌，沙洋县小麦根病病源主要为禾顶囊壳菌，其次为镰孢菌和丝核菌，少量蠕孢菌；临长江麦区洪湖市小麦根病病源主要为禾谷镰孢菌，其次为丝核菌，少量蠕孢菌。2016—2017年，临河南南阳麦区襄州区和枣阳县小麦根病病源以镰刀菌、丝核菌、禾顶囊壳菌为主，少量丝核菌和蠕孢菌；汉江中游麦区南漳县小麦根病病源以镰刀菌、丝核菌为主，其次为禾顶囊壳菌，少量丝核菌和蠕孢菌，宜城县和钟祥县小麦根病病源以镰刀菌、丝核菌为主，其次为禾顶囊壳菌和蠕孢菌，少量丝核菌，东宝区小麦根病病源以镰刀菌、少量禾顶囊壳菌、蠕孢菌和丝核菌；临长江麦区洪湖市小麦根病病源主要为禾谷镰孢菌，其次为丝核菌，少量蠕孢菌。

关键词：小麦；根病；发生现状；病原菌

我国玉米大斑病菌的交配型研究*

柳　慧**　吴波明***

（中国农业大学植物病理系，北京　100193）

摘　要：玉米大斑病是一种重要的玉米叶部病害，流行年份可造成严重的经济损失。玉米大斑病的病原为玉米大斑刚毛座腔菌 *Setosphaeria turcica*，属于异宗配合的子囊菌，虽然有性生殖在自然界中还未发现，但存在 A、a 交配型菌株和 Aa 两性交配型的菌株。为明确两性菌株的出现频率的变化，采用张泗举设计的特异性引物扩增交配型基因 *Mat*1 和 *Mat*2，对 2016 年和 2017 年采集的 667 个玉米大斑病菌菌株进行交配型的鉴定。结果表明，2016 年的 401 个菌株中，329 株的交配型为 a，占总鉴定株数的 82%；交配型为 A 的有 0 株；交配型为 Aa 的有 72 株，占总鉴定株数的 18%。2017 年的 266 株菌株中，交配型为 a 的有 238 株，占总鉴定株数的 89.5%；交配型为 A 的有 0 株；交配型为 Aa 的有 28 株，占总鉴定株数的 10.5%。本研究在 2016 年和 2017 年的玉米大斑病菌样本中都检测到了不同的交配型，结果暗示，我国玉米大斑病菌在自然条件下有可能产生有性孢子，这一点需要进一步分析玉米大斑病菌的群体遗传结构来验证。如果存在，可能对病菌的变异速度和抗病品种的利用有重大影响。

关键词：玉米大斑病；交配型

---

* 基金项目：国家重点研发计划“粮食丰产增效科技创新”专项（2016YFD0300702）

** 第一作者：柳慧，研究生，植物病害流行学；E-mail：liuhui199199@163.com

*** 通信作者：吴波明，教授，植物病害流行学；E-mail：bmwu@cau.edu.cn

玉米南方锈菌的保存方法初探*

李磊福[1**] 张克瑜[1] 张书铭[1] 骆 勇[2] 马占鸿[1***]
(1. 中国农业大学植物病理学系，北京 100193；
2. 美国加州大学 Kearney 农业研究中心，Parlier CA 93648)

摘 要：由多堆柄锈菌（*Puccinia polysora* Underw）引起的南方玉米锈病已成为我国玉米生产上的重要病害。该病原菌为一种专性活体寄生菌，目前尚无人工培养及长期保存病原菌的方法，严重阻碍了该病原菌的研究。本研究的主要目的为参考真菌的常见保存方法，探究并获得简便有效的玉米南方锈病菌的保存方法。

结果发现：在多堆柄锈菌的夏孢子粉进行干燥低温（-80℃）保存的试验中，干燥24h后进行低温密封，效果最好，在低温保存30天后，夏孢子的萌发率在1%~25%，具有很大的不稳定性；而对发病叶片的保存方法中，病叶的常温干燥效果优于低温干燥，且干燥后将病叶进行保湿处理，效果也优于未进行保湿处理。对多个分离物的发病叶片进行常温干燥保存后，再次接种玉米幼苗的叶片，发现，不同分离物之间接种后的发病率存在较大差异，在保存70天后，发病率在0%~78%。这一结果与不同分离物的发病叶片干燥前的发病情况以及干燥保存后保湿的过程密切相关，干燥前发病比较好，孢子堆比较多的病叶，且在保湿处理中孢子堆颜色较鲜艳的病叶保存后发病率相对较高。

关键词：多堆柄锈菌；夏孢子；干燥低温保存；病叶常温干燥保存

---

* 基金项目：国家自然科学基金（31772101）

** 第一作者：李磊福，在读博士生；E-mail：leifu_li@ 163. com

*** 通信作者：马占鸿，教授，博士生导师，主要从事植物病害流行与测报研究；E-mail：mazh@ cau. edu. cn

不同地区玉米籽粒中伏马毒素含量分析*

李丽娜** 刘 宁 渠 清 刘炳辉 杨贝贝 曹志艳 王艳辉*** 董金皋***
（河北农业大学，真菌毒素与植物分子病理学实验室，保定 071001）

摘 要：伏马毒素（Fumonisins）是一类主要由层出镰孢（*Fusarium proliferatum*）和拟轮枝镰孢（*F. verticillioides*）产生的水溶性次级代谢产物，主要成员包括伏马毒素 B_1（fumonisins B_1，FB_1）和 B_2（fumonisins B_2，FB_2）。该毒素不仅能够引起一些动物肝脏、脾脏、肾脏等器官的损伤，甚至可能诱发人类食道癌的发生。玉米作为主要农作物，是谷物食品和饲料的主要来源之一，易受镰孢菌侵染而被伏马毒素污染。美国食品药品监督管理局规定，玉米及玉米制品中的伏马毒素含量不得超过 2 000μg/kg，欧盟将最大限量标准设定为 4 000μg/kg。因此，为保证人畜健康对玉米籽粒中伏马毒素含量进行测定具有重要意义。本试验于山东、四川、甘肃、山西、贵州、陕西、宁夏、吉林 8 个省（区）采集 67 份污染镰孢菌的玉米果穗样品，通风晾干后，手工脱粒备用。每份样品中随机选取 200g 健康籽粒粉碎后过 0. 45μm 网筛，制成玉米粉样品，进行伏马毒素的提取。采用高效液相色谱荧光检测器（HPLC-FLD）—柱后衍生法检测伏马毒素 FB_1 和 FB_2 的含量。结果发现，67 份样品中有 50 份污染了伏马毒素，污染率为 74. 6%，FB_S 含量在 ND（未检出）~6 755μg/kg，平均含量为 2 214μg/kg，其中 FB_1 含量在 ND~5 398μg/kg，FB_2 含量在 ND~6 386μg/kg。贵州、山西、四川、陕西、吉林、山东、甘肃、宁夏回族自治区穗腐病样品污染均值分别为：5 033 μg/kg、3 903 μg/kg、3 442 μg/kg、3 288μg/kg、2 958μg/kg、2 435 μg/kg、2 425 μg/kg、1 382 μg/kg。18% 的样品中 FB_S 含量大于 2 000μg/kg，超过欧盟最大限量标准。28%的样品中 FB_S 含量超过了美国食品药品监督管理局的规定，但没有超过欧盟最大限量标准。综上所述，不同地区玉米籽粒中伏马毒素的含量存在差异，主要与地理位置，生长季节的气候因素，如降水量、相对湿度等有关。此外，伏马毒素的污染情况还受菌株产毒能力和镰孢菌种群结构的影响。该试验对不同地区的玉米籽粒样品中伏马毒素含量进行了测定，由于样品数少，对于各地区玉米果穗感染镰孢菌的情况和毒素污染情况还需持续监测，并研发相应的控制策略，以期为玉米安全生产提供借鉴。

关键词：玉米籽粒；镰孢菌；伏马毒素

---

* 基金项目：现代农业产业技术体系（CARS-02）

** 第一作者：李丽娜，硕士研究生，研究方向为玉米储粮病害；E-mail：m15931807082@163. com

*** 通信作者：王艳辉；E-mail：yanhuiw@163. com

董金皋；E-mail：dongjingao@126. com

玉米秸秆腐解物对禾谷丝核菌致病力的影响*

闫翠梅[1**]　王　丽[1]　王芳芳[1]　金京京[1]　马璐璐[1]　齐永志[1***]　甄文超[2***]

（1. 河北农业大学植物保护学院，保定　071001；
2. 河北农业大学农学院，保定　071001）

摘　要：在中国北方玉米秸秆还田麦区，由禾谷丝核菌（*Rhizoctonia cerealis*）引起的纹枯病已成为小麦重要土传病害之一，并在河北麦区上升为小麦第二大病害。为明确玉米秸秆还田对小麦纹枯病发生的影响，本研究通过室内模拟试验，研究了接种 4 种经含玉米秸秆腐解物培养基继代驯化培养的禾谷丝核菌后，小麦纹枯病发生程度的动态变化。结果表明，在添加有玉米秸秆腐解物的 1/2 PSA 培养基中连续培养多代后，RV1、RV2、RV3 和 RV4 不同致病力类型的致病力均发生了明显变化。继代培养 20 代之前，接种 RV1、RV2 和 RV3 菌株，发病率无明显变化；但自 25 代后，发病率均明显提高；至 F_{40}代，发病率分别为 87.3%、76.3% 和 60.2%，分别比各自 F_0 代处理提高 20.0%、37.2% 和 35.0%。RV4 类型自 F_{20}代后，发病率就明显提高，F_{40}代处理发病率比 F_0 代提高 75.8%（F_{40}、F_0 分别为 58.9%、33.5%）。添加玉米秸秆腐解物继代培养后，接种禾谷丝核菌后纹枯病病指变化与发病率类似。随着继代培养次数的增加，病指也均呈明显升高趋势，4 种不同致病力类型 F_{40} 代接种后，病指分别比 F_0 代提高 20.0%、37.9%、42.9% 和 72.6%；其中，接种 RV4 类型驯化菌株致病力菌株病指增幅最大。玉米秸秆腐解物对禾谷丝核菌致病力的提升作用可能是中国北方麦区纹枯病重发的主要原因之一。

关键词：玉米秸秆腐解物；禾谷丝核菌；小麦纹枯病；秸秆还田；驯化培养

---

* 基金项目：河北省自然科学基金（C2016204211）；河北省教育厅（ZD2016162）和“十三五”国家重点研发计划（2017YFD0300906、2018YFD0300502）

** 第一作者：闫翠梅，硕士研究生，主要从事植物生态病理学研究；E-mail：18331138985@163. com

*** 通信作者：齐永志，讲师，硕士生导师，主要从事植物生态病理学研究；E-mail：qiyongzhi1981@163. com

甄文超，博士，教授，博士生导师，主要从事农业生态学与植物生态病理学研究；E-mail：wenchao@hebau. edu. cn

玉米萜类合成酶基因 *TPS6* 的功能和表达调控研究*

李圣彦[1**]　王贵平[1]　李梦桃[1,2]　李鹏程[1]　汪　海[1]　苍　晶[2]　郎志宏[1***]
(1. 中国农业科学院生物技术研究所，北京　100081；
2. 东北农业大学生命科学学院，哈尔滨　150030)

摘　要：玉米受到生物或非生物胁迫后会释放一系列的次生代谢物（主要为萜类化合物）进行防御，在这一过程中萜类合成酶发挥着关键的作用。玉米 *TPS6* 基因编码一个倍半萜合成酶，产物为 β-macrocarpene 和 β-bisabolene。已有研究表明病菌及害虫为害玉米后都会诱导 *TPS6* 的表达，这表明 *TPS6* 基因可能参与玉米的抗病虫过程。

利用实时定量 PCR 方法系统检测了 *TPS6* 基因在玉米自交系 B73 幼苗期的表达。玉米幼苗期地上部分（主要是叶片）*TPS6* 基因表达量极低，当用植物激素茉莉酸（JA）、水杨酸（SA）、脱落酸（ABA）、乙烯（Ethylene）及 JA/Ethylene 混合处理后，*TPS6* 表达无显著上升；用虫害（黏虫）处理后 *TPS6* 表达量也无显著上升；而玉米黑粉菌处理后 *TPS6* 基因明显受到诱导，随着时间的延长表达量显著上升，到第 6 天达到最高值。*TPS6* 基因在玉米根中有一定的表达，用不同激素处理后，只有 ABA 强烈诱导 *TPS6* 基因的表达，黏虫和玉米黑粉菌处理叶片后信号有一个长距离运输的过程，在虫害为害 8h 和病害为害 8 天后检测到根中 *TPS6* 的诱导表达，预示着黏虫和黑粉菌对根中 *TPS6* 的诱导有一个信号传递过程。为了研究 *TPS6* 基因的转录调控，利用拟南芥异源表达系统进行启动子缺失分析，发现 *TPS6* 启动子缺失至 ATG 上游 400bp 时仍具有与全长启动子（1 500bp）相同的表达模式。将该区段作为诱饵序列通过酵母单杂交的方法筛选拟南芥转录因子表达文库，筛选获得一个 DREB 转录因子，通过同源比对及结合玉米根组织转录组数据已获得玉米中调控 *TPS6* 基因的候选转录因子，正在进行相关验证。在 *TPS6* 启动子活性区段有一个 8bp 的顺式作用元件，该 8bp 基序在玉米自交系群体中存在多态性，在检测的 126 份玉米自交系中，有 53 个自交系的 *TPS6* 启动子区缺少 8bp 序列，同时显示 ABA 处理后 qRT-PCR 检测不到 *TPS6* 基因的表达，相反，含有 8bp 基序的玉米自交系 ABA 处理后 *TPS6* 都可诱导表达，在温带来源的玉米自交系多含有 8bp 基序，而热带品种多缺少 8bp，结果表明 8bp 基序对 *TPS6* 基因的诱导表达非常重要，并可能在玉米驯化中受到选择。构建了 *TPS6* 基因超表达和 *CRISPR-Cas*9 敲除基因的植物表达载体，获得了转基因玉米。GC-MS 分析显示 TPS6-OX 的转基因玉米叶片和根中都有 *TPS6* 催化产物 β-macrocarpene 和 β-bisabolene 的释放，而 TPS6-KO 材料未检测到产物。TPS6-OX 转基因玉米与对照玉米相比抗旱性及抗病性有明显提高，而抗虫性无明显差别，这个结果与 *TPS6* 在根中受 ABA 诱导、在叶中受黑粉菌诱导的结果有一定的关联性。下一步将对玉米 *TPS6* 基因在不同组织（地上部分和地下部分）参与不同抗逆境（生物逆境和非生物逆境）过程的机理做进一步分析。

关键词：萜类合成酶；*TPS6* 基因；黑粉菌诱导；抗旱

---

* 基金项目：国家自然科学基金（31601702）

** 第一作者：李圣彦，研究方向：玉米抗逆分子生物学；E-mail：cxfy61910@163.com

*** 通信作者：郎志宏；E-mail：langzhihong@caas.cn

谷子白发病种子带菌研究*

石　灿[1]** 宋振君[1,2]** 李志勇[1] 王永芳[1]
任世龙[1] 董志平[1]*** 白　辉[1]***
（1. 河北省农林科学院谷子研究所，国家谷子改良中心，河北省杂粮研究实验室，
石家庄　050035；2. 河北师范大学生命科学学院，石家庄　050024）

摘　要：为检测谷子种子是否能够携带白发病菌进行远距离传播，以选择的 95 个谷子品种为研究材料，以种子 DNA 为模板，利用白发菌 28S rDNA 的特异性引物进行聚合酶链式反应（polymerase chain reaction，PCR），共检测到 27 份材料为阳性样本；将所获得 PCR 条带测序后在 GenBank 中进行比对，结果表明，供试的谷子品种种子中所扩增出的 PCR 条带均来自白发病菌（*Sclerospora graminicola*）。为了进一步验证上述结果，挑选 27 份阳性样本的种子进行种子带菌率测定。结果表明，供试的 27 个谷子品种的种子带菌率介于 20.0%~100%，其中黑九枝、晋谷 28、九谷 20 共 3 个品种的种子带菌率最低，仅为 20.0%，蒙龙金谷、长生 07 等 12 个谷子品种的种子带菌率最高，为 100.0%。上述研究结果表明，谷子种子可以携带白发病菌，并且 PCR 可以作为一种检测谷子种子是否带白发病菌的简单、快速、可靠的方法。

关键词：谷子；白发病菌；种子带菌；聚合酶链式反应

---

* 基金项目：农业部转基因生物新品种培育重大专项重点课题（2014ZX0800909B）；国家现代农业产业技术体系（CARS-07-13.5-A8）

** 第一作者：石灿，主要从事谷子抗病分子生物学研究；E-mail：439932135@qq.com
宋振君，主要从事谷子抗锈病分子生物学研究；E-mail：szj1018@163.com
*** 通信作者：白辉，主要从事谷子抗病分子生物学研究；E-mail：baihui_mbb@126.com
董志平，主要从事谷子病虫害研究；E-mail：dzping001@163.com

基于 Rep-Pot2-PCR 的谷瘟病菌群体遗传结构分析[*]

任世龙[1,2**] 白 辉[1] 王永芳[1] 全建章[1] 邢继红[2] 李志勇[1***] 董志平[1***]

(1. 河北省农林科学院谷子研究所，国家谷子改良中心，河北省杂粮研究实验室，石家庄 050035；2. 河北农业大学生命科学学院，保定 071000)

摘 要：为明确我国不同地区谷瘟病菌（*Magnaporthe oryzae*）种群多样性，利用 Rep-Pot2-PCR 技术对我国不同谷子产区的 249 株谷瘟病菌 DNA 进行扩增和指纹分析，结果表明，供试菌株的扩增条带范围为 1～13 条，片段大小在 0.38～22.3kb，谷瘟病菌群体遗传结构复杂。基于 UPGMA 聚类分析表明，在 0.85 相似水平下，2015 年的 133 株谷瘟病菌菌株共划分为 20 个遗传宗谱，包含一个优势宗谱 GL1 和多个特异性宗谱；2016 年的 116 个供试菌株划分为 23 个遗传宗谱，同样包含一个优势宗谱 ZB2 和多个特异性宗谱。分析两年间谷瘟病菌群体的时空分布发现，不同地区、不同年份的谷瘟病菌群体遗传结构差异明显，谷瘟病菌群体呈扩张趋势，群体间未形成明显的地理隔离，存在某种途径可以使得不同地区谷瘟病菌群体之间得到有效的基因交流。本研究揭示了我国不同谷子产区谷瘟病菌群体遗传结构的多样性及病菌群体结构与时空分布的关系，为谷瘟病的防治提供了理论支持。

关键词：谷瘟病菌；群体结构；遗传宗谱；Rep-Pot2-PCR

---

* 基金项目：河北省优秀专家出国培训项目；国家现代农业产业技术体系（CARS-07-13.5-A8）

** 第一作者：任世龙，硕士，主要从事谷瘟病菌研究；E-mail：renshilong1993@163.com

*** 通信作者：李志勇，博士，研究员，主要从事谷子病害研究；E-mail：lizhiyongds@126.com

董志平，硕士，研究员，主要从事谷子病害研究；E-mail：dzping001@163.com

大豆花叶病毒间接 ELISA 检测方法的建立及应用*

李小宇** 张春雨 张 伟 苏前富 苏 颖 张金花 李建平 王永志***
(吉林省农业科学院/东北作物有害生物综合治理重点实验室/
吉林省农业微生物重点实验室，公主岭 136100)

摘 要：为快速有效地检测大豆花叶病毒（Soybean mosaic virus，SMV），本研究利用已制备的大豆花叶病毒衣壳蛋白（coat protein，cp）单克隆抗体，通过优化 ELISA 各个参数，建立大豆花叶病毒间接 ELISA 检测方法。检测抗体的选择：对实验室制备保存的 9 株 SMV CP 蛋白单克隆抗体：3B8、2A8、6E7、6B10、4G12、2D3、2C1、5D2 和 1C2，进行间接 ELISA 基本程序检测，选择 P/N 值最高的为检测抗体。优化检测抗体工作浓度，设置 8 个梯度：1000ng/ml、500ng/ml、250ng/ml、125ng/ml、62. 5ng/ml、31. 25ng/ml、15. 625ng/ml 和 7. 813ng/ml，每个梯度 3 次重复，根据 OD 值出现明显下降趋势的拐点为检测抗体最佳工作浓度。优化酶标抗体工作浓度，设置 8 个梯度：200ng/ml、100ng/ml、50ng/ml、25ng/ml、12. 5ng/ml、6. 25ng/ml 和 3. 125ng/ml，每个梯度 3 次重复，根据 OD 值出现明显下降趋势的拐点为酶标抗体最佳工作浓度。优化检测材料抗原包被时间，设置 5 个梯度：37℃2h 后 4℃过夜、37℃1h 后 4℃过夜、4℃过夜、37℃1h 和 37℃2h，每个梯度 3 次重复，选择 P/N 最高值为抗原包被最佳时间。优化检测抗体和酶标抗体孵育时间，设置 6 个梯度：15min、30min、45min、1h、1h15min 和 1. 5h，每个梯度 3 次重复，选择 P/N 最高值为检测抗体和酶标抗体最佳孵育时间。通过以上参数的优化，最终确定 SMV 间接 ELISA 最佳检测方法，结果显示最佳检测方法为检测抗原包被酶标板 37℃ 1h，检测抗体选择 4G12 单克隆抗体，工作浓度 125ng/ml，孵育 1h，酶标抗体工作浓度 100ng/ml，孵育 30min。SMV CP 蛋白最低检测限为 4. 98ng/ml。重复性变异系数小于 3%，说明该方法重复性高。田间随机采集 50 份大豆叶片样品，分别使用本研究建立的间接 ELISA 方法和 RT-PCR 方法进行检测比较，两种检测方法的一致率高达 94%。SMV 间接 ELISA 最佳检测方法的建立，为 SMV 提供了快速有效的检测方法，为 SMV 快速检测试剂盒及试纸条的开发奠定了理论基础，为大豆抗病育种提供了快速可靠的检测方法。

关键词：大豆花叶病毒；间接 ELISA；检测

* 基金项目：吉林省农业科技创新工程自由创新项目（抗除草剂基因编码蛋白 Bar/PAT 检测试纸条的研制 NO. CXGC2017ZY035）

** 第一作者：李小宇，从事分子病毒学研究；E-mail：lxyzsx@ 163. com

*** 通信作者：王永志，从事分子病毒学研究；E-mail：yzwang@ 126. com

大豆新品种对花叶病毒病的抗性鉴定*

曾华兰** 何 炼 蒋秋平 华丽霞 叶鹏盛*** 张 敏 王明娟

(四川省农业科学院经济作物育种栽培研究所，成都 610300)

摘 要：利用人工摩擦接种法，对39个大豆新品种（系）进行了对花叶病毒病两个流行株系的抗性鉴定。结果表明，参试品种（系）对花叶病毒病的抗性表现较好，但还有待于提高。在21个春大豆品种中，对SC3株系表现中抗及以上的有14个，占66.67%，对SC7株系表现中抗及以上的有10个，占47.62%；18个夏大豆品种中，对SC3株系表现中抗及以上的有10个，占55.56%，对SC7株系中抗及以上的有7个，占38.89%。其中，南610-1、贡夏8173-12等的抗性突出，达到抗花叶病毒病SC3株系。

关键词：大豆；花叶病毒病；抗性鉴定；四川

大豆是四川乃至全国的主要作物，四川省的大豆常年种植面积在400万亩以上，居国内第6位。在大豆种植中，常受到病毒病等病虫为害，造成产量减少、品质降低。大豆花叶病毒病是一种主要的世界性病害，也是我国东北、黄淮及南方三大产区主要病害之一，且从北到南发生趋于严重，培育推广抗病品种是目前防治大豆病毒病最经济有效的方法。而品种的抗病性鉴定评价，是选育抗病品种的不可缺少的手段，育种单位可根据抗性鉴定结果，选用抗性材料，从而有针对性地筛选抗病品种，达到育出品种抗病增产的目的。

试验材料来自于2016—2017年四川省各育种单位参加大豆抗病性鉴定39个大豆新品种（系），其中：2016年19个，2017年20个。供试病毒源来自于四川大面积大豆花叶病毒病典型病样，通过单斑分离纯化，在感病品种上活体保存。接种前，将病叶与磷酸缓冲液，加金刚砂研制成病毒接种汁液。抗性鉴定在网室中进行，采用摩擦接种法，分别在大豆的第一对真叶和第一片复叶展开时各接种1次，2个病毒株系采用独立网室接种。接种后30天按统一标准逐株调查各个品种的花叶病毒病发生情况。

21个春大豆品种鉴定结果表明（图1），对大豆花叶病毒病表现中抗及以上的有14个，占66.67%，其中，表现为抗病的有2个，病情指数分别为18.18、19.20，占总参试品种数的9.52%；表现为中抗的有11个，病情指数介于20.78~34.46，占52.38%；中感的有7个，占33.33%。对SC7株系无抗病品种，对SC7株系表现中抗及以上的有10个，占47.62%。其中，中抗的有10个，病情指数介于22.53~33.02，占47.62%；中感的有8个，占38.10%；感病的有3个，占14.29%。其中，南610-1和贡901共2个品种抗性较好，表现为抗SC3、中抗SC7。

18个夏大豆品种鉴定结果表明（图2），对大豆花叶病毒病SC3株系表现为抗病的有

* 基金项目：四川省育种攻关项目（2016NYZ0053-2）

** 第一作者：曾华兰，主要从事经济作物病虫害防治及评价研究；E-mail：zhl0529@126.com

*** 通信作者：叶鹏盛；E-mail：yeps18@163.com

3个，病情指数介于13.94~16.27，占总参试品种数的16.67%；表现为中抗的有8个，病情指数介于24.51~33.22，占44.44%；中感的有4个，占22.22%。对SC7株系无抗病品种，表现为中抗的有7个，病情指数介于25.65~34.28，占38.89%；中感的有7个，占38.89%；感病的有7个，占38.89%。其中，贡夏8173-12、南充95-5和贡夏8126共3个品种为抗SC3株系。

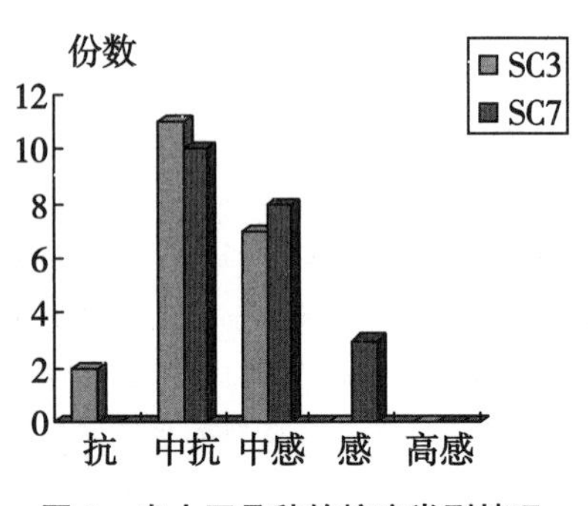

图1　春大豆品种的抗病类型情况

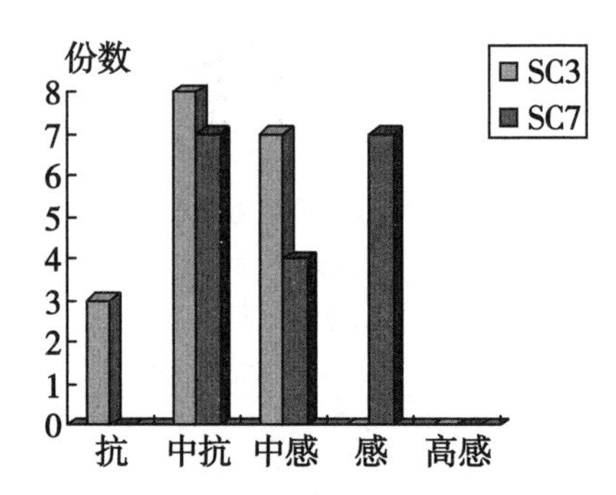

图2　夏大豆品种的抗病类型情况

上述结果表明，四川省大豆育种单位的参试大豆品种对花叶病毒病的抗性较好，基本都能达到中感病毒病的要求。但无论是春大豆还是夏大豆品种，对中致病力花叶病毒病SC7株系的抗病性不理想，无抗病品种，在今后的大豆品种（材料）选育工作中，还应该加强对中等致病力及强致病力病毒株系的抗性筛选。

VIGS 技术分析陆地棉 LRR 类基因和 *WRKY* 转录因子的功能[*]

任玉红[**]　朱雪岩　司　宁　张文蔚[***]　简桂良[***]
（中国农业科学院植物保护研究所/植物病虫害生物学国家重点实验室，北京　100193）

摘　要：由大丽轮枝菌（*Verticillium dahliae* Kleb.）引起的土传病害棉花黄萎病是影响我国棉花可持续发展的主要障碍之一。本研究利用病毒诱导的基因沉默（VIGS）技术，在中植棉 KV-3 中沉默了与陆地棉抗病相关的 3 个 NBS-LRR 类基因（*GhFLS*2、*GhMRH*1、*GhEBF*1）和 2 个 *WRKY* 基因（*GhWRKY*29、*GhWRKY*33）。对目的基因沉默的植株接种强致病力落叶型菌株 V991，初步调查结果显示，野生型中植棉 KV-3 和转化空载体棉株的病情指数分别为 7.43 和 11.00，而沉默 *GhFLS*2 基因、*GhMRH*1 基因、*GhEBF*1 基因、*GhWRKY*29 基因和 *GhWRKY*33 基因的棉株病情指数均高于野生型和转化空载体的植株，它们的病情指数在 21.88~38.50。上述基因沉默后，中植棉 KV-3 对黄萎病的抗性下降，品种抗性由抗病变为感病，证明这 5 个基因在陆地棉对黄萎病菌的抗性反应中具有重要作用。

关键词：棉花黄萎病；病毒诱导的基因沉默（VIGS）技术；NBS-LRR 类基因；*WRKY* 基因

---

* 基金项目：公益性（农业）科研项目（201503109）

** 第一作者：任玉红，硕士研究生，植物病理学专业；E-mail：1571331719@ qq. com

*** 通信作者：张文蔚；E-mail：wwzhang@ ippcaas. cn
简桂良；E-mail：gljian@ ippcaas. cn

湖南省棉花黄萎病菌致病力分化研究*

李彩红** 赵瑞元 李 敏
（湖南省棉花科学研究所，长沙 415101）

摘 要：棉花黄萎病是影响我国棉花生产的主要病害，其致病菌为大丽轮枝菌（*Verticillium dahliae* Kleb.）。明确大丽轮枝菌致病力变异情况，可为棉花抗病品种选育推广及棉花黄萎病综合防控提供理论依据。本研究首次以湖南省各主产棉县（区）分离的77个单孢黄萎病菌为研究对象，测定其培养特性、生长速率、产孢量及致病性。结果表明：供试菌株在PDA平板上的菌落形态差异明显，根据微菌核产量及菌落特性，将其划分为菌核型、菌丝型和中间型3种培养类型，且每种类型的各个菌株之间形态多样。其中菌核型菌株共10个，占13.0%，该类型根据其形态可分为4种；菌丝型菌株共40个，占51.9%，该类型有5种表型；中间型菌株共27个，占35.1%。供试菌株生长速率为1.22~2.54mm/天，产孢量为（5.3~40.6）$\times 10^6$个孢子/ml，各菌株之间存在明显差异。根据平均病情指数对供试菌株的致病力进行聚类，参试菌株被划分为致病力强的Ⅰ类，致病力弱的Ⅱ类和致病力中等的Ⅲ类。其中Ⅰ类菌株仅分离自汉寿的XVd9 1个菌株，该类型的菌株占所有供试菌株的3.2%。Ⅱ类包括XVd28、XVd30、XVd5、XVd26 4个菌株，占12.9%，主要分布在澧县和南县。致病力中等的Ⅲ类菌株包括26个菌株，占比最大，为83.9%，在各个地区均有分布。并且致病力与培养特性及地理来源之间均无相关性。

关键词：湖南省；棉花黄萎病菌；致病力；遗传分化

---

* 基金项目：国家重点研发计划资助（2017YFD0201907）；湖南省农业科技创新资金资助（2017XC03）

** 第一作者：李彩红，主要从事棉花病害研究；E-mail：lch19860616@163.com

温度对设施黄瓜白粉病侵染及其孢子空间分布的影响*

李清清** 史 娟***
（宁夏大学农学院，银川 750021）

摘 要：本试验是为了明确设施环境温度条件对黄瓜白粉病早期侵染及其孢子空间分布的影响，以设施内黄瓜叶片上白粉病菌孢子为研究对象，对植株发病情况进行田间调查，同时采用载玻片涂抹凡士林进行孢子采集，然后利用光学显微镜统计孢子数量，系统的研究了设施内温度对黄瓜白粉病早期侵染及对孢子其空间分布的影响。结果表明，黄瓜白粉病早期侵染速率随温度的升高而逐渐加快，当气温稳定在23℃左右时，孢子侵染速率达最高为3.43cm²/天；并通过室内人工接种光照培养箱设置不同温度梯度试验证明了最适宜黄瓜白粉病菌孢子增长和扩散的最适温度范围是15~25℃。在温室内垂直方向上，地表处总孢子数量最多为467个，此处日平均温度最高为23.5℃，最低为10℃；距地面60cm处孢子数量次之为459个，此处日平均温度最高为26.5℃最低为6℃；距地面120cm处孢子数量相对较少为456个，此处日平均温度最高为23.5℃最低为8.5℃；由此说明温室内孢子在垂直方向的分布从下到上依次减少。在温室内水平方向上，根据持续对36个采样点孢子数量变化进行观察和统计，得出温室东北部位于地表处孢子总体数量较多，西南部距地面120cm处孢子数量总体较少。本试验此结论可为今后日光温室内黄瓜白粉病的流行及病害防治提供理论参考。

关键词：黄瓜；白粉病菌；侵染；孢子；空间分布；温度

* 基金项目：自治区科技厅重点研发计划重大项目（021704000019）设施蔬菜主要病虫害早期多元化监测预警与诊断试剂盒开发

** 第一作者：李清清，在读硕士；E-mail：qingqingli1211@163.com

*** 通信作者：史娟；E-mail：shi_j@nxu.edu.cn

氧化钙对西瓜枯萎病及根际细菌群落的调控*

田　程[1**]　邱　婷[1]　朱菲莹[2]　肖姬玲[2]　魏　林[3]　梁志怀[1,2***]

（1. 湖南大学研究生院隆平分院；长沙　410125；2. 湖南省农业生物技术研究所；长沙　410125；3. 湖南省植物保护研究所；长沙　410125）

摘　要：西瓜枯萎病是影响西瓜产量与质量最主要的土传病害之一，在全国各地区均有发生，而细菌作为土壤微生物最主要的成分之一，在植物土传病害的发生过程中发挥着重要作用。

石灰（CaO）作为一种常见的农业土壤改良剂，能较好的防治西瓜枯萎病的发生，故在西瓜生产上得到较为广泛的应用。而氧化钙作为石灰的主要成分，探究其是如何调控土壤的微生物群落结构、防治西瓜枯萎病，对科学施用石灰、促进西瓜产业可持续发展具有重要作用。

本研究利用 Illumina Hiseq 高通量测序平台对土壤进行 16S rDNA 测序分析。设置两组试验：对照组为连作 5 年的土壤（CK3），试验组为该土壤中施加氧化钙（S3），分别栽培西瓜品种早佳“8424”。发病率统计结果显示，CK3 西瓜枯萎病发病率为 87.5%，S3 发病率为 35.4%，说明氧化钙对西瓜枯萎病的防治效果达到了 59.5%，效果明显；高通量测序结果显示，土壤细菌多样性指数表现为 S3>CK3；细菌丰富度也表现为 S3> CK3，且 CK3 与 S3 的优势菌群发生了变化；在属水平上相对丰度排名前 30 的土壤细菌中，与发病率呈显著性正相关的有 *Mizugakiibacter*、*Crenotalea*、罗河杆菌属（*Rhodanobacter*）、不动杆菌属（*Acidibacter*）、戴氏菌属（*Dyella*）和 *Bryobacter*，多为 CK3 中的优势菌属，且多对西瓜枯萎病无明显的防治效果；呈显著性负相关的有黄色土源菌属（*Flavisolibacter*）、鞘氨醇单胞菌属（*Sphingomonas*）、出芽单胞菌属（*Gemmatimonas*）、丰收神菌属（*Opitutus*）、德沃斯氏菌属（*Devosia*），多为 S3 中的优势菌属，亦多具有良好的生防作用，能有效防控西瓜枯萎病的发生。以上结果说明，施加氧化钙能提高土壤中细菌的多样性及丰富度，改变土壤中的细菌群落结构，增加与西瓜枯萎病呈负相关的有益菌属的比例，从而达到防控西瓜枯萎病的效果。

关键词：西瓜；枯萎病；氧化钙；土壤细菌多样性；高通量测序

---

* 基金项目：公益性行业（农业）科研专项（201503110－03）；国家重点研发计划（2017YFD0200606）；湖南省重点研发计划（2017NK2371）

** 第一作者：田程，女，硕士研究生；E-mail：374820322@qq.com

*** 通信作者：梁志怀；E-mail：liangzhihuainky@163.com

西瓜噬酸菌 tRNA 修饰酶基因 *miaA* 的功能研究*

乔 培 杨玉文 赵廷昌**
（中国农业科学研究院植物保护研究所，
植物病虫害生物学国家重点实验室，北京 100193）

摘 要：瓜类细菌性果斑病（bacterial fruit blotch，BFB）是世界性检疫细菌性病害，通过种子传播，能严重为害西瓜、甜瓜等葫芦科作物，在世界各国的西、甜瓜产区普遍发生，并造成严重的经济损失。其病原菌为西瓜噬酸菌（*Acidovorax citrulli*），革兰氏阴性菌，主要通过 III 型分泌系统（T3SS）将效应子（effector）直接注入宿主细胞体内，达到致病的效果。静止期/一般应激反应 sigma 因子 RpoS 是细菌稳定期稳态适应和恢复所必需的。作为生理后果，其水平至少在两个水平上受到严格监管。其一在翻译上受到 RNA 伴侣蛋白 Hfq 同多个 sRNA（small no-coding RNA）分子共同作用的调节。其二在未受到抗衔接子的保护下，衔接蛋白 ClpXP 和 RssB 能够降解 RpoS。除了这些转录后的调节水平，转录 RNA（tRNA）修饰酶也会影响 RpoS 的稳态水平。

MiaA 为 tRNA 修饰酶，tRNA 的修饰在促进翻译保真度方面发挥了关键作用。某些 tRNA 修饰以调节方式在细胞内的生理循环中起作用，例如真核细胞中的 DNA 损伤和氧化应激。本研究使用西瓜噬酸菌 II 组菌株 Aac-5 通过同源重组双交换构建 *miaA* 缺失突变体后发现：① *miaA* 基因的缺失使西瓜嗜酸菌 Aac-5 菌株的致病能力显著降低，三型分泌系统关键基因 *hrpX* 显著下调；②生物膜形成能力显著下降，但同样可引起非寄主烟草的过敏性反应；③ *miaA* 基因的缺失不会影响西瓜嗜酸菌 Aac-5 菌株的运动能力以及生长速度，且鞭毛相关基因 *fliR*、*fliC* 的表达量同野生菌株相比无显著变化；④ *miaA* 基因的缺失使西瓜嗜酸菌 Aac-5 菌株在 KB 平板上的颜色明显加深，且色素相关基因 *aroE*、*fabG* 表达量显著下调。本研究为今后 *miaA* 基因在西瓜噬酸菌中的作用以及其对 *ropS* 调控机理的研究打下了基础。

关键词：西瓜噬酸菌；*miaA* 基因；致病能力；三型分泌系统

* 基金项目：国家西甜瓜产业技术体系（No. CARS-26）

** 通信作者：赵廷昌，研究员，主要从事蔬菜病害研究；E-mail：zhaotgcg@163.com

西瓜嗜酸菌光敏色素基因 *bphP* 致病力调控的研究*

闫建培 张晓晓 杨玉文 赵廷昌**
（中国农业科学研究院植物保护研究所，
植物病虫害生物学国家重点实验室，北京 100193）

摘 要：光作为一种重要的环境因子，在植物病原互作过程中，发挥着重要作用。研究发现，光可以影响植物病原细菌在侵染寄主过程中的致病性。非光和细菌中存在一类可以通过感受红光进而调节细菌生理生化活动的蛋白，即细菌光敏色素（bacteriophytochrome photoreceptors，BphPs）。该类蛋白在植物病原细菌中可参与调控多种致病力表型，如：群集运动、群体感应、胞外水解酶等等。

瓜类细菌性果斑病是发生在西甜瓜等多种葫芦科作物上的重要的细菌性病害之一，其病原菌为西瓜嗜酸菌（*Acidovorax citrulli*）。为了探究西瓜嗜酸菌 BphP 蛋白对其致病力的影响，本研究通过同源重组双交换，构建西瓜噬酸菌基因 *bphP*（*Aave_* 2978）突变体菌株 Δ*bphP*，并对该基因进行了回补。通过生物信息学分析发现，该蛋白存在 PAS2，GAF，PHY 三个功能结构域。*bphO* 位于 *bphP* 的上游，与 *bphP* 同属于一个转录单元，该基因参与 BphP 发色团的合成。游动性测定发现在红光条件下，该突变体的游动晕圈直径与野生型相比，要显著增大。生物膜测定发现，红光下突变体的生物膜的形成能力与野生型相比要显著提高。通过 qPCR 表明该基因的缺失，会影响多个致病基因的的转录水平。这些结果为进一步理解西瓜嗜酸菌光敏色素在致病力调节中的作用提供了依据，并为深入研究光对西瓜嗜酸菌与寄主互作关系的影响奠定基础。

关键词：西瓜嗜酸菌；BphP；光；致病性

---

* 基金项目：国家西甜瓜产业技术体系（No. CARS-26）

** 通信作者：赵廷昌，研究员，主要从事蔬菜病害研究；E-mail：zhaotgcg@163.com

西瓜噬酸菌 *ftsH* 基因功能分析*

季苇芹** 杨玉文 关 巍 赵廷昌***
（中国农业科学院植物保护研究所/植物病虫害生物学国家重点实验室，北京 100193）

摘 要：西瓜噬酸菌（*Acidovorax citrulli*）引发的瓜类细菌性果斑病（bacterial fruit blotch，BFB）是检疫性种传细菌病害，能严重为害西瓜、甜瓜等葫芦科作物，造成严重的经济损失。由于西瓜噬酸菌的具体致病机理尚未明确，目前，瓜类细菌性果斑病的防治缺乏针对性的防治措施，因此急需对西瓜噬酸菌的致病机理进行研究，以为果斑病的针对性防治提供理论指导。AAA ATPase（ATPase associated with diverse cellular activities）在西瓜噬酸菌的多种生命过程中发挥重要作用。研究表明，AAA ATPases 基因的缺失显著影响细菌菌株致病力及与植物间的互作。AAA 家族中的 FtsH 蛋白（filamentation temperature-sensitive H）是由 *ftsH* 基因编码的，参与生长、致病、环境应激反应、蛋白质量平衡等过程的重要蛋白，但其在西瓜噬酸菌中的作用尚未明确。本实验以西瓜噬酸菌 Aac5 菌株为研究对象，通过构建基因缺失突变体，测定致病力等各项表型，以及突变株中致病相关基因和其他 AAA ATPase 基因的表达量，初步探索西瓜噬酸菌中 *ftsH* 的功能，为 FtsH 蛋白的功能研究奠定基础。结果表明，*ftsH* 的缺失显著降低西瓜噬酸菌菌株致病力、运动能力、生物膜形成能力、生长能力和环境胁迫耐受能力，不影响烟草过敏性反应，显著影响西瓜噬酸菌致病相关基因、AAA ATPase 基因以及热激转录因子 σ^{32} 的表达量。这表明 *ftsH* 在西瓜噬酸菌中的功能与菌株致病性和环境耐受性密切相关。

关键词：西瓜噬酸菌；*ftsH*；功能分析

* 基金项目：国家西甜瓜产业技术体系（NO. CARS-26）资助

** 第一作者：季苇芹，博士研究生，专业方向为分子植物病理学；E-mail：jiwqcaas@foxmil. com

*** 通信作者：赵廷昌，博士，研究员，主要从事作物病原细菌生物学和病害防控研究；E-mail：zhaotgcg@163. com

油菜苗期菌核病为害及侵染途径分析*

黄小琴** 张 蕾 伍文宪 杨潇湘 周西全 刘 勇***

（四川省农业科学院植物保护研究所，

农业部西南作物有害生物综合治理重点实验室，成都 610066）

摘 要：油菜菌核病是由核盘菌［*Sclerotinia sclerotiorum*（Lib.）de Bary）引起的，严重影响油菜生产的真菌性病害，该病主要发生于油菜花期至成熟期，为害油菜茎秆、叶片、角果，影响油菜产量和品质。近年，随着耕作制度的变更和施肥水平的提高，油菜菌核病发生规律也随之发生改变，油菜菌核病开始发生于苗期至开花前，严重的引起植株死亡。

2011—2013年，在四川成都、眉山、绵阳、德阳4地市20多个县的100多个油菜田中均发现油菜苗期植株受菌核病菌丝侵染为害的现象，植株受侵染率在5%~15%，杂草越多田块病害发生越严重，部分严重田块侵染率达到60%以上。主要症状为茎基部被菌丝侵染形成水渍状病斑，严重的茎叶腐烂植株死亡，在腐烂处出现白色菌丝或黑色的新菌核。2014年11月至次年2月，持续在四川双流、新都、新津、彭山、绵竹等地调查发现，菌核直接萌发形成子囊盘，油菜植株菌核病发病率介于6%~20%，菌核病为害症状不仅仅是茎基部受害，部分油菜植株叶片中央形成明显菌核病病斑，有别于2011—2013年的苗期病害症状。2015—2017年，油菜苗期对田间核盘菌子囊盘数量进行调查发现，连续三年，最早于11月初在田间发现子囊盘，即核盘菌萌发，至12月底达萌发高峰期，萌发高峰期子囊盘数量最高达5个/m^2，田间油菜菌核病发生率介于3%~12%，主要引起叶片明显菌核病病斑腐烂，严重的茎秆受害腐烂导致植株死亡。

根据田间油菜植株受害部位及症状初步分析，油菜苗期菌核病侵染途径主要有以下4种：一是菌核萌发菌丝直接侵染油菜茎基部；二是菌核萌发菌丝侵染杂草（以鼠曲为主），受害杂草接触再侵染油菜植株；三是菌核萌发形成子囊盘，释放子囊孢子侵染杂草花絮（以碎米荠、芥菜为主），杂草花瓣/花粉掉落侵染油菜植株；四是子囊孢子直接侵染油菜叶片。

关键词：核盘菌；油菜菌核病；侵染途径；苗期

---

* 基金项目：四川省“十三五”农作物及畜禽育种攻关（2016NYZ0053-1-5）；国家产业技术体系四川油菜创新团队（2015—2019）

** 第一作者：黄小琴，硕士，副研究员，从事油菜病害及生物防治研究；E-mail：hxqin1012@163.com

*** 通信作者：刘勇，研究员，主要从事植物病理及生物防治研究；E-mail：liuyongdr66@163.com

苜蓿假盘菌子囊盘超微结构观察

马 新 史 娟
（宁夏大学农学院，银川 750021）

摘 要：为了揭示苜蓿假盘菌（*Pseudopeziza medicaginis*）产孢菌落与非产孢菌落的差异，以人工接种的苜蓿假盘菌为试验材料，采用形态学、组织学和细胞学的方法揭示了两者之间的差异，结果表明，*P. medicaginis* 的产孢菌落与非产孢菌落在形态学、组织学及细胞学上存在显著差异。形态学表明，非产孢菌落呈粉色，肉质，表面光滑且不易从培养基上挑出，产孢菌落颜色呈灰色、黑色或黑褐色，表面较粗糙且菌落易挑出；组织学表明，非产孢子实体仅能观察到生长疏散的营养菌丝，菌落着色浅，产孢子实体有明显的子囊孢子；细胞学表明，非产孢子实体虽然具有菌丝结构，但菌丝内物质含量少，产孢子实体含有完整的菌丝结构。*P. medicaginis* 非产孢菌不具备完整的有性生殖结构，而产孢菌落具备完整的有性生殖结构，因此，*P. medicaginis* 能否产生子囊孢子与其自身的结构有关。

关键词：苜蓿假盘菌；产孢子实体；非产孢子实体；差异

基于 PCR 技术的苜蓿根腐病病原 *Fusarium proliferatum* 产伏马菌素潜力的检测*

琚慧慧** 张雨竹 王海光***

（中国农业大学植物保护学院，北京 100193）

摘　要：伏马菌素（Fumonisins，FUM）是由镰孢菌产生的可对动物产生神经毒性如马脑白质软化等的双酯类真菌毒素。为了探明引起苜蓿根腐病的镰孢菌是否具有产伏马菌素的潜力，以便进一步分析可能造成苜蓿饲料中含有该毒素而对牲畜产生影响，本研究利用已报道的检测伏马菌素基因的引物 FUM8 rp679/rp680，对分离自苜蓿根腐病症状样品上的具有致病性的镰孢菌进行 DNA PCR 扩增。rp679 序列为 5′-CGTAGTAGGAATGAGAAGGATG-3′，rp680 序列为 5′-GCAAGCTTTGTGGCTGATTGTC-3′。PCR 扩增采用 20μl 反应体系：10×PCR Buffer（Mg^{2+}）2 μl，dNTP Mix（各 2.5mM）2.5μl，引物（10μMol/L）各 1μl，rTaq DNA 酶（5U/μl）0.2 μl，DNA 模板（100ng/μl）2μl，补 ddH_2O 至终体积 20 μl。PCR 扩增程序为：94℃预变性 5min；94℃变性 1min，56℃退火 45s，72℃延伸 1min，33 个循环；72℃延伸 10min，4℃保存。在上述条件下，鉴定为层出镰孢（*Fusarium proliferatum*）的菌株 KLX2 能够扩增出大小为 922bp 的条带，与目标片段大小相符，并将该片段测序结果与 NCBI 核酸序列数据库 GenBank 中已有序列进行 BLAST 比对分析，与 *Fusarium proliferatum*（GenBank accession number：AY577451.1）Ident 值达到 99%，表明该菌株具有产伏马菌素的基因，与已报道层出镰孢具有产伏马菌素潜力的结果一致。本研究利用 PCR 技术可检测到所分离获得的苜蓿根腐病病原层出镰孢 *F. proliferatum* 菌株 KLX2 具有产伏马菌素的相关基因，说明该菌株具有产伏马菌素的潜力，但能否产生毒素，尚有待于经过毒素提取、纯化和检测进行验证。

关键词：苜蓿根腐病；镰孢菌；毒素化学型；伏马菌素；层出镰孢

* 基金项目：公益性行业（农业）科研专项经费项目（201303057）

** 第一作者：琚慧慧，硕士研究生，主要从事植物病害流行学研究；E-mail：979642865@qq.com

*** 通信作者：王海光，副教授，主要从事植物病害流行学和宏观植物病理学研究；E-mail：wanghaiguang@cau.edu.cn

广东省人参果青枯病病原初步鉴定*

佘小漫** 何自福 汤亚飞 蓝国兵 于 琳 李正刚
（广东省农业科学院植物保护研究所，
广东省植物保护新技术重点实验室，广州 510640）

摘 要：茄科雷尔氏菌［*Ralstonia solanacearum*（Smith）Yabuuchi *et al.*］是世界上最重要的植物病原细菌之一，分布于全球热带、亚热带和温带地区。该病原菌寄主范围广，可侵染 50 个科 200 多种植物。人参果学名为南美香瓜茄（*Solanum muricatum* Aiton），又名长寿果、凤果、艳果，原产南美洲，属茄科类多年生双子叶草本植物，在我国甘肃、四川、贵州、云南、湖北、湖南、江西、广西等省（自治区）均有种植。近年来，人参果开始在广东省种植。2018 年 3 月，在广东惠州的人参果种植地发生青枯病，田间病株率为 33%。人参果病株叶片萎蔫、失去光泽，病株维管束变褐，最后整株枯萎。在含 1% TZC 的 LB 琼脂平板上，30℃培养 48h 后，可从病株茎基部组织中分离到菌落形态较一致的细菌分离物，菌落呈近圆形或梭形，隆起，中间粉红色，周围乳白色。人工接种致病性测定显示，该分离菌株能侵染人参果植株并引起与田间症状相同的青枯病，说明其为引起人参果青枯病的病原菌。进一步 16S rDNA 序列比较，鉴定该病原菌为茄科雷尔氏菌。碳水化合物利用试验结果表明，19 个菌株均能利用甘露醇、山梨醇、甜醇、乳糖、麦芽糖、纤维二糖等 6 种碳水化合物。此外，演化型复合 PCR 鉴定结果显示，19 个菌株均能扩增出 280bp 和 144bp 特异条带。因此，引起广东省人参果青枯病的病原鉴定为茄科雷尔氏菌，19 个人参果菌株均属于青枯菌演化型 I 型、生化变种 3。

关键词：人参果青枯病；茄科雷尔氏菌；病原鉴定

---

* 基金项目：广东省科技计划项目（2015B020203002）

** 第一作者：佘小漫，博士，研究员，研究植物病原细菌；E-mail：er126@126.com

苹果病毒 RT-PCR 检测体系优化及保存方法的研究*

蒋东帅** 郗娜娜 张静娜 马 杰 王祎丹 杨军玉
崔利文 胡同乐 王树桐 王亚南*** 曹克强***
（河北农业大学植物保护学院，保定 071000）

摘 要：优化苹果主要病毒 RT-PCR 检测样本采集及保存方案，提高病毒检测的可靠性，为实现果园无毒化栽培奠定基础。以携带苹果锈果类病毒（*Apple skin scar viroid*，ASSVd）、苹果褪绿叶斑病毒（*Apple chlorotic leafspot virus*，ACLSV）、苹果花叶病毒（*Apple mosaic virus*，ApMV）、苹果茎痘病毒（*Apple stem pitting virus*，ASPV）、苹果茎沟病毒（*Apple stem grooving virus*，ASGV）的苹果植株为试材，比较了两套 RT-PCR 检测体系的灵敏度；选择灵敏度较高的 RT-PCR 检测体系，在不同月份采集苹果树不同组织部位，进行 RT-PCR 检测效果的比较；然后，比较样本两种不同保存形式的检测效果，以及在不同温度下保存不同时间的检测效果。一年中以 10 月苹果植株各组织部位 ASSVd、ACLSV、ApMV、ASPV4 种病毒的检出率较高，各月均以冠层下部一年生枝皮和根皮组织检出率相对较高，而对于 ASGV，一年中以 4 月苹果植株各组织部位的检出率较高，各月份以冠层上部一年生枝皮和根皮组织检出率相对较高；用报纸包裹枝条方式保存的样本检测效果优于锡箔纸包裹枝皮粉末的样本。4℃、25℃保存的样本 4 种病毒的检出率高于其他温度保存相同时间的样本。ASSVd、ACLSV、ApMV、ASPV RT-PCR 检测的适宜时期为 10 月，冠层下部一年生枝皮为适宜检测部位，ASGV 的适宜检测时期为 4 月，适宜检测组织部位为冠层上部一年生枝皮。在方便采集的时期，根系也可作为各病毒 RT-PCR 检测的组织部位。样本采集后，以枝条保存的检测效果优于枝皮粉末，样本保存适宜温度为 4℃、25℃，3 天内可保证 5 种病毒的检测可靠性，5 天内保证除 ApMV 其他 4 种病毒的检测可靠性。

关键词：苹果病毒；RT-PCR；检测；适宜时期；组织部位

---

* 基金项目：国家重点研发计划（2016YFD0201100）；国家苹果现代产业技术体系（CARS-28）；河北省青年拔尖人才支持计划

** 第一作者：蒋东帅，在读硕士生，主要从事分子植物病理学研究；E-mail：2419893153@ qq. com

*** 通信作者：王亚南，博士，教授，主要从事果蔬病毒与寄主的互作及其综合防治研究；E-mail：wyn3215347@ 163. com

曹克强，博士，教授，主要从事植物病害流行与综合防控研究；E-mail：caokeqiang@ 163. com

宁夏地区葡萄霜霉病研究现状及防治对策*

杨璐嘉[1**]　邓　杰[1]　姜彩鸽[2]　宋　双[2]　马占鸿[1***]
(1. 中国农业大学植物病理学系，北京　100193；
2. 宁夏植物保护研究所，银川　750021)

摘　要：宁夏地区拥有独特的地理和气候条件，是我国生产优质酿酒葡萄的最佳生态区。目前，全区葡萄产业园种植面积高达 65 万 hm^2，拥有以赤霞珠、霞多丽等为主 21 个不同酿酒葡萄品种和以红地球为主的 19 个不同鲜食葡萄品种，随着葡萄产业园种植面积和产量的逐年扩大，病害发生程度也逐年加重，尤其以葡萄生单轴霜霉［*Plasmopara viticola*（Berk et Curtis）Bert. et de Toni］引起的葡萄霜霉病为重，已成为葡萄生产中最主要的气传病害，每年 7 月中下旬至 8 月下旬是该病害发生流行的高峰期，发病面积达到 80%以上，以赤霞珠、霞多丽、美乐等葡萄品种受害最重。这对整个宁夏地区葡萄种植业和葡萄酒酿造业的发展和产量造成严重影响。本文总结了宁夏地区葡萄霜霉病的病害特征及发生和流行规律。应用 Real-time PCR 定量检测方法分析宁夏地区葡萄霜霉病主要发生区域潜伏状态下的葡萄霜霉病菌并对其进行抗病性鉴定和监测，构建病害发生预测模型，有助于深层次解析该病害早期侵染发生流行过程，对加强葡萄霜霉病的可预见性和可控性提供参考依据。近年来，宁夏地区对葡萄霜霉病的防治仅仅局限于喷施石硫合剂、多菌灵等化学防治手段。因此，文中也提出了以种植抗病品种为主，加强病情监测和栽培管理措施为辅的综合防治对策，对提升宁夏地区葡萄霜霉病早期预测预报技术及开发绿色防控可持续发展防治对策提供技术支撑。

关键词：宁夏；葡萄霜霉病；潜伏侵染；防治对策；早期预测预报技术

* 基金项目：宁夏回族自治区重点研发计划（东西部合作项目 2017BY080）

** 第一作者：杨璐嘉，博士研究生，主要从事植物病害流行学研究；E-mail：ylj0818@126.com

*** 通信作者：马占鸿，教授，博士生导师，主要从事植物病害流行和宏观植物病理学研究；E-mail：mazh@cau.edu.cn

云南甘蔗白条黄单胞菌鉴定和多基因系统发育分析*

李文凤** 张荣跃 王晓燕 单红丽 李 婕
仓晓燕 罗志明 尹 炯 黄应昆***
（云南省农业科学院甘蔗研究所/云南省甘蔗遗传改良重点实验室，开远 661699）

摘 要：甘蔗白条病是由白条黄单胞菌［*Xanthomonas albilineans*（Ashby）Dowson］引起的甘蔗重要病害。2017 年在云南保山、孟定和金平蔗区的甘蔗上发现疑似白条病的病害。从病株蔗茎中分离得到的细菌经柯赫氏法则验证为该病害的病原菌。对分离得到的病原菌的 16S rRNA 基因、*gyrB* 基因和 *rpoD* 基因进行了 BLAST 分析，结果表明本研究所获得的病原菌的 3 个基因的核苷酸序列与白条黄单胞菌 GPE PC73 菌株（Genbank 登录号：FP565176）对应基因的核苷酸序列一致性均为 100%。根据田间症状诊断、柯赫氏法则验证及分子鉴定结果，确认云南保山、孟定和金平发生的甘蔗病害为 *X. albilinean* 引起的甘蔗白条病。对分离自云南和广西的 36 个 *X. albilinean* 菌株的部分 16S rRNA，*gyrB* 基因和 *rpoD* 基因序列进行了测序。联合已报道的其他国家 *X. albilinean* 分离株的 16S rRNA，*gyrB* 基因和 *rpoD* 基因序列进行了系统发育分析。系统发育分析结果表明 *gyrB* 基因对于区分 *X. albilinean* 菌株有更好的分辨率，来自云南和广西的 *X. albilineans* 分离株与 Tsushima 等研究中的 B 类群为同一个类群。

关键词：甘蔗白条病；白条黄单胞菌；系统发育分析；云南

---

* 基金项目：国家现代农业产业技术体系（糖料）建设专项资金（CARS-170303）；云岭产业技术领军人才培养项目“甘蔗有害生物防控”（2018LJRC56）；云南省现代农业产业技术体系建设专项资金

** 第一作者：李文凤，研究员，主要从事甘蔗病虫害研究；E-mail：ynlwf@ 163. com

*** 通信作者：黄应昆，研究员，从事甘蔗病虫害防控研究；E-mail：huangyk64@ 163. com

火龙果褐腐病菌不同接种条件下的致病力差异*

蓝国兵[1,2]** 佘小漫[1] 于 琳[1] 汤亚飞[1] 邓铭光[1] 李正刚[1] 何自福[1,2]***

(1. 广东省农业科学院植物保护研究所；广州 510640；
2. 广东省植物保护新技术重点实验室；广州 510640)

摘　要：火龙果褐腐病（溃疡病）是由新暗色柱节孢（*Neoscytalidium dimidiatum*）侵染引起的对火龙果生产具有毁灭性的真菌病害，每年在华南地区均造成严重损失。为明确病原菌侵染火龙果的生物学特性，本研究采用孢子悬浮液喷雾接种测定了不同浓度、温度和茎秆年龄处理对火龙果茎秆的致病力差异，以期为病害防控提供科学依据。结果显示，孢子浓度为 4×10^6、1×10^6、1×10^5、1×10^4 个孢子/ml 的接种条件下，30℃接种 5 天后，幼嫩火龙果茎秆均可见较明显病斑，接种浓度越高，病斑越多，而 1×10^3 个孢子/ml 接种 10 天后方可见零星病斑。不同温度接种处理显示，火龙果幼嫩茎秆 1×10^6 个孢子/ml 接种 7 天后，15℃和 20℃处理未见病斑，25℃和 30℃处理病斑明显，35℃处理病斑较少。不同茎秆年龄接种处理显示，1×10^6 个孢子/ml 30℃接种 7 天后，15 天左右的幼嫩茎秆可见明显病斑，2 个月左右的中熟茎秆仅可见零星病斑，第二年的老熟茎秆未见病斑。这些结果表明，在田间指导火龙果褐腐病防控时应重点做好清园工作以降低病原基数，在适宜发病时期及时施药保护火龙果幼嫩枝条不被侵染。

关键词：火龙果；新暗色柱节孢；致病力

---

* 基金项目：广州市科技计划项目（201607010061）；广东省自筹经费类科技计划项目（粤科规财字〔2015〕110 号）

** 第一作者：蓝国兵，助理研究员，主要从事植物真菌病害防控技术研究；E-mail：languo020@163. com

*** 通信作者：何自福，博士，研究员；E-mail：hezf@ gdppri. com

杆状病毒 AcMNPV 中 Ac-PK2 蛋白的功能分析*

付月君** 卫丽丽

（山西大学生物技术研究所，化学生物学与分子工程教育部重点实验室，太原 030000）

摘 要：杆状病毒 AcMNPV 侵染宿主细胞后，翻译起始因子 eIF2 的 α 亚基（eIF2α）会被 eIF2α 激酶磷酸化，抑制翻译起始，降低蛋白质的合成速率，作为宿主细胞的一种抗病毒机制。杆状病毒的 Ac-PK2 蛋白可通过竞争性的与 eIF2α 激酶结合形成异源二聚体，抑制其磷酸化 eIF2α。我们对 Ac-PK2 蛋白在病毒侵染宿主细胞过程中的功能做了深入分析，明确了其对宿主细胞蛋白合成、能量代谢以及细胞凋亡的影响。利用 Bac-to-Bac 昆虫杆状病毒重组表达系统构建了过表达 Ac-PK2 的重组病毒 AcMNPV-PK2-EGFP，该病毒处理组 *Ac-pk*2 基因的转录水平从 24h 开始明显高于野生处理组。并且，随着 Ac-PK2-EGFP 表达量的增加，eIF2α 的磷酸化逐渐减弱，说明过表达 Ac-PK2 蛋白可抑制 eIF2α 的磷酸化。我们用 AcMNPV 和 AcMNPV-PK2-EGFP 分别与等量的 AcMNPV-Renilla-RFP 共侵染 Sf9 细胞，结果表明 AcMNPV-PK2-EGFP 处理组的 Renilla 的表达量要显著高于野生病毒处理组。我们检测了 AcMNPV-PK2-EGFP 侵染 Sf9 细胞的过程中葡萄糖的消耗，结果表明 AcMNPV-PK2-EGFP 处理组葡萄糖消耗速率逐渐增加，侵染 72h 后为野生处理组的 1.22 倍；在侵染 48h 时，AcMNPV-PK2-EGFP 处理组细胞内 HK 的活性和 ATP 的含量分别为野生处理组的 1.16 倍和 1.2 倍。流式细胞术结果表明病毒侵染 48h、72h 后，AcMNPV-PK2-EGFP 处理组 Sf9 细胞的凋亡比率显著高于野生处理组，分别是野生处理组的 1.58 倍和 1.94 倍。在抗虫实验中，AcMNPV-PK2-EGFP 饲喂的甜菜夜蛾幼虫在处理第 26 天后，死亡率是野生型处理组的 1.46 倍。由 AcMNPV-PK2-EGFP+AcMNPV-*Bm*K IT（*Bm*K IT 为东亚钳蝎昆虫特异性毒素基因）共饲喂的甜菜夜蛾幼虫，在处理第 26 天死亡率是 AcMNPV+AcMNPV-*Bm*K IT 处理组的 1.25 倍。结果表明过表达 Ac-PK2 可以提高 AcMNPV 的杀虫活性，AcMNPV-PK2-EGFP 和 AcMNPV-*Bm*K IT 共饲喂可以提高 AcMNPV-*Bm*K IT 的抗虫活性。本研究分别在细胞和虫体水平上分析了 AcMNPV 侵染宿主过程中调控表达的 Ac-PK2 的功能，获得了一株抗虫效率较高的病毒杀虫剂，对科学防治鳞翅目害虫具有参考意义。

关键词：杆状病毒；AcMNPV；Ac-PK2；功能

---

* 基金项目：国家自然科学基金项目（31272100）

** 第一作者：付月君，从事植物害虫生物防治；E-mail：yjfu@sxu.edu.cn

温度对橡胶树白粉病发生的影响*

曹学仁** 车海彦 罗大全***
（中国热带农业科学院环境与植物保护研究所，
农业部热带作物有害生物综合治理重点实验室，海口 571101）

摘 要：天然橡胶是重要的国家战略物资，我国天然橡胶种植面积已超过1 700万亩，其中海南和云南的种植面积占全国的95%以上。由专性寄生的橡胶树粉孢（*Oidium heveae* Steinm）引起的白粉病是我国橡胶树上为害最严重的病害，病原菌只侵染橡胶树嫩叶、嫩芽、嫩梢和花序，因此病害主要流行于橡胶树大量抽嫩叶的春季。中国1951年在海南岛发现该病，随后陆续在各植胶区发现并多次暴发流行。由于迄今还未选出一个能在生产上大规模推广的抗病品系，针对橡胶树白粉病的防治还是以化学药剂为主，因此病害预测在病害防治体系中显得尤为重要。前人通过大量的田间调查，发现越冬菌量、橡胶树物候和冬春的气候条件特别是温度是影响该病流行的主要因子。本试验通过室内在不同物候期的橡胶树幼苗上接种白粉菌分生孢子，置于不同温度下培养，调查潜育期、病斑数和病害严重度等流行学参数。结果表明：15℃下，病害在3个物候期发展很慢，潜育期超过10天，而且病斑小，产孢量也很少；20℃下，病害潜育期5天左右，产孢量较多；在25℃和28℃条件下，病害潜育期在3个物候期均不超过4天，而且产孢量很多；而在30℃下，病害潜育期在3个物候期也均不超过4天，但病斑小且产孢量也很少；当温度超过35℃，3个物候期的幼苗上均未发病。研究结果为构建橡胶树白粉病的预测模型提供了基础数据。

关键词：橡胶树白粉病；温度；物候

---

* 基金项目：国家自然科学基金（31701731）；国家重点研发计划（2018YFD0201100）；中国热带农业科学院基本科研业务费专项资金（1630042017003）

** 第一作者：曹学仁，博士，主要从事热带作物病害研究；E-mail：caoxueren1984@163.com

*** 通信作者：罗大全，研究员；E-mail：luodaquan@163.com

续随子黑斑病田间为害症状及原菌鉴定

毕云青[1]　赵振玲珑[2]

（1. 云南省农业科学院农业环境资源研究所，昆明　650205；
2. 云南省农业科学院药用植物研究所，昆明　650205）

摘　要：续随子（*Euphorbia lathylris* L.），又称千金子，为大戟科大戟属中的一个种。二年生草本植物。可产于吉林、辽宁、内蒙古、河北、陕西、甘肃、新疆、山东、江苏、安徽、浙江、江西、福建、河南、湖北、湖南、广西、四川、贵州、云南、西藏等地。续随子种子、茎、叶及茎中白色乳汁均可入药、具逐水消肿、破症杀虫、导泻、镇静、镇痛、抗炎、抗菌、抗肿瘤、治疗毒蛇咬伤等药用价值。同时，续随子种子含油量一般达45%左右，高的可达48%以上。续随子油的脂肪酸组成与柴油替代品的分子组成相类似，是生产生物柴油的理想原料之一。续随子种植过程中可发生多种病害。夏季高温多湿季节，易发生立枯病，生长中后期易发生叶斑类（黑斑、灰斑、圆斑等）病害，连年种植地块也会发生枯萎病等。续随子黑斑病是其种植过程中常见重要病害之一，田间症状：为害叶片及果实。叶片发病初期，多从叶尖或叶缘开始侵染，形成“V”字形或半椭圆形或近圆形褐色坏死小斑，并迅速向外围发展成不规则形大斑，呈灰褐色至黑褐色，有时具有不明显的轮纹。叶片病部与健康部分界明显。果实发病形成半椭圆形或近圆形褐色坏死斑，随病程进展逐渐扩大最终布满全果，呈灰褐色至黑褐色。空气潮湿时，叶片病斑两面或病果表面产生黑色绒状霉层（即病菌的分生孢子梗和分生孢子），病叶、病果随病害发展而腐烂。空气干燥时，病叶干枯、扭卷，可在短时间内枯死、脱落。病害发生程度一般在10%~30%，严重时可达70%~80%。叶片病组织分离所获得的是链格孢属（*Alternaria*）菌孢子，用分离获得的链格孢菌孢子回接续随子健康叶片后其发病症状与前者相同，证实分离获得链格孢属（*Alternaria*）菌孢子即为续随子黑斑病害病原菌。

关键词：续随子黑斑病；为害症状；病原菌鉴定

源自剑麻紫色卷叶病病株新菠萝灰粉蚧体内植原体的分子检测与鉴定

王桂花 吴伟怀[2] 汪涵[2] 郑金龙[2] 黄 兴[2] 贺春萍[2]
习金根[2] 梁艳琼[2] 李 锐[2] 易克贤[2]
（1. 海南大学热带农林学院，海口 570228；2. 中国热带农业科学院环境与植物保护研究所/农业部热带农林有害生物入侵检测与控制重点开放实验室/海南省热带农业有害生物检测监控重点实验室，海口 571101）

摘 要：利用植原体 16S rRNA 基因的通用引物 R16mF2/R16mR1 和 R16F2n/R16R2 对剑麻紫色卷叶病感病植株上的新菠萝灰粉蚧总 DNA 进行巢式 PCR 扩增，得到了约 1.2kb 的特异性片段。将扩增到的片段克隆后测序，获得序列与来自剑麻紫色卷叶病病株植原体进行比对分析，以及进行一致性和种类鉴定。结果表明，该片段长 1 246bp，与来自剑麻紫色卷叶病病株植原体序列相似性达 99%，在系统发育树上与翠菊黄化组（*Candidatus* Phytoplasma asteris）成员聚集在一起，与该组成员同源性均在 99% 以上。相似性系数和 RFLP 分析表明，该植原体与来自剑麻紫色卷叶病病株植原体均属于 16SrⅠ-B 亚组。

关键词：剑麻；新菠萝灰粉蚧；植原体

黄芪根腐病超微结构观察*

王立婷**　史　娟***
（宁夏大学农学院，银川　750021）

摘　要：明确黄芪根腐病病根组织病理学及病根解剖细胞结构内部发生的变化，从细胞水平进一步明确根腐病对黄芪组织产生的影响。本实验采用超薄切片方法，以健康植株为对照，对黄芪根腐病不同病斑类型，按木质部、韧皮部及整体进行超微观察。结果表明：黄芪根的解剖结构主要由周皮和次生维管组织组成，周皮主要由木栓层、木栓形成层和栓内层组成。次生维管组织由次生韧皮部、维管形成层以及次生木质部组成。黄芪根腐病病根与健康根部的组织结构大体相同，但病根周皮损伤严重，韧皮部组织结构排列散乱，胞间空隙大，薄壁组织中淀粉粒比健康植株中增多且淀粉粒多集中在韧皮薄壁细胞和维管射线中。小病斑的次生木质部中，维管系统有堵塞，病根细胞中内含物丰富，脂类物质多，细胞核固缩，细胞内核物质聚集或细胞质溶解。部分薄壁细胞中内含淀粉粒，但淀粉粒多集中在髓射线中且异形。黄芪根腐病会破坏黄芪根部组织结构及细胞内部结构，韧皮部组织结构排列疏松杂乱且发达的维管系统被堵塞。

关键词：黄芪；根腐病；组织病理学；超微结构

* 基金项目：宁夏科技支撑计划（2014106）宁夏六盘山区中药材病虫害绿色防控关键技术研究
** 第一作者：王立婷，在读硕士研究生；E-mail：ting2wl@ 163. com
*** 通信作者：史娟；E-mail：shi_j@ nxu. edu. cn

咖啡驼孢锈菌 ITS 序列特征及系统发育关系*

吴伟怀[1**]　李　乐　刘宝慧　黄　兴　梁艳琼
郑金龙　李　锐　贺春萍[***]　易克贤[***]
（中国热带农业科学院环境与植物保护研究所/农业部热带农林有害生物入侵检测与控制重点开放实验室/海南省热带农业有害生物检测监控重点实验室，海口　571101）

摘　要：为了了解咖啡驼孢锈菌 ITS 序列特征及系统发育关系，本研究对来自我国咖啡栽培区的咖啡驼孢锈菌 ITS 序列进行了克隆。将克隆序列与来自不同咖啡种植国的咖啡驼孢锈菌菌株序列多样性进行了比较，并于 NCBI 数据库中下载其他锈菌菌株 ITS 序列进行系统发育关系研究。结果表明，来自我国咖啡驼孢锈菌 ITS 序列全长 950bp。其中 ITS1 长为 224bp，GC 含量介于 30. 36%~31. 25%；5. 8S 长为 153bp，GC 含量为 37. 25%；ITS2 长约 483~485bp，GC 含量介于 24. 12%~25. 05%。来自不同国家咖啡种植国咖啡驼孢锈菌 ITS 核苷酸序列多态性虽然存在一定差异，但是其多样性十分低且不存在明显的区域分化。在系统发育关系方面，咖啡驼孢锈菌与其他锈菌 ITS 序列差异明显，能独立聚类成一个分支。

关键词：咖啡；驼孢锈菌；ITS 序列

---

* 资助项目：农业部国际交流与合作项目“热带农业对外合作试验站建设和农业走出去企业外籍管理人员培训（SYZ2018-08）”海南省农业厅 2016 年农业外来入侵有害生物防治项目：UF37721-热带特色高效农业发展专项资金；中国热带农业科学院基本科研业务费专项资金（1630042017021）

** 第一作者：吴伟怀，博士，副研究员；研究方向：植物病理；E-mail：weihuaiwu2002@ 163. com

*** 通信作者：贺春萍，硕士，副研究员；研究方向，植物病理；E-mail：hechunppp@ 163. com
易克贤，博士，研究员；研究方向：热带作物真菌病害及其抗性育种；E-mail：yikexian@ 126. com

农业害虫

贵州稻水象甲田间种群消长规律研究*

宋冬梅[1**]　峗　薇[2]　徐　进[2]　杨　洪[2,3]　狄雪塬[2]　杨茂发[2,3***]
（1. 贵州大学生命科学学院，贵阳　550025；2. 贵州大学昆虫研究所，贵州山地农业病虫害重点实验室，贵阳　550025；3. 贵州大学烟草学院，贵阳　550025）

摘　要：为明确稻水象甲田间种群消长规律，选取贵州省3个代表地区，分别进行田间调查。结果显示，贵州稻水象甲越冬代成虫与新一代成虫以7月中旬为分界。两段育秧稻田越冬代成虫高峰期分别在6月上旬和下旬，新一代成虫高峰期在8月上旬；幼虫始见期在6月上旬，高峰期各地有所差异，在6月中旬、下旬或7月下旬，终见期在8月上旬；蛹的始见期均出现在6月下旬，高峰期在6月下旬或7月中旬。旱育秧稻田越冬代成虫始见期并高峰期均在6月上旬；幼虫6月下旬始见，7月上旬高峰期，7月底终见；蛹于7月上旬始见，7月下旬为高峰期。贵州省不同育秧方式、不同稻田类型稻水象甲田间种群消长规律差异较大。

关键词：稻水象甲；田间种群；消长动态

稻水象甲（*Lissorhoptrus oryzophilus* Kuschel）属鞘翅目象虫科沼泽象亚科稻水象属，是一种重要的检疫性害虫。稻水象甲的成虫和幼虫均可造成为害，成虫啃食水稻叶片，为害水稻时沿着叶脉方向啃食叶肉，低龄幼虫蛀食水稻根部，高龄幼虫横向蛀食新根，将根截断，造成水稻分蘖减少甚至死苗，最终造成水稻减产[1-2]。

贵州省2010年首次发现稻水象甲，目前已有7个市（州）、26个县（区、市）发生稻水象甲，严重威胁到贵州省水稻生产安全[3]。

明确稻水象甲的发生规律是有效防治稻水象甲的关键。稻水象甲的卵、幼虫和蛹的发育要在水中完成，幼嫩的水稻秧苗和有水的环境极有利于稻水象甲成虫取食和产卵。前人研究发现稻水象甲成虫在水秧和旱秧上都能取食，但仅在水秧上产卵[4]。贵州省内常年种植一季中稻，不同地区采取的育秧方式也不同，主要采取两段式育秧及旱育秧两种育秧方式。2种育秧方式中秧苗暴露于稻水象甲取食为害的时间长短不同，且两段式育秧移栽前有一个洗秧过程，对根部幼虫有一定影响[5]。为明确不同秧田的稻水象甲发生规律，本论文选取贵州省代表性的3个地区，进行稻水象甲成虫、幼虫、蛹的田间调查，以期了解不同育秧方式、不同稻田类型稻水象甲的发生规律，为针对性的防治稻水象甲提供理论基础。

---

* 基金项目：贵州省农业科技攻关项目（黔科合NY字〔2010〕3079号和黔科合NY字〔2014〕3015号）和贵州省高层次创新型人才（“百”层次）培养项目（黔科合人才〔2016〕4022号）

** 第一作者：宋冬梅，讲师，研究方向：有害生物综合治理；E-mail：gdgdly@126.com
*** 通信作者：杨茂发，教授，博士生导师；E-mail：mfyang@gzu.edu.cn

1 材料与方法

1.1 地点和时间

选择贵州省2010年首次报道大面积发生稻水象甲的3个代表性地区进行调查：贵阳市花溪区湖潮乡广兴村新寨组（北纬26°04，东经117°17，海拔1 207m）、贵阳市息烽县永靖镇喜雅村（北纬26°58，东经106°40，海拔1 331m）和安顺市平坝区高峰镇青鱼塘组（北纬26°23，东经106°22，海拔1 248m）。调查时间为水稻本田期。

1.2 材料

60目分样筛、白瓷盘、水桶、记录本等。

1.3 方法

采用田间系统调查的方法，对水稻本田期稻水象甲成虫、幼虫和蛹的消长动态进行调查。两段式育秧包括了秧田返栽田和移栽田两种稻田类型，旱育秧只有移栽田一种稻田类型。插秧后5天开始调查，每调查点选择3块田，每块田采用5点取样，每样点查4丛水稻，共计调查20丛水稻。每周调查1次，直到水稻收割。调查时，仔细检查每丛水稻上的成虫数、泥土里的幼虫数和蛹数。分别折算百丛成虫、幼虫和蛹的虫口数量。

$$\text{平均虫口数量（头/百丛）}=\frac{\text{虫量}}{\text{调查丛数}}\times 100$$

1.4 数据分析

采用Excel 2003对调查数据进行统计分析。

2 结果与分析

2.1 花溪区稻水象甲田间种群消长动态

花溪区水稻主要是两段育秧，稻水象甲成虫、幼虫和蛹的田间种群消长动态在移栽田与秧田返栽田中有所不同，如图1和图2。

成虫：成虫田间种群可明显区分出7月中旬之前的越冬代成虫和之后的新一代成虫。越冬代成虫在初次调查时虫口数量即达到了最高峰，为23头/百丛；之后于6月下旬有1个小高峰，7月上、中旬终见；移栽田与秧田返栽田基本一致。新一代成虫始见于7月下旬，终见于9月上旬；移栽田有1个高峰，在8月上旬；秧田返栽田有2个高峰，在7月下旬和8月上旬；新一代成虫最高虫量为29头/百丛。

幼虫：初次调查即有幼虫，至8月上旬终见。移栽田有2个高峰，分别在6月10日和6月25日，后一个高峰数量较多，为32头/百丛。秧田返栽田仅有1个高峰，在6月10日，其数量明显较移栽田为多，达105头/百丛。

蛹：移栽田蛹始见于6月下旬，有2个高峰，分别在7月中旬和8月下旬，主峰在7月中旬，虫量为39头/百丛。秧田返栽田蛹始见于6月10日，有3个高峰，分别在6月下旬、7月下旬和8月下旬，主峰在6月下旬，虫量达47头/百丛。

2.2 平坝区稻水象甲田间种群消长动态

平坝区水稻也主要是两段育秧，稻水象甲成虫、幼虫和蛹在移栽田和秧田返栽田中的种群消长动态如图3和图4。

成虫：与花溪区相似，成虫田间种群也以7月中旬为界明显区分出越冬代成虫和新一

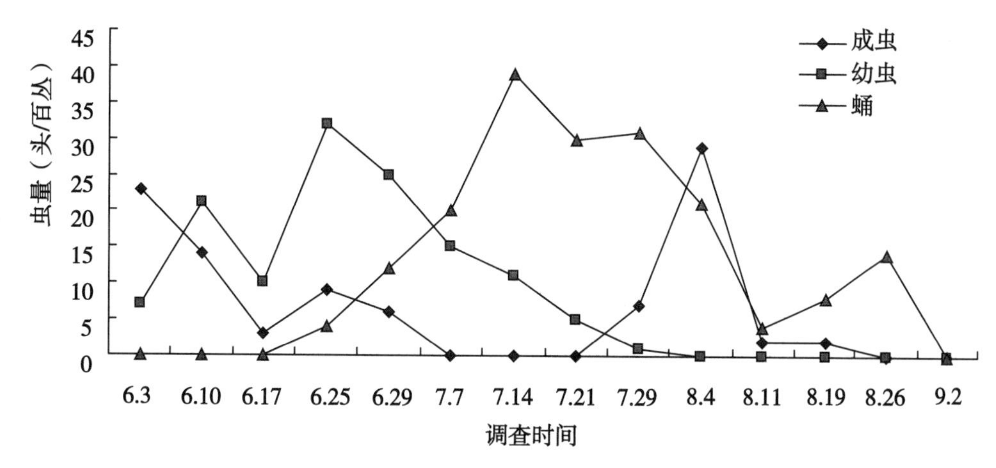

图 1　花溪区移栽田稻水象甲田间种群消长动态

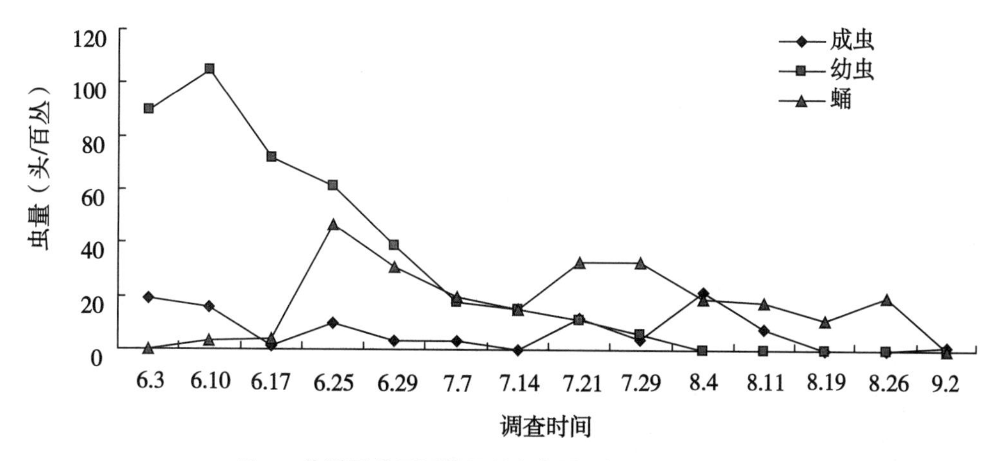

图 2　花溪区秧田返栽田稻水象甲田间种群消长动态

代成虫。越冬代成虫同样在首次调查时虫口数量即达到了最高峰（17 头/百丛）；之后移栽田于 6 月底出现 1 个小高峰，秧田返栽田未出现第二个高峰，7 月中旬终见。新一代成虫始见于 8 月上旬，终见于 8 月下旬；移栽田有 2 个高峰，分别在 8 月上旬和 8 月下旬，最高虫量为 11 头/百丛；而秧田返栽田中未调查到新一代成虫。

幼虫：初次调查即有幼虫，秧田返栽田 7 月下旬初终见，移栽田 8 月中旬末终见。移栽田有 2 个高峰，分别在 6 月 10 日和 7 月 21 日，后一个高峰数量较多，为 20 头/百丛。秧田返栽田仅有 1 个高峰，即在初次调查的 6 月 3 日，其数量远高于移栽田，达 136 头/百丛。

蛹：移栽田蛹始见于 6 月下旬，有 2 个明显高峰，分别在 6 月底和 7 月下旬（8 月下旬另有 1 个不明显的峰），主峰在 6 月底，虫量为 6 头/百丛。秧田返栽田蛹始见于 6 月 17 日，有 2 个高峰，分别在 6 月底和 7 月底，主峰在 6 月底，虫量达 34 头/百丛。

2.3　息烽县稻水象甲田间种群消长动态

息烽县水稻主要是旱育秧，稻水象甲成虫、幼虫和蛹在移栽田中的种群消长动态如图 5。

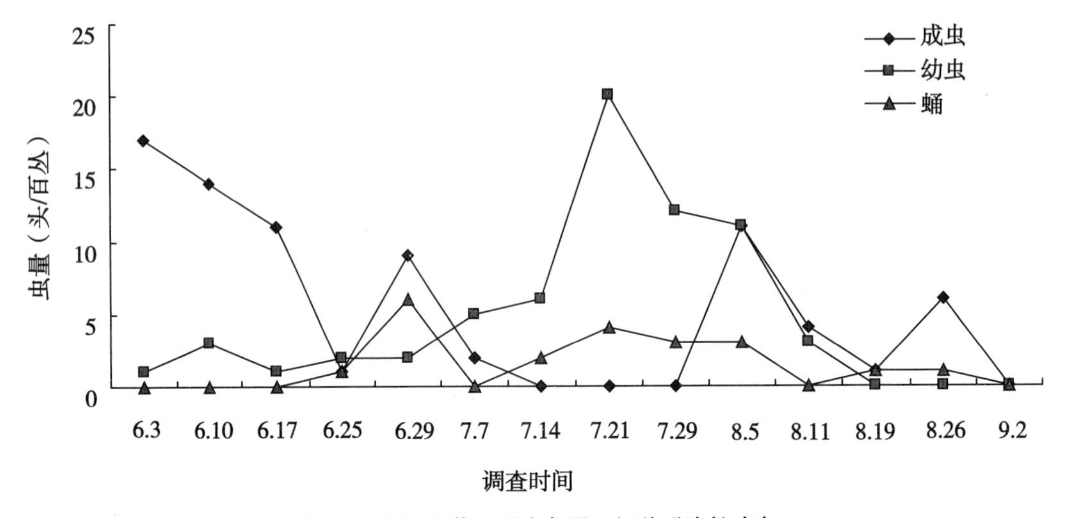

图3　平坝区移栽田稻水象甲田间种群消长动态

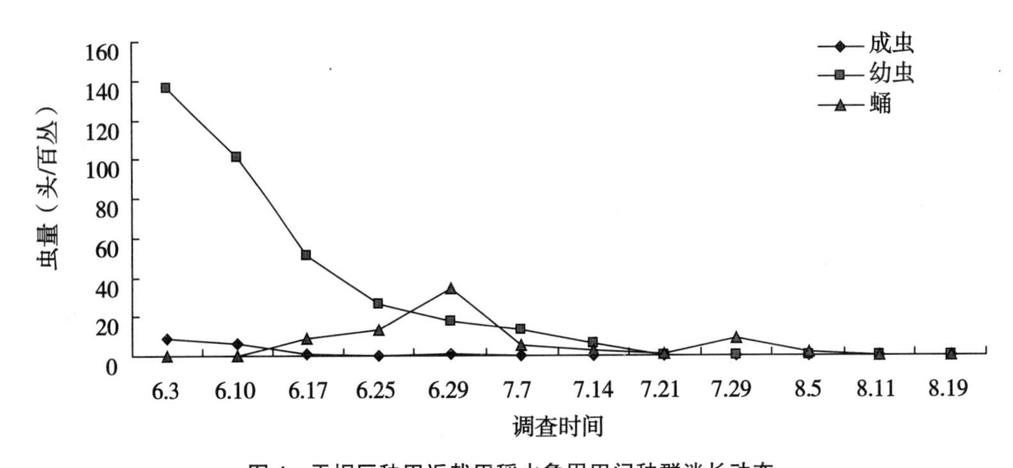

图4　平坝区秧田返栽田稻水象甲田间种群消长动态

越冬代成虫初次调查就有，7月上旬终见，有2个高峰，分别在6月3日（13头/百丛）和6月17日；新一代成虫始见于8月上旬，终见于8月下旬，有2个高峰，8月5日（13头/百丛）和8月19日。幼虫6月下旬始见，7月底终见，仅1个高峰，在7月上、中旬，最高虫量为30头/百丛。蛹于7月上旬始见，9月上旬终见，有2个高峰，分别在7月下旬初（62头/百丛）和8月中旬末。

3　讨论

贵州省内常年种植一季中稻，采取两段式育秧及旱育秧两种育秧方式。两类育秧方式均在4月中旬开始育秧，其中两段式育秧稻田4月下旬先插小秧，5月底至6月上旬移栽（即插秧）。旱育秧稻田采用旱地、覆膜或无纺布覆盖育秧，5月底至6月上旬移栽。本研究选取贵州省花溪区、平坝区、息烽县3个代表地区，调查不同育秧方式下稻水象甲的发生规律，结果发现贵州稻水象甲越冬代成虫与新一代成虫在田间的分界明显，以7月中旬为界。越冬代成虫在水稻插秧后5天内即达到迁入高峰值，之后15~20天还有一次迁入

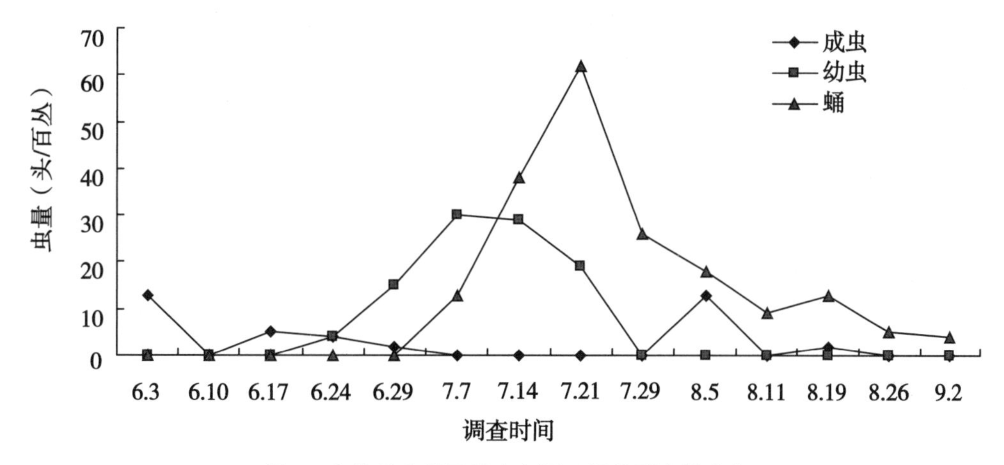

图 5　息烽县移栽田稻水象甲田间种群消长动态

峰；新一代成虫常有 2 次发生高峰，主峰期在 8 月上旬。稻水象甲成虫田间种群在因育秧方式而形成的不同稻田类型中的消长动态规律大致相似。

研究结果显示两段育秧的花溪区和平坝区田间越冬代成虫高峰期、幼虫始见日均在 6 月 3 日，花溪越冬代成虫为 23 头/百丛，平坝为 17 头/百丛；两地幼虫终见日分别在 8 月上旬和 7 月下旬；蛹的始见日均出现在 6 月下旬，两地高峰期蛹量分别达 47 头/百丛，34 头/百丛。旱育秧的息烽县越冬代成虫始见日为 6 月 3 日，高峰虫量为 13 头/百丛；幼虫 6 月下旬始见，7 月底终见；蛹于 7 月上旬始见。贵州省稻水象甲发生规律与河北唐海县单季稻区稻水象甲发生规律相似[6]，较吉林集安地区早发生 20 天左右[7]，较辽宁丹东地区早发生近 1 个月[8]，与南方双季稻区发生规律差异较大[9-13]。稻水象甲在贵州省内一年发生一代，其发生期与水稻生育期基本一致，该结果与孟维亮[14]研究结果不同。

贵州稻水象甲幼虫和蛹的田间种群消长动态在不同育秧方式、不同稻田类型、不同地区之间有较大差异。其原因主要是，在两段育秧地区，当在秧田中插小秧育秧阶段，稻水象甲成虫便开始迁入秧田中取食、产卵，至秧苗长成可以栽插时，其根部已经有相当数量的幼虫为害，这些幼虫少部分随秧苗移栽带到了移栽田，而大部分则通过洗秧被留在了秧田中，秧田返栽秧苗后就积聚到了水稻根部为害，致使在秧田返栽田中幼虫数量较大，相应蛹的动态也随之变化。在旱育秧地区，由于是在旱地里育秧且多数时间有塑料薄膜或无纺布遮盖，育秧期间稻水象甲取食极少，加之没有水存在时稻水象甲不会在秧苗上产卵，这样，移栽田中稻水象甲幼虫、蛹的种群数量消长决定于迁入移栽田的成虫种群动态。不同地区之间稻水象甲幼虫和蛹的消长动态差异可能是由于气候条件引起。

贵州稻水象甲田间种群消长规律有其自身的特点。防治稻水象甲时要结合当地育秧方式及特定育秧方式下稻水象甲的发生规律等综合因素进行防治。建议在两段式育秧的地区，重点在秧田期防治越冬代成虫，并且要在插小秧后 5 天内及时防治，而幼虫的防治重点为秧田返栽田。旱育秧地区，在插秧后 5 天内及时防治越冬代成虫。

参考文献

［1］ 林云彪，商晗武，吕劳富，等．双季稻区稻水象甲的生物学特性研究［J］．植物保护，1997（6）：8-11.

[2] 周社文，谭小平，张佳峰．稻水象甲幼虫发生程度对水稻生长发育及产量损失的影响［J］．植物检疫，2007，21（6）：345-346.

[3] 峗薇．贵州稻水象甲发生规律及生态适应性研究［D］．贵阳：贵州大学，2013.

[4] 张昌容，何永福，张忠民，等．旱育秧技术对稻水象甲防控效果研究［J］．植物检疫，2018，32（2）：40-42.

[5] 峗薇，杨茂发，廖启荣，等．两种育秧方式下稻水象甲幼虫的空间分布型及其抽样技术［J］．植物保护学报，2013，40（2）：128-132.

[6] 张玉江．唐海县稻水象甲的发生特点及其防治［J］．植物检疫，1997，11（1）：40-41.

[7] 王金伟，刘冬华．稻水象在吉林省的适生性分析及检疫对策［J］．植物检疫，1997，11：38-40.

[8] 田春晖，赵文生，孙富余，等．稻水象甲的发生规律与防治研究．V．稻水象甲的生物学特性研究［J］．辽宁农业科学，1997（3）：3-10.

[9] 施锡彬．水稻水象鼻虫族群变动及防治［R］．桃园区农业改良场研究报告第11号，1992：33-46.

[10] 翟保平，程家安，黄恩友，等．浙江省双季稻区稻水象甲的发生动态［J］．中国农业科学，1997，30（6）：23-29.

[11] 翟保平，程家安，郑雪浩，等．浙江省双季稻区稻水象甲致害种群的形成［J］．植物保护学报，1999，26（2）：137-141.

[12] 翟保平，郑雪浩，商晗武，等．稻水象甲（*Lissorhoptrus oryzophilus* Kuschel）滞育征候群中的飞行行为［J］．生态学报，1999b，19（4）：453-457.

[13] 郑雪浩，翟保平，吴建．浙江东南沿海地区稻水象甲发生规律及防治对策［J］．植物检疫，1997，11：41-44.

[14] 孟维亮，于飞，敖芹，等．稻水象甲的入侵特征与适应性分析［J］．耕作与栽培，2011（2）：19-20，49.

贵州息烽县灯诱稻水象甲种群动态分析*

狄雪塬[1**] 杨茂发[1,2***] 高 州[1] 王 骏[1] 严 斌[1]

(1. 贵州大学昆虫研究所，贵州山地农业病虫害重点实验室，贵阳 550025；
2. 贵州大学烟草学院，贵阳 550025)

摘 要：贵州省2010年首次发现稻水象甲，为明确其年发生动态，2011—2017年连续7年进行稻水象甲灯光诱集，并与当地气候因子结合，进行相关性分析。结果显示：灯下稻水象甲发生在4—9月，灯诱稻水象甲单日虫量最高可达956头，高峰日诱集虫量占全年虫量最高达73.54%，灯下有虫日数19~34天不等。贵州息烽县稻水象甲全年灯下种群发生集中，上灯天数少，不同年份间、不同月份间稻水象甲的波动均非常大，未呈现规律性。

关键词：稻水象甲；灯诱；温度；降雨量；发生规律

稻水象甲（*Lissorhoptrus oryzophilus* Kuschel）隶属鞘翅目象甲科稻水象属，原产北美。1988年在我国河北省唐海县首次发现[1]，之后不断扩张蔓延，至今已扩散至25个省市自治区[2]。贵州省于2010在安顺市平坝县首次发现稻水象甲[3]，后扩散至7个市州、26个县区市[4]。稻水象甲成虫啃食水稻叶肉，幼虫取食水稻根部，为害后明显减少水稻分蘖数和穗数[5]，一般造成减产10%~30%，严重时达50%以上，甚至绝收[6]，是我国重要的检疫性入侵害虫之一。

灯光诱集是昆虫预测预报的重要手段[7]。稻水象甲成虫具有趋光性，可以在田间设置黑光灯进行诱杀，也可以利用黑光灯对其发生动态进行监测。在稻田设置黑光灯，可达到集中消灭的效果[8]。稻水象甲的发生时间、发生数量等在地区间、年度间常有差异，且与气候因子有着密切的关系，通过频振式虫情测报灯能有效监测稻水象甲成虫发生动态，指导预测预报和防治工作。

贵州省在2010年首次发现稻水象甲，之后本项目组于2011—2017年连续7年利用频振式虫情测报灯全年诱集监测稻水象甲，获得了该虫灯下种群数量的系统资料。现对这些数据进行总结分析，报告如下。

1 材料与方法

1.1 诱集地点

贵州省2010年首次发生稻水象甲，本研究自2011年开始监测稻水象甲，至今，已连

* 基金项目：贵州省农业科技攻关项目（黔科合NY字〔2010〕3079号和黔科合NY字〔2014〕3015号）和贵州省高层次创新型人才（“百”层次）培养项目（黔科合人才〔2016〕4022号）

** 第一作者：狄雪塬，在读博士研究生，研究方向：昆虫生态与害虫综合治理；E-mail：xiaomdd@126.com

*** 通信作者：杨茂发，教授，博士生导师；E-mail：gdgdly@126.com

续监测7年。监测点在贵州省贵阳市息烽县永靖镇喜雅村（北纬26°58.966′，东经106°40.436′，海拔1 331m）。

1.2 方法

2011年至2017年期间，每年3月1日开灯，10月31日关灯。在高60cm、宽110cm的方形水泥基台上，安装位置位于成片稻田中央，远离其他光源。每日天黑自动开灯、天亮自动关灯。诱集昆虫并落入灯箱内的收集袋中，共有8个收集袋，每周收取虫情测报灯集虫袋内的昆虫，将其带回实验室统计逐日诱集的稻水象甲成虫个体数量，将其装入离心管中，在离心管上标注日期、地点、成虫数量并保存。

1.3 数据处理

结合当地气象因子（日平均气温、降水量）综合分析不同年间稻水象甲发生动态。天气资料由贵州省气象局提供。使用Excel 2016进行数据处理，SPSS 20.0做相关性分析。

2 结果与分析

2.1 稻水象甲成虫灯下种群动态

表1是2011—2017年息烽县稻水象甲的诱集情况。连续7年灯诱数据显示，稻水象甲成虫始见日发生在4月上旬到5月中旬之间：2016年最早，为4月1日，2013年最晚，为5月17日。高峰日在每年的始见日之后相继发生。终见日年间变化较大，发生在7月上旬到9月下旬之间：2015年最早，在7月2日，2017年最晚，在9月30日。稻水象甲迁入时间越早，高峰期也越早，终见日与始见日和高峰日没有关系。

灯下稻水象甲成虫在4月到9月之间，每年10月以后均未诱集到稻水象甲，灯诱稻水象甲的高峰期多发生在每年4月中旬到5月下旬。不同年份之间、不同月份之间稻水象甲的波动均非常大。

灯光诱集稻水象甲单日虫量最高可达956头（2014年4月18日）。全年诱集的稻水象甲虫量波动较大，2012年最多，达1300头，2015年最少，有376头。稻水象甲有聚集迁入的习性，高峰日诱集的稻水象甲虫量占全年虫量的很大比例，最高可达73.54%，最低也达到26.27%。贵州省稻水象甲上灯较集中，全年灯下有虫日数少，19~34天不等。

表1 贵州息烽2011—2017年稻水象甲灯诱情况

年份	始见日	终见日	高峰日	高峰日虫量	高峰月累计虫量	全年累计虫量	全年灯下有虫日数	高峰日虫量占全年总虫量百分比（%）
2011	5月10日	7月31日	6月8日	181	282	440	34	41.13
2012	4月23日	8月23日	5月7日	956	1 285	1 300	33	73.54
2013	5月17日	8月10日	5月23日	217	317	365	19	59.45
2014	4月13日	7月16日	4月18日	629	767	1 035	14	60.77
2015	4月9日	7月2日	4月13日	265	278	376	23	70.48
2016	4月1日	9月1日	5月11日	212	512	807	33	26.27
2017	4月28日	9月30日	4月28日	280	283	651	21	43.01

2.2 气候因子对诱虫量的影响

2011—2017 年连续 7 年灯诱及气象因子综合分析可得（图 1），日均温度 15℃以上，不降水或少降水量（降水量低于 10mm）时稻水象甲发生，并很快达到高峰期，每年的高峰月均发生在 4—5 月份。6 月中旬以后虫量大幅度减少。2011 年，2013 年新一代成虫发生时，灯下诱虫量呈现第二个小高峰，其他年份，诱到新一代成虫数量极少。新一代成虫与气象条件的关系不明显，稻水象甲终见日多发生在 7 月中旬以后。每年的 3 月和 10 月均未诱到稻水象甲，因此下图中只展示 4—9 月的诱集情况。

2.3 气候因子与诱虫量的相关性分析

将 2011—2017 年温度、降水量等气象因子与稻水象甲诱虫量建立直线回归方程（表 2）。结果表明，温度及降水量与稻水象甲的诱集量呈负相关，但相关性较低，方差分析显示，无显著差异。

表 2　2011—2017 年稻水象甲灯诱虫量与气象因子相关性

气象因子	方程式	相关系数 r
温度	$y=12.317-0.397x$	0.103
降水量	$y=4.894-0.18x$	0.066

3　讨论

诱虫灯是监测虫情的一个窗口，田间发生虫量一定程度上可以通过灯诱虫量反映，诱虫量也是害虫预测预报的基础[9]。

前人对稻水象甲灯诱进行了不同程度研究，稻水象甲在不同地区发生数量差异较大：天津宁河县监测点一晚上诱集成虫 40 000多头[10]；辽宁省大石桥农业技术推广中心发现，单日诱虫量达 4 000~10 000头[11]；江西灯诱稻水象甲每晚最多 100 头[12]；四川省每日诱集稻水象甲最高达 300 多头[13]。对息烽县的监测发现，灯光诱集稻水象甲单日虫量最高可达 956 头。

本文分析了贵州息烽县 2011—2017 年黑光灯诱集稻水象甲的数据，结果表明，灯下稻水象甲成虫在 4 月到 9 月之间。稻水象甲成虫始见日发生在 4 月上旬到 5 月中旬之间，每年的虫量高峰月均发生在 4—5 月。江西省 2011 年稻水象甲迁入秧田高峰期在 4 月底[14]，同年息烽县第一个小高峰出现在 5 月初。灯诱稻水象甲虫峰数量 2~3 个，主峰期较明显，说明田间会聚集迁入大量的稻水象甲。贵州省新一代成虫 7 月上旬开始出现，4 月到 6 月的灯下成虫是越冬代成虫，7 月以后的成虫为新一代成虫，测报发现每年 6 月中旬以后虫量大幅度减少，故灯下诱集的主要为越冬代成虫。息烽县灯诱稻水象甲终见日年间变化较大，发生在 7 月上旬到 9 月下旬之间，而贵州普定县终见日多发生在 5 月底 6 月初[15]，说明普定县未发现新一代成虫上灯。息烽县不同年间、不同月份之间虫量波动较大，但其迁入时间越早，高峰期也越早。这一研究结果与岷薇等[16]2013 年报道的贵州花溪区的稻水象甲年动态一致。

陈坤等[17]对诱虫量与气象因子的回归分析表明，诱虫量与大气日均气温呈显著正相关，与降水量呈负相关。本文对气象因子与稻水象甲灯诱虫量的线性回归分析显示，温

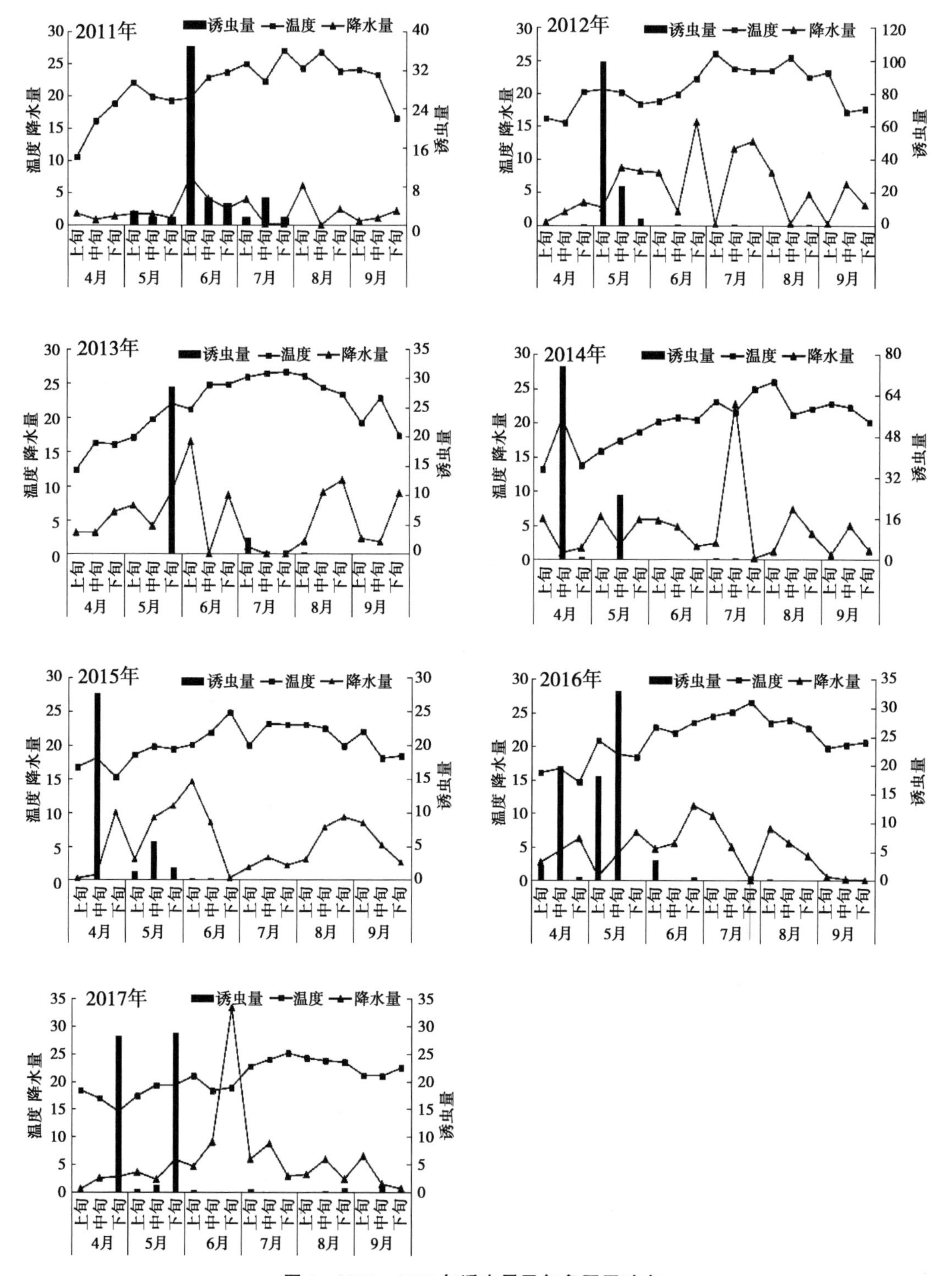

图1　2011—2017年诱虫量及气象因子动态

度、降水量与稻水象甲的诱集量均负相关，相关性也较低，可能与稻水象甲聚集性迁入，上灯天数少有关，因此气象因子不能很好的预测稻水象甲的年发生动态。

贵州省稻水象甲成虫灯下种群数量较少，始见日、高峰日、终见日在各地间以及年份间有较大的变化，未表现出年度间较好的规律性，主要原因可能是稻水象甲入侵贵州省的时间不长，也可能与贵州特殊的喀斯特地貌有关[16]。回归分析表明诱虫量与温度和降水量的相关性较低。本文仅对息烽县 7 年的灯诱及气象数据进行分析，后期应持续监测，通过多年数据的分析，明确稻水象甲在贵州的发生动态及其与气象因子的相关性，为有效治理稻水象甲提供理论依据。

参考文献

[1] 孙汝川，毛志农．稻水象［M］. 北京：中国农业出版社，1996：159.

[2] 赵晓明，张增福，陆占军，等．稻水象甲传播扩散调查与实例分析［J］. 宁夏农林科技，2017，58（1）：41-43.

[3] 峗薇，杨大星，彭炳富，等．贵州稻水象甲越冬场所的初步调查与分析［J］. 贵州农业科学，2011，39（6）：90-93.

[4] 峗薇，杨茂发，廖启荣，等．两种育秧方式下稻水象甲幼虫的空间分布型及其抽样技术［J］. 植物保护学报，2013（2）：128-132.

[5] 狄雪塬，杨茂发，徐进，等．贵州稻水象甲危害损失和防治指标研究［J］. 应用昆虫学报，2015（6）：1474-1481.

[6] Zou L，Stout J M，Dunand T R. The effects of feeding by the rice water weevil，*Lissorhoptrus Oryzophilus* Kuschel，on the growth and yield［J］. Agricultural and Forest Entomology，2004，6（1）：47-53.

[7] 刘磊磊，杨洪，金道超，等．贵州惠水褐飞虱灯诱种群发生规律分析［J］. 山地农业生物学报，2014（4）：1-5.

[8] 王维超．稻水象甲发生规律与防治措施［J］. 现代农业科技，2012（5）：209-210.

[9] 汪远昆．白背飞虱（*Sogatella furcifera*）的迁飞生物学和田间种群动态［D］. 南京农业大学，2003.

[10] 李秀文．天津市稻水象甲的发生及综合治理［J］. 天津农林科技，1999（2）：32-35.

[11] 沈歌华．黑光灯诱捕防治稻水象甲［J］. 新农业，2002（10）：31-31.

[12] 张锋．江西省乐平市稻水象甲发生规律研究［D］. 江西农业大学，2013：11-17.

[13] 刘虹伶，刘旭，蒲德强，等．四川省稻水象甲生物学特性的初步研究［J］. 西南农业学报，2014，27（6）：2723-2725.

[14] 张锋，徐国平，宋建辉等．江西省鄱阳湖平原双季稻区稻水象甲种群动态分析［J］. 江西农业大学学报，2014，36（1）：84-90.

[15] 唐承成，高潮，曾琛．普定县稻水象甲灯诱数量动态分析［J］. 植物医生，2018（6）：29-31.

[16] 峗薇，杨茂发，杨大星，等．贵州稻水象甲灯诱种群数量的动态分析［J］. 西南农业学报，2013，26（2）：572-575.

[17] 陈坤，文礼章，龚碧涯，等．重要气象因子对农田灯光诱虫效率的影响［J］. 中国农学通报，2013，29（4）：44-50.

不同植物食料对水稻二化螟生长发育的影响

龚航莲[1*]　龚朝辉[2**]　颜春龙[3***]　敖新萍[4]

（1. 江西省萍乡市植保站，萍乡　337000；2. 江西省萍乡市农技站，萍乡　337000；3. 江西省萍乡市农科所（院士工作站），萍乡　337000；4. 江西省萍乡市芦溪县银河镇国家农业科技示范园，芦溪　337251）

摘　要：水稻二化螟（*Chilo suppressalis* Walker），食性较杂，除为害水稻外还为害禾本科杂草及其他植物，2016—2017年在萍乡市连陂观察区应用不同植物食料对其生长发育的影响进行了观察。试验选用了萍乡红米Oryza sativa、矮脚南特号、隆两优黄莉占、杂草稻、茭白、高粱、稗、疣粒野生物、东乡野生稻、海南野生稻10个处理、3次重复、应用尼龙纱布做成长×宽×高＝3m×1.5m×1.5m饲养罩。每个处理4月下旬投放越冬代二化螟幼虫10条进行群体饲养，每年饲养三代，第一代4月下旬至6月上、中旬第二代6月中旬至8月中、下旬，第三代8月下旬至10月上旬。其结果是，萍乡红米、矮脚南特号、隆两优黄莉占、杂草稻、茭白、高粱、稗能完成世代发育，以隆两优黄莉占（优质稻）、茭白、高粱处理二化螟个体粗壮，其次是矮脚南特号，萍乡红米，最差是稗草。东乡野生稻，海南野生稻第一代繁殖率低，第二代蚁螟死亡率高，第三代幼虫个体较小，疣粒野生稻不能完成世代发育。二年试验初步证明，疣粒野生物高抗二化螟，东乡野生稻，海南野生稻属中抗。最感二化螟是杂交水稻又是优质稻，隆两优黄莉占。稻田附近的茭白、高粱等植物是二化螟最适宜繁殖的中间产主。为大面积重点防治杂交水稻二化螟及时防控中间寄主提供了依据。

* 通信作者：龚航莲，高级农艺师，研究方向：中长期病虫测报；E-mail：ghl1942916@sina.com

** 第一作者：龚朝辉，学士学位，农艺师，研究方向：病虫综合治理；E-mail：26537383@qq.com

*** 论文作者：颜春龙，农艺师，研究方向：杂交水稻育种；E-mail：yanchunlong63@126.com

细胞色素 *P*450 基因组成型过量表达介导二化螟对氯虫苯甲酰胺的抗性*

徐　鹿[1**]　赵春青[2]　孙　杨[3]
徐德进[1]　徐广春[1]　张月亮[1]　黄水金[3]　韩召军[2]　顾中言[1***]
（1. 江苏省农业科学院植物保护研究所，南京　210014；2. 南京农业大学植物保护学院，农作物生物灾害综合治理教育部重点实验室，南京　210095；
3. 江西省农业科学院植物保护研究所，南昌　330200）

摘　要：二化螟 *Chilo suppressalis*（Walker）是一种为害严重的多食性经济类害虫，已进化出对多种杀虫剂的抗性，监测发现其已发展出对氯虫苯甲酰胺的抗性，鱼尼丁受体基因位点突变 *G*4910*E*，*Y*4667*D* 和 *I*4758*M* 可能涉及此药剂的抗性形成，但其对此药剂的代谢抗性尚未报道。本研究利用来自安徽芜湖的田间种群，经过室内 25 代筛选获得 82.37 倍的氯虫苯甲酰胺抗性品系（WHR）和衰退敏感品系（WHS）。解毒酶活力测定表明细胞色素 P450 可能参与氯虫苯甲酰胺抗性形成，*CYP6CV5*，*CYP9A68*，*CYP321F3* 和 *CYP324A12* 在 WHR 品系中过量表达（4.48～44.88 倍）。在 WHR 品系中，这些过表达的 *P*450 基因在后期发育阶段表达，而在卵中缺失表达，同时它们的表达在抗性 WHR 品系比在敏感 WHS 品系中更易被诱导。注射单个和混合过表达的 *P*450 基因的 dsRNA 显著降低这 4 个基因的相对表达量（55.2%～73.2% 和 43.2%～50.2%），显著增加二化螟幼虫死亡率（55.1%～65.1% 和 88.2%）。RNAi 证实细胞色素 *P*450 基因组成型过量表达参与氯虫苯甲酰胺抗性的形成，表明细胞色素 *P*450 介导氯虫苯甲酰胺的代谢抗性。

关键词：二化螟；氯虫苯甲酰胺；抗药性；细胞色素 P450；RNAi

---

* 基金项目：国家重点研发计划（2017YFD0200305）；公益性行业（农业）科研专项（201303017）；江苏省自然科学基金（BK20150539）；江苏省农业科技自主创新资金（CX（16）1001）；农作物生物灾害综合治理教育部重点实验室开放课题基金（IMCDP201602）

** 第一作者：徐鹿，从事研究领域为农药毒理学和应用技术；E-mail：xulupesticide@163.com
*** 通信作者：顾中言；E-mail：zhongyangu@yeah.net

植保无人机飞行参数对稻田雾滴沉积分布特性和稻纵卷叶螟防效的影响*

万品俊[1**] 徐红星[2] 袁三跃[1] 王国荣[3] 李 波[1] 何佳春[1] 傅 强[1***]

(1. 中国水稻研究所水稻生物学国家重点实验室，杭州 310006；
2. 浙江省农业科学院植物保护与微生物研究所，杭州 310021；
3. 杭州市萧山区农业技术推广中心，杭州 311200)

摘 要：为探究植保无人机不同作业参数下稻田喷雾雾滴的沉积分布特性及其对稻纵卷叶螟防治效果，本文采用大疆多旋翼植保无人机进行了田间喷施甘蓝夜蛾核型多角体病毒悬浮剂试验，研究了稻株垂直高度（上、中、下）的雾滴沉积分布特性和防治效果。结果表明：飞行速度（3m/s、5m/s、7m/s）对雾滴沉积密度影响显著（$P<0.05$），飞行高度（1m、1.5m、2m）影响不显著（$P=0.38$），两者交互作用显著（$P<0.05$）；1m 作业高度下，3m/s 飞行速度下的整株雾滴沉积密度（上、中、下之和）为 33.9 个/cm^2，显著多于 5m/s（4.0 个/cm^2）和 7m/s（3.5 个/cm^2）飞行速度的雾滴沉积密度，后两者无显著差异；1.5m 和 2m 作业高度下，各飞行速度下的雾滴覆盖密度无显著差异（$P>0.05$）；3m/s 飞行速度下，1m、1.5m、2m 作业高度下稻株上层雾滴覆盖密度变异系数为 106.4%、112.8%、254.5%，总体上略小于 5m/s 和 7m/s 飞行速度下各作业高度下的雾滴覆盖密度变异系数（分别为 189.0%、160.2%、185.6%；250.9%、164.3%、189.1%）；从稻株下层雾滴的分布特性来看，各飞行速度下，5m/s 飞行速度且 1.5m 飞行高度的作业参数下，下层雾滴覆盖密度占整稻株雾滴覆盖密度的比值最高（30%，上、中层分别为 37.0%、33.0%），其次是 7m/s 且 1.5m 飞行高度的作业参数（上、中、下层占比分别为 52.3%、31.4%、16.4%），7m/s 飞行速度且 2.0m 飞行高度的作业参数条件下的底层占比最低（上、中、下层占比分别为 77.2%、17.7%和 5.1%）；从对稻纵卷叶螟的防治效果来看，3m/s、5m/s、7m/s 飞行速度的防效分别为 46.7%～74.0%、47.5%～53.3%、67.3%～82.5%，各处理间的防效差异较大。本研究结果可为植保无人机田间喷雾作业参数确定、作业条件的选择和田间作业规范的制定提供参考。

关键词：多旋翼植保无人机；飞行参数；稻田；雾滴沉积分布；稻纵卷叶螟防效

---

* 基金项目：国家重点研发计划（2016YFD0200801）；中国农业科学院科技创新工程“水稻病虫草害防控技术科研团队”；中国农业科学院协同科技创新工程协同创新项目“粮食作物高效智能装备与技术集成研发”；中央级公益性科研院所基本科研业务费专项资金（2017RG005）

** 第一作者：万品俊，副研究员；E-mail：wanpinjun@ caas. cn

*** 通信作者：傅强，研究员；E-mail：fuqiang@ caas. cn

褐飞虱 *GFAT* 和 *PFK* 的克隆及功能研究*

邱玲玉[1,2**]　袁三跃[2]　傅　强[2]　唐　斌[1***]　万品俊[2***]

（1. 杭州师范大学生命与环境科学学院，杭州　311121；

2. 中国水稻研究所水稻生物学国家重点实验室，杭州　310006）

摘　要：海藻糖是昆虫血淋巴中的重要糖类物质，不仅为昆虫的生长发育提供能量，而且参与几丁质生物合成通路。酸果糖激酶（phosphofructokinase，PFK）和谷氨酸盐：果糖-6-磷酸转氨酶（glutamine-fructose aminotransferase，GFAT）分别是糖酵解途径和己糖胺生物合成途径的限速酶。本文应用 RNAi 研究了褐飞虱 *PFK*（*NlPFK*）和 *GFAT*（*NlGFAT*）的功能。研究结果表明，与对照组相比，注射 ds*PFK* 后 48h，*NlPFK* 的表达量显著下降了 74.4%，*NlPFK* 上游基因（海藻糖酶、海藻糖合成酶、糖原合成酶、糖原磷酸化酶、葡萄糖磷酸变位酶、尿苷二磷酸葡萄糖焦磷酸化酶）的表达量下调了 50%～84%，几丁质代谢相关基因 *Cht*9、*GFAT* 等的表达量分别显著下调 13%和 80%，*CHS*1、*CHS*1*a*、*Cht*2、*Cht*4、*Cht*5、*Cht*6、*Cht*7、*Cht*8、*Cht*10、*ENGase* 等几丁质代谢相关基因表达量分别上调 0.27～1.37 倍，而 *CHS*1*b*、*Cht*1、*Cht*3、*IDGF* 表达量无显著变化，若虫死亡率显著提高至 25.6%（对照组为 1.8%），且 19.2%的死亡个体表现为蜕皮异常。与之相反，注射 ds*GFAT* 后，*NlGFAT* 的表达量显著下降了 95.3%，PFK 上游基因表达量显著下调了 30%～86%，几丁质代谢通路相关基因均显著下调了 50%～94%（除 *IDGF* 和 *Cht*4 外），若虫死亡率显著提高至 34.3%（对照组为 1.8%），死亡个体中蜕皮异常占 25.7%。可见，PFK 及 GFAT 途径的交互对话（cross-talking）调控褐飞虱几丁质的生物合成。

关键词：褐飞虱；磷酸果糖激酶；谷氨酸盐：果糖-6-磷酸转氨酶；几丁质代谢

---

* 基金项目：国家自然科学基金项目（31371996；31501637）

** 第一作者：邱玲玉，硕士研究生；E-mail：qlyj0331@163.com

*** 通信作者：唐斌，教授；E-mail：tbzm611@163.com

万品俊，副研究员；E-mail：wanpinjun@caas.cn

水稻抗褐飞虱基因研究进展*

周若男** 万品俊 傅 强***
（中国水稻研究所水稻生物学国家重点实验室，杭州 310006）

摘 要：褐飞虱 *Nilaparvata lugens*（Stål）是许多亚洲国家水稻生产的重要害虫。目前，化学防治依然是水稻害虫防治的主要技术，但其过度使用导致“三 R”问题日益突出。利用水稻品种自身的抗虫性是防治褐飞虱最为安全、有效的方法。目前，已报道的抗褐飞虱基因 34 个。其中，*Bph*6、*Bph*12、*Bph*15、*Bph*16、*Bph*17、*Bph*20（t）、*Bph*22（t）、*Bph*24、*Bph*27、*Bph*34 等 10 个基因位于 4 号染色体上，*Bph*2、*Bph*7、*Bph*9、*Bph*10、*Bph*18、*Bph*21（t）、*Bph*26 等 7 个基因 12 号染色体上，*Bph*1、*Bph*11、*Bph*13、*Bph*14、*Bph*19、*Bph*31 等 6 个基因位于 3 号染色体，*Bph*3、*Bph*4、*Bph*8、*Bph*25、*Bph*29、*Bph*32 等 6 个基因位于 6 号染色体，1 号、8 号、11 号、10 号染色体上已报道的抗褐飞虱基因各为 1 个，分别为 *Bph*33、*Bph*23（t）、*Bph*30、*Bph*28（t）。截至目前，*Bph*3，*Bph*6，*Bph*18，*Bph*14，*Bph*26（或 *Bph*2），*Bph*29 等 6 个基因已被克隆。*Bph*14、*Bph*26 均为编码了富含亮氨酸的重复（CC-NB-LRR）的基因，LRR 功能域在激活水稻防御反应时起作用。*Bph*18 编码 CC-NBS-NBS-LRR 蛋白（含有 2 个 NBS 域），主要定位于细胞内的内膜，可能参与韧皮部细胞内质膜对褐飞虱取食的识别。*Bph*18 与 *Bph*26 是等位基因，位于同一位点，但是功能存在差异，*BPH*18 和 *BPH*26 均含有 3 个外显子和 2 个内含子，但有 195 个单核苷酸多态性位点，导致 105 个氨基酸残基不同，其中 88 个残基位于 LRR 域中。*Bph*3 由编码凝集素受体激酶的 3 个簇基因组成（*OsLecRK*1-*OsLecRK*3），凝集素受体激酶基因的共同作用调控水稻对褐飞虱的广谱和持久性抗性。*Bph*6 的表达使细胞增多，参与细胞壁的维护和强化，协调细胞分裂素、激活水杨酸和茉莉酸信号通路。*Bph*9 编码一种罕见核苷酸，引起细胞死亡，在水稻植株中激活水杨酸和茉莉酸信号通路，对褐飞虱产生抗性。*Bph*29 含有 B3 结合域，可激活水杨酸信号通路并抑制茉莉酸/乙烯途径。

关键词：水稻；褐飞虱；抗性基因

---

* 基金项目：现代农业产业体系（CAS-18）；中国农业科学院科技创新工程“水稻病虫草害防控技术科研团队”

** 第一作者：周若男，硕士研究生；E-mail：2993416629@ qq. com

*** 通信作者：傅强，研究员；E-mail：fuqiang@ caas. cn

云南江城灯下飞虱科种类和数量动态*

李　波[1,2]**　何佳春[1]　林晶晶[1]　陈　斌[2]***　傅　强[1]***

（1. 中国水稻研究所水稻生物学国家重点实验室，杭州　310006；
2. 云南农业大学植物保护学院，昆明　650201）

摘　要：对云南省普洱市江城哈尼族彝族自治县 2017 年 5 月 26 日至 10 月 15 日稻区灯下诱集到的飞虱科种类及其数量变化进行了分类及统计。结果显示：灯下可诱集到飞虱科昆虫 22 属 28 种，虫量 5 568 头，其中褐飞虱、白背飞虱占比最高（51.87% 和 32.58%），扭旋茎刺飞虱、伪褐飞虱、黑颜托亚飞虱、白颈淡肩飞虱、烟翅白背飞虱和拟褐飞虱次之（2.37%、2.34%、1.92%、1.79%、1.52%、1.27%），其余 20 种飞虱合计仅占 4.35%。进一步比较 6—10 月灯下飞虱的种类及数量，发现 10 月的飞虱种类最为丰富（18 种），虫量最多（占 63.9%），9 月、6 月次之，分别诱到 15 种、14 种，虫量分别占 9.5%、15.4%；8 月再次之，诱到 12 种，虫量占 6.3%；7 月份最低，仅能诱集到 6 种，虫量占 4.8%。褐飞虱和白背飞虱等两种水稻主要害虫的发生情况有所不同，褐飞虱在 6 月、10 月上灯较多，分别为 683 头（同期占比 79.5%）、1 952 头（同期占比 54.9%）；白背飞虱上灯量尽管少于褐飞虱，最多的 10 月为 1 052 头，同期飞虱占比 29.8%，但 7—9 月的占比均大于 50%（分别为 55.93%、69.12%、53.89%）。值得注意的是，江城地区灯下伪褐飞虱和拟褐飞虱等褐飞虱的同属近似种较少，合计仅占 3.6%，远低于长江中下游流域稻区，其对褐飞虱灯下虫情判别的干扰应相对较小。但可诱集到的飞虱种类繁多，若不能准确区分，仍可能影响当地虫情预测预报的准确性。

关键词：灯下飞虱；种类鉴定；预测

---

* 基金项目：现代农业产业体系（CAS-18）；中国农业科学院科技创新工程“水稻病虫草害防控技术科研团队”

** 第一作者：李波，硕士研究生；E-mail：2423979998@ qq. com

*** 通信作者：傅强，研究员；E-mail：fuqiang@ caas. cn
陈斌，教授；E-mail：chbins@ 163. com

褐飞虱 MAPK 参与致害性变异的研究*

周金明** 周若男 万品俊 傅 强***

(中国水稻研究所水稻生物学国家重点实验室，杭州 310006)

摘 要：褐飞虱具有生长周期短、繁殖力强和迁飞性特征，是水稻重要害虫，抗虫品种培育是提高水稻抗虫性的有效途径之一。随着抗虫水稻品种的推广应用，能够克服品种抗性的褐飞虱新致害种群（或生物型）也随即出现。MAPK 是有丝分裂原活化蛋白，参与昆虫生长发育、逆境胁迫和致害性等过程。本研究以非致害性 TN1 种群和致害性 IR56 种群为实验材料，探究褐飞虱 MAPK 与致害性变异的关系。结果表明：①褐飞虱全基因组中有 6 个 MAPK 家族基因成员，包括 *rolled*、*ERK2*、*p38*、*nemo*、*JNK like*、*bsk* 等，均含有 S_TKc 结构域；②与初羽化 TN1 种群相比，IR56 种群 *MAPKs* 基因表达量无显著差异，IR56 种群取食 3 天后，*rolled*、*ERK2* 和 *JNK-like* 基因表达量显著下降（*P* 值分别为 0.016、0.048、0.012）；③比较了 TN1 种群和 IR56 种群（2 种群均分别取食 TN1 品种和 IR56 品种，即 4 个处理组）*MAPK* 基因的表达动态，TN 品种 TN1 种群取食 IR56 品种 5 天后，*p38*（$P=0.008$）和 *bsk*（$P=0.041$）的表达量水平显著高于其他 3 个处理组。本研究为解析褐飞虱 MAPKs 调控致害性变异机制奠定基础。

关键词：褐飞虱；MAPKs；致害性

---

* 基金项目：中国农业科学院科技创新工程“水稻病虫草害防控技术科研团队”

** 第一作者：周金明，博士研究生；E-mail：601330708@ qq. com

*** 通信作者：傅强，研究员；E-mail：fuqiang@ caas. cn

基于深度学习的小麦蚜虫预测模型*

邓　杰[1**]　杨璐嘉[1]　张书铭[1]　王　雪[1]　谢爱婷[2]　马占鸿[1***]

（1. 中国农业大学植物保护学院，北京　100193；2. 北京市植保站，北京　100029）

摘　要：小麦蚜虫是我国小麦发生面积最大、为害最为严重的一种常发性害虫。本研究采用病虫测报学原理，对北京市植保站 1990—2016 年北京市 8 个区（昌平，大兴，房山，通州，顺义，平谷，密云，怀柔）的田间调查的百茎蚜量数据和相应的气象大数据，构建了基于深度学习的小麦蚜虫预测模型。本研究首先通过空间相关分析，证明了北京 8 个地区蚜虫发生动态的空间相关性极显著（$P<0.01$），可以进行统一建模。并通过自相关函数证明了早期蚜虫密度对当前蚜虫密度的影响较弱，而 5 天前的蚜虫密度与当前蚜虫密度呈极显著相关（$P<0.01$），可以使用 5 天前的蚜虫密度作为初始蚜虫密度来预测 5 日后蚜虫密度。经基于方差分析的卡方自动交互检测（CHAID）算法进行特征筛选，筛选出 5 日平均温度，5 日平均最低温度，5 日平均最高温度，五日平均相对湿度和初始百茎蚜量作为预测因子构建模型，并通过皮尔逊（Pearson）相关系数进行验证，筛选的变量与预测目标百茎蚜量均呈显著相关［$N=1\,132$，$P<0.01$（双侧）］。随机划分 70%数据作为训练集进行模型构建，30%数据作为验证集对模型结果进行验证。最终构建了多元线性回归模型：$Y=-767.3+X_1\times1.765+X_2\times35.67+X_3\times(-4.851)+X_4\times15.33+X_5\times4.607$，其中，$X_1$ 为初始百茎蚜量，X_2 为 5 日平均气温，X_3 为 5 日平均最高气温，X_4 为 5 日平均最低气温，X_5 为 5 日平均相对湿度，使用验证集数据对模型进行评估，相关系数为 0.83（$P<0.01$），平均绝对误差（MAE）为 285.985，具有极高的实际应用价值。因麦蚜发生动态具有时序特征，采用适合处理时序数据的长短期记忆网络（LSTM）构建了深度学习回归模型，通过验证集数据对模型进行评估，相关系数为 0.88（$P<0.01$），平均绝对误差（MAE）为 200.889，结果表明长短期记忆网络预测方法更加精准可靠。

关键词：小麦蚜虫；预测模型；长短期记忆网络；多元线性回归；CHAID

* 基金项目：北京市农业科技计划项目；宁夏重点研发计划重大项目（2016BZ09）

** 第一作者：邓杰，硕士研究生，主要从事植物病害流行学研究；E-mail：djcc@cau.edu.cn

*** 通信作者：马占鸿，教授，博士生导师，主要从事植物病害流行和宏观植物病理学研究；E-mail：mazh@cau.edu.cn

小麦蚜虫翅发育的形态和组织切片观察*

任智萌[1,2]** 张云慧[1] 李祥瑞[1] 程登发[1] 龚培盼[1] 李 强[2]*** 朱 勋[1]***

（1. 中国农业科学院植物保护研究所，植物病虫害生物学国家重点实验室，北京 100193；2. 云南农业大学植物保护学院，昆明 650201）

摘　要：小麦是我国主要的粮食作物，小麦蚜虫是危害小麦的主要害虫。麦长管蚜 *Sitobion avenae*（Fabricius）、禾谷缢管蚜 *Rhopalosiphum padi*（Linnaeus）、麦二叉蚜 *Schizaphis graminum*（Rondani）和麦无网长管蚜 *Metopolophium dirhodum*（Walker）是危害我国小麦的4种主要蚜虫。麦蚜具有分布广、繁殖力强、食性杂等特点，其若虫及成虫大量群集在小麦叶片、茎秆及穗部吸取汁液，分泌蜜露，影响小麦光合作用及营养吸收、传导。麦蚜不仅直接吸食小麦汁液，而且还是传播麦类黄矮病毒病的重要媒介，不仅严重影响了麦区粮食的稳产和高产，也给农业生产造成了巨大的损失。麦蚜具有典型的扩散多型性，受环境因子的调节，一头单一遗传型的蚜虫在发育的过程中可以产生两种不同的生物型：有翅型和无趐型。跟其他翅二型性昆虫一样，有翅型麦蚜可以进行远距离的迁飞性扩散，能够依靠自身的飞行能力和气流的携带作用，迅速扩散。到达目的地后，可以形成用于繁殖扩大的无趐蚜，大规模的繁殖后代进行为害。因此，有翅蚜的生成有利于麦蚜的迁飞，从而使其危害范围扩大。本实验通过对4种麦蚜进行3D建模和组织切片观察，观察了其若虫及有翅与无翅成虫的形态及其翅原基形态。通过对4种小麦蚜虫的形态和组织切片观察，可以清楚的观察其翅发育的过程。对麦长管蚜不同翅型不同龄期的成若蚜的形态测量学和外部形态特征进行研究，结果表明麦长管蚜1、2龄若蚜外部形态无明显差别，触角均为5节；3龄有翅若蚜中胸发达，可见初生翅芽，至成虫期发育为完整的翅；3龄无翅若蚜中胸结构简单，未见翅芽，3龄至成蚜触角均为6节；1龄若蚜尾片呈瘤状，着生2根刚毛；2、3、4龄若蚜尾片呈圆锥形；有翅成蚜尾片呈长锥形，无翅成蚜呈长舌状，2龄若蚜至成蚜尾片均着生6根以上刚毛；1龄到3龄若蚜腹管的外部形态基本相似，呈圆柱状，4龄若蚜腹管端部开始膨大，而近端部变细。有翅成蚜和无翅成蚜腹管基本无差异，与若蚜相比最明显的区别是近顶端表面均呈现多角形网状结构。开展麦蚜翅型分化的生物学研究，为解析麦蚜的翅型分化机理奠定了基础。

关键词：麦蚜；翅型分化；组织切片

---

* 基金项目：现代农业产业技术体系 CARS-03；国家重点研发计划（2017YFD0201700；2018YFD0200500）

** 第一作者：任智萌，硕士研究生，研究方向为昆虫学

*** 通信作者：李强；E-mail：Liqiangkm@126.com

朱勋；E-mail：zhuxun@caas.cn

报警信息素 EβF 对麦长管蚜行为影响研究*

杨超霞[1,2**] 魏长平[1] 李祥瑞[1***] 张云慧[1]
朱 勋[1] 张方梅[3] 程登发[1] 郑海霞[2***]
(1. 中国农业科学院植物保护研究所，植物病虫害生物学国家重点实验室，北京 100193；
2. 山西农业大学，山西 030801；3. 信阳农林学院，信阳 464000)

摘 要：报警信息素是一类重要的挥发性倍半萜烯类烯烃化合物，广泛存在于植物和动物中。当蚜虫遭受到捕食性或寄生性天敌攻击时，会从腹管分泌小液滴状的挥发性物质，即报警信息素，它的主要成分是［反］-β-法尼烯（E-β-farnsene，EβF）。为明确不同剂量的 EβF 对麦长管蚜行为调控的作用，我们将装有小麦苗的离心管固定于培养皿中，待其自然定制后，加入不同浓度梯度的 EβF（10ng/μl、100ng/μl、200ng/μl、500ng/μl、1 000ng/μl），观察 5min 内麦长管蚜的行为反应，包括：后足抖动、行走以及从麦苗上掉落等行为。结果表明，不同龄期麦长管蚜对不同浓度的 EβF 的行为反应存在一定的差异，随着 EβF 浓度的升高，1～4 龄若蚜有行为反应的数量并不显著增加，当 EβF 浓度≥500ng/μl 时，有行为反应的蚜虫数量呈现下降趋势；而成蚜的行为反应会随着 EβF 的浓度升高而显著增强，当 EβF 浓度≥1 000ng/μl 时行为反应数量开始下降。研究结果表明麦长管蚜对不同浓度的 EβF 的反应程度在不同龄期之间存在显著差异，同时麦长管蚜在感受 EβF 刺激时并不像豌豆蚜一样有明显的跌落行为。因此在生产中应用报警信息素趋避不同种类蚜虫时应注意施用剂量和方式。本实验通过探究报警信息素对不同龄期麦长管蚜行为的影响，可为生产中筛选出不同龄期麦长管蚜 EβF 最佳趋避浓度和条件提供一定的借鉴。

关键词：麦长管蚜；报警信息素；行为学；趋避

---

* 基金项目：国家重点研发计划（2016YFD0300705；2017YFD0201700）；国家自然科学基金（31772163）；现代农业产业技术体系 CARS-03

** 第一作者：杨超霞，硕士研究生，研究方向为昆虫分子生物学；E-mail：ycx930501@163.com

*** 通信作者：李祥瑞，副研究员；E-mail：xrli@ippcaas.cn
郑海霞，副教授；E-mail：zhenghaixia722@163.com

蜕皮激素参与蚜虫跨代翅型分化调控研究*

魏长平[1**]　杨超霞[1,2]　李祥瑞[1***]　张云慧[1]　朱　勋[1]　张方梅[3]　程登发[1]

（1. 中国农业科学院植物保护研究所，植物病虫害生物学国家重点实验室，北京　100193；2. 山西农业大学，山西　030801；3. 信阳农林学院，信阳　464000）

摘　要：温度、拥挤度、寄主质量、报警信息素等外界环境因子可以影响蚜虫种群中有翅蚜的比例，孤雌胎生蚜的伪胚胎在母代卵巢内发育时，母代将感知到的外界环境信号传递给体内伪胚胎，尚未出生的蚜虫伪胚胎可对这些信号做出应答，从而决定翅发育或退化。到目前为止，环境信号如何由母代传递给子代伪胚胎的机制仍不清楚，内分泌激素可能在其中发挥了重要的调控作用，其中蜕皮激素信号作为调节昆虫变态发育的重要信号通路，可能参与蚜虫跨代翅型分化调控。本研究利用饲喂法给麦长管蚜 *Sitobion avenae*（F.）饲喂蜕皮激素（20E），然后通过荧光定量 PCR 方法检测其体内胚胎蜕皮激素信号通路关键基因 *EcR* 等的表达情况，同时结合子代翅型比例，在分子水平上初步解释蚜虫翅型分化中的跨代信号传递途径，为蚜虫跨代翅型分化调控机理研究奠定基础。

关键词：麦长管蚜；翅型分化；蜕皮激素信号通路；蜕皮激素受体

---

* 基金项目：国家重点研发计划（2016YFD0300705；2017YFD0201700）；国家自然科学基金面上项目（31772163），现代农业产业技术体系 CARS-03

** 第一作者：魏长平，硕士，研究方向为昆虫分子生物学；E-mail：wcpboke@yeah.net

*** 通信作者：李祥瑞，副研究员；E-mail：xrli@ippcaas.cn

秸秆还田方式对夏玉米田地下害虫发生的影响*

李文静[1**] 吕 亮[1] 黄益勤[2] 万 鹏[1***]

（1. 湖北省农业科学院植物保护土肥研究所农业部华中作物有害生物综合治理重点实验室，武汉 430064；2. 湖北省农业科学院粮食作物研究所，武汉 430070）

摘 要：农作物秸秆是农业生产过程中必然产生的副产品，也是一种含碳丰富的生物质资源。近年来，随着农村劳动力的锐减以及农民生活方式的转变，秸秆还田种植模式发展迅速，因势利导地顺应形势发展，加强秸秆还田方式研究，是当前生产的一个重要任务。地下害虫长期在土中栖息，为害隐蔽性高，防治困难，是影响湖北省玉米高产稳产的主要因素之一。随着秸秆还田等耕作技术的推广，地下害虫发生规律也发生了相应的变化。本研究以夏玉米郑单958为试验材料，探索冬小麦不同秸秆还田方式下玉米田地下害虫的发生规律，以期为今后秸秆还田技术的优化和推广提供理论支持。

于2017年6月在湖北省襄阳市襄州区张罗岗原种场进行试验，分为以下5个处理：①秸秆还田；②秸秆还田+腐熟剂；③秸秆还田+旋耕；④秸秆还田+免耕；⑤秸秆还田+深翻。在玉米整个生育期进行调查，每处理地块Z字形5点取样，每点采用顺垄垂直挖土法，每个样点调查面积1~2m^2，取样深度50cm。调查发现，夏玉米田地下害虫主要种类为蛴螬、金针虫、小地老虎。结果分析如下：秸秆还田并施用腐熟剂处理的玉米田地下害虫发生量显著低于单一秸秆还田地块。秸秆还田条件下，旋耕和深翻处理均能有效减少地下害虫发生量：与秸秆还田+免耕处理相比，秸秆还田+旋耕处理地下害虫发生量平均减少了31%，秸秆还田+深翻处理地下害虫发生量平均减少了38%。

本文结论：①小麦-玉米轮作模式下秸秆还田的各不同处理对玉米地下害虫的发生影响显著；②秸秆还田条件下，施用秸秆腐熟剂能显著抑制玉米田地下害虫的发生；③免耕处理对地下害虫的发生有利。

关键词：夏玉米；秸秆还田；地下害虫

---

* 基金项目：湖北省农业科学院重大研发成果培育项目（2017CGPY01）；湖北省农业科技创新中心资助项目（2016—620-003-03）

** 第一作者：李文静，博士，助理研究员，从事农业昆虫与害虫防治；E-mail：liwenjingpingyu@163.com

*** 通信作者：万鹏，博士，研究员；E-mail：wanpenghb@126.com

小菜蛾幼虫肠道细菌肉杆菌的代谢表型分析*

李文红** 李凤良 程 英 金剑雪 周宇航

（贵州省农业科学院植物保护研究所，贵阳 550006）

摘 要：肠道细菌肉杆菌 *Carnobacterium maltaromaticum* 是小菜蛾 *Plutella xylostella* 幼虫肠道的可培养优势细菌，本研究旨在阐明肉杆菌的代谢表型特征。采用 BIOLOG 细胞表型芯片技术系统地研究了肉杆菌的细胞表型；采用 PM 1-10 代谢板，对肉杆菌的 950 种代谢表型进行了测定。肉杆菌能代谢 34.74%的碳源、99.47%的氮源、100%的硫源和 79.66%的磷源；高效代谢的碳源为有机酸类和糖化合物类，高效代谢的氮源为氨基酸类和肽类。该肠道细菌未表现出生物合成途径。肉杆菌具有广泛的适应性，能在分别具有高达 10%氯化钠、6%氯化钾、5%硫酸钠、20%乙二醇、6%甲酸钠、7%尿素、8%乳酸钠、200mmol/L 磷酸钠（pH 值=7.0）、200mmol/L 苯甲酸钠（pH 值=5.2）、100mmol/L 硫酸铵（pH 值=8.0）、100mmol/L 硝酸钠和 100mmol/L 亚硝酸钠的渗透溶液中正常代谢，不能在 9%~12%的乳酸钠渗透溶液中代谢；其适应 pH 值范围为 5~10，最适约为 10.0。在多种氨基酸的作用下，肉杆菌仅有脱氨酶活性，而无脱羧酶活性。肉杆菌的代谢特征增加了我们对该肠道细菌的认识，同时为其功能的研究和进行其与宿主小菜蛾的互作研究提供了信息基础。

关键词：肉杆菌；小菜蛾；Biolog 表型芯片；代谢指纹图谱；肠道细菌

* 基金项目：贵州省农科院院专项（黔农科院院专项〔2014〕025 号）；贵州省科技基金项目（〔2015〕2102）；贵州省科研机构服务企业行动计划项目（黔科合服企〔2015〕4012 号）

** 第一作者：李文红，主要从事农业昆虫及其防治研究；E-mail：646429940@qq.com

马铃薯害虫洋葱平颜蚜蝇的鉴定*

陶　蓓[1,2]**　万品俊[2]***　李国清[1]***

（1. 南京农业大学植物保护学院，南京　210095；

2. 中国水稻研究所水稻生物学国家重点实验室，杭州　310006）

摘　要：本研究主要对甘肃省马铃薯在仓储过程中发现的一种蝇类——洋葱平颜蚜蝇（*Eumerus strigatus* Fallén，1817）进行了形态学以及分子鉴定。形态学方面，该虫的幼虫期体圆筒形，原足不发达无趾钩，后气门着生在短管上；蛹期呼吸管及体表针突仍然可见；成虫期头顶三角区宽大，复眼具稀短而明显的毛，中胸背板暗绿色具金属光泽，正中两侧各具 1 较狭灰白色粉被纵条。分子方面，通过提取该虫的基因组 DNA，克隆了线粒体细胞色素 C 氧化酶亚基 I（*COI*）基因，片段长度为 709bp，与 NCBI 已报道的洋葱平颜蚜蝇 *COI* 序列（序列登录号为 JN991990. 1）相似性为 100%。本研究为进一步了解该虫的生活习性和防治方法具有指导意义。

关键词：马铃薯；形态学鉴定；分子鉴定；COI

---

* 基金项目：现代农业产业体系

** 第一作者：陶蓓，硕士研究生；E-mail：756922264@ qq. com

*** 通信作者：万品俊，副研究员；E-mail：wanpinjun@ caas. cn

李国清，教授；E-mail：ligq@ njau. edu. cn

短期高温胁迫下筛豆龟蝽差异表达基因分析*

崔　娟**　许　喆　史树森***
（吉林农业大学农学院，长春　130118）

摘　要：筛豆龟蝽 *Megacopta cribraria*（Fabricius），别名豆圆蝽、臭金龟，属半翅目龟蝽科，是中国南方大豆上的一种重要害虫。筛豆龟蝽具有较强的耐热性，但其高温响应的分子机制尚不明确。本研究旨在利用转录组测序技术丰富筛豆龟蝽的基因信息，分析在短时高温胁迫下，差异表达基因的主要类群及参与的主要代谢通路。采用高通量测序平台（Illumina HiSeq），分别对25℃和37℃条件下处理4h筛豆龟蝽成虫进行转录组测序、序列组装及生物信息学分析。测序后共获得93 959条 unigenes，平均长度为756.07bp，N50长度为1 368bp，最终获得14 073个有注释信息的 unigenes。高温响应差异表达基因共有127条，其中上调表达和下调表达的基因分别为88条和39条。差异基因通过GO数据库注释分析，生物学过程类群占绝大多数，代谢过程所占比例最高。KOG数据库注释分析显示，注释到功能最多的是翻译后修饰，蛋白翻转，分子伴侣。KEGG代谢途径分析表明，差异表达基因有66条，富集在38条代谢通路上，在内质网中的蛋白质过程、内吞作用、氨基酸的生物合成等代谢通路显著富集。选取5条热激蛋白相关差异基因，进行实时荧光定量PCR方法检测其表达量以进行验证，结果显示其表达量均与测序结果变化一致。筛豆龟蝽高温转录组揭示，在37℃热胁迫过程中，代谢过程、细胞过程和单有机体过程等生物学过程相关基因在筛豆龟蝽应答高温胁迫中发挥了重要作用。该研究结果为后续生物信息学分析及筛豆龟蝽耐热关键基因的发掘及机制的揭示提供了基础数据。

关键词：筛豆龟蝽；高温胁迫；转录组；差异基因

---

* 基金项目：国家现代农业产业技术体系（CARS-04）

** 第一作者：崔娟，博士研究生，研究方向：农业昆虫与害虫防治；E-mail：826892236@qq.com
*** 通信作者：史树森；E-mail：sss-63@263.net

光周期对筛豆龟蝽生长发育及繁殖的影响*

许 喆** 崔 娟 史树森***

（吉林农业大学农学院，长春 130118）

摘　要：筛豆龟蝽 *Megacopta cribraria*（Fabricius）又称豆圆蝽，属半翅目（Hemiptera）龟蝽科（Plataspidae），是我国南方豆科作物的重要害虫。光周期不仅影响昆虫的行为节律，还对昆虫的生长发育、生理代谢、交配繁殖等影响显著。伴随自然环境的复杂变化，光周期已成为影响物种调节生命周期的关键因子。

本研究在温度（24±1）℃、相对湿度 60%±10%、光照强度 4 000lx 条件下，设置 24L∶0D、20L∶4D、16L∶8D、12L∶12D、8L∶16D、4L∶20D 等 6 个光周期处理，以大豆为寄主植物，采用生命表技术系统观察分析筛豆龟蝽实验种群各虫态发育历期及生殖力状况。结果显示：筛豆龟蝽各虫态在不同光周期下发育历期、存活率以及成虫生殖力等均存在显著差异，其卵、若虫、成虫以及整个世代的发育速率与光周期呈显著相关性。筛豆龟蝽若虫期发育历期随着光照时间增长而呈显著缩短趋势，最长为 59. 9 天（8L∶16D），最短为 52. 5 天（24L∶0D）。不同光周期条件下筛豆龟蝽种群存活曲线均属于Ⅲ型存活曲线，其形状参数 c 均小于 1。筛豆龟蝽营养积累效率可用单位时间体重增加量来衡量 $y=0.1229\exp(-0.8647/x)$（$P<0.05$），随着光照时间增加，筛豆龟蝽若虫营养积累效率呈逐渐增大趋势。成虫平均寿命随光照时间增长而延长，雄虫寿命最长为 37. 8 天（24L∶0D），雌虫寿命最长为 38. 4 天（20L∶4D）。短光照（≤8h）条件下，筛豆龟蝽雌虫均未产卵，随着光照时间增长，单雌产卵量以及种群趋势指数 I 均逐渐增大，其中，12L∶12D 光照条件下，筛豆龟蝽种群趋势指数 I 为 0. 35<1，而长光照（≥16h）条件下，种群趋势指数 I 均 > 1。这些研究结果表明在长光照（≥16h）条件下，筛豆龟蝽世代历期缩短，寿命延长，成虫生殖力增强，更有利于其种群的生长发育及繁殖。

关键词：筛豆龟蝽；光周期；发育历期；存活率；营养积累；生命表

* 基金项目：国家现代农业产业技术体系（CARS-04）

** 第一作者：许喆，硕士研究生，从事农业昆虫与害虫防治；E-mail：1183382238@ qq. com

*** 通信作者：史树森；E-mail：sss-63@ 263. net

大豆食心虫幼虫结茧能力及其对低温环境适应性的影响*

夏婷婷** 李 旋 徐 伟 史树森***
（吉林农业大学农学院，长春 130118）

摘 要：大豆食心虫［*Leguminivora glycinivorella*（Mats.）Obraztsov］隶属于鳞翅目（Lepidoptera）小卷叶蛾科（Olethereutidae），俗称大豆蛀荚虫、小红虫、大豆蛀荚蛾，是我国北方大豆产区最重要的蛀荚害虫。

本研究旨在明确大豆食心虫老熟幼虫的结茧能力及其结茧次数对其适应低温环境能力的影响，通过“人工剥茧扰动间隔持续观察法”，测定其幼虫结茧能力及其结茧次数与体重、茧重的关系，同时测定不同结茧次数虫体过冷却点、结冰点及虫体海藻糖含量和虫茧蛋白氨基酸组成等，分析比较大豆食心虫幼虫结茧能力及其对低温环境的适应性。结果表明，大豆食心虫幼虫再结茧能力很强，最多可结茧 17 次，平均结茧次数 9.86 次，幼虫个体结茧次数的频次分布符合二次函数模型，方程式 $y=-4.1412+3.2428x-0.160686x^2$。幼虫体重影响其结茧能力，但性别对其结茧能力无显著影响；随着幼虫结茧次数的增加，其体重随之显著减少，幼虫结茧次数与其体重呈显著负相关，符合一次函数模型，方程式 $y=14.8231-0.545625x$。幼虫结茧的茧重随结茧次数的增加显著减少，其虫茧蛋白由 16 种氨基酸组成，各氨基酸组分含量与结茧次数均呈直线负相关。随着结茧次数增加，幼虫体内海藻糖相对含量呈下降趋势，其过冷却点和冰点值均有所升高，越冬存活率亦随之显著降低。可见，大豆食心虫幼虫随着再结茧次数的增加，其幼虫对低温环境的适应能力显著降低，同时虫茧的质量明显下降，对茧内幼虫的保护作用随之降低，导致幼虫越冬死亡率显著升高。本研究初步明确了大豆食心虫脱荚幼虫的结茧能力及结茧次数影响其对低温环境适应性的机制，较深入地分析了大豆食心虫幼虫再结茧次数增加影响大豆食心虫安全越冬的综合效应，其结果将为有效开展该害虫预测预报及提高农业防治水平提供科学依据。

关键词：大豆食心虫；越冬幼虫；结茧能力；环境适应性

* 基金项目：国家现代农业产业技术体系（CARS-04）

** 第一作者：夏婷婷，硕士研究生，研究方向为农业昆虫与害虫防治；E-mail：798835255@ qq. com
*** 通信作者：史树森；E-mail：sss-63@ 263. net

三种监测方法对越冬代棉铃虫成虫诱集效果的初步研究*

张尚卿[1**] 韩晓清[1] 吴志会[1] 杨东旭[1] 高占林[2] 李耀发[2***]

（1. 唐山市农业科学研究院，唐山 063001；2. 河北省农林科学院植物保护研究所/河北省农业有害生物综合防治工程技术研究中心/农业部华北北部作物有害生物综合治理重点实验室，保定 071000）

摘　要：棉铃虫属鳞翅目，夜蛾科，是一种世界性的致灾害虫。20 世纪 90 年代，棉铃虫在我国北方棉区持续暴发，给农业生产造成严重损失。随着抗虫棉大面积推广种植，其在棉花上的为害得到有效控制。同时，抗虫棉形成的大面积“诱杀陷阱”，大幅降低了棉铃虫在整个华北农田生态系统中的种群数量，使得其在所有寄主上的发生均有很大程度下降。近些年，受棉盲蝽、棉蚜和黄萎病等病虫害频发、种植成本增加、棉区劳动力转移以及机械化程度偏低等多方面影响，华北地区棉花种植面积大幅下降，以河北省为例，仅 2011—2015 年棉花播种面积下降了 43.2%。加之食性较杂，寄主范围广等特点，棉铃虫在棉田之外的其他作物上逐渐成为重要害虫。小麦是华北地区越冬代棉铃虫的主要寄主，春季羽化的越冬代棉铃虫成虫虽然数量相对较少，但对其全年的发生情况至关重要。因此，本研究通过麦田放置棉铃虫性诱剂、鳞翅目害虫食诱剂和频振式杀虫灯，旨在筛选对越冬代棉铃虫成虫诱集效果较好的监测方法，为越冬代棉铃虫成虫的监测以及综合治理提供理论依据。监测结果表明，棉铃虫性诱剂、鳞翅目害虫食诱剂和频振式太阳能杀虫灯对越冬代棉铃虫成虫均具有一定的诱集作用。5 月 14 日至 6 月 7 日越冬代棉铃虫成虫诱集总量来看，棉铃虫性诱剂诱蛾量最大，达到 20.98 头/诱捕器，而鳞翅目害虫食诱剂和频振式杀虫灯的诱蛾量分别为：3.84 头/诱捕器和 2.67 头/灯，显著低于性诱剂处理。棉铃虫性诱剂的诱集效果分别是鳞翅目害虫食诱剂的 5.46 倍，杀虫灯的 7.86 倍，而食诱剂和频振式杀虫灯诱集效果差异不显著。另外，与鳞翅目害虫食诱剂和频振式杀虫灯能够引诱多种害虫不同，棉铃虫性诱剂仅能够针对棉铃虫单一种群进行监测，排除其他害虫对于监测结果的干扰。因此，综合来看，棉铃虫性诱剂是越冬代棉铃虫最佳的监测方式，适用于越冬代棉铃虫成虫的准确测报。

关键词：棉铃虫；越冬代；监测；性诱剂

---

* 基金项目：国家重点研发计划（2017YFD0201906）；河北省现代农业产业技术体系（HBCT2018040204）；河北省农林科学院财政项目（F18C10001）

** 第一作者：张尚卿，助理研究员，研究方向为农药应用技术及有害生物综合防治；E-mail：zhangshangqing85@163.com

*** 通信作者：李耀发，研究员，研究方向为农业昆虫与害虫综合防治；E-mail：liyaofa@126.com

植物花有助于绿盲蝽种群适合度的提高*

潘洪生[1,2**]　修春丽[1]　陆宴辉[1***]

（1. 中国农业科学院植物保护研究所，植物病虫害生物学国家重点实验室，北京　100193；2. 新疆农业科学院植物保护研究所，农业部库尔勒作物有害生物科学观测实验站，乌鲁木齐　830091）

摘　要：绿盲蝽是一种多食性害虫，主要为害棉花、果树、茶树等农作物，成虫具有明显趋好花期植物取食并产卵的习性。2009—2016 年连续 8 年的小区试验发现，苗期的艾蒿、野艾蒿、葎草、寒麻、极香罗勒、藿香、薄荷和荆芥上绿盲蝽若虫密度极低，部分年份一些植物上绿盲蝽若虫数量为零或趋近于零，但进入花期后若虫密度均显著提高。在室内，绿盲蝽若虫在藿香、薄荷嫩头（代表苗期）上不能存活，寒麻、极香罗勒和荆芥嫩头上若虫存活率低于 25%，艾蒿、野艾蒿、葎草嫩头上的存活率为 60%～70%，而取食同种植物花（代表花期）的若虫存活率同样显著提高。检测表明，6 种植物花中单宁类和黄酮类次生物质的含量低于嫩头，其余 2 种植物的变化趋势相反；8 种植物花中糖类的含量均显著高于同种植物的嫩头。进一步试验表明，利用植物嫩头饲养绿盲蝽若虫时，补充糖液将显著提高每种植物上若虫的存活率。上述结果表明，含糖高的植物花显著提高了绿盲蝽若虫在不同植物上的适合度，有效扩大了自身的寄主植物范围。

关键词：绿盲蝽；寄主范围；寄主选择；糖类；次生化合物；适合度

---

* 基金项目：国家重点研发计划（No. 2017YFD0201900）；国家自然科学基金（No. 31621064）

** 第一作者：潘洪生，主要从事棉花害虫生物学与控制技术研究；E-mail：panhongsheng0715@163. com

*** 通信作者：陆宴辉；E-mail：yhlu@ippcaas. cn

棉蚜对氟啶虫胺腈的抗性选育和现实遗传力*

安静杰** 李耀发 党志红 高占林 潘文亮***
（河北省农林科学院植物保护研究所，河北省农业有害生物综合防治工程技术研究中心，农业部华北北部作物有害生物综合治理重点实验室，保定 071000）

摘 要：新烟碱类杀虫剂是当前用于防治棉蚜的主要药剂，为了评估棉蚜 *Aphis gossypii* Glover 对新烟碱类杀虫剂氟啶虫胺腈的抗性风险，本研究在室内进行了棉蚜对氟啶虫胺腈的抗性选育和抗性现实遗传力的分析。以室内多年饲养的原始种群为敏感品系，采用群体汰选法开始选育，随着抗性选育代数的增加抗性水平逐渐提高。经过连续施药汰选 25 代后建立抗性品系，其 LC_{50} 值由 26.345 1mg/L 上升到了 354.128 5mg/L，抗性倍数上升了 13.44 倍。采用阈性状分析方法，估算了棉蚜对氟啶虫胺腈的抗性现实遗传力 h^2 为 0.166 3。在此基础上，进一步预测其抗性发展，在致死率为 50%～90% 选择压力下，棉蚜对氟啶虫胺腈的抗性增长 100 倍需要 46.43～20.84 代。研究结果表明棉蚜对氟啶虫胺腈产生抗性的风险较大，在生产中合理控制氟啶虫胺腈的施用浓度和施用频率可适当延长药剂的施用寿命。

关键词：棉蚜；氟啶虫胺腈；抗性选育；现实遗传力

---

* 基金项目：国家重点研发计划（2017YFD0201906）；河北省现代农业产业技术体系（HBCT2018040204）；河北省青年科学基金项目（C2017301067）；河北省农林科学院财政项目（F17E10004；F18C10001）

** 第一作者：安静杰，副研究员，从事农业害虫综合防治技术研究；E-mail：anjingjie147@163.com
*** 通信作者：潘文亮，研究员，从事农业害虫综合防治技术研究；E-mail：pwenliang@163.com

甘蔗绵蚜为害对甘蔗产量和糖分的损失研究*

李文凤** 张荣跃 尹 炯 罗志明 王晓燕
单红丽 李 婕 仓晓燕 黄应昆***
（云南省农业科学院甘蔗研究所/云南省甘蔗遗传改良重点实验室，开远 661699）

摘 要：甘蔗绵蚜是现今广泛分布于我国各甘蔗种植区，严重影响甘蔗产量和品质的叶部害虫。为探明现有生产水平条件下甘蔗绵蚜对甘蔗实测产量及糖分的为害损失和对新植宿根出苗的影响情况，给甘蔗绵蚜的科学有效防控提供理论依据和详实的实测数据。本研究于2015—2017年，选择主栽品种，同田设立为害区和未为害区，调查评估绵蚜为害对新植宿根出苗影响，甘蔗成熟期分别收砍称量和测定分析甘蔗产量及糖分，并计算甘蔗实测产量及糖分损失。研究结果显示，每公顷甘蔗实测产量减少37 545~61 845kg，平均46 185kg；甘蔗产量损失率为28.5%~45.7%，平均35.9%；甘蔗出汁率减少2.4%~4.13%，平均3.01%；甘蔗糖分降低5.48%~8.16%，平均6.38%；蔗汁锤度降低6.95~9.05°BX，平均7.66°BX；蔗汁重力纯度降低8.43%~19.97%，平均12.35%；而蔗汁还原糖分则增加1.01%~1.3%，平均1.21%；新植出苗率降低24.7%~27.3%，平均26.0%；每公顷宿根出苗数减少57 429~76 238株，平均66 834株，相对出苗损失率为57.6%~58.0%，平均57.8%。可见，目前云南蔗区甘蔗绵蚜为害造成的甘蔗产量及糖分损失十分严重，甘蔗绵蚜为害已成为现阶段严重影响甘蔗产量和品质生产的主要挑战之一。研究结果对加强甘蔗绵蚜的科学有效防控和支持我国蔗糖产业的可持续发展具有重要意义。

关键词：云南蔗区；甘蔗绵蚜；发生为害；甘蔗产量和糖分；损失评估

---

* 基金项目：国家现代农业产业技术体系（糖料）建设专项资金（CARS-170303）；云岭产业技术领军人才培养项目“甘蔗有害生物防控”（2018LJRC56）；云南省现代农业产业技术体系建设专项资金

** 第一作者：李文凤，研究员，主要从事甘蔗病虫害研究；E-mail：ynlwf@163.com

*** 通信作者：黄应昆，研究员，从事甘蔗病虫害防控研究；E-mail：huangyk64@163.com

荔枝蒂蛀虫对不同颜色灯光反应的初步研究*

郭 义** 张宝鑫 赵 灿 宋子伟 葛振泰 李敦松***

（广东省农业科学院植物保护研究所，广州 510640）

摘 要：荔枝蒂蛀虫（*Conopomorpha sinensis* Bradley）属鳞翅目细蛾科，幼虫钻蛀性为害，对荔枝、龙眼造成严重为害。对荔枝蒂蛀虫生物学习性的研究报道表明，其成虫白天躲避在阴暗的枝干下面，羽化、交配、产卵行为主要发生在夜间。光照时长可影响荔枝蒂蛀虫发育历期和羽化率，相关的研究推测荔枝蒂蛀虫无趋光性，具有惰光性。为深入研究荔枝蒂蛀虫对不同颜色灯光的趋性反应，本研究利用LED光源和行为选择试验装置，采用对比实验法，测试了荔枝蒂蛀虫成虫对红、黄、绿、蓝、紫和白光的趋性反应（$n=60$），分析了荔枝蒂蛀虫成虫对不同颜色灯光的选择偏好性。以黑暗为对照时，对6种颜色灯光的选择程度由高到低依次是紫>蓝>白>红>黑>绿>黄，其中对紫光和蓝光的选择性达到极显著水平（$Z=6.97$，$P<0.0001$；$Z=4.39$，$P<0.0001$），对白光的选择性达到显著水平（$Z=2.07$，$P=0.0389$）；以白色灯光为对照时，对其他5种颜色灯光的选择程度由高到低依次是蓝>紫>白>绿>黑>黄>红，其中对黄光和红光的选择性均显著小于白光（$Z=2.32$，$P=0.0201$；$Z=2.58$，$P=0.0098$）。进一步采用对比试验发现对蓝光和紫光之间的选择偏好未达到显著性差异（$Z=1.29$，$P=0.1967$）；对蓝光的选择偏好性显著的高于红光（$Z=4.65$，$P<0.0001$）。综上，荔枝蒂蛀虫成虫对不同颜色灯光的趋性反应不同，以白色灯光或黑暗为对照时，对蓝光和紫光都表现出趋向性，对绿光和黄光都表现出避向性。结果表明荔枝蒂蛀虫对短波长的光具有一定的趋向性，在夜晚可作为果园内灯光诱虫的备选，但是对荔枝蒂蛀虫具有较强引诱作用的波长范围和光强大小尚需进一步研究。

关键词：荔枝蒂蛀虫；灯光；行为选择；趋性反应

* 基金项目：国家荔枝龙眼现代农业产业技术体系（CARS-32-13）

** 第一作者：郭义，博士，研究方向为害虫生物防治；E-mail：guoyi20081120@163.com

*** 通信作者：李敦松，研究员；E-mail：dsli@gdppri.cn

为害福建泉州安溪茶园铁观音的小绿叶蝉种类识别与鉴定*

代丽珍[1,2]** 郝少东[1,2] 王 龙[1,2]

哈帕孜·恰合班[3] 许 睿[4] 万 佳[4] 张志勇[1,2] 王进忠[1,2]***

（1. 农业应用新技术北京市重点实验室，北京 102206；2. 北京农学院植物科学技术学院，北京 102206；3. 新疆青河县农业技术推广中心，清河 836200；4. 北京司雷植保科技有限公司，北京 102200）

摘 要：茶小绿叶蝉是我国茶园广布型害虫。该虫虫体虽小，但繁殖快，发生世代多，以成虫和若虫刺吸茶树嫩芽叶（彭萍等，2014），一般年份夏、秋茶损失达10%～15%，重灾年份茶叶损失可达50%以上，特别严重时造成无茶可采（朱俊庆，1999），对茶叶生产影响极大。我国茶小绿叶蝉的种名归属问题备受争议。葛钟麟和张汉鹄（1988）从形态上鉴定为害中国茶树的小绿叶蝉种类为假眼小绿叶蝉 *Empoasca vitis*（Göthe，1875），陈惠藏等（1978）认为为害台湾茶树的小绿叶蝉为 *Jacobiasca formosana* Paoli。秦道正等（2014）对陕西等茶区的小绿叶蝉标本鉴定表明为小贯小绿叶蝉 *E. onukii* Matsuda。施龙清等学者（2014）对福建武夷山茶园、闽侯茶园和农大茶园的茶小绿叶蝉鉴定结果为小贯小绿叶蝉，而对为害福建泉州安溪茶园铁观音的茶小绿叶蝉因样本量较少，种类鉴定尚不明确，建议做进一步系统调查。福建的茶叶产量及产值均居全国首位，其中安溪县茶产量位居福建省前十，是福建省重要的铁观音茶产业县。鉴于此，本文对为害福建省泉州安溪茶园铁观音的茶小绿叶蝉种名问题进行了初步研究，为今后福建安溪茶园小绿叶蝉的新技术应用提供科学依据。

本研究从福建泉州安溪县湖上乡历山茶场、龙门镇茶园、泉州山美水库生态茶园利用黄板诱集，扫网和拍盆法，采集259头茶小绿叶蝉标本，进行形态学鉴定，在体视镜下据外部形态和外生殖器特征鉴定雄性成虫59头。又以茶叶蝉线粒体细胞色素氧化酶I（cytochrome oxidase I gene，*COI*）及16S rRNA的部分序列为扩增目标，分析比对扩增子序列进行分子鉴定。研究结果表明①在福建泉州山美水库生态茶园、安溪历山茶场和龙门镇茶园茶小绿叶蝉成虫通体黄绿色，体长约3mm，宽约0.6mm。复眼灰褐色，复眼间距约0.3mm，头冠前缘具一对白色单眼。前翅长约2.6mm，宽约0.6mm，黄色半透明、端部淡烟褐色，近透明；后翅长约2mm，宽约0.8mm，膜质，淡黄绿色，近透明。前翅端室4个，R室与C室近等宽，窄于M和CuA室；后翅CuA脉不分叉，轭区明显。雄性成虫下

---

* 基金项目：北京市自然科学基金和北京市教育委员会科技计划重点项目；国家自然科学基金项目（31272099）；北京市农委项目（20170130703）；国家重点研发计划课题（2017YFD20030703）

** 第一作者：代丽珍，硕士研究生；E-mail：1025199813@ qq. com

*** 通信作者：王进忠，教授，主要从事农业昆虫与害虫防治；E-mail：jinzhw9276@ 163. com

生殖板三角形，基部很宽，端向收狭，端部向上弯曲，下生殖板近基部外缘至端部内缘斜生 2 列大刚毛。阳茎干侧直，无凸起。阳茎口近于阳茎干端部，阳基侧突基部较短。形态特征识别结果为小贯小绿叶蝉 *E. onukii*。②将为害泉州安溪 3 个茶园的小绿叶蝉获得线粒体 *COI* 扩增产物（1 773bp）与 16S rRNA 扩增产物（535bp）测序后与 Genbank 数据库比对，该种与小贯小绿叶蝉 *E. onukii* 的 *COI* 与 16S rRNA 相似度达到 100%，且其遗传距离在 0.00~0.53%，均低于 2%的物种边界。由此可以看出，福建泉州安溪湖上乡历山茶园、龙门镇茶园和泉州山美水库生态茶园的茶小绿叶蝉形态鉴定和线粒体 *COI* 基因扩增产物测序比对的研究结果一致，因此，确认福建泉州安溪茶园铁观音茶小绿叶蝉为小贯小绿叶蝉 *E. onukii*。

线粒体 DNA（mtDNA）广泛用于分类学和系统学研究，特别是在一些近缘物种和隐秘物种中，难以仅通过形态学区分。线粒体 *COI* 已经成功地用于叶蝉种类的鉴定和系统发育和地理学研究上（Castalanelli MA，*et al.*，2012）。16S rRNA 已经被用于叶蝉（Cicadellidae）的物种水平系统发育研究，本文通过两组分子产物序列特征比对证实福建泉州安溪茶园铁观音茶小绿叶蝉均为小贯小绿叶蝉与付建玉等学者（2014）确认东亚地区茶小绿叶蝉为同一物种研究结果一致。

关键词：小贯小绿叶蝉；种名；鉴定；福建泉州市安溪县

莲都区红火蚁疫情发生分布调查*

陈利民[1**] 何天骏[1] 吴全聪[1] 黄 俊[2] 郑仕华[3] 廖叶旻子[1]

(1. 丽水市农业科学研究院，丽水 323000；2. 浙江省农业科学院植物保护与微生物研究所，杭州 310021；3. 丽水市莲都区农业局，丽水 323000)

摘 要：为了明确入侵性有害生物红火蚁在丽水市莲都区的发生与为害，并为下一步的防控工作提供科学依据，采用访问调查、踏查和诱饵诱集调查相结合的方法对莲都区红火蚁疫情发生情况进行了全面普查。结果表明红火蚁疫情发生区位于莲都区小白岩区域，以村前农田为中心呈辐射分布；最终核实红火蚁疫情防控监测区 170.50hm^2，其中疫情发生区面积 80.01hm^2，疫情潜在发生区面积 90.49hm^2；红火蚁疫情发生区踏查发现蚁巢数量 4 320个，蚁巢密度为 0.54 个/100m^2，整体属三级中偏重度发生程度；其中，小白岩村村前部分农田区域蚁巢密度为 23 个/100m^2，已达到严重发生程度。疫情发生核心区域各生境内红火蚁发生情况，以田间机耕道两侧、田埂道路两侧、荒地、村居、菜地和果园等生境发生相对较重，草坪和河边发生相对较轻。

关键词：红火蚁；疫情；调查；生物入侵

红火蚁（*Solenopsis invicta* Buren）是一种原产于南美洲巴拉那河流域的危险性入侵生物[1-2]。红火蚁具有攻击性强、繁殖速度快、生存竞争力强、传播途径多、缺少天敌、杂食性等特性，一旦进入新的生境，其种群数量会急速增长，短期内即可暴发成灾[3-4]。因此红火蚁一旦入侵，极易对当地的农林生产、生态环境和人畜安全等造成严重影响[5]。自 20 世纪 30 年代以来，红火蚁入侵美国后随苗木的调运等途径，在美国东南部广大地区迅速扩散，目前已有超过 1.3 亿 hm^2 土地遭到红火蚁入侵[6]。近年来红火蚁相继入侵澳大利亚、新加坡、菲律宾、马来西亚、中国（包括台湾、香港和澳门）等多个国家和地区[7]。我国大陆地区自 2004 年 9 月 22 日在广东省吴川市首次发现红火蚁入侵为害[8]，截至目前，已有 11 个省 240 余个县区发生不同程度的该虫入侵为害现象[9]，并且在我国红火蚁入侵呈不断蔓延扩散的趋势。

丽水市位于浙江省西南部，地处东经 118°41′~120°26′，北纬 27°25′~28°57′，属中亚热带季风气候区，气候温和，冬暖春早，无霜期长，雨量丰沛，年平均气温为 17.8℃，为红火蚁的发生提供了有利的气候条件。该市于 2017 年 8 月在莲都区南明山街道小白岩村首次发现红火蚁入侵为害，发生生境包括居民住房、村前广场、旱作农田、橘树林、荒地、乡村道路、河流边岸及垃圾堆放点等，发生环境复杂，且许多村民受到红火蚁蜇咬伤害，大量农田被闲置。为此，于 2017 年 9 月对小白岩区域的红火蚁疫情进行全面调查，以期为下一步红火蚁的防控与歼灭提供依据。

---

* 基金项目：浙江省“三农六方”科技协作项目（项目编号：CTZB-F170623LWZ-SNY1-34）；丽水市南明山街道小白岩村红火蚁疫情根除项目

** 第一作者：陈利民，主要从事绿色防控技术研究；E-mail：clmit@163.com

1 材料与方法

1.1 调查方法

调查方法参照 GBT23626—2009 “红火蚁疫情监测规程”[10]，采用访问调查、踏查和诱饵诱集调查相结合的方法进行。

1.1.1 访问调查法

向当地居民和经常在该区域工作的人员询问是否有被蚂蚁叮咬后出现红火蚁危害的症状，是否看见隆起高于地面呈金字塔状的蚂蚁巢，近年来是否从红火蚁发生区调入过高风险物品，在莲都区随机询问调查 123 人，记录可疑蚁害发生地点、发生时间。对访问调查过程发现的可疑地点，进行重点踏查。

1.1.2 踏查法

结合访问调查情况进行，在调查区域内步行观察附近有无可疑的蚁丘，计划行走的路线要覆盖整个调查区域。可用铁锹拨开杂草或障碍物观察有无蚁丘。如有蚁丘，则用铁锹插入蚁丘 5~10cm，观察是否有蚂蚁迅速出巢并表现出很强的攻击行为。对不能确定的蚂蚁采集标本并带回实验室，进行室内体式镜鉴定。

1.1.3 火腿肠诱饵诱集调查法

由于该区域水塘密布且属于山岭地区，地形较为复杂多样，对发生较重区域，以及部分通过访问调查和踏查仍不能明确是否有红火蚁疫情发生的区域进行诱饵诱集调查。用火腿肠作为诱饵，将火腿肠切成边长约 1cm 左右的方块，放入自制的专用诱集瓶，并固定在地面上进行诱集。共设置 126 个诱测点，每个监测点随机放置 3 个诱集瓶，诱集瓶间距 5~10m。注意选择有蚂蚁活动的地方放置诱瓶。使用时将诱瓶置于地面，40~60min 后收集蚂蚁，进行鉴定和计数，必要时制成标本，并填写红火蚁诱集监测记录表。

1.2 调查区域与内容

为了准确掌握该区域红火蚁疫情发生面积、发生等级和区域分布，明确疫情发生的核心区域，并为下一步制定防控方案提供科学依据。采用火腿肠诱饵法，重点对疫情发生区小白岩村及其周边区域和南明山街道所辖其他区域的红火蚁疫情进行了调查，总面积 108.86km^2。同时采用访问调查与踏查相结合的方法对全区各街道办事处进行了普查。

2 结果与分析

2.1 红火蚁疫情发生范围

经过访问调查与踏查，初步明确红火蚁疫情发生区为小白岩村及其周边区域，莲都区其他区域未发现红火蚁；危害中心点为小白岩村村前农田，东经 119°52′12″，北纬 28°27′21″；危害发生范围为东经 119°51′36″~119°52′25″、北纬 28°26′51″~28°27′28″。

2.2 火腿肠诱集法调查活动蚁密度结果

如表 1 所示，本次调查能够诱集到红火蚁的诱集瓶主要分布于小白岩村，以及与其相邻的大白岩村和白岩村，距离小白岩村较远的南明山街道其他区域均未诱集到红火蚁。放置诱测瓶总计 378 个，回收后鉴定统计，引诱到红火蚁的诱集瓶总计 107 个，占放瓶总数的 28.3%。其中，引诱到红火蚁，大于 300 头的诱测瓶 5 个；151~300 头的诱测瓶 12 个；101~150 头诱测瓶 21 个；21~100 头的诱测瓶 27 个；小于 20 头的诱测瓶 42 个。

本次调查所设置的126个诱测点中，能够诱集到红火蚁的诱测点具体地理分布情况如图1所示。其中，红火蚁发生程度4~5级的诱测点4个；2~3级的诱测点21个；1级的诱测点25个，五级诱测瓶和四级诱测瓶主要分布于小白岩村村前农田，属严重发生。并且，红火蚁发生程度以小白岩村村前农田为中心点，呈辐射状向外扩展，逐渐减弱。（注：每诱测点3个诱集瓶平均引诱到红火蚁数量小于20只的为一级诱测点，21~100头的为二级诱测点，101~150头的为三级诱测点，151~300头的为四级诱测点，大于300头的为五级诱测点。）

表1　莲都区红火蚁的发生情况

序号	调查地点	经度	纬度	海拔（m）	调查数量（个）	诱集本地蚂蚁数量（个）	诱集红火蚁数量（个）
1	小白岩村村居	119°52′10.9″	28°27′21″	54.9	9	83	1 322
2	小白岩村北	119°52′19.1″	28°27′27.2″	49.9	12	23	1 231
3	小白岩村东	119°52′11.9″	28°27′20.5″	60.8	33	409	690
4	小白岩村南	119°52′56.3″	28°27′8.3″	55	132	1143	5 009
5	小白岩村西	119°51′10.9″	28°27′20.2″	77.2	51	786	1 652
6	大白岩村	119°51′24.5″	28°27′3.2″	57.5	15	122	111
7	白岩村	119°51′26.1″	28°26′53.9″	60	18	197	87
8	寺窑村	119°52′25″	28°27′10.3″	74.1	9	168	0
9	弥驼庵	119°51′42.9″	28°26′54.6″	61.4	3	22	0
10	弄上村	119°52′20.2″	28°26′50.2″	78.3	6	152	0
11	垟店村	119°52′10.1″	28°26′39.8″	65.6	3	82	0
12	云阁苑	119°51′2.9″	28°24′47.7″	76.5	9	68	0
13	水阁东公园	119°51′29.4″	28°24′58.6″	90.1	3	37	0
14	成大街	119°52′54″	28°24′10"	90.9	3	71	0
15	万地工业园	119°51′4.3″	28°25′42″	95.7	3	104	0
16	物流城	119°51′38.6″	28°26′25.2″	81.3	21	373	0
17	江泰星城小区	119°51′3.2″	28°24′50.7″	76.4	12	95	0
18	金科学府	119°51′31″	28°25′37.4″	72.6	3	97	0
19	华府物业	119°51′14.4″	28°25′15.9″	66.1	3	66	0
20	升达物业	119°51′3.3″	28°25′7.1″	70.1	3	111	0
21	秀山路	119°51′32.5″	28°23′1.9″	23.7	3	20	0
22	凤岭路	119°50′33.4″	28°25′27.4″	83	3	4	0
23	绿谷大道	119°49′56.4″	28°23′28.5″	57	15	27	0
24	吴垵公园	119°51′37″	28°23′49″	95.9	6	18	0

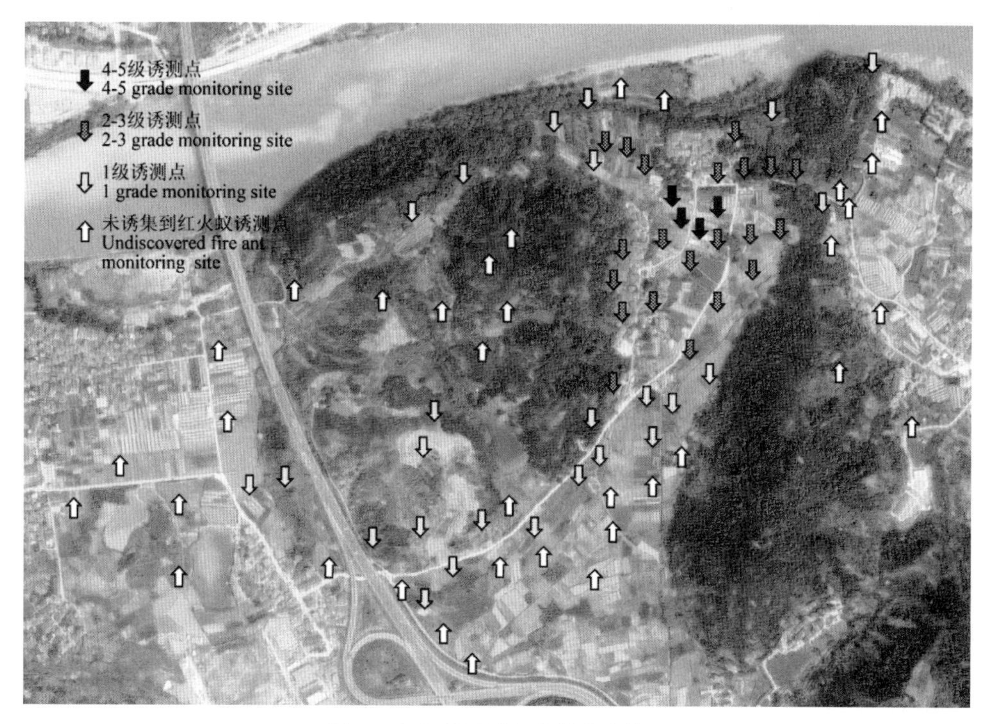

图1　小白岩区域红火蚁分布情况

2.3　疫情面积和蚁巢密度

综合诱集调查结果和踏查结果，最终核实红火蚁疫情防控监测区 170.50hm²，其中疫情发生区面积 80.01hm²，疫情潜在发生区面积 90.49hm²。火蚁疫情发生区踏查发现蚁巢数量约 4 320个，蚁巢密度为 0.54 个/100m²，整体属三级中偏重度发生程度。其中，小白岩村村前部分农田区域蚁巢密度 23 个/100m²，已达到严重发生程度。（注：平均每 100m² 活蚁巢数为 0~0.1 个的区域为一级发生区，0.11~0.5 个的为二级发生区，0.51~1.0 个的为三级发生区，1.1~10 个的为四级发生区，大于 10 个的为五级发生区。）

2.4　疫情发生核心区域不同生境红火蚁发生情况

如表 2 所示，本次调查依据植被类型、环境等因素将小白岩红火蚁疫情发生核心的 23hm² 区域划分为农田、果园、菜园、草坪、荒地、村居、道路两侧和河边八种生境类型，并对各不同生境中红火蚁发生情况进行了比较。其中，踏查疫情发生核心区域发现，以田间机耕道和田埂道路两侧的蚁巢密度最大（6.18 个/100m²），其次为荒地（3.65 个/100m²）、村居（2.66 个/100m²）和菜地（2.36 个/100m²）的蚁巢密度相对较多，果园（1.75 个/100m²）和农田（1.23 个/100m²）蚁巢密度相对较少，草坪（0.63 个/100m²）和河边（0.44 个/100m²）蚁巢密度最低；通过火腿肠诱饵诱集法调查发现，各生境内平均每个诱集瓶诱集到的红火蚁数量由多到少分别为菜地（140.67 头/瓶）、荒地（104.17 头/瓶）、农田（91.83 头/瓶）、道路两侧（79.72 头/瓶）、果园（63.10 头/瓶）、村居（58.67 头/瓶）、草坪（52.67 头/瓶）和河边（18.87 头/瓶）。依据调查时单位面积蚁巢数量级别和诱集工蚁数量级别不一致时以发生较重级别为准的原则，各生境红火蚁疫情发生等级分别为：农田、果园菜地、荒地、村居和道路两侧为 4 级疫情发生；草坪为 3 级疫情发生；河边为 2 级疫情发生。

表 2　疫情发生核心区域不同生境红火蚁的发生情况

生境类型	调查面积（hm^2）	踏查结果		诱饵调查结果		疫情等级
		蚁巢数量	活蚁巢密度（头/$100m^2$）	调查数量	平均诱集红火蚁数量（头/瓶）	
农田	4.35	537	1.23	18	91.83	4
果园	5.82	1 021	1.75	21	63.10	4
菜地	1.51	357	2.36	18	140.67	4
草坪	3.58	225	0.63	12	52.67	3
荒地	2.61	952	3.65	12	104.17	4
村居	0.95	253	2.66	9	58.67	4
道路两侧	1.35	832	6.16	18	79.72	4
河边	2.83	125	0.44	15	18.87	2
综合	23.00	4 302	1.87	123	78.36	4

3　结论与讨论

通过访问调查、踏查和火腿肠诱饵调查，结果表明截至 2017 年 9 月丽水莲都区红火蚁疫情发生主要集中于小白岩区域，其他各社区街道均未发现红火蚁。小白岩区域，村居、农田、荒地、道路两侧和草坪等不同生境均遭受了红火蚁不同程度入侵，发生程度以小白岩村前农田区域最为严重，已达到 5 级严重发生程度。并且，红火蚁发生程度以小白岩村村前农田为中心点，呈辐射状向外逐渐减弱，红火蚁发生呈现不断向周边区域蔓延扩散趋势。综合诱集调查结果和踏查结果，最终核实红火蚁疫情防控监测区 170.50hm^2，其中疫情发生区面积 80.01hm^2，疫情潜在发生区面积 90.49hm^2。疫情发生核心区域各生境内红火蚁发生情况有所差异，以田间机耕道两侧、田埂道路两侧、荒地、村居、菜地、果园、农田 7 种发生相对较重，草坪和河边发生相对较轻。

作为一种适应能力强、传播途径多、缺少天敌、繁殖快的外来入侵性的有害生物，红火蚁一旦进入合适的生境，其种群数量会急速增长，短期内即可暴发成灾，危害严重。在调查问询过程中还发现，当地村民以及部分前来游玩的市民因对红火蚁缺乏了解，从而受到不同程度的蛰咬和伤害，致使村民不敢下田从事农事活动，游客不敢下田参加采摘活动；与此同时红火蚁取食蔬菜等农作物的种子及果实等，造成农作物的减产。从而，导致该区域大量农田和果园被闲置，给农民带来一定的经济损失和人身伤害。

鉴于莲都区小白岩区域红火蚁的疫情发生特点及为害状况，建议做好以下防控工作：①由政府主导，职能部门承担主体责任，落实红火蚁防治专项经费，引入专业红火蚁剿灭公司，采取专业化防治策略对该区域红火蚁进行清剿；②严防红火蚁随苗木、花卉、草坪、堆肥、垃圾以及蔬菜产品进一步传播扩散，加大对红火蚁疫情发生区可能携带红火蚁隐患相关物品的检疫监管，减少人为远距离传播红火蚁的几率，追查红火蚁疫情发生地近 3 年苗木调运情况及目的地是否有红火蚁发生；③加强红火蚁相关知识的宣传，使人民群众了解红火蚁的危害以及生活习性，减少其对公众可能造成的危害，同时鼓励当地村民科学的参与红火蚁清查和防治活动，防止红火蚁疫情进一步扩展蔓延；④由于红火蚁的前期入侵以及后期的清剿活动，会对本地蚂蚁种群多样性以及丰富度造成严重影响，破坏该区域内的生态平衡，因此，应当设立专项经费，在对红火蚁疫情的发生和防控进行监测监理的同时，对该区域内本地蚂蚁种群的恢复状况进行跟踪调查，并通过科学的手段加快本地蚂蚁种群的恢复过程，保障该区域的生态安全。

参考文献

[1] Ascunce M S, Yang C C, Oakey J, *et al*. Global invasion history of the fire ant *Solenopsisinvicta* [J]. Science, 2011, 331 (6020): 1066-1068.

[2] Allen C R, Lutz R S, Demarais S. Red Imported Fire Ant Impacts on Northern Bobwhite Populations [J]. Ecological Applications, 1995, 5 (3): 632-638.

[3] Stringer L D, Suckling D M, Baird D, *et al*. Sampling efficacy for the red imported fire ant *Solenopsisinvicta* (Hymenoptera: Formicidae). [J]. Environmental Entomology, 2011, 40 (5): 1276-1284.

[4] 方栋栋，余道坚，杨伟东，等．红火蚁监测盒研制和在集装箱检疫中的应用研究 [J]. 植物检疫，2011，25 (2)：6-9.

[5] 黄俊，吕要斌．重大外来有害生物红火蚁入侵杭州的风险分析及防控对策 [J]. 浙江农业学报，2017，29 (4)：676-682.

[6] Klotz J H, Jetter K M, Greenberg L, *et al*. An Insect Pest of Agricultural, Urban, and Wildlife Areas: The RedImported FireAnt [M] //Exotic Pests and Diseases: Biology and Economicsfor Biosecurity. Blackwell Publishing Company, 2008: 151-166.

[7] 胡永生，曾艳花，汤睿，等．嘉禾县红火蚁疫情调查 [J]. 湖南农业科学，2017 (9)：63-64.

[8] 陆永跃，曾玲．发现红火蚁入侵中国 10 年：发生历史、现状与趋势 [J]. 植物检疫，2015，29 (2)：1-6.

[9] 曾玲，陆永跃，何晓芳，等．入侵中国大陆的红火蚁的鉴定及发生为害调查 [J]. 应用昆虫学报，2005，42 (2)：144-148.

[10] 农业部办公厅关于印发《全国农业植物检疫性有害生物分布行政区名录（2016）》和《各地区发生的全国农业植物检疫性有害生物名单（2016）》的通知 [A/OL]. (2017-04-07) [2018-03-26].

[11] 中华人民共和国国家质量监督检验检疫总局，中国国家标准化管理委员会．红火蚁疫情监测规程：GB/T 23626—2009 [S]. 北京：中国标准出版社，2009.

三色书虱线粒体基因组测序研究进展*

郎　宁** 涂艳清 苗泽青 杨　磊 豆　威 王进军 魏丹丹***

（西南大学农业科学研究院，昆虫学及害虫控制工程重点实验室，重庆　400716）

摘　要：线粒体基因组（mitochondrial genome），也称之为线粒体 DNA（mitochondrial NDA，mtNDA）。此前本课题组完成了嗜卷书虱（*Liposcelis bostrychophila*）、小眼书虱（*L. paeta*）、嗜虫书虱（*L. entomophila*）、雕纹书虱（*L. sculptilis*）、无色书虱（*L. decolor*）等书虱线粒体基因组测序，其中嗜卷书虱、嗜虫书虱和小眼书虱线粒体基因组发生了双裂化现象（含两个线粒体染色体环）；而雕纹书虱、无色书虱未发生裂化。前期研究表明书虱线粒体基因组核型极为丰富。为进一步了解书虱属线粒体基因组的结构特点、进化属性以及啮总目昆虫的分子系统发育关系，本研究开展三色书虱线粒体基因组的测序工作。研究采用 Long-PCR 技术对三色书虱（*L. tricolor*）线粒体基因组序列进行扩增和测序，主要结果如下：①通过三色书虱转录组以及 Long-PCR 获得 13 个线粒体蛋白质编码基因和 2 个 rRNA 基因全长序列，其中 13 个蛋白质编码基因的碱基总数为 10 458bp，A+T 含量最低的是 69.60%（*cox*1），最高的达到了 85.91%（*nad*6），总体 A+T 含量为 75.87%。其中密码子的第三位点的 A+T 含量（82.53%）要明显高于第一位点（73.84%）和第二位点（71.26%）；②三色书虱的 13 个蛋白质编码基因均以典型的 ATN 作为起始密码子，其中以 ATT 作密码子的有 4 个基因（*atp*6、*cytb*、*nad*1-2）；以 ATA 为起始密码子的有 7 个基因（*cox*1-3、*nad*3-4、*nad* 6、*nad4L*），*nad*5 以 ATG 作起始密码子；*atp*8 以 ATC 作为起始密码子。而 *atp*6、*cox*1-3、*cytb*、*nad*1、*nad* 3-5 以及 *nad4L* 基因均是以 TAA 作为终止密码子，而 *atp*8、*nad*2 和 *nad*6 是以 TAG 为终止密码子；③对三色书虱的蛋白质编码基因进行相同密码子使用分析，发现所有的 64 个密码子在本线粒体基因组中均有出现，A 或 T 含量较高的密码子（Phe、Leu、Ile 和 Met）所代表的氨基酸最为频繁，占总量的 36.29%；④目前推测三色书虱线粒体基因组可能发生了多裂化，目前可通过 PCR 技术组装获得潜在的 3 个线粒体染色体，长度分别为：7 501bp、6 200bp 和 1 384bp。其中，*nad*1、*nad*5、*cox*2-3 和 *trnV*、*trnY*、*trnK*、*trnN*、*trnS* 位于同一染色体上；*cox*1、*nad*2-3 和 *cytb* 位于另一染色体上；而 *atp*6、*atp*8、*trnR*、*trnV*、*trnT*、*trnW* 以及 *trnM* 位于第 3 个染色体上。本研究进一步丰富了书虱线粒体基因组数据库，为比较基因组学的研究提供了基础数据。

关键词：书虱；线粒体基因组裂化；染色体；转录组；Long-PCR

---

* 基金项目：中央高校基本科研业务费重点项目（XDJK2018B041）；重庆市自然基金（cstc2015jcyjA80009）

** 第一作者：郎宁，硕士研究生，研究方向为农业昆虫与害虫防治；E-mail：langning0614@163.com

*** 通信作者：魏丹丹，副教授，硕士生导师；E-mail：weidandande@163.com

不同温度对蚜虫生命表参数的影响——基于中文数据库下的 Meta 分析*

王 广[1,2**] 张 祥[1,2] 路 康[1,2] 刘长仲[1,2***]
(1. 甘肃农业大学植物保护学院，兰州 730070；
2. 甘肃省农作物病虫害生物防治工程实验室，兰州 730070)

摘 要：本文对13篇不同温度［(20±2)℃、(25±2)℃和（30±2)℃］下蚜虫生命表参数影响的文献采用Meta分析方法，以（25±2)℃为对照定量分析了不同温度对蚜虫生命表参数的影响。分析表明，当温度从（25±2)℃降低到（20±2)℃时，蚜虫内禀增值率（r_m）显著降低，当温度从（25±2)℃升高到（30±2)℃时，蚜虫 r_m 降低但是不显著；当温度从（25±2)℃降低到（20±2)℃时蚜虫平均世代周期（T）均延长，(25±2)℃升高到（30±2)℃时，蚜虫T缩短，低温条件下达到显著水平；当温度从（25±2)℃降低到（20±2)℃时和温度从（25±2)℃升高到（30±2)℃时，蚜虫和净增值率（R_0）均降低，高温条件下达到显著水平。结果表明，蚜虫T随温度升高而缩短，高温和低温都会影响蚜虫生长发育。(20±2)℃对蚜虫的影响较小，(30±2)℃对蚜虫影响较大，(25±2)℃时蚜虫 r_m 和 R_0 均为最大值，(25±2)℃为蚜虫适宜温度。

关键词：蚜虫；不同温度；生命表；Meta分析

全球气候变化越来越严重威胁到生物的多样性，特别是物种不能适应瞬息万变的环境条件，生物多样性的丢失将对人类生活带来不同程度的影响[1]。气候变化导致动物区系的改变[2]，昆虫是变温动物，环境温度对其生长、发育、存活和种群增长有显著的影响[3]。蚜虫作为一个好的模式昆虫，具有灵活性和发展的可伸缩性，可以对生活环境的改变做出迅速反应。除了光周期和寄主植物的质量之外，影响昆虫的主要因素是温度[4]。变温对昆虫生长、发育、存活、繁殖及种群增长有一定的影响，昆虫生长发育需要一定的温度范围，低温条件能使生长发育停止，高温条件下滞育；但恒温条件相比，变温可以提高昆虫的存活率，延长其存活时间；变温对昆虫繁殖的影响有两种说法：一种观点认为变温对昆虫成虫的繁殖力有显著刺激作用；另一种观点认为在适温范围内恒温和变温对昆虫繁殖力没有明显影响，高温处理可以显著降低成虫的繁殖力[5]。目前多数研究只分析了一种温度对一种或者几种蚜虫生命表影响[6,7]，或者不同温度下对一种或者几种蚜虫生命表影响[8-10]，没有较系统研究温度对蚜虫种群生命表参数的影响，本文利用Mete分析方法分析变温条件下蚜虫生命表参数的影响。

Mete分析实为一类数学和统计学方法的多层次组织方式，其作用因方法和方法组合

* 基金项目：国家自然基金（31260433）

** 第一作者：王广，硕士研究生，主要研究农业害虫综合防治；E-mail：wang_guang_17@ 126. com

*** 通信作者：刘长仲，博士生导师，教授，主要从事昆虫生态及害虫综合治理研究；E-mail：liuchzh@ gsau. edu. cn

方式不同而不同，且实用范围广。因此，它本身也是一项研究，需要认真设计[11]；它能够综合多个研究结果，定量评估研究效应的评价水平，评价每个研究结果之间的不一致性，发现单个研究未阐明的问题，提出新问题。本文基于 Meta 分析方法，综合分析变温对蚜虫（中国）的影响；并在此基础上分析探讨变温对蚜虫内禀增值率（r_m）、平均世代周期（T）和净增值率（R_0）的影响，揭示变温对蚜虫的影响机制，为正确评价变温对蚜虫生命表参数影响，以便为蚜虫的预测预报提供依据。

1　材料

本研究的文献来源是通过对 CNKI 学术总库和万方数据库中文文献的检索获得，收集筛选了 2016 年 10 月以前发表的关于温度对蚜虫生物学特性影响的研究论文。为减少筛选文献带来的偏差，本研究建立了严格的文献筛选标准（表 1），最终筛选出符合研究的论文 13 篇，可进行分析的试验数据 21 对作为再分析和研究的对象（表 2）。

表 1　文献检索标准

序号	文献筛选标准
1	文献的数据资料里面至少包括两个温度梯度［(20±2)℃、(25±2)℃和（30±2)℃］
2	文献的数据资料中至少包含一项指标（r_m、R_0、T）
3	文献资料研究对象必须要有样本数
4	具有重复报道的数据值选用其中一种

表 2　Meta 分析文献

序号	研究者	时间(年)	寄主	物种	样本量	地理位置
1	王守宝等	2008	苹果叶片	绣线菊蚜（*Aphis citricola*）	30	新疆
2	冯丽凯等 冯丽凯等	2015	棉花	棉蚜（*Aphis gossypii*）	128	新疆
		2015	棉花	棉长管蚜（*Acyrthosiphom gossypii* Mordviiko）	128	新疆
3	赵惠燕等	1995	油菜	桃蚜（*Myzus persicae*）	37	陕西
	赵惠燕等	1995	烟草	桃蚜（*Myzus persicae*）	37	陕西
4	卜庆国	2012	马铃薯	桃蚜（*Myzus persicae*）	60	青海
	卜庆国	2012	马铃薯	棉蚜（*Aphis gossypii*）	60	青海
	卜庆国	2012	马铃薯	大戟长管蚜（*Macrosiphum euphorbiae*）	60	青海
5	王堇秀等	2016	芹菜	胡萝卜微管蚜（*Semiaphis heraclei*）	145	沈阳
6	李锐等	2002	小麦	麦长管蚜（*Macrosiphum avenae*）	60	山西

（续表）

序号	研究者	时间（年）	寄主	物种	样本量	地理位置
7	李定旭等	1994	小麦	麦长管蚜（*Macrosiphum avenae*）	60	河南
8	冯亚宁等	2008	苜蓿	苜蓿蚜（*Aphis medicaginis*）	73	甘肃
9	刘树生等	1992	青菜	桃蚜（*Myzus persicae*）	48	浙江
	刘树生等	1992	青菜	萝卜蚜（*Lipahis erysimi*）	48	浙江
10	周晓榕等	2014	马铃薯	桃蚜（*Myzus persicae*）	30	内蒙古
	周晓榕等	2014	马铃薯	大戟长管蚜（*Macrosiphum euphorbiae*）	30	内蒙古
11	徐华潮等	2003	雷竹叶	竹梢凸唇斑蚜（*Takecallis taiwanus*）	54	浙江
12	杨效文等	1990	小麦	麦长管蚜（*Macrosiphum avenae*）	200	河南
	杨效文等	1990	小麦	麦长管蚜（*Macrosiphum avenae*）	200	河南
	杨效文等	1990	小麦	禾谷缢蚜（*Rhopalosiphum padi*）	200	河南
13	朱永峰	2010	燕麦	麦无网长管蚜（*Macrosiphum avenae fad*）	60	甘肃

2 方法

在所搜集的文献中，对已提供内部增长率、平均世代周期和净增值率的文献，直接将其数据对用于分析；对于有些文献没有给出净增值率的文献根据如下公式：$R_0 = e^{r_m \cdot T}$ 计算[8]；式中，R：种群净增殖率，T：平均世代周期，r_m：内禀增长率。由于分析的是蚜虫群体的生命表参数，而文献中没有给出其方差或标准差等数值。我们利用统计学原理，大样本可以减小误差的原则，故利用每项研究中样本数占我们所统计样本总数的比例作为权重：$W_i = \frac{n_i}{\sum n_i}$，式中，$n_i$：每个研究的样本数，$W_i$：每个研究的权重。

本文选用反应比 lnR 来计算作为效应值（ES），使得文中不同独立试验中的数据具有可比性。其他计算公式参考李刚等分析方法[12]。Meta 分析过程在 Excel 2010、Matlab2014a 和 Stata 11 等软件中进行。

3 结果与分析

3.1 变温对蚜虫 r_m 的影响

当温度从（25±2）℃降低到（20±2）℃条件下，温度降低对蚜虫 r_m 的结合效应为 -0.448 3（图 1），其结合效应的置信区间不包含 0；表明温度降低对蚜虫 r_m 有显著的降低作用；其中，温度降低对绣线菊蚜（*Aphis citricola*）和麦无网长管蚜（*Macrosiphum avenae fad*）的 r_m 有提高作用，其余都是降低作用，其中对棉蚜（*Aphis gossypii*）、棉长管蚜（*Acyrthosiphom gossypii* Mordviiko）、桃蚜（*Myzus persicae*）、胡萝卜微管蚜（*Semiaphis heraclei*）、竹梢凸唇斑蚜（*Takecallis taiwanus*）和禾谷缢蚜（*Rhopalosiphum padi*）的 r_m 降低有显著影响。当温度从（25±2）℃升高到（30±2）℃条件下，温度升高对蚜虫 r_m 的结合效应为-0.1083（图2），其结合效应的置信区间包含0；表明温度升高对蚜虫 r_m 有降低作用，但影响不显著。温度升高对棉蚜（*Aphis gossypii*）和胡萝卜微管蚜（*Semiaphis heraclei*）的 r_m 有提高，且达到显著水平；其余都是降低，麦无网长管蚜（*Macrosiphum avenae fad*）和禾谷缢蚜（*Rhopalosiphum padi*）达到显著水平。

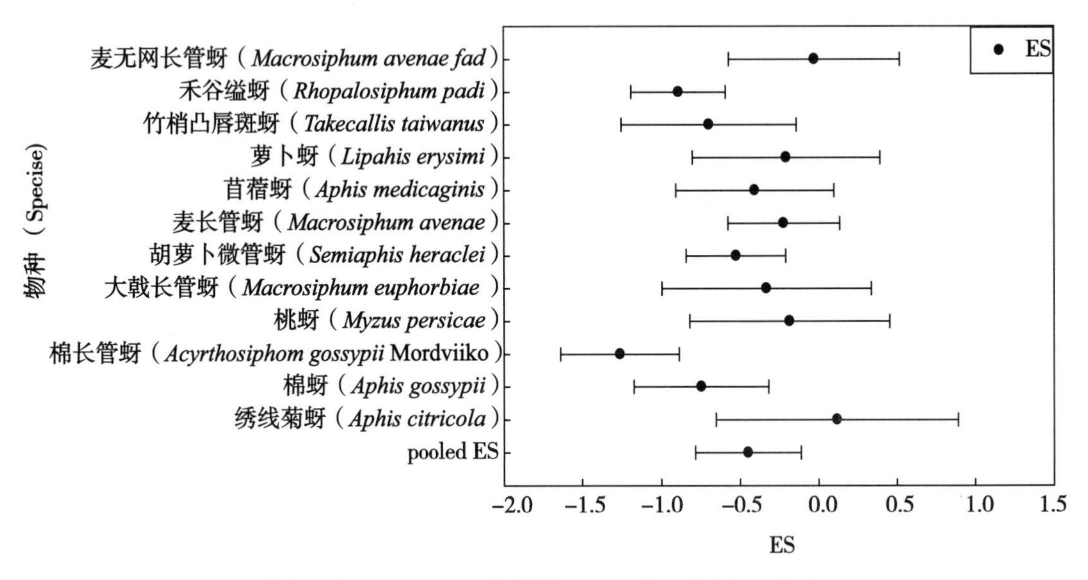

图1　温度（25±2）℃降低到（20±2）℃对蚜虫 r_m 影响

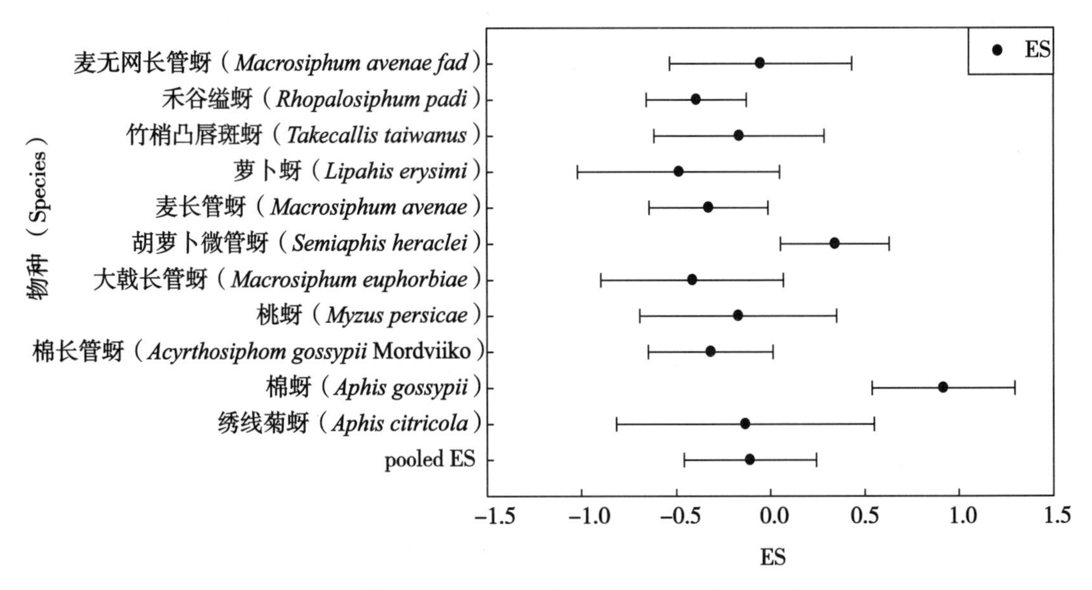

图2　温度从（25±2）℃升高到（30±2）℃对蚜虫 r_m 影响

3.2　变温对蚜虫T的影响

不同温度对蚜虫T影响的Meta分析。结果表明，当温度从（25±2）℃降低到（20±2）℃条件下，温度降低对蚜虫T的结合效应为0.314 8（图3），其结合效应的置信区间不包含0；表明温度降低对蚜虫T有显著的提高作用，其中竹梢凸唇斑蚜、胡萝卜微管蚜、棉蚜和禾谷缢蚜有显著作用；当温度从（25±2）℃升高到（30±2）℃条件下，温度升高对蚜虫T的结合效应为-0.117 1（图4），其结合效应的置信区间包含0，表明温度升高对蚜虫T有降低作用，但没有达到显著水平。棉蚜和禾谷缢蚜T有延长，其余均缩短，禾谷缢蚜和胡萝卜微管蚜达到显著。

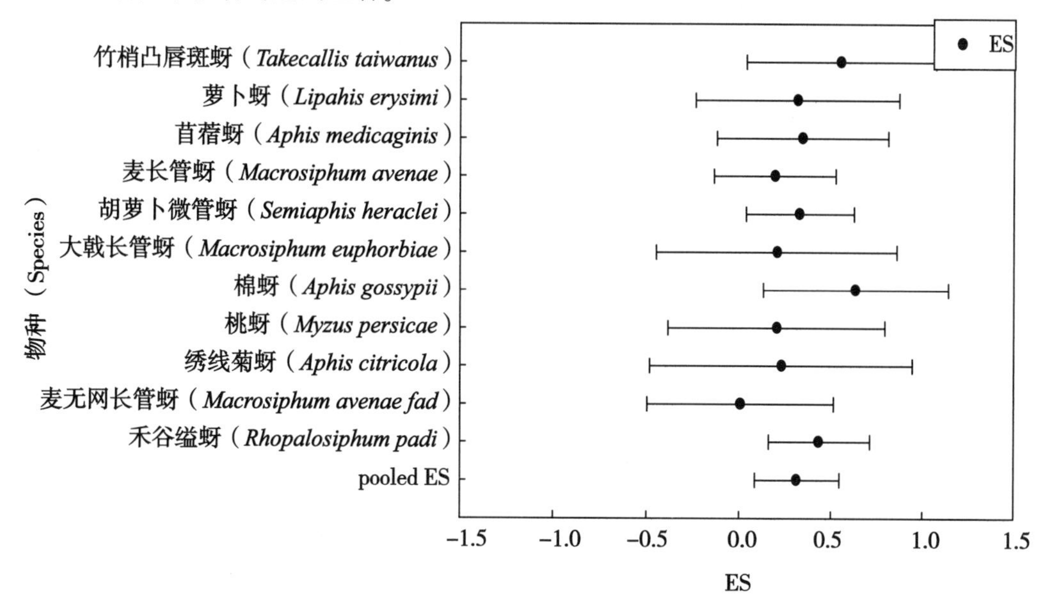

图3　温度（25±2）℃降低到（20±2）℃对蚜虫T影响

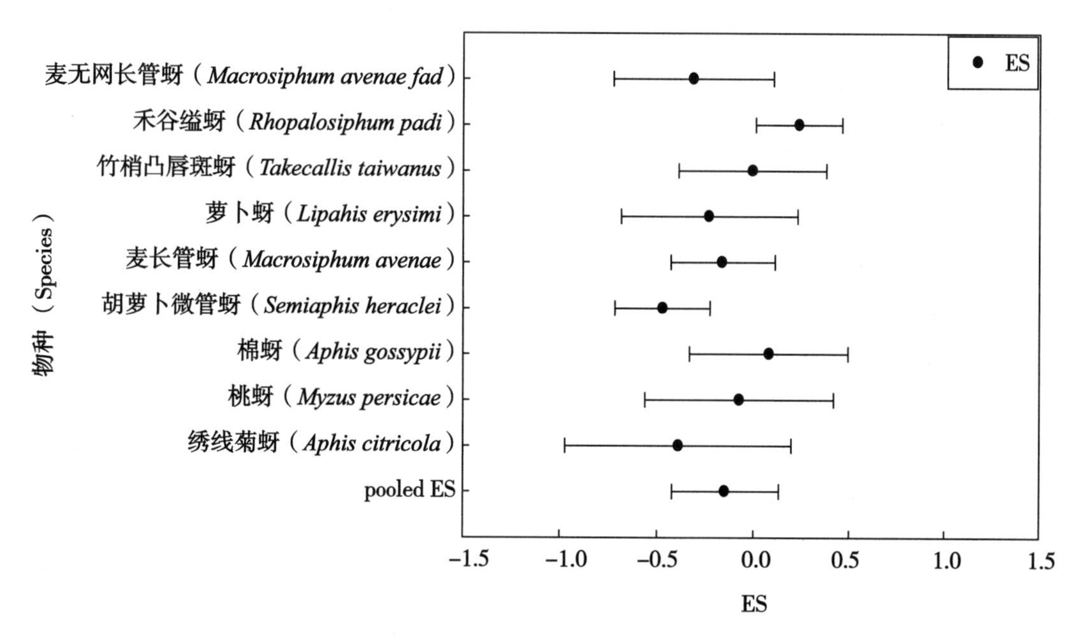

图4　温度从（25±2）℃升高到（30±2）℃对蚜虫T影响

3.3 变温对蚜虫 R_0 影响

不同温度对蚜虫 R_0 影响的 Meta 分析。结果表明，当温度从（25±2）℃降低到（20±2）℃条件下，温度降低对蚜虫 R_0 的结合效应为 0.032 7（图 5），其结合效应的置信区间包含 0；表明温度降低对蚜虫 R_0 有提高作用，竹梢凸唇斑蚜、禾谷缢蚜、胡萝卜微管蚜和苜蓿蚜为降低作用，其余都是提高作用，禾谷缢蚜、胡萝卜微管蚜和棉长管蚜达到显著水平。当温度从（25±2）℃升高到（30±2）℃条件下，温度升高对蚜虫 R_0 的结合效应为 −1.140 3（图 6），其结合效应的置信区间不包含 0。表明温度升高对蚜虫 R_0 有显著的降低作用，棉蚜的 R_0 有升高，其余都是降低，除绣线菊蚜都达显著水平。

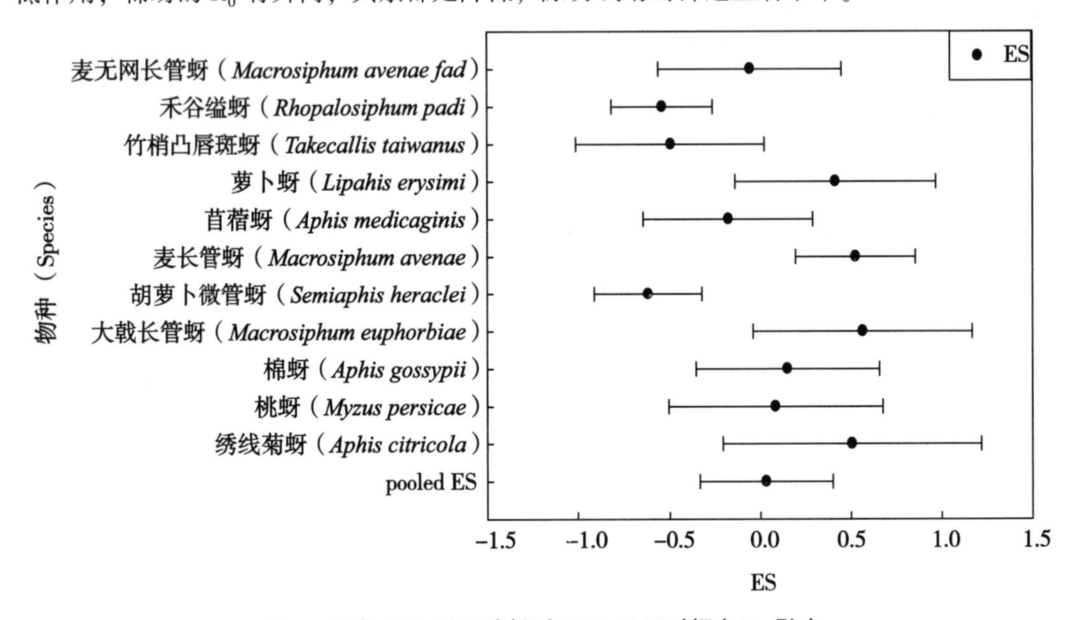

图 5　温度（25±2）℃降低到（20±2）℃对蚜虫 R_0 影响

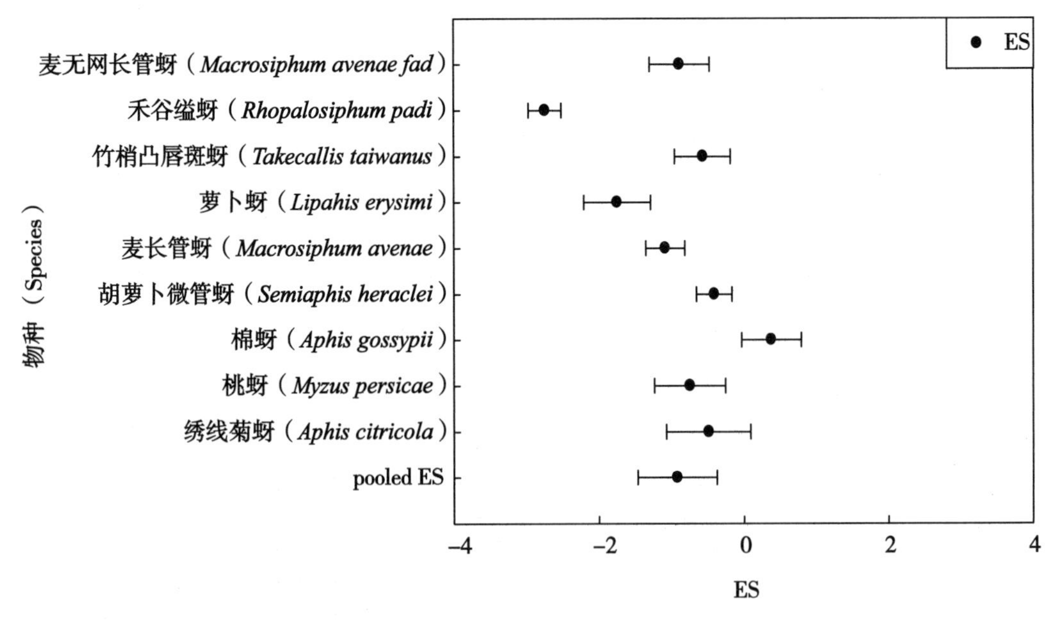

图 6　温度从（25±2）℃升高到（30±2）℃对蚜虫 R_0 影响

4 讨论与结论

蚜虫需要取食植物韧皮部汁液生存，由于蚜虫生殖能力强食性较杂，使蚜虫成为世界上主要的农业害虫[13]。为了做好蚜虫的防治，研究蚜虫生长发育至关重要。研究表明温度是一个重要影响因子，影响许多昆虫物种的生活。有学者认为蚜虫的最适生长温度为15~30℃[14]，但也有研究表明蚜虫最适生长温度在20~24℃，在28℃时死亡率较高[15]，同样温度接近28~30℃时可能是蚜虫的致死温度[16]，但是影响生命表参数的是在32℃[15]。本研究分析中没有涉及高温对存活率的影响，但分析表明（30±2）℃对其生长、发育、繁殖有影响。在不同温度条件下，麦长管蚜同一发育阶段历期，随温度升高而缩短[17]，桃蚜平均发育历期与温度变化呈直线关系[6]，大戟长管蚜随着温度的升高，发育历期缩短，即发育速率加快；25℃时若蚜期和世代历期最短，但30℃时若蚜期反而延长[3]。本研究表明低温对蚜虫的T有延长作用，高温对蚜虫的T有缩短作用，蚜虫的T是随温度的升高而缩短，有研究也认为桃蚜和大戟长管蚜T随温度的增加而缩短[3,18]。低温和高温对蚜虫的r_m有抑制作用，可能蚜虫的最适生长发育温度可能在25℃左右。蚜虫的最大r_m发生在24℃和28℃[15]，蚜虫r_m随着温度的升高表现出先升高后下降，最大值在27℃[19]与我们的分析相符。但是Ramalho *et al.* 认为r_m的最适温度在15~28℃[20]。本研究表明低温对蚜虫R_0无显著影响，但高温对蚜虫R_0有显著降低作用。

参考文献

[1] CANG F A, WILSON A A, WIENS J J. Climate change is projected to outpace rates of niche change in grasses [J]. Biol Lett, 2016, 12 (9): 1-4.

[2] DIXON A F G. Aphid ecology: an optimization approach [M]. Springer Netherlands, 1998.

[3] 周晓榕，卜庆国，庞保平．温度对桃蚜和马铃薯长管蚜实验种群生命表参数的影响［J］．昆虫学报，2014，57（7）：837-843.

[4] DURAK R, BOROWIAK-SOBKOWIAK B. Influence of temperature on the biological parameters of the anholocyclic species *Cinara tujafilina* (Hemiptera: Aphidoidea) [J]. Central European Journal of Biology, 2013, 8 (6): 570-577.

[5] 冯丽凯．温度对棉花蚜虫种群增长及种间竞争的影响效应［D］．石河子：石河子大学，2015.

[6] 赵惠燕，汪世泽．温度对萝卜蚜生长发育的影响［J］．应用昆虫学报，1990（2）：31-33.

[7] 杨崇良，罗瑞梧，尚佑芬．温度对麦蚜发生代数、繁殖力和存活力的影响［J］．山东农业科学，1986（6）：15-17.

[8] 王堇秀，李学军．不同温度下胡萝卜微管蚜实验种群生命表研究［J］．辽宁农业科学，2016（2）：1-5.

[9] 王守宝，郑坚武，仵均祥．不同温度对绣线菊蚜（*Aphis citricola*）实验种群的影响（英文）［J］．西北农业学报，2008，17（5）：71-75.

[10] 卜庆国．马铃薯蚜虫种群生态学的研究［D］．呼和浩特：内蒙古农业大学，2012.

[11] 成剑波，肖琳，李云平，等．铅对烟草种子萌发影响的Meta分析［J］．中国烟草科学，2012，33（4）：32-36.

[12] 李刚，刘立超，高艳红，等．基于Meta分析的中国北方植被建设对土壤水分影响［J］．生态学杂志，2014，33（9）：2462-2470.

[13] WILLIAMS I S, DIXON A F G, EMDEN H F V. Life cycles and polymorphism [J]. 2007.

[14] 马亚玲，刘长仲．蚜虫的生态学特性及其防治［J］．草业科学，2014，31（3）：519-525.

[15] DIAZ B M，FERERES A. Life Table and Population Parameters of *Nasonovia ribisnigri*（Homoptera：Aphididae）at Different Constant Temperatures［J］．Environmental Entomology，2005，34（3）：527-534.

[16] HULL M，COEUR D A A，BANKHEAD-DRONNET S. Aphids in the face of global changes［J］．Comptes Rendus Biologies，2010，333（6-7）：497.

[17] 李锐，李生才．温度对麦长管蚜发育和生殖力的影响［J］．山西农业大学学报自然科学版，2002，22（4）：318-321.

[18] WEI-NUNG L U，KUO M H. Life table and heat tolerance of *Acyrthosiphon pisum*（Hemiptera：Aphididae）in subtropical Taiwan［J］．Entomological Science，2008，11（3）：273-279.

[19] 周生梅，高桂珍，吕昭智．不同温度下新疆棉蚜实验种群生命表研究［J］．干旱区研究，2015，32（6）：1201-1206.

[20] RAMALHO F S，MALAQUIAS J B，LIRA A C S. Temperature-Dependent Fecundity and Life Table of the Fennel Aphid *Hyadaphis foeniculi*（Passerini）（Hemiptera：Aphididae）［J］．Plos One，2015，10（4）：0122.

银锭夜蛾性信息素及其类似物的生物活性研究*

王留洋** 翁爱珍 王安佳 折冬梅 梅向东*** 宁 君
（中国农业科学院植物保护研究所，
植物病虫害生物学国家重点实验室，北京 100193）

摘 要：银锭夜蛾（*Macdunnoughia crassisigna* Warren）属于鳞翅目，夜蛾科，在我国，对大豆、玉米和十字花科蔬菜等造成严重的威胁，是重要的破坏性害虫之一。目前防治银锭夜蛾主要借助化学农药，但是长期大量地使用化学农药不仅使害虫产生抗药性、杀伤天敌、污染环境甚至还危害人类健康。昆虫性信息素具有特异性、用量少、使用方便、环境友好等特点，可以调控昆虫行为。因此，性信息素可以为银锭夜蛾的防治提供另一条途径。本文主要介绍银锭夜蛾的性信息素田间比例的优化及性信息素类似物的室内活性研究。银锭夜蛾性信息素的田间最佳配方为顺-7-十二碳烯-1-醇乙酸酯（Z7-12：Ac）、顺-9-十四碳烯-1-醇乙酸酯（Z9-14：Ac）和顺-11-十六碳烯-1-醇（Z11-16：OH），质量比为3：1：1。日诱捕量最高可达48头（图1、图2）。本文以银锭夜蛾性信息素主要成分Z7-12：Ac、Z9-14：Ac及E7-12：Ac、E9-14：Ac为母体，合成一系列的性信息素类似物（图3、图4），通过Y型嗅觉仪、风洞试验发现，信息素类似物成分均能表现出一定的生物活性（图5）。本研究可能为防治银锭夜蛾提供新思路、新方法。

关键词：银锭夜蛾；性信息素；性信息素类似物；田间优化

银锭夜蛾性信息素组分及配比

配方	信息素组分及配比
D1	Z7-12：Ac
D2	Z9-14：Ac
Y1	Z7-12：Ac：Z9-14：Ac：Z11-16：OH=3：1：1
Y2	Z7-12：Ac：Z11-16：OH=3：1
Y3	Z9-14：Ac：Z11-16：OH=1：1
Y4	Z7-12：Ac：Z9-14：Ac =3：1

* 基金项目：国家重点研究发展项目（No. 2018YFD0800401－2）；NSFC（No. 31772175 and 31621064）

** 第一作者：王留洋，硕士研究生，研究方向为化学调控昆虫行为；E-mail：wliuyang1008@163.com

*** 通信作者：梅向东，副研究员，从事化学调控昆虫行为研究；E-mail：xdmei@ippcaas.cn

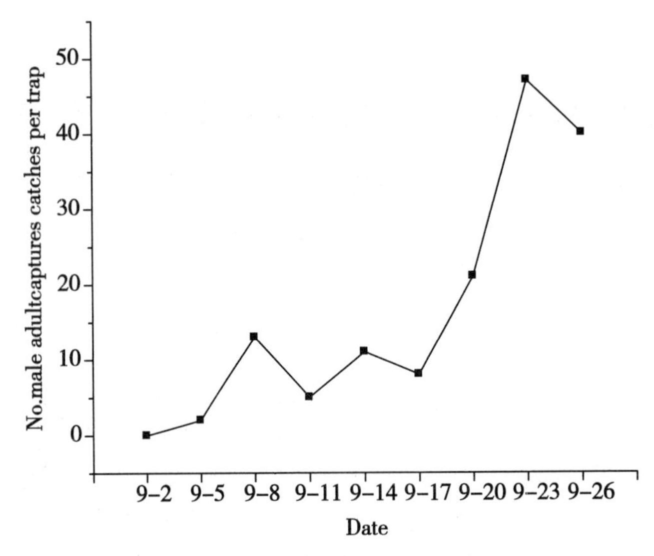

图 1　Z7-12∶Ac、Z9-14∶Ac、Z11-16∶OH 比例为 3∶1∶1 时诱捕效果

（北京，2017 年 9 月 2—26 日），每个处理设置 3 个重复（Duncan's test，*P*<0. 05）

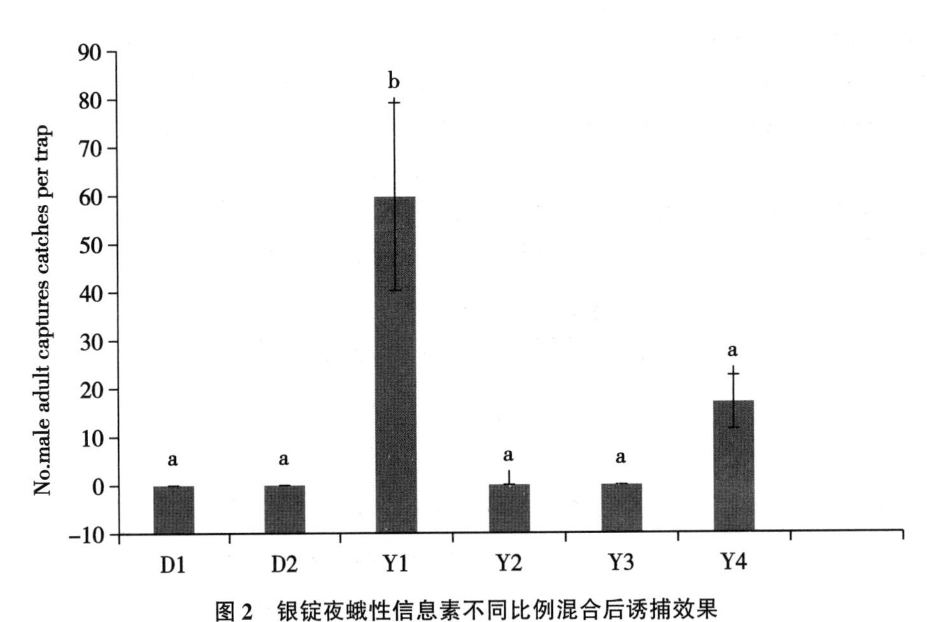

图 2　银锭夜蛾性信息素不同比例混合后诱捕效果

（北京，2017 年 9 月 2—26 日），每个处理设置 3 个重复（Duncan's test，*P*<0. 05）

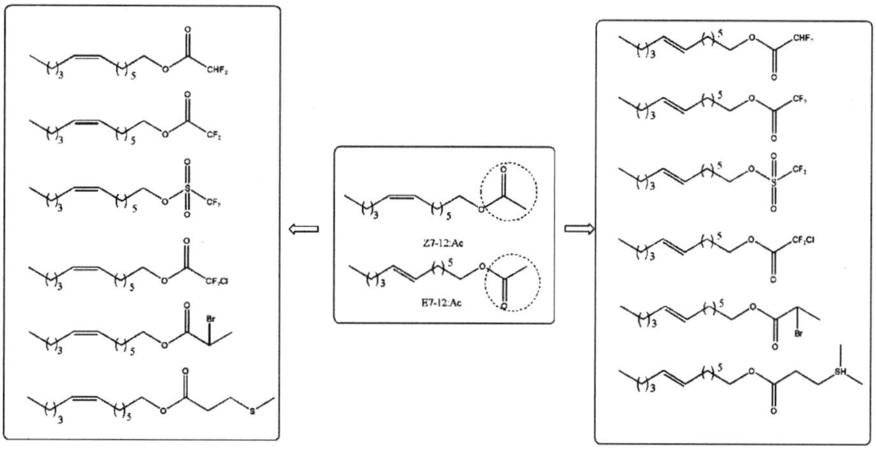

图 3　银锭夜蛾性信息素主要成分 Z7-12：Ac、反式异构体 E7-12：Ac 及其信息素类似物

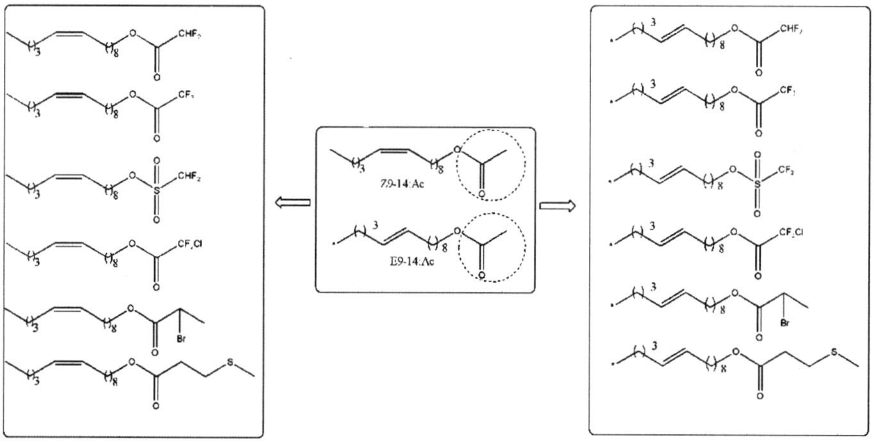

图 4　银锭夜蛾性信息素主要成分 Z9-14：Ac、反式异构体 E9-14：Ac 及其信息素类似物

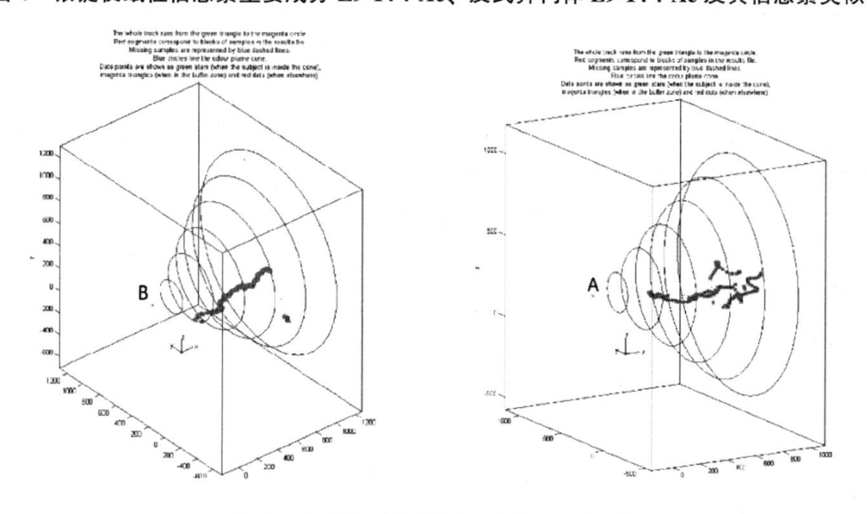

图 5　银锭夜蛾在风洞中飞行 3D 轨迹图

（B）为含性信息素的诱芯；（A）为添加性信息素类似物的诱芯

四种园林措施对黑翅土白蚁发生情况的影响*

于静亚** 董立坤*** 王志华 沈 锦 余红芳

（武汉市园林科学研究院，武汉 430081）

摘 要：在城市园林绿化中，黑翅土白蚁（*Odontotermes formosanus* Shiroki）常为害园林绿化树木、名胜古迹、园林建筑以及古树名木等，给人类带来无法估量的损失。本文通过研究去除凋落物（将地表的凋落物全部去除）、栽植地被植物（在林间地表栽植麦冬、佛甲草等地被植物）、去除凋落物+栽植地被植物、添加凋落物（地表投放杉木碎木条，投放量为平均500g/m^2）等4种不同园林措施对黑翅土白蚁发生的影响，来预防黑翅土白蚁对园林树木的为害。研究结果表明，添加地表凋落物可以减少黑翅土白蚁的上树率。

关键词：黑翅土白蚁；园林措施；上树率

黑翅土白蚁（*Odontotermes formosanus* Shiroki）为培菌白蚁，喜潮湿，土栖性，筑巢于土中[1]，为害树皮、根和幼苗等，一般先为害树干表皮、木栓层，后期才逐渐向木质部深入，喜欢取食樟树、杉树、女贞、桂花、雪松、刺槐、棕榈、樱花、梅花等多种植物[2]。黑翅土白蚁每年有两个上树为害高峰期，通过对各类型绿地中黑翅土白蚁周年监测发现，每年4—5月黑翅土白蚁开始大量活动，并筑泥路搜索地表凋落物取食，7—8月以及10月有两个上树高峰期，11—12月降温后地表活动减少，仅在树桩或枯木内部蛀食活动。

有害生物综合防治（IPM）在白蚁防治中体现在，以适当的白蚁防治技术，选择合适的方法，减少白蚁种群数量并把其控制在一定的水平，使其不造成经济损失[3]。目前常用的防治手段主要有植物检疫、加强养护管理、驱避、挖巢灭蚁、灯诱等方法[4]。在生态系统内，任何一个组成部分的变动都会直接或间接地影响整个生态系统的稳定，通过多种园林管理措施如在园林植物配置中选用抗虫树种、更新或改善不合理群落结构，实行多树种合理配置以及增减林间凋落物存量等措施进行调控，最大限度地降低植物群落中白蚁的活动及为害，这是本文的主要研究内容。

1 材料与方法

1.1 实验地点

青山公园位于湖北省武汉市青山区红钢城，于1959年开始建设，1962年开放，距今

* 基金项目：武汉市园林和林业局项目（2015）

** 第一作者：于静亚，硕士，工程师，从事园林植物病虫害防治工作；E-mail：15072462863@163. com

*** 通信作者：董立坤，硕士，高级工程师，从事园林植物病虫害防治工作；E-mail：dlikun@sohu. com

已有56年历史。公园占地33万 m^2，是武汉市最大的区属公园[5]。公园有梅花山、樱花山、桂花山、杜鹃园等，绿化效果较好，为本实验的开展提供了便利的条件。

1.2 试验方法

1.2.1 位置选择

经过前期调查，根据植物种类以及山体位置，将实验地点设在青山公园的两个山体上。其中山体1上主要栽植木兰科植物，树种有广玉兰、白玉兰、紫玉兰、樟树、合欢等。山体2主要栽植樟树、枫香、女贞、朴树、棕榈、刺槐、构树、黑松、侧柏等。两个山体上黑翅土白蚁发生为害较重，是青山公园白蚁的重灾区。

1.2.2 处理方法设计

结合公园的景观改造升级工程对选取的两个山体进行了不同园林管理措施处理，采取的处理措施有：

Ⅰ：去除凋落物（将地表的凋落物全部去除）；

Ⅱ：栽植地被植物（在林间地表栽植麦冬、佛甲草等地被植物）；

Ⅲ：去除凋落物+栽植地被植物；

Ⅳ：添加凋落物（地表投放杉木碎木条，投放量为平均500g/m^2）。

其中每个样点开展一项处理措施，每个处理设一个重复，并在两个山体上各设一个对照CK，对照样点的树木、凋落物情况与处理样点相似。共设10样点，每样点面积15m×15m（225m^2）。各项处理从2月开始，处理后每隔一个月调查记录一次样点内的黑翅土白蚁为害情况，监测调查至11月，计算每处理样点内树木的平均白蚁上树率。各样点的处理情况如表1所示。

表1 试验样点选择及其对应处理

样地	山体1				山体2					
样点编号	1	2	3	4	5	6	7	8	9	10
样点内乔木数	10	11	7	11	12	17	10	18	21	13
处理措施	Ⅰ	Ⅱ	CK	Ⅳ	Ⅰ	Ⅲ	Ⅱ	CK	Ⅲ	Ⅳ

2 结果与分析

2.1 山体1黑翅土白蚁上树率分析

对山体1采取去除凋落物（将地表的凋落物全部去除）、栽植地被植物（在林间地表栽植麦冬、佛甲草等地被植物）、添加凋落物（地表投放杉木碎木条，投放量为平均500g/m^2）等3种方法后，白蚁的发生率如图1所示。与对照组CK相比，从7月开始，处理Ⅰ去除凋落物反而增加了白蚁的上树率，处理Ⅱ与处理Ⅳ与对照组相比，都减少了白蚁的上树率，说明对于木兰科植物这两种方法均有利于减少黑翅土白蚁对此类植物的为害。其中处理Ⅳ更加明显的减少了黑翅土白蚁对树木的为害，说明增加地表凋落物可以为黑翅土白蚁提供食物和庇护场所，从而减少对树木的攻击。

2.2 山体2黑翅土白蚁上树率分析

对山体2采用4种不同的园林措施处理后，白蚁上树率如图2所示。在7月、10月两个白蚁高发期，处理Ⅰ、Ⅱ、Ⅲ等3种方法使白蚁的上树率均高于对照组，而处理Ⅳ则显著的降低了白蚁的上树率，说明为黑翅土白蚁提供丰富的地表食物，可减少其对园林植物的为害。

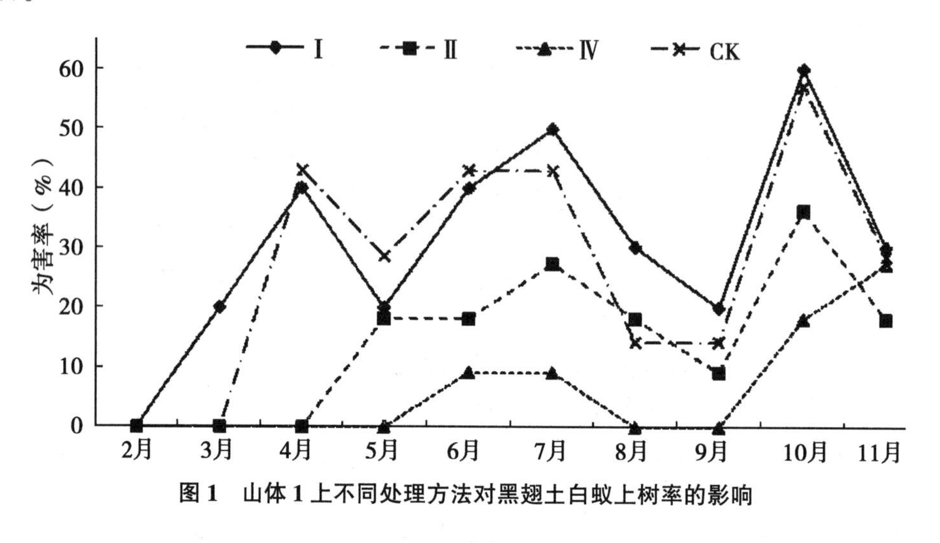

图1　山体1上不同处理方法对黑翅土白蚁上树率的影响

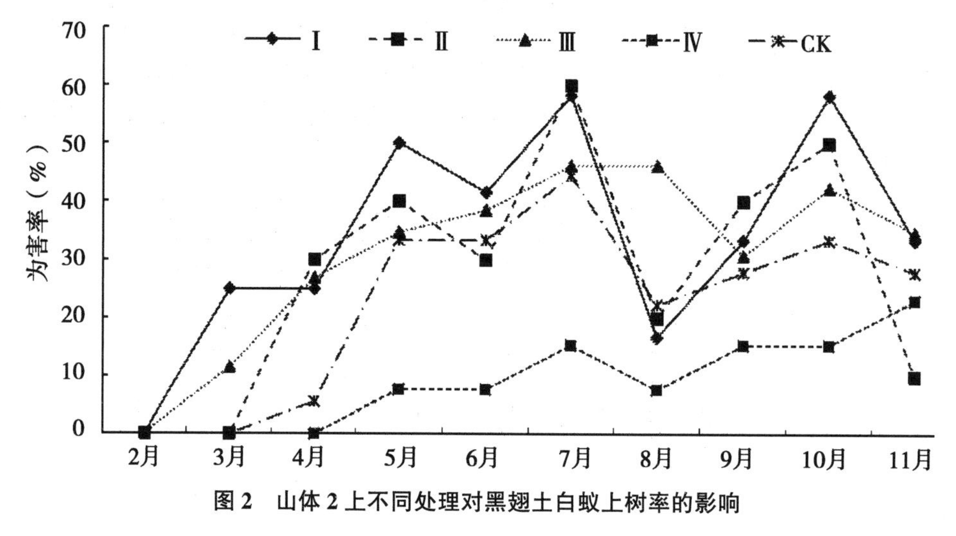

图2　山体2上不同处理对黑翅土白蚁上树率的影响

2.3　相同处理方法下两个山体上白蚁发生情况分析

从图3可以看出，不做处理时，10个月中有3个月山体2的白蚁上树率高于山体1，有3个月山体1的白蚁上树率高于山体2，说明不做处理时，两个山体白蚁的上树情况没有明显的规律，且两者之间没有差别。经过去除凋落物的处理后，山体1与山体2黑翅土白蚁的上树率均提高了。

从图4可以看出，从2—11月这10个月份中，山体1只有4月和8月的上树率高于山体2，且在黑翅土白蚁为害的高峰期，山体2的上树率均高于山体1，说明黑翅土白蚁更喜欢取食山体2上的树种[6]。

从图5可以看出，经过栽植地被植物麦冬、佛甲草等的处理后，山体2的黑翅土白蚁上树率要明显高于山体1。说明栽植地被植物的处理，对于种植有黑翅土白蚁喜食的树种来说，更容易促使黑翅土白蚁上树，可能是因为地被植物阻碍了黑翅土白蚁在地表的取食和活动。

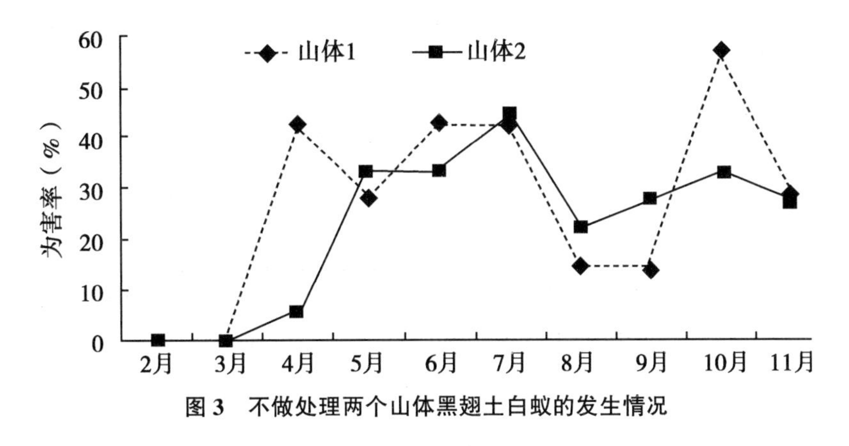

图 3　不做处理两个山体黑翅土白蚁的发生情况

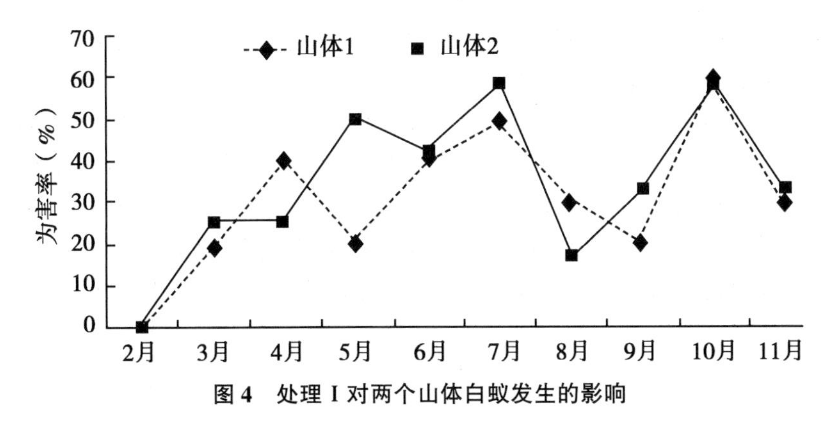

图 4　处理 I 对两个山体白蚁发生的影响

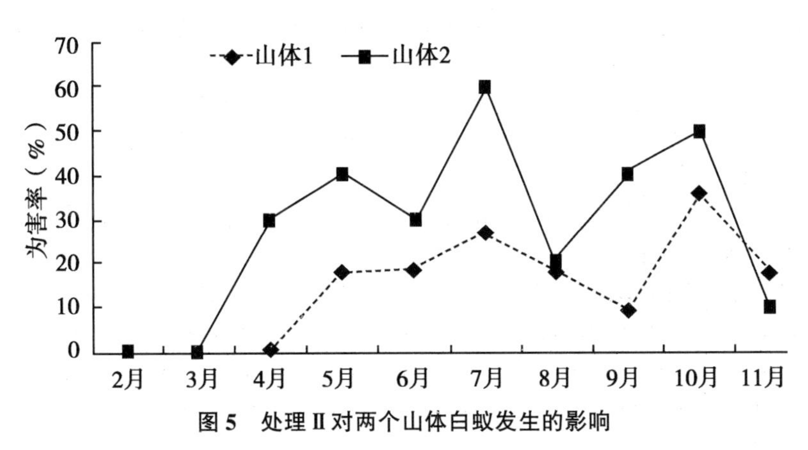

图 5　处理 II 对两个山体白蚁发生的影响

从图 6 可以看出，添加凋落物的处理，无论山体 1 还是山体 2 白蚁的上树时间都要晚于其他几个处理。说明地表有凋落物时，会减少白蚁的上树率。另外从图中可以看出，在 10 月之前山体 2 的白蚁上树率基本都要高于山体 1，说明黑翅土白蚁比较喜食山体 2 上的树种。

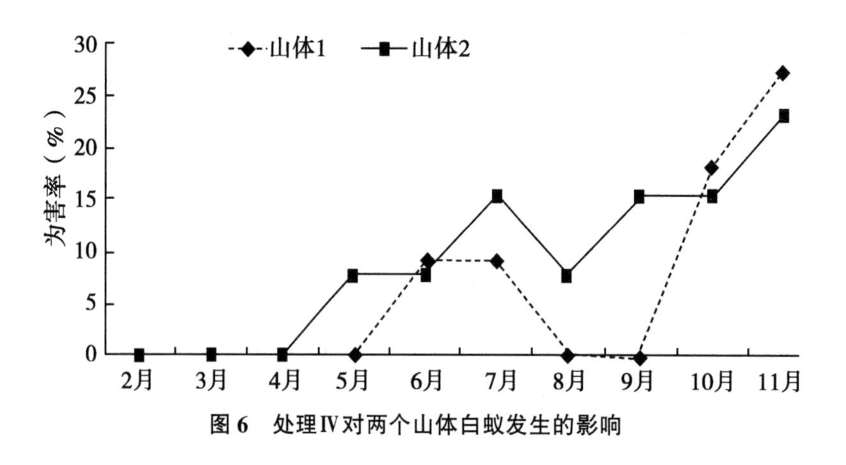

图6 处理Ⅳ对两个山体白蚁发生的影响

3 结论与讨论

从试验的结果可以看出，通过对样地采取清理凋落物的园林管理措施，提高了黑翅土白蚁对园林树木的攻击，这也说明地表凋落物是黑翅土白蚁取食的主要来源。通过增加地表凋落物量或增加地表木质纤维物质，也可以明显降低白蚁对样地内生活树木的攻击，且效果非常明显，但这项措施采是以大量丰富白蚁的食物为前提的，不能降低黑翅土白蚁的种群数量。因此，在园林生产实践中，若条件允许，可在黑翅土白蚁的上树高峰期添加地表凋落物，同时向园林树木上喷施白蚁趋避剂，从而减少黑翅土白蚁的上树率。待上树高峰期过后，清理地表凋落物，集中处理，杀死其中的黑翅土白蚁，同时结合挖除蚁巢，从而减少其种群数量。

参考文献

［1］ 徐志德，李德运，周贵清，等．黑翅土白蚁的生物学特性及综合防治技术［J］．昆虫知识，2007，44（5）：763-769.

［2］ 谢美崇．林间黑翅土白蚁的食性调查［J］．防护林科技，2013，8：22-23.

［3］ 李小鹰．白蚁控制 IPM 策略的发展及对药剂的要求［J］．中华卫生杀虫药械，2004，10（6）：354-358.

［4］ 龚斌，黄松英，游秀峰，等．白蚁预防与处理技术研究进展［J］．安徽农业科学，2013，41（20）：8536-8539.

［5］ 李苗．海绵城市建设中公园绿地多空隙［J］．园林科技，2017，2：43-46.

［6］ Arthur G A，Hu X P，Zhou J X，*et al.* Observations of the Biology and Ecology of the Black-Winged Termite，*Odontotermes formosanus* Shiraki（Termitidae：Isoptera），in Camphor，*Cinnamomum camphora*（L.）（Lauraceae）［J］．Hindawi publishing Corporation，2012.

两种 Bt 杀虫蛋白对三种非靶标生物风险商值 HQ 的测定*

孙初一** 党 聪 汪 芳 姚洪渭 叶恭银***
（水稻生物学国家重点实验室，农业部作物病虫分子生物学重点实验，
浙江大学昆虫科学研究所，杭州 310058）

摘 要：转基因抗虫作物在带来巨大利益的同时，对环境也可能存在潜在的安全风险，特别是对天敌等非靶标生物具有潜在的安全风险。在转基因抗虫作物大量种植之前，对非靶标生物进行系统的评价是很有必要的。在实验室条件下评价转基因作物对非靶标生物的影响时，可以通过测定转基因作物表达的 Bt 蛋白对选取的不同非靶标指示生物的最大无影响浓度（no observed adverse effect concentrations，NOAECs），以及测定转基因作物在不同生长时期不同器官中表达的 Bt 蛋白的浓度，求出不同非靶标指示生物的环境评估浓度（estimated environmental concentrations，EECs），从而求出不同转基因作物对非靶标生物的风险商值 HQ（the hazard quotient，HQ=EEC/NOAEC），通过风险商值与 1 进行比较，判断转基因作物对非靶标生物的安全性，即风险商值小于或等于 1 时，转基因作物对非靶标生物是安全的，反之则是不安全的。

以表达 Bt 杀虫蛋白 Cry2A 和 Cry1C 的转基因水稻品系 T2A-1 和 T1C-19 为实验对象，选取褐飞虱（*Nilaparvata lugens*）、异色瓢虫（*Harmonia axyridis*）和家蚕（*Bombyx mori*）作为非靶标生物。在实验室内以 Cry2A 和 Cry1C 纯蛋白制备饲料，测定 Cry2A 和 Cry1C 对褐飞虱的 NOAEC 分别为 50μg/g 和 70μg/g，褐飞虱主要取食水稻叶鞘，测得 T2A-1 和 T1C-19 叶鞘 Bt 蛋白的平均浓度为（5.42±0.51）μg/g 和（0.28±0.05）μg/g，即褐飞虱的 EEC 分别为 5.42μg/g 和 0.28μg/g，求得 Cry2A 和 Cry1C 对褐飞虱的 HQ 分别为 0.108 和 0.004，这两个值小于 1，所以 T2A-1 和 T1C-19 对褐飞虱没有不利影响。实验室测定 Cry2A 和 Cry1C 对异色瓢虫的 NOAEC 均大于 320μg/g，田间异色瓢虫主要取食褐飞虱和黑尾叶蝉等，通过其取食规律求得 Cry2A 和 Cry1C 对异色瓢虫的 EEC 分别为 1.084μg/g 和 0.056μg/g，求得 Cry2A 和 Cry1C 对褐飞虱的 HQ 分别为 3.39×10^{-3} 和 1.75×10^{-4}，这两个值远小于 1，故认为 T2A-1 和 T1C-19 对异色瓢虫没有安全风险。测定家蚕的相关数值时，共选取了 4 种家蚕品系，分别是菁松，皓月以及两者杂交后代品系。结果表明，纯合品系对 Bt 杀虫蛋白更加敏感，其中皓月对 Bt 杀虫蛋白最敏感。Cry2A 和 Cry1C 对皓月的 NOAEC 分别为 4μg/g 和 1μg/g，对于水稻田边的桑田，桑叶上的平均花粉量为 92.9 个/cm^2，而 T2A-1 和 T1C-19 花粉中 Cry2A 和 Cry1C 浓度分别为（28.15±1.19）

* 基金项目：转基因生物新品种培育重大专项（2016ZX08011-001）
** 第一作者：孙初一，硕士研究生；E-mail：sunchuyi@zju.edu.cn
*** 通信作者：叶恭银；E-mail：chu@zju.edu.cn

μg/g 和（2.40±0.08）μg/g，即可求得 Cry2A 和 Cry1C 对皓月的 EEC 为 3.419μg/g 和 0.292μg/g，即 Cry2A 和 Cry1C 对家蚕 HQ 分别为 0.855 和 0.292，这两个值也小于 1，即 T2A-1 和 T1C-19 水稻品系对家蚕没有安全风险。总的来说，通过风险商值的测定，Cry2A 和 Cry1C 对三种非靶标生物均没有安全风险。风险商值的测定为转基因非靶标生物的安全评价提供了可参考的数据标准，为得到更加全面评价结果，更多的非靶标生物的风险商值需要测定。

关键词 Bt 杀虫蛋白；非靶标生物；安全性评价；风险商值

生物防治

公主岭霉素对水稻稻瘟病田间防治效果研究*

安俊霞[1**] 张正坤[1] 李晓光[2] 马嵩岳[3] 李　莉[1]
陈莫军[1] 杨会营[3] 严永峰[1] 杜　茜[1***] 李启云[1***]
（1. 吉林省农业科学院，长春　130033；2. 吉林省农业微生物重点实验室，
长春　130033；3. 通化市农业科学研究院，海龙　135007；
4. 燕化永乐（乐亭）生物科技有限公司，乐亭　063600）

摘　要：水稻维系着世界上半数人口的生存，是全世界最重要的粮食作物之一，占作物产量的 40%。稻瘟病是目前分布最广泛、为害最严重的植物真菌病害之一，为水稻病害之首。现阶段农业生产中对稻瘟病的防治主要采用化学农药。公主岭霉素是农用链霉菌农抗“769”的代谢产物，对包括水稻稻瘟病菌在内的多种植物病害的病原菌具有较高的拮抗作用，对多种植物病害表现出较好的防治效果。同时，该菌可通过诱导水稻植株防御酶系活性的变化而增强植株的抗病性。本研究以公主岭霉素水浸提液为实验药剂，通过盆栽模拟试验及田间自然发生条件下调查了公主岭霉素对水稻稻瘟病的防控效果并检测了田间喷施公主岭霉素后水稻叶片中抗病酶活力的变化，调查了公主岭霉素水提液施用条件下田间水稻产量和品质的变化。试验结果表明，试验期间各药剂处理区的水稻生长正常，抽穗和谷粒发育良好，未发现供试药剂对水稻产生药害现象，亦未发现对有益生物产生不良影响。公主岭霉素可提高水稻植株叶片中 PAL、SOD、GLU 等防御酶的活性，持效期达 1 个月之久；盆栽及田间不同实验点均可观测到公主岭霉素对叶瘟的防控效果，其中田间防治效果最高为 74.49%，预防效果达到 82.26%；田间对水稻穗茎瘟的防治效果为 63.97%，预防效果为 72.09%；收获后实际测产，施用公主岭霉素增产幅度为 0.71%～8.22%，且稻米的外观、食味及营养品质均有提升。本研究结果拓宽了公主岭霉素在农业生产中的应用，虽然与化学农药相比，公主岭霉素的防治效果稍有逊色，但在生产上若充分利用公主岭霉素，并与抗病品种和化学防治措施相结合，可减少化学农药的使用次数和使用量，尤其在应用抗病品种和稻瘟病发生偏轻年份，可明显减少农药用量，对于生产安全稻米，水稻增产提质，保护环境等均具有积极作用。

关键词：公主岭霉素；水稻；稻瘟病菌；田间防效；增产提质

---

* 基金项目：吉林省科技发展计划重点科技攻关项目（20160204008NY）；国家重点研发计划（2017YFD0200608）；吉林省农业科技创新工程重大项目（CXGC2017ZD006）

** 第一作者：安俊霞，硕士，生理及分子植物病理学；E-mail：anjunxia@126.com
*** 通信作者：李启云，研究员，博士；E-mail：qyli@cjaas.com
杜茜，副研究员；E-mail：dqzjk@163.com

白僵菌不同接种方式对玉米苗期植株生长发育的影响*

隋　丽[1**]　徐文静[1]　路　杨[1]　赵培欢[2]　蔡美丽[3]　李启云[1]

（1. 吉林省农业科学院植物保护研究所，公主岭　136100；2. 吉林农业大学农学院，长春　130118；3. 哈尔滨师范大学生命科学与技术学院，哈尔滨　150025）

摘　要：为明确白僵菌不同施用方式和处理浓度对玉米生长发育的影响，本文通过室内控制实验，检测了浸种法、灌根法、茎部注射法及叶面喷湿法在白僵菌不同处理浓度下对玉米生态指标的影响。结果表明，白僵菌不同接种方式对其在玉米中定殖率的影响差异较大，灌根处理定殖率最高，为76.7%，其次为浸种处理，为73.3%，茎部注射处理及叶面喷施处理定殖率较低，分别为43.3%和36.7%。不同施用方式及接种浓度白僵菌孢子悬液对玉米生态指标的影响并未呈现一致性。采用灌根处理，白僵菌孢子悬液浓度为10^6个孢子/ml时，对玉米株高增加最有利，出苗26天，株高为59.3cm，比对照增15.4%，白僵菌孢子悬液浓度为10^7个孢子/ml时，对玉米叶长增加最有利，出苗26天，叶长为39.6cm，比对照增加12.1%；采用浸种处理，白僵菌孢子悬液浓度为10^8个孢子/ml时，对玉米叶宽和叶面积增加最有利，分别比对照增加18.6%和24.4%。综上所述，白僵菌可以通过不同接种方式在玉米植株中定殖并扩散，同时白僵菌定殖对玉米的生长发育有一定的促进作用，最佳接种方式为浸种和灌根，建议接种浓度为10^7个孢子/ml。

关键词：白僵菌；施用方式；接种浓度；玉米

---

* 基金项目：吉林省科技厅自然基金项目“球孢白僵菌在玉米生长过程中定殖特征研究（探索）”，项目编号：20160101327JC

** 第一作者：隋丽，助理研究员，研究领域为微生物农药；E-mail：suiyaoyi@163.com

木贼镰孢菌 D25-1 全基因组序列的测定及结构分析*

李雪萍[1**]　李建宏[2]　漆永红[1]　郭　成[1]　李　潇[2]　李敏权[1***]

（1. 甘肃省农业科学院植物保护研究所，兰州　730070；
2. 甘肃农业大学草业学院，兰州　730070）

摘　要：木贼镰刀菌是多种植物的病原菌，也具有益生作用，功能复杂多样。本研究基于 Illumina Hiseq 4000 和 PacBio 平台对木贼镰孢菌 D25-1 全基因组序列进行了测定，初级组装基因组大小为 40. 55 Mb，GC 含量 47. 92%，205 个 scaffold，221 个 contig；高级组装组装出 16 条染色体，GC 含量 48. 01%，总长 40 776 005个碱基，Gap 数为 0。对内含子、外显子、基因长度、非编码 RNA，重复序列等基因均进行分类统计，外显子 40 110 个，总长 19 787 286 bp，内含子 26 281 个，总长 2 290 434 bp，多数基因长度为 500~1 499nt，tRNA333 拷贝，rRNA 71 个拷贝，sRNA 69 个拷贝，snRNA 31 个拷贝，miRNA 108 个拷贝，共预测的重复序列 1 713 918bp，占基因组 4. 203 3%。对木贼镰孢菌全基因组序列全面的解析为其基因表达、调控机制，功能机理、进化分析、病害防控等研究提供基础的数据。

关键词：木贼镰孢菌；全基因组；非编码 RNA；重复序列

---

* 基金项目：国家公益性行业（农业）计划项目（201503112）

** 第一作者：李雪萍，博士，研究方向为植物病理学；E-mail：lixueping0322@ 126. com

*** 通信作者：李敏权，博士，教授，研究方向为植物病理学；E-mail：lmq@ gsau. edu. cn

MAPK 基因调控粉红螺旋聚孢霉寄生核盘菌机制的初步研究*

吕斌娜** 孙占斌 李世东 孙漫红***

（中国农业科学院植物保护研究所，北京 100193）

摘　要：粉红螺旋聚孢霉（*Clonostachys rosea*，异名：粉红粘帚霉，*Gliocladium roseum*）是一类重要的菌寄生菌，能够防治多种植物真菌病害。本实验室通过粉红螺旋聚孢霉寄生核盘菌转录组测序分析，获得一个高差异表达的促分裂原活化蛋白激酶（MAPK）基因 *crmapk*。利用同源重组方法获得了 *crmapk* 基因敲除突变株，并测定发现该突变株寄生核盘菌能力显著下降，回补后菌株寄生能力恢复，结果表明该基因在粉红螺旋聚孢霉菌寄生过程中发挥了重要功能。

为进一步研究 MAPK 调控粉红螺旋聚孢霉菌寄生的机制，本研究对与生防机制密切相关的植物诱导抗性进行了测定。通过温室盆栽试验，测定野生型菌株和敲除突变株 Δcrmapk 分别处理黄瓜幼苗后体内的防御酶系活性和对黄瓜枯萎病的防病效果。结果表明，粉红螺旋聚孢霉野生型菌株和敲除突变株 Δcrmapk 分别处理黄瓜幼苗后，苯丙氨酸解胺酶（PAL）、多酚氧化酶（PPO）、过氧化物酶（POD）三种防御酶的活性均显著提高，且二者无明显差异；但与野生型菌株相比，敲除突变株 Δcrmapk 对黄瓜枯萎病的防效显著下降（$P<0.05$）。结果表明粉红螺旋聚孢霉和 MAPK 敲除突变株均能诱导植物产生系统抗性，表明 *crmapk* 基因并非通过诱导植物产生抗性参与调控菌寄生过程。研究结果为阐明 MAPK 调控粉红螺旋聚孢霉菌寄生的机制，以及揭示粉红螺旋聚孢霉生防作用机制奠定了基础。

关键词：粉红螺旋聚孢霉；菌寄生；促分裂原活化蛋白激酶；诱导抗性

---

* 基金项目：国家重点研发计划专项（2016YFD0201000）；现代农业产业体系项目（CARS-23-D05）

** 第一作者：吕斌娜，博士研究生，从事生防真菌功能基因研究；E-mail：lvbinna03@ 163. com

*** 通信作者：孙漫红；E-mail：sunmanhong2013@ 163. com

粉红螺旋聚孢霉 67-1 聚酮合酶基因功能研究*

孙占斌** 王 琦 李世东 孙漫红***
（中国农业科学院植物保护研究所，北京 100193）

摘 要：粉红螺旋聚孢霉（*Clonostachys rosea*，异名：粉红粘帚霉，*Gliocladium roseum*）是一类重要的菌寄生菌，可以寄生核盘菌、镰刀菌、丝核菌等多种植物病原真菌，具有良好的应用前景。为研究粉红螺旋聚孢霉 67-1 功能基因，本研究团队前期通过高通量测序获得了 67-1 全基因组信息，从中获得了一个编码聚酮合酶的基因 *crps*。利用 67-1 全基因组信息设计 *crps* 全长引物，并通过 PCR 扩增获得基因全长。该基因全长为 7 584bp，不含内含子。生物信息学分析表明，*crps* 可以编码一个由 2 527个氨基酸组成的蛋白质，分子量为 277ku，等电点为 5. 77，亲水性蛋白，无信号肽和跨膜区。

为进一步研究 *crps* 在粉红螺旋聚孢霉中的功能，本研究采用基因敲除的方法进行功能鉴定。首先构建 *crps* 基因敲除载体，在 *hph* 两侧同时插入了 *crps* 的上游和下游同源臂。然后利用 PEG-$CaCl_2$ 转化方法，将 *crps* 敲除载体转入 67-1 原生质体中，通过潮霉素抗性标记筛选，PCR 扩增和测序验证，最终获得 1 株能够稳定遗传的突变株。为研究 *crps* 在粉红螺旋聚孢霉中的具体功能，本实验分别对野生菌株 67-1 和 *crps* 敲除突变株进行了形态学、对核盘菌菌核寄生能力、对多种病原菌的拮抗能力和田间防治菌核病能力进行了测定。结果表明，*crps* 的敲除不会影响粉红螺旋聚孢霉的菌落形态、对核盘菌的寄生能力、对病原菌的拮抗能力和田间防治大豆菌核病的能力，但会显著提高其厚垣孢子产量。研究结果表明聚酮合酶是粉红螺旋聚孢霉厚垣孢子产生过程中的重要因子，同时也为揭示粉红螺旋聚孢霉厚垣孢子形成分子机制奠定了理论基础。

关键词：粉红螺旋聚孢霉；厚垣孢子；聚酮合酶；基因敲除

---

* 基金项目：公益性行业（农业）科研专项（201503112-2）；国家自然科学基金（31471815）

** 第一作者：孙占斌，博士后，研究生防真菌功能基因；E-mail：twins5616@ 126. com

*** 通信作者：孙漫红；E-mail：sunmanhong2013@ 163. com

粉红螺旋聚孢霉67-1二氢吡啶二羧酸合成酶基因的功能研究

王 琦* 孙占斌 孙漫红 李世东** 马桂珍
（中国农业科学院植物保护研究所，北京 100193）

摘 要：粉红螺旋聚孢霉（*Clonostachys rosea*，异名：粉红粘帚霉，*Gliocladium roseum*）是一类重要的菌寄生菌，可以防治多种植物病原真菌。该菌产生的厚垣孢子在土壤中易于存活和繁殖，使其生防效果更加稳定高效。为研究粉红螺旋聚孢霉产厚垣孢子相关基因，前期研究对高效菌株67-1厚垣孢子形成过程的转录组进行了测序分析，获得了一个显著差异表达的二氢吡啶二羧酸合成酶基因*Cch*47820，实时荧光PCR监测表明，*Cch*47820在厚垣孢子形成过程的不同阶段（36h，72h）均显著下调表达。通过67-1全基因组序列克隆获得*Cch*47820基因全长，结果显示：该基因总长927bp，不含内含子。生物信息学分析表明，*Cch*47820蛋白分子量为33 717.89u，等电点为7.17。可以编码由308个氨基酸组成的多肽，为亲水性蛋白，无信号肽和跨膜区。

为研究*Cch*47820在粉红螺旋聚孢霉厚垣孢子形成过程中的功能与作用，本研究成功构建*Cch*47820基因敲除载体。采用PEG-$CaCl_2$转化方法，将*Cch*47820敲除载体转入67-1原生质体中，经潮霉素抗性标记筛选、单菌落培养和PCR验证，获得1株稳定遗传的突变菌株。对突变菌株进行形态学测定，结果显示：在PDA培养基上，突变菌株生长速率为5.52mm/d，显著低于67-1野生菌株5.96mm/d（$P<0.05$）；生长1周后，突变株菌落颜色为淡黄色，野生菌株呈浅绿色。在厚垣孢子培养基中培养72h后，突变菌株产孢量为（2.17±0.25）$\times10^6$孢子/ml，显著低于野生菌株产孢量（（7.0±0.17）$\times10^6$孢子/ml），*Cch*47820敲除后产厚垣孢子能力显著降低。生测实验表明突变菌株对尖孢镰刀菌（*Fusarium oxysporum*）的竞争能力较野生菌株显著下降，对大豆核盘菌（*Sclerotina sclerotiorum*）菌核的寄生能力增强。表明二氢吡啶二羧酸合成酶基因参与到粉红螺旋聚孢67-1的产孢和生防过程。本研究为揭示粉红螺旋聚孢霉厚垣孢子形成与调控机制奠定了理论基础。

关键词：粉红螺旋聚孢霉；厚垣孢子；二氢吡啶二羧酸合成酶；实时荧光定量PCR

* 第一作者：王琦，硕士研究生，从事生防真菌基因功能研究；E-mail：1969619905@qq.com
** 通信作者：李世东；E-mail：lisd@ieda.org.cn，2388360218@qq.com

防治黄瓜枯萎病的放线菌HS57的筛选及发酵条件

牛红杰* 郭荣君 李世东
（中国农业科学院植物保护研究所，北京 100193）

摘　要：放线菌是一类重要的微生物类群，在医药、工农业生产中都具有重要应用价值。使用高氏一号、HV选择性培养基，从河北、河南、海南、山西等地采集的23份土壤样品中，共分离到497株放线菌。平板对峙法，测定了上述菌株对尖孢镰刀菌（*Fusarium oxysporum*）、茄病镰刀菌（*F. solani*）、立枯丝核菌（*Rhizoctonia solani*）、青枯劳尔氏菌（*Ralstonia solanacearum*）的抑制作用，获得20株拮抗菌株，其中菌株HS57对3种真菌病害的抑制率分别为52.4%、52.9%和39.2%；其无菌发酵滤液对3种病原真菌的生长抑制率分别为63.9%、59.5%和55.9%，但其挥发物并不抑制真菌生长，说明该生防菌株主要通过代谢产物发挥抑菌作用。温室防病实验表明菌株HS57在孢子浓度为1×10^7CFU/ml时，对黄瓜枯萎病的防效最好，可达51.0%；通过形态观察及16S rDNA序列同源性分析将该菌株鉴定为*Streptomyces parvus*。对该菌株发酵培养基及发酵条件的研究表明，该菌株在玉米粉和豆饼粉为主要成分的发酵培养液中生长迅速、发酵周期短，48h内产孢量可达10^9CFU/ml，且多次传代后仍保持良好的生防特性，是一株非常有潜力的生防菌。

关键词：生防放线菌；分离筛选；抑菌作用；发酵条件

* 第一作者：牛红杰，硕士研究生，从事生防放线菌筛选和发酵研究；E-mail：2285976495@qq.com

柱花草炭疽病生防菌JNC2发酵条件的优化*

梁艳琼** 黄 兴 吴伟怀 习金根
李 锐 郑金龙 贺春萍*** 易克贤***
（中国热带农业科学院环境与植物保护研究所/农业部热带农林有害生物入侵检测与控制重点开放实验室/海南省热带农业有害生物检测监控重点实验室，海口 571101）

摘 要：从坚尼草叶片上分离获得一株对柱花草炭疽病具有拮抗作用的生防细菌解淀粉芽胞杆菌（*Bacillus amyloliquefaciens*）JNC2，为探讨JNC2菌株液体发酵条件，提高其活性次级代谢产物的产量，以菌体量和发酵滤液抑制柱花草炭疽病菌（*Colletotrichum gloeosporioides*）活性为指标，研究解淀粉芽胞杆菌JNC2菌株的发酵条件，采用单因素和正交试验方法对菌株的最佳发酵培养基成分及发酵条件进行优化。结果表明：JNC2菌株最佳培养基为木糖2%，蛋白胨0.4%，酵母粉0.8%，氯化铵0.6%，硫酸镁0.2%；最佳发酵条件为初始pH 6.0，250ml三角瓶装液量为60ml，接种量体积分数7%，发酵温度34℃，转速200r/min，发酵时间72h，优化后发酵滤液的抑菌活性显著提高了32.61%。本研究为解淀粉芽胞杆菌的工业化生产降低成本，可为后续大规模培养与应用提供重要依据。

关键词：解淀粉芽胞杆菌；发酵条件优化；抑菌活性；*Colletotrichum gloeosporioides*

---

* 基金项目：公益性行业（农业）科研专项（201303057）；海南省科协青年科技英才学术创新计划项目（QCXM201714）

** 第一作者：梁艳琼，助理研究员；研究方向：植物病理；E-mail：yanqiongliang@126.com

*** 通信作者：贺春萍，硕士，研究员；研究方向，植物病理；E-mail：hechunppp@163.com
易克贤，博士，研究员；研究方向：分子抗性育种；E-mail：yikexian@126.com

生防菌加复播青贮玉米消除瓜列当土壤种子库的研究

郭振国[1]　王　恺[1]　王　玥[1]　李朴芳[2]　陈　杰[3]
Muhammad Rashid-Nizamani[1]　马永清[2*]
（1. 西北农林科技大学林学院，杨凌　712100；2. 西北农林科技大学水土保持研究所
黄土高原土壤侵蚀与旱地农业国家重点实验室，杨凌　712100；
3. 山西农业大学农学院，太谷　030801）

摘　要：为探究施用生防菌和复播青贮玉米的农业措施对瓜列当（*Phelipanche aegypiaca* Pers.）及其寄主加工番茄（*Lycopersicon esculentum* Mill.）的影响。本研究通过穴盘试验和遮雨棚盆栽试验，将放线菌淡紫褐链霉菌（*Streptomyces enissocaesilis*，509），真菌灰黄青霉（*Penicillium griseofulvum*，CF3）和放线菌密旋链霉菌（*Streptomyces pactum*，Act12）三种生防菌进行包衣播种，收获后复播玉米，统计生物指标数据，研究生防菌对寄主植物加工番茄的促生作用，及对列当种子库的清除效果。结果表明：生防菌和复播玉米处理条件下，列当的出土数和寄生总数量显著降低（$P<0.05$），2017 年相比 2016 年垦番 2 号、K87-5 和 IVF6172 的出土列当数分别减少了 92.7%、88.4%和 86.8%；玉米可以消除列当种子库，施加生防菌可以促进加工番茄的生长，增加加工番茄的产量，促进加工番茄成熟。本研究表明生防菌和复播青贮玉米的农业措施可以有效防除瓜列当。

关键词：生防菌；瓜列当；玉米；发芽率；加工番茄

列当（*Orobanche* spp.）是一类根部全寄生的寄生植物，属列当科（Orobanchaceae）列当属（*Orobanche* L.），为我国入境检验植物品种之一。列当作为一种恶性杂草，已经对全世界范围内多个国家和地区的农业生产造成严重危害[1-2]。据文献报道，全世界共有 170 多种列当，其中对农作物危害较大的有 6 种，变成农田恶性杂草，它们分别是瓜列当（*O. aegyptiaca* Pers.）、大麻列当（*O. ramosa* L.）、弯管列当（*O. cernua* Loefling.）、小列当（*O. minor* Sm.）、向日葵列当（*O. cumana* Wallr.）和朱砂根列当（*O. crenata* Forssk.）[3]，列当可寄生在茄科、大麻科、亚麻科、禾本科等植物根上[4]，其中瓜列当在我国新疆地区危害跨度大范围广，可以在哈蜜瓜、西瓜、甜瓜、黄瓜、番茄、烟草等作物及一些杂草上寄生[5]，给新疆的农业生产造成了极大的危害。

目前，瓜列当防除的方法有人工拔除、调整寄主作物的播种期[6]、化学防除[7]，培育抗性品种[8]、利用诱捕作物防除[9]和生防菌防除[10]。现在科学界将杂草防除的本质归纳为六字方针“截源断流竭库”[11]。列当杂草产生大量细小的种子，余蕊等[12]调查了新疆建设兵团第二师 27 团中的 2 块地的列当种子数，结果显示在地表 0~10cm 土层中瓜列当，每 667m^2 的土壤中含有的瓜列当种子数分别为 28 亿粒和 12.5 亿粒，列当土壤种子库十分巨大，且列当种子在土壤中存活年限达 15~20 年之久是列当难以防除的根本

* 通信作者：马永清；E-mail：mayongqing@ms.iswc.ac.cn

原因[13]。

新疆土壤资源多样，土地辽阔，是世界上适宜加工番茄种植的地区之一，新疆作为我国加工番茄的主产区，番茄酱成为新疆主要的出口产品（被称为当地的红色产业）[14]，使中国成为处美国和意大利之外的第三大番茄酱出口国[15]。近年来，在巴音郭楞蒙古自治州，库尔勒地区各加工番茄生产团场，瓜列当已经对加工番茄的种植和加工生产造成很大影响。陈杰等[10]已经从88株放线菌和3株真菌中最终筛选出来3株拮抗微生物其中包括2株放线菌509和Act12，1株真菌CF3。研究拟采用生防菌和玉米诱捕列当自杀发芽两种方法的互作来清除土壤列当种子库，增加加工番茄的产量。研究对新疆农业生产中种植的3种加工番茄品种，在生防菌和青贮玉米诱捕互作的方式下，连续进行了两年的遮雨棚盆栽试验，探究试验可行性并为新疆加工番茄地区提供切实可行的农业生产建议。

1 材料和方法

1.1 试验材料

加工番茄种子：供试3个加工番茄品种分别为垦番2号、K87-5和IVF6172，均为易被瓜列当侵染品种且为新疆地区农业生产种植品种，由新疆生产建设兵团第二师农业科学研究所提供。微生物：供试3种生防菌由西北农林科技大学资源与环境学院提供，分别为放线菌淡紫褐链霉菌（*Streptomyces enissocaesilis*，509）、放线菌密旋链霉菌（*Streptomyces pactum*，Act12）；和真菌灰黄青霉（*Penicillium griseofulvum*，CF3）。瓜列当种子：于2015年采自新疆生产建设兵团农二师21团加工番茄地块中。列当种子的发芽标准诱导物质独脚金内酯类似物（GR24）由澳大利亚悉尼大学化学学院提供。

遮雨棚试验中所用火箭盆购自中科环境工程有限公司其规格为高25cm、直径为20cm；试验中所用有机肥购自陕西杨凌霖科生态工程有限公司；尿素$CO(NH_2)_2$购自陕西渭河重化工有限责任公司，其总氮≥46.4%；磷酸二铵$(NH_4)_2HPO_4$购自贵州开磷集团股份有限公司，总养分（$N+P_2O_5$）≥57%。

1.2 试验方法

1.2.1 穴盘试验

试验于2016年4月17日至7月5日在西北农林科技大学水土保持研究所进行。试验选用105孔穴盘：孔数（7×15），盘体长54.0cm宽28.0cm，穴深4.0cm，口径3.5cm×3.5cm，底部1.1cm×1.1cm，容量24cm^3。装填蛭石至穴盘四分之三高度处，均匀撒播加工番茄种子，每穴10粒，然后覆盖蛭石直至装满穴盘。将装填好的穴盘放置在略大于穴盘的塑料盆中，在塑料盆中倒入适量的自来水（高度约1.0cm），使穴盘内蛭石保持湿润。40天后收获加工番茄地上部和根系并采集适量的根际蛭石。将加工番茄地上部和根鲜样研磨，并用甲醇浸提，根际蛭石同样用甲醇浸提后得到根际土浸提液原液，做瓜列当种子室内发芽实验，试验设GR24为正对照，无菌蒸馏水为负对照。

1.2.2 遮雨棚火箭盆试验

试验分别于2016年4月17日至10月30日和2017年4月17日至7月20日在西北农林科技大学水土保持研究所院内遮雨试验棚中进行。试验设对照CK（添加列当种子但不施加菌剂）、509（添加列当种子同时施加509菌剂）、CF3（添加列当种子同时施加CF3菌剂）和Act12（添加列当种子同时施加Act12菌剂）共4个处理。试验所用土壤为娄土，添加列当种子（3.4mg/kg）、有机肥（5%）、尿素（0.43g/kg）和过磷酸钙（0.15g/kg）充分拌匀，各处理6盆重复。菌剂施加方式为种子包衣，具体方法为：将加工番茄种子用蒸馏水湿润后放入事先用灭菌土与各菌剂（活孢子含量均为10^{11} CFU/g）按质量比为9：1拌匀后的稀释菌剂中，待种子表面沾满菌剂后用镊子将加工番茄种子取出，同时在包衣前后称取菌剂干重，最后计算得出菌剂孢子数10^{9}个。种子包衣完成并于2016年4月17日播种，每盆4粒种子，待出苗后，定苗至每盆两株。分别于2016年7月19日和2017年7月20日打开火箭盆，测量加工番茄株高，称量加工番茄地上、地下部分鲜重和干重；统计瓜列当出土、未出土数量并称量鲜重和干重。2016年收获结束后复播郑单958玉米，直至入冬剪掉地上部，根留在盆中，2017年4月份将火箭盆打开拌入肥料，重复2016年试验。根据公式（1）计算加工番茄地上和地下部分的含水量：

$$含水量（\%）=（鲜重-干重）/ 鲜重）\times 100 \quad (1)$$

1.2.3　室内种子萌发试验

将收获期采集的加工番茄地上和根样品经处理后进行列当种子萌发试验。

列当种子的表面消毒：称取适量的瓜列当种子放置在上端开口，底部封有尼龙网（150目，孔径0.1mm）的PVC管（直径为6.0cm，高度为5.0cm）中，将事先配制的有效氯含量为1%的适量次氯酸钠溶液加入200ml的玻璃烧杯中，放入PVC管中，使次氯酸钠溶液完全浸没瓜列当种子，将烧杯放置在超声波清洗器中超声处理2.0min后取出，再次放入加有75%的无水乙醇的玻璃烧杯中超声2.0min后取出，用无菌水在超净工作台中冲洗列当种子至流出水无色。将列当种子放置于超净工作台中晾干备用。

列当种子的预培养：在超净工作台中，在一个新一次性培养皿（直径为9.0cm）中放入两张直径为9.0cm的定性滤纸，加入4.0ml无菌蒸馏水后在滤纸上摆放直径为8.0mm的已灭菌的玻璃纤维滤片。将已经晾干的瓜列当种子均匀撒在玻璃纤维滤纸片上（30~50粒列当种子每片），用记号笔标记培养日期。将培养皿用封口膜封口后置于25℃的恒温培养箱中暗培养4天。

加工番茄植株样品浸提液制备：将1.1.2中收集的加工番茄地上部和根样品放置在烘箱中烘干、粉碎后用万分之一天平称取0.1g置于1.5ml离心管中。每个离心管中加入1.0ml的分析甲醇放置在超声波清洗器中超声30.0min后于5 000r/min离心5.0min，所得上清液即为原液。将原液用甲醇稀释10倍（质量浓度为10.0mg/L）和100倍（质量浓度为1.0mg/L）后，放置冷藏冰箱备用。

加工番茄土壤浸提液制备：将1.1.1和1.1.2中收集的加工番茄根际土或蛭石，取样5.0g于200ml锥形瓶中，分两次加入10.0ml分析甲醇超声30min后，过滤至干净的200ml锥形瓶中，将过滤后的浸提液转移至10ml离心管中，所得液体即为原液。将原液再次用甲醇稀释10倍（质量浓度为10.0mg/L）和100倍（质量浓度为1.0mg/L）后，放置冷藏冰箱备用。

列当种子萌发试验方法：采用Parker等的方法并做修改，将灭菌后的玻璃纤维滤片（直径为8mm）摆放在直径为90.0mm的培养皿中并将20μl上述不同浓度的甲醇浸提液添加到各片上。超净工作台中放置30.0min自然晾干后，再将事先吸干水分的预培养后的列当种子片覆盖在上述玻璃纤维滤纸片上。各玻璃纤维滤纸片上添加35.0μl的无菌水并在培养皿的中心放置一片湿润的三角形滤纸用以保持培养皿内部的湿润。试验设置在预培养后的列当种子片上添加20.0μl 1.0mg/kg的GR24（证明种子有发芽能力）、无菌水（确保种子没有受到其他化学物质污染而出现发芽）的处理分别为正、负对照。培养皿用Parafilm封口膜封口后放置在25℃的恒温培养箱中培养10天后，在显微镜下统计各种子片上列当种子的发芽数和总数并计算列当种子的发芽率。

1.3 数据处理

试验数据用Excel 2016和DPS数据处理系统进行统计分析。将处理和品种的结果进行二因素完全随机（随机区组）试验方差分析。

2 结果与分析

2.1 穴盘试验结果对瓜列当种子萌发的刺激作用

穴盘试验中不同品种加工番茄的根及根际土的甲醇浸提液原液、10倍稀释液和100倍稀释液刺激瓜列当种子发芽结果表明供试3个加工番茄品种的根和根际土甲醇浸提液刺激瓜列当种子萌发能力均较强（表1）。垦番2号、K87-5和IVF6172三个加工番茄品种的根甲醇浸提液10倍及100倍稀释液刺激瓜列当发芽率均达到45%以上，其中10倍稀释液刺激瓜列当种子发芽率分别为44.0%、52.1%和49.8%。根际土甲醇浸提液原液发芽率达到40%以上。

2.2 不同年份的对照（CK）列当寄生差异

利用青贮玉米做诱捕作物诱杀列当种子显著降低了土壤中的列当种子库的数量，在3个加工番茄品种的2016年的CK中，瓜列当的出土量均达每盆20株以上，其中垦番2号、K87-5和IVF6172三个品种的加工番茄火箭盆瓜列当出土个数平均为27.5个/盆、22.5个/盆和36.5个/盆，而2017年CK中垦番2号、K87-5和IVF6172三个品种的加工番茄火箭盆瓜列当出土个数平均为2个/盆、2.6个/盆和4.8个/盆，相比2016年存在显著差异，出土列当数分别减少了92.7%、88.4%和86.8%［图1（a）］。2017年CK中瓜列当的寄生总数相比2016年CK中有明显的降低，存在显著差异，2016年CK中垦番2号、K87-5和IVF6172三个品种的加工番茄火箭盆瓜列当寄生总数平均为36.2个/盆、51.2个/盆和61.3个/盆，而2017年CK中垦番2号、K87-5和IVF6172三个品种的加工番茄火箭盆瓜列当寄生总数平均为11个/盆、12.2个/盆和13.8个/盆，相比2016年分别减少了69.6%、76.2%和77.5%［图1（b）］。

表1 不同品种加工番茄穴盘根和根际土的甲醇浸提液刺激瓜列当种子发芽率（%）

浸提液	品种	稀释倍数		
		原液	10倍稀释	100倍稀释
根	垦番2号	10.1 b	44.0 b	47.2 b
	K87-5	2.8 bc	52.1 b	50.7 b
	IVF6172	7.0 bc	49.8 b	43.3 b
根际土	垦番2号	48.3 b	20.6 c	6.0 c
	K87-5	40.5 b	25.4 bc	4.9 cd
	IVF6172	47.9 b	26.3 bc	6.4 c

注：不同字母表示浸提液相比发芽标准刺激物质GR24在5%水平上显著差异（Tukey HSD，$P<0.05$）。

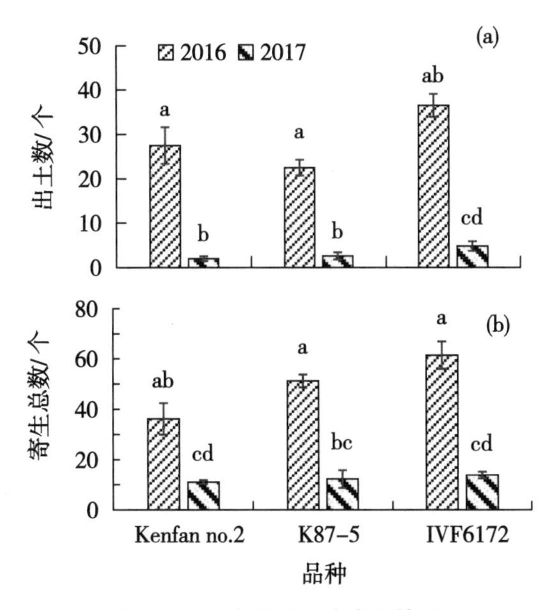

图1　不同年份瓜列当寄生情况

注：同一品种不同小写字母表示差异显著（$P<0.05$）

2.3　不同年份不同生防菌处理下的列当寄生差异

施用生防菌加青贮玉米做诱捕作物诱杀列当种子的农业措施显著降低了土壤中的列当种子库的数量，对于3个加工番茄品种垦番2号、K87-5和IVF6172，其2016年各生防菌处理相比CK没有显著差异，经过玉米的诱捕之后，2017年的出土列当数显著降低，其中垦番2号的CF3、509和Act12处理相比2016年相同处理分别减少了93.3%、94%和89.1%，K87-5的CF3、509和Act12处理相比2016年相同处理分别减少了87.8%、82.9%和83.7%，IVF6172的CF3、509和Act12处理相比2016年相同处理分别减少了93.2%、93.7%和74.7%［图2（a）］。对于寄生总数表现出相同规律，2017年列当寄生总数显著降低，垦番2号的CF3、509和Act12处理相比2016年相同处理分别减少了91.8%、94.0%和86.2%，K87-5的CF3、509和Act12处理相比2016年相同处理分别减少了80.1%、87.6%和81.3%，IVF6172的CF3、509和Act12处理相比2016年相同处理分别减少了80.4%、94.9%和81.0%［图2（b）］。

2.4　生防菌加青贮玉米对加工番茄农艺指标的影响

生防菌加青贮玉米做诱捕作物诱杀列当种子的农业措施对加工番茄的生长有一定的促生作用，对于K87-5与2016年相同处理相比在株高、地上部鲜重、地上部干重、根鲜重和根干重上差异显著。2017年509和Act12处理下的K87-5地上部鲜重和地上部干重与对照相比存在显著差异，增长率分别为43.8%、54.0%和52.8%、37.8%，Act12处理下的K87-5根干重与对照相比存在显著差异，增长率为118.3%，CF3、509和Act12处理下K87-5的产量差异显著，增长率分别为48.2%、95.7%和29%（表2和表3）。

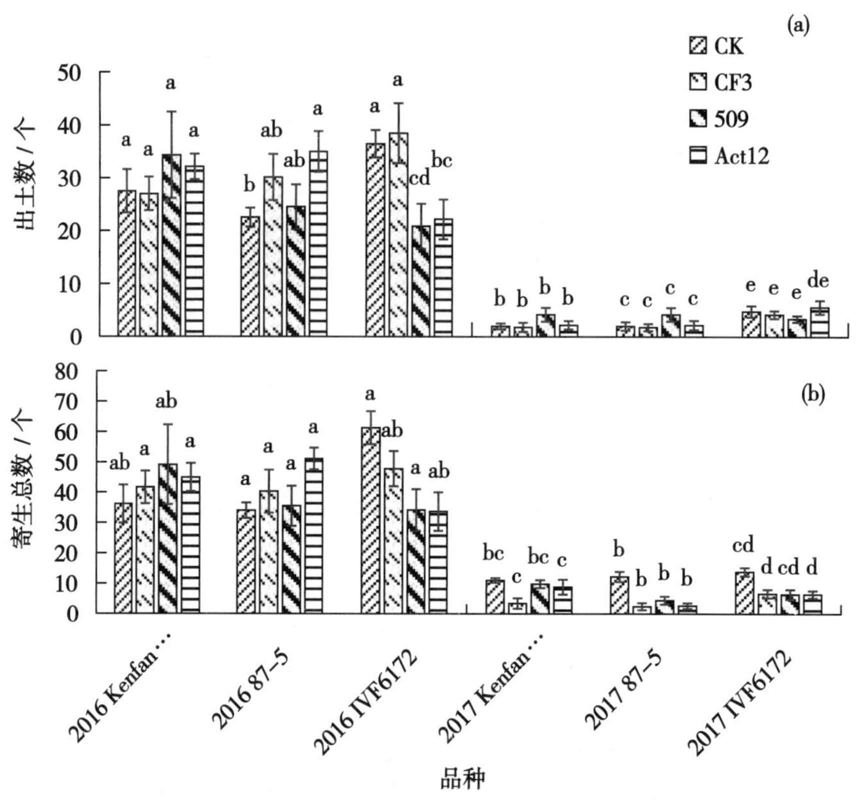

图2 不同年份不同生防菌对瓜列当寄生的影响

注：不同小写字母表示差异显著（P<0.05）。CK 为有列当寄生对照，CCF3 指真菌灰黄青霉，509 指淡紫褐链霉菌，Act12 指密旋链霉菌放线菌。下同

表2 不同生防菌对加工番茄生物指标影响（1）

处理	株高（cm）		地上部鲜重（g）		地上部干重（g）		地上部含水量（%）	
	测值	△CK（%）	测值	△CK（%）	测值	△CK（%）	测值	△CK（%）
2016 CK	54.5 c		45.6 c		6.0 d		86.6 a	
2016 CF3	64.5 bc	18.3	59.1 c	29.7	6.9 d	14.5	88.2 a	1.9
2016 509	56.5 c	3.7	61.2 c	34.2	8.1 cd	35.7	86.6 a	0.1
2016 Act12	57.2 c	4.9	66.0 bc	44.7	7.4 cd	23.0	88.1 a	1.8
2017 CK	89.9 ab		84.4 bc		9.3 cd		89.0 a	
2017 CF3	86.3 ab	-4.0	107.2 ab	27.1	11.2 abc	20.4	89.5 a	0.6
2017 509	89.2 ab	-0.8	121.3 a	43.8	14.2 a	52.8	88.1 a	-1.0
2017 Act12	90.7 ab	0.9	129.9 a	54.0	12.8 ab	37.8	89.8 a	1.0

表3　不同生防菌对加工番茄生物指标影响（2）

处理	根鲜重（g）		根干重（g）		根含水量（%）		产量（g）	
	测值	△CK（%）	测值	△CK（%）	测值	△CK（%）	测值	△CK（%）
2016 CK	2.3 b		1.1 c		72.7 a			
2016 CF3	3.0 b	28.2	0.7 c	−38.8	76.3 a	4.8		
2016 509	4.2 b	79.8	0.8 c	−27.1	79.9 a	9.8		
2016 Act12	8.7 b	272.2	1.8 c	64.3	79.3 a	9.0		
2017 CK	21.1 ab		4.0 b		59.7 a		152.7 b	
2017 CF3	27.2 ab	28.8	6.7 a	68.3	60.0 a	0.4	226.3 a	48.2
2017 509	22.3 ab	5.6	6.6 a	65.8	76.9 a	28.8	298.8 a	95.7
2017 Act12	36.6 a	73.8	8.7 a	118.3	66.1 a	10.7	196.9 a	29.0

2.5　生防菌对加工番茄成熟的影响

2017年施加生防菌后，对于品种K87-5，CF3和Act12处理加工番茄的红果数在处理和对照之间有显著差异，对照的红果数平均为0.2个/盆，而CF3和Act12处理下的红果数为3.4个/盆和2.8个/盆，509的作用次之红果数为2.0个/盆。相比对照的增长率分别为1 600%、1 300%和900%（图3）。

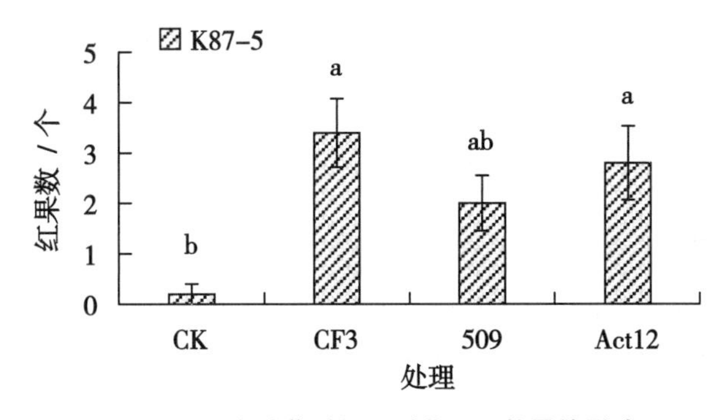

图3　不同生防菌对加工番茄红果数量的影响

3　讨论

列当与诱捕作物的相互关系，源自于诱捕作物根部分泌的次生代谢物质作为化学信号传递给均匀分布植物根部的列当种子，列当种子接收到来自周围植物化学信号的刺激之后，开始萌发。马永清[16]等在2013年发表在*Crop Science*上的研究结果表明，玉米可以作为诱捕作物诱杀列当种子，为列当防除开辟了新的思路。试验中选取的玉米品种为国审对照品种郑单958，已有研究表明其刺激瓜列当发芽率高[9]。在连续两年的试验中，2017年瓜列当的出土数和寄生总数相比2016年显著降低，说明了玉米的诱捕作效果显著，验证了玉米作为诱捕作物防除瓜列当的可行性。土壤微生物是植物根系生长环境的重要组成部分，有益的微生物（生防菌）区系可以促进作物的生长，相反则不利于作物的生长，生防菌509和CF3的代谢产物中含有抑制列当寄生的主要化学物质展青霉素，从而达到防除列当的效果[17]。一些微生物通过影响寄主植物的物质代谢并产生生理活性物质来改变植株的生理特性，从而提高植物的抗逆性，刺激植物生长[18]。2016 年的遮雨棚试验中，施加生防菌防除效果不显著，一方面是由于，2016 年夏异常的高温天气所致，异常高温影响了生防菌生长繁殖的环境；另一方面是土壤中的列当种子基数大，所引起的防除效果不显著，这种情况 2017 年得到了改善，从当年的列当出土数据和寄生总数中可以看出。2017 年遮雨棚试验研究中，生防菌处理过的加工番茄红果个数明显高于对照，从表观上看。生防菌促进了果实增大和成熟，关于生防菌如何促进果实成熟的机理尚需进一步研究。关于呼吸跃变型果实成熟的调控，前人研究认为乙烯起主要作用，例如番茄[19-20]、苹果[21]的成熟过程乙烯起主要促进作用。那么生防菌是否通过影响植物内源激素乙烯的生产和分配，从而影响果实的成熟，有待进一步验证。

4 结论

试验中选取了新疆地区易被瓜列当寄生的 3 种加工番茄，在室内穴盘试验中，3 种加工番茄根的 10 倍和 100 倍稀释液刺激瓜列当发芽率都达到 40%以上，根际土刺激瓜列当发芽率随着稀释倍数的增加依次降低，其中原液最高，垦番 2 号、K87-5 和 IVF6172 刺激瓜列当发芽率分别是 48. 3%、40. 5%和 47. 9%。连续两年的遮雨棚火箭盆试验结果显示：2017 年列当的出土数和寄生总数相比 2016 年显著降低，说明复播玉米可以降低列当的土壤种子库数量，这是列当的防除中最重要的一步；在 2017 年列当种子库减少的同时，施加生防菌，能够增加加工番茄的地上部鲜重，根鲜重，产量，说明了施生防菌对加工番茄的促生长作用；2017 年施用生防菌的处理红果数显著增加，说明生防菌对加工番茄的促成熟作用，是否影响植物内源激素的分泌，有待深入研究。玉米加生防菌这种农艺模式在新疆大田生产中的实际表现还需要做进一步的验证和应用探索。

参考文献

[1] Alcántara E，Morales-García M，Diaz-Sánchez J. Effects of broomrape parasitism on sunflower plants：Growth，development，and mineral nutrition [J]. Journal of Plant Nutrition，2006，29 (7)：1199-1206.

[2] Sauerborn J，Buschmann H，Ghiasi K G，*et al.* Benzothiadiazole activates resistance in sunflower (*Helianthus annuus*) to the root-parasitic weed Orobanche cumana [J]. Phytopathology，2002，92 (1)：59-64.

[3] 马永清．采用植物化感作用与诱捕作物消除列当土壤种子库 [J]. 中国生态农业学报，2017，25 (1)：27-35.

[4] 张金兰，蒋青．菟丝子属和列当属杂草重要种的寄主和分布 [J]. 植物检疫，1994，8 (2)：69-73.

[5] 张录霞，甘中祥，李倍金，等．新疆寄生性杂草列当的危害及防治 [J]. 生物灾害科学，2016，39 (3)：211-214.

[6] Mesa-García J，García-Torres L A competition index for *Orobanchecrenata* Forsk effects on broadbean (*Viciafaba* L.) [J]. Weed Research，1985，24 (6)：129-134.

[7] Nadal S，Moreno M T，Román B. Control of *Orobanche crenata* in *Vicianar bonensis* by glyphosate [J]. Crop Protection，2008，27 (3-5)：873-876.

[8] Jurado-Expósito M, García-Torres L, Castejón-Muoz M. Broad bean and lentil seed treatments with imidazolinones for the control of broomrape (*Orobanche crenata*) [J]. The Journal of Agriculture Science, 1997, 129 (3): 307-314.

[9] YE X X, JIA J N, MA Y Q, *et al.* Effectiveness of ten commercial maize cultivars in inducing Egyptian broomrape germination [J]. Frontiers of Agricultural Science & Engineering, 2016, 3 (2): 137-146.

[10] CHEN J, XUE Q H, Mcerlean C S P, *et al.* Biocontrol potential of the antagonistic microorganism *Streptomyces enissocaesilis* against *Orobanche cumana* [J]. BioControl, 2016, 61 (6): 781-791.

[11] QIANG Sheng. problem and strategy of China farmland weed [C]. in: Proceeding of the 13th national weed science conference 2017. Guiyang: China Society of Plant Protection, 2017: 12-14.

[12] 余蕊，赵文团，陈连芳，等．盐碱地土壤列当种子库快速检测方法 [J]. 新疆农垦科技，2015，38 (11): 41-42.

[13] Parker C, Riches C R. Orobanche species: The Broomrapes Parasitic Weeds of the World Biology and Control [M]. Wallingford: CAB International, 1993: 111-164.

[14] 张君玲．新疆番茄出口加工业现状问题及战略对策现代商贸工业 [J]. 设施农业，2010 (12): 87-88.

[15] 庞胜群，王祯丽，张润，等．新疆加工番茄产业现状和发展前景 [J]. 中国蔬菜，2005 (2): 39-41.

[16] MA Y Q, JIA J N, AN Y, *et al.* Potential of some hybrid maize lines to induce germination of sunflower broomrape [J]. Crop Science, 2013, 53 (1): 260-270.

[17] CHEN J, GAO J M, YE X X, *et al.* Allelopathic inhibitory effects of Penicillium griseofulvum produced patulin on the seed germination of Orobanche cumana Wallr. and *Phelipanche aegyptiaca* Pers [J]. Allelopathy Journal, 2017, 41 (1): 65-80.

[18] 文才艺，吴元华，田秀玲．植物内生菌研究进展及其存在的问题 [J]. 生态学杂志，2004，23 (2): 86-91.

[19] Karlova R, Rosin F M, Busscher-Lange J, *et al.* Transcriptome and metabolite profiling show that apetala2a is a major regulator of tomato fruit ripening [J]. The Plant Cell Online, 2011, 23 (3): 923-941.

[20] Lee J M, Joung J G, McQuinn R, *et al.* Combined transcriptome, genetic diversity and metabolite profiling in tomato fruit reveals that the ethylene response factor SlERF6 plays an important role in ripening and carotenoid accumulation [J]. The Plant Journal, 2012, 70 (2): 191-204.

[21] Johnston J W, Gunaseelan K, Pidakala P, *et al.* Co-ordination of early and late ripening events in apples is regulated through differential sensitivities to ethylene [J]. Journal of experimental botany, 2009, 60 (9): 2689-2699.

植物残体大小及带菌量对菜豆根腐病的影响

杨　藜[1*]　卢晓红[1]　李世东[1]　吴波明[2]

（1. 中国农业科学院植物保护研究所，北京　100193；

2. 中国农业大学植物保护学院，北京　100193）

摘　要：任何耕作方式在作物采收后都会在土壤中留下植物残体，而这些植物残体是植物病原菌重要的营养来源及良好的生存和繁殖庇护所，土壤中这些带病的植物残体将有利于病害的发生。为了明确植物残体大小及带菌量对菜豆根腐病的影响，我们选用菜豆根腐病优势病原菌（茄病镰刀菌、尖孢镰刀菌、立枯丝核菌）进行了相关的研究，试验筛选了3个（大、中、小）不同大小等级的植物残体并分别接种上7个不同量（0.1g、0.2g，0.3g、0.4g，0.5g，0.7g，1g）的病原菌，观察带有不同病原菌接种量的不同大小的植物残体对菜豆根腐病发生的情况。结果表明接种不同的病原菌对根腐病的病情指数及发病率影响具有显著差异，其中立枯丝核菌发病显著重于茄病镰刀菌和尖孢镰刀菌，同种病原菌不同菌株之间对病情和发病率的影响也存在一定的差异；植物残体大小对病情的影响不显著；残体不同带菌量对病情及发病率的影响具有显著差异，随着接种量的增加病情先呈逐渐增加的趋势，当接种量大于0.5g时，病情趋于平缓。这些发现将为菜豆根腐病的防治具有十分重要的意义。

关键词：菜豆根腐病；植物残体；残体带菌量；残体大小

* 第一作者：杨藜，从事土传病害流行研究；E-mail：pheobeyl@126.com

一株甘蔗内生细菌的鉴定及其对辣椒青枯病的生防潜力研究*

曾　泉[1**]　史国英[1]　农泽梅[2]　叶雪莲[1]　胡春锦[1***]
（1. 广西农业科学院微生物研究所，南宁　530007；2. 广西大学农学院，南宁　530007）

摘　要：辣椒青枯病是一种毁灭性的土传病害，是世界上危害最大、分布最广、造成损失最重的植物病害之一，迄今尚无有效的化学农药和其他防治办法。目前对辣椒青枯病的防治重点已逐渐转向以生物防治为主的综合防治，而筛选获得高效且稳定的拮抗菌株是生物防治的前提和基础。作者从甘蔗品种 CP85-1508 的茎基部组织分离获得一株甘蔗内生细菌，菌株命名为 TCP2011036。平板抑菌筛选实验结果表明，菌株 TCP2011036 对辣椒青枯病菌劳尔氏菌（*Ralstonia solanacearum*）的生长具有显著的抑制作用。通过菌落形态观察、16S rDNA 序列分析和生理生化特性对菌株 TCP2011036 进行了分类鉴定，结果表明：该菌株在牛肉蛋白胨培养基上形成淡黄色圆形菌落，大小 3～5mm，边缘整齐，光滑湿润，中间具乳状突起；16S rDNA 序列分析结果显示，菌株 TCP2011036 与沃氏食酸菌（*Acidovorax wautersii*）同源性达 99%以上；以食酸菌属 8 个不同种食酸菌作为对照菌，测定了所有供试菌的生理生化指标，结果表明菌株 TCP2011036 的生理生化指标与 *Acidovorax wautersii* 基本一致，而与食酸菌属其他种存在显著差异。综合菌株的菌落形态、生理生化指标以及 16S rDNA 的序列分析结果，将菌株 TCP2011036 鉴定为沃氏食酸菌（*Acidovorax wautersii*）。通过盆栽接种试验初步测定菌株 TCP2011036 对辣椒青枯病的实际防治效果，结果显示，该菌株能较好地抑制辣椒青枯病的为害，同时对植株的生长具有一定的促进作用，接种 TCP2011036 处理的对辣椒青枯病的相对防治效果达到 82.8%，植株的株高比对照增加 17.5%。本研究证明甘蔗内生细菌 TCP2011036 菌株在植物细菌性病害的生物防治上具有良好的应用开发潜力。

关键词：辣椒青枯病；青枯劳尔氏菌；沃氏食酸菌（*Acidovorax wautersii*）；生物防治

---

* 基金项目：国家自然科学基金（31101122；31660025）；广西农科院基本科研业务专项（2015YT76；2017JZ06）

** 第一作者：曾泉，硕士，助理研究员，主要从事农业微生物研究；E-mail：quanzeng_1986@163.com

*** 通信作者：胡春锦，博士，研究员，主要从事农业微生物研究；E-mail：chunjin-hu@126.com

枯草芽胞杆菌发酵液对苹果树腐烂病的防病作用研究*

翟世玉** 殷 辉 周建波 吕 红 常芳娟 郭 薇 赵晓军***
（山西省农业科学院植物保护研究所，
农业有害生物综合治理山西省重点实验室，太原 030031）

摘 要：苹果树腐烂病是由黑腐皮壳属病菌（*Valse* spp.）引起的一种枝干性病害。生产上主要依靠化学药剂防治苹果树腐烂病，致使腐烂病菌出现抗药性、生态环境恶化，所以高效、低毒、绿色的防治方法是国内外学者关注的焦点。枯草芽胞杆菌（*Bacillus subtilis*）为革兰氏阳性细菌，抗逆性好、利于保藏、易制成生物制剂、抑菌谱广。目前，已报道枯草芽胞杆菌对小麦全蚀病菌、番茄灰霉病菌、番茄早疫病菌、油菜菌核病菌和苹果纹枯病菌等多种病原真菌有很好的抑菌活性，并在小麦全蚀病和小麦条锈病的生物防治方面具有显著防效和重要应用价值。

本研究筛选出 1 株来自苹果树皮上对腐烂病菌抑制效果较好的拮抗菌（菌株 LF17），经形态学和 16S rDNA 基因序列分析鉴定为枯草芽胞杆菌。通过对峙培养显微观察发现该菌株能抑制腐烂病菌菌丝生长，导致病原菌菌丝膨大畸形、内含物外渗。

在测定了发酵液与嘧菌酯、辛菌胺、苯醚甲环唑和甲基硫菌灵 4 种化学药剂对腐烂病菌的抑制率后，发现发酵液和甲基硫菌灵对腐烂病菌的抑菌效果相当，达到了 93.8%，远高于其他 3 种药剂的抑制率。

田间防治试验中发现 4 种化学药剂抑菌作用较好，但防效低；主要由于刮治病疤后伤口没有愈合，长期暴露室外容易滋生病菌且影响树势。然而，涂有菌株 LF17 发酵液的伤口病疤的愈合面积均在 $9cm^2$ 以上，且病疤复发率在 4.5%以下，田间防效显著高于化学药剂。这一结果主要是由于发酵液中含有能促进果树伤口愈合的物质，施用后伤口部位被愈伤组织完全封闭，能有效阻止腐烂病的复发。

采用离体枝条试验和田间试验证明菌株 LF17 能够直接有效地抑制病原菌菌丝的生长，同时提高了腐烂病病疤的愈合，从而对苹果树腐烂病表现出较好的生防效果。

本文系统研究了菌株 LF17 对腐烂病菌的抑菌作用及田间防治效果，采用刮治病疤结合涂抹发酵液的方法能有效防治腐烂病；并为应用菌株 LF17 对苹果树腐烂病进行生物防治提供理论依据。

关键词：苹果树；腐烂病；枯草芽胞杆菌；田间防治

---

* 基金项目：山西省重点研发计划项目（农业方面，201603D221013-3）；山西省应用基础研究计划青年基金项目（201601D202073）

** 第一作者：翟世玉，研究生，研究方向为苹果树病害的生物防治研究；E-mail：531406461@qq.com

*** 通信作者：赵晓军，研究员，主要从事果蔬病害病原学、病原菌抗药性及综合治理研究；E-mail：zhaoxiaojun0218@163.com

枯草芽胞杆菌 Czk1 对天然橡胶的促生作用研究*

贺春萍[1**]　唐　文[2]　李　锐[1]　梁艳琼[1]
吴伟怀[1]　习金根[1]　郑金龙[1]　黄　兴[1]　易克贤[1***]
（1. 中国热带农业科学院环境与植物保护研究所，农业部热带农林有害生物入侵检测与控制重点开放实验室，海南省热带农业有害生物检测监控重点实验室，海口　571101；
2. 海南大学热带农林学院，海口　570228）

摘　要：枯草芽胞杆菌（*Bacillus subtilis*）Czk1 是一株对橡胶病害具有良好防治效果的生防菌株。为了明确其对天然橡胶的促生作用，本研究通过室内盆栽试验研究了生防菌 Czk1 发酵上清液对天然橡胶幼苗生长的影响；测定了喷施 Czk1 菌液后天然橡胶体内叶绿素以及丙二醛（MDA）的变化。试验结果表明，枯草芽胞杆菌 Czk1 对天然橡胶幼苗的生长具有明显的促生作用，并能够显著提高幼苗叶绿素含量。使用生防菌 Czk1 发酵液 1×10^8CFU/ml 处理的橡胶幼苗株高、叶片数、叶鲜重、饱和重及叶干重等生物量均显著提高，相对增长率分别为 44.91%、15.03%、55.66%、52.38%和 78.34%，而相对含水量降低 6.84%，但差异不显著；Czk1 发酵液处理后橡胶幼苗叶片中叶绿素 a 和叶绿素 b 的含量显著提高，分别提高了 43.76%和 42.75%，而 MDA 含量略微下降（2.17%），无显著差异。本研究结果证实了枯草芽胞杆菌生防菌株 Czk1 能够增强植株的光合作用，对天然橡胶具有显著的促生作用。

关键词：枯草芽胞杆菌；促生作用；天然橡胶；叶绿素

---

* 基金项目：国家天然橡胶产业技术体系建设专项资金资助（No. CARS-33-GW-BC1）；海南省科协青年科技英才创新计划项目（No. QCXM201714）

** 第一作者：贺春萍，硕士，研究员；研究方向：植物病理；E-mail：hechunppp@163.com
*** 通信作者：易克贤，博士，研究员；E-mail：yikexian@126.com

水稻二化螟越冬代自然寄生情况*

何佳春** 何雨婷 李 波 曹国莲 林晶晶 傅 强***
（中国水稻研究所，水稻生物学国家重点实验室，杭州 310006）

摘 要：近年来，水稻二化螟在我国南方单双季混栽区对氯虫苯甲酰胺抗药性迅速上升，面临无药可治的局面，加强稻田生态系统中天敌因子对二化螟的控制作用，已成为热点的研究内容。我国稻田生境中二化螟寄生蜂种类十分丰富，文献有记录的约49种。有关研究工作多集中在20世纪70—90年代，为进一步明确近年来寄生蜂的发生情况，笔者于2017—2018年对浙江、江西、湖南、贵州、四川5省20余个县市的越冬代二化螟进行取样，调查其主要寄生蜂种类和寄生率。结果表明：在5省20余个县市共收集到19种寄生蜂，包括姬蜂科9种：菲岛抱缘姬蜂、黄眶离缘姬蜂、大螟钝唇姬蜂、中华钝唇姬蜂、螟蛉埃姬蜂、夹色奥姬蜂、横带驼姬蜂、广黑点瘤姬蜂、满点黑瘤姬蜂。茧蜂科7种：螟蛉盘绒茧蜂、二化螟盘绒茧蜂、螟黄足盘绒茧蜂、螟甲腹茧蜂、稻螟小腹茧蜂、中华茧蜂，螟黑纹茧蜂。小蜂科3种：稻灿金小蜂、稻苞虫兔唇姬小蜂、稻苞虫柄腹姬小蜂。

其中，二化螟盘绒茧蜂、大螟钝唇姬蜂和夹色奥姬蜂3种寄生蜂为越冬二化螟的优势寄生蜂种类。二化螟盘绒茧蜂区域性分布特征明确，四川、贵州等西南稻区未见分布，而长江中下游稻区的浙江、江西、湖南的15个市县均有寄生，各地寄生率：浙江4.7%~32.5%，江西1.2%~11.5%，湖南2.7%~29.0%。大螟钝唇姬蜂除在江西调查的4个市县两年均未发现外，其他4个省都有发生，各地的寄生率：浙江1.8%~3.5%，湖南1.0%~5.3%，四川0.6%~1.8%，贵州0.6%~14.0%。夹色奥姬蜂是常见的二化螟幼虫至蛹期的跨期寄生蜂，浙江寄生率为0.9%~14.7%，湖南为1.9%~7.7%，江西为1.2%~8.0%。这3种寄生蜂除了夹色奥姬蜂外，其余2种寄生蜂的寄生率与以往浙江、江苏和四川省调查结果十分接近，特别是二化螟盘绒茧蜂在局部地区的寄生率非常高。而值得关注的是夹色奥姬蜂作为跨期寄生蜂在以往调查中未有报道其寄生率，在本次调查中发现其在浙江、湖南、江西多地均有较高的寄生率。此外，螟甲腹茧蜂、稻螟小腹茧蜂在浙江、湖南、四川、贵州的部分地区均较常见。

综上所述，各地越冬代二化螟的主要寄生蜂种类和寄生率各有不同，其中一些寄生蜂对越冬代二化螟有较高的自然寄生率。因此，准确掌握稻田中越冬二化螟的寄生情况，对保护利用天敌有效防控二化螟的大发生，实现高效持续控害十分重要。

关键词：二化螟；越冬代；寄生蜂；寄生率

---

* 基金项目：国家水稻产业技术体系（CARS-01-18）；中国农业科学院创新工程“水稻病虫草害防控”创新团队

** 第一作者：何佳春，助理研究员，主要从事水稻害虫防治和稻田天敌多样性研究；E-mail：hejiachun1984@126.com

*** 通信作者：傅强，研究员；E-mail：fuqiang@caas.cn

玉米螟落卵与赤眼蜂寄生动态关系研究*

周淑香** 鲁 新 李丽娟 张国红 丁 岩 常 雪
（吉林省农业科学院植物保护研究所，公主岭 136100）

摘 要：亚洲玉米螟 *Ostrinia furnacalis*（Guenée）属于鳞翅目 Lepidoptera，螟蛾科 Pyralidae，秆野螟属 *Ostrinia*，是世界性的玉米重要害虫。严重影响玉米的产量和质量。赤眼蜂（*Trichogramma* spp.）是玉米螟的主要寄生性天敌，对玉米螟卵具有很好的寄生效果，是玉米螟种群变动的重要影响因子。释放赤眼蜂防治玉米螟也是生物控制玉米螟的主要手段，取得了显著的经济、社会和生态效益，是我国乃至全世界生物防治成功的案例。本研究通过 11 年的对玉米螟落卵和赤眼蜂寄生情况的调查分析，明确了玉米螟落卵与赤眼蜂寄生的动态关系。在一代玉米螟发生时期，由于气象条件等因素，一代玉米螟卵大部分孵化，孵化率达到 80%以上，只有少量被赤眼蜂寄生，寄生一般发生在落卵中后期，且很少存在一个卵块被完全寄生的情况。二代玉米螟发生期赤眼蜂寄生率较高，平均卵块寄生率 70%以上，平均卵粒寄生率 60%以上。但寄生情况年度间存在差异。赤眼蜂寄生存在跟随效应，落卵前期寄生率相对较低，随着落卵量增加赤眼蜂寄生率逐渐增加。除赤眼蜂寄生，玉米螟卵存在被捕食现象，但捕食率较低，说明除赤眼蜂外二代玉米螟存在其他天敌，但赤眼蜂是玉米螟的主要天敌。根据二代玉米螟防治指标，发现在调查的 11 年间，只有 2002 年、2005 年、2012 年和 2013 年二代玉米螟未被寄生卵块数低于防治指标值，其他年度均大于指标值。通过对照玉米螟发生情况数据，发现 2002 年、2005 年、2012 年和 2013 年二代玉米螟落卵量都较低。说明大多数年份二代玉米螟都需要防治。本研究拟通过对玉米螟落卵和赤眼蜂寄生情况的调查分析，明确玉米螟落卵与赤眼蜂寄生的动态关系，对于揭示害虫天敌关系，正确开展害虫生物防治都具有重要意义。

关键词：亚洲玉米螟；赤眼蜂；动态关系

---

* 基金项目：国家重点研发计划项目（2017YFD0201000）

** 第一作者：周淑香；从事农业害虫与生物防治研究；E-mail：df-200@ yeah. net

氮肥和白僵菌互作对亚洲玉米螟寄主选择性的影响*

王　婴[1,2**]　王秋华[1]　栾　丽[1]　李启云[1]　高淑荣[3]　隋　丽[1]　徐文静[1***]

（1. 吉林省农业科学院植物保护研究所，公主岭　136100；2. 广西大学农学院，南宁　530004；3. 吉林省东丰县大阳农业技术推广站，东丰　136309）

摘　要：本研究通过控制施氮肥量和白僵菌灌玉米根系处理玉米，改变玉米叶片的氮含量，从而影响亚洲玉米螟［*Ostrinia furnacalis*（Guenée）］成虫对玉米寄主的产卵选择，以及玉米螟初孵幼虫的取食行为。结果表明，施用适宜的氮肥对玉米株高生长具有促进作用，过高的氮肥对株高生长无明显的促进作用；施用白僵菌后，未改变玉米株高的生长趋势，但适宜的氮肥浓度下白僵菌显著促进了玉米株高的生长，过低过高的氮肥浓度下白僵菌对玉米株高生长无明显作用。施用氮肥可以显著改变玉米叶片氮含量，在营养生长期玉米叶片的氮含量随着施氮量的提高均显著提高，在生殖生长开始后叶片氮含量开始下降，但高浓度施氮量下叶片仍维持一个较高的氮含量水平；施用白僵菌后，在营养生长早期白僵菌可以显著提高玉米叶片的氮含量，但随着玉米进入生殖生长白僵菌对玉米叶片氮含量的提高作用下降，甚至降低了叶片的氮含量水平。在玉米大喇叭口期，玉米螟成虫选择不同的玉米植株进行产卵，随着氮肥浓度的提高产卵数量增加，但过高的氮肥浓度下的产卵数量下降；施用白僵菌后，玉米螟成虫的产卵数量明显增加，与玉米叶片的氮含量改变趋势相似，但单卵的卵粒数随着氮肥浓度提高下降，未处理玉米植株单卵的卵粒数随着氮肥浓度提高增加，施用白僵菌提高了卵块数，降低了单卵的卵粒数。玉米螟幼虫的成活率随着氮肥浓度提高而增加，但过高氮肥浓度下的成活率反而下降；施用白僵菌后玉米螟幼虫的成活率提高，趋势不变。玉米螟幼虫体重在不同氮肥浓度下差异不显著；施用白僵菌后幼虫体重略有下降，在高浓度氮肥下体重增加明显。本研究初步表明氮肥和白僵菌共同作用玉米的条件下白僵菌改变了玉米株高和叶片氮含量的发展趋势，也影响了亚洲玉米螟的产卵选择性，改变了单卵的卵粒数、幼虫成活率和生长发育。

关键词：白僵菌；氮肥；玉米螟；寄主；取食行为

---

* 基金项目：国家重点研发计划项目子任务（玉米配套综合防治新技术体系建立与应用，项目编号：2017YFD0201200）；吉林省农业科学院创新工程（施氮量与球孢白僵菌互作对玉米螟防治的调控研究，项目编号：CXGC2017ZY034）

** 第一作者：王婴，在读硕士；E-mail：357536386@ qq. com

*** 通信作者：徐文静，硕士，副研究员；E-mail：xuwj521@ 163. com

黏虫产卵诱导挥发物分析*

常向前[1**]　吕　亮[1]　张　舒[1***]　王满囷[2]

（1. 湖北省农业科学院植保土肥所/农业部华中作物有害生物综合治理重点实验室/农作物重大病虫草害防控湖北省重点实验室，武汉　430064；
2. 华中农业大学，武汉　430070）

摘　要：当昆虫在植物上取食或产卵时，某些植物会产生特异性的挥发物，称之为取食诱导挥发物（HIPVs）或产卵诱导挥发物（OIPVs）。产卵诱导挥发物对于昆虫本身的产卵行为有干扰作用或对卵寄生蜂有特异的吸引作用，这种作用对于研究植物—昆虫—天敌的三级进化关系及开发昆虫行为干扰剂有重要意义。黏虫 *Mythimna seperata* 是为害禾本科作物，特别是小麦和玉米的重要害虫之一。本研究利用顶空吸附法获取黏虫在玉米苗上的产卵诱导挥发物，通过 GC-MS 分析挥发物的组分，与 Nist11 标准物质库比对发现，处理与对照相比，有 4 种特异性挥发物组分，分别为 5，5-二甲己烷 2，4-二酮、异辛醇、三氟乙酸 2-乙基己基酯、萘（按保留时间从小到大顺序排列）；有 4 种挥发物组分含量分别比对照显著增加，这 4 种物质分别为 2-莰酮、2，4-ditert-butylthiophene、未知物质 1、5，6-Dipropyldecane（按保留时间从小到大顺序排列），增加量分别为 53.46%、69.27%、51.74%、67.95%。处理中所有挥发物组分含量最高的为异辛醇，其次为 2-莰酮。对于处理中特异性及含量显著增加的挥发物组分，需要进一步试验各物质及其组合对昆虫的行为作用，为开发昆虫的引诱剂或趋避剂提供理论参考。

关键词：东方黏虫；顶空吸附；产卵诱导挥发物；禾本科

---

* 基金项目：湖北省技术创新专项重大项目（2017ABA146）

** 第一作者：常向前，研究方向：生态学；E-mail：whcxq2013@163.com

*** 通信作者：张舒；E-mail：ricezs6410@163.com

温度对红铃虫甲腹茧蜂生长发育与繁殖的影响*

丛胜波** 许 冬 王 玲 王金涛 杨妮娜 李文静 万 鹏***
（农业部华中作物有害生物综合治理重点实验室，农作物重大病虫草害防控湖北省重点实验室，湖北省农业科学院植保土肥研究所，武汉 430064）

摘 要：在实验室恒温条件下，以红铃虫甲腹茧蜂 *Chelonu spectinophorae* Cushman 为研究对象，测定了各虫态的发育起点温度和有效积温；考察了不同处理温度条件下对其各生长发育的影响。结果表明：甲腹茧蜂从卵至若虫期的发育起点温度为 9.0℃，有效积温为 284.7℃；蛹期的发育起点温度为 13.3℃，有效积温为 119.8℃。在试验温度范围内，红铃虫甲腹茧蜂的世代发育历期随着温度的升高而缩短，发育历期由 20℃时的 52.2 天降至 36℃时的 20.1 天。28℃条件下该蜂茧重、化茧率、羽化率最高，但与 24℃、32℃相比差异不显著。温度过高对红铃虫甲腹茧蜂的茧重、结茧率、羽化率均有一定的抑制作用。在试验温度区间内，红铃虫甲腹茧蜂成虫寿命随温度升高而缩短，繁殖力随温度升高而增强，28℃时达到最高，能繁育 40.7 个后代，高于 28℃后，成虫繁殖力呈下降趋势。36℃时达到最低，繁殖 6.0 个后代。在 20~36℃范围内，子代种群中的雌性比率随温度升高而增加，28℃时达到最高，其中 20℃和 36℃时，雌性概率低达 0.33 和 0.39。从综合反映昆虫种群生长发育与繁殖的内禀增长率看，红铃虫甲腹茧蜂内禀增长率随温度升高而不断增加，28℃时达到最大值，为 0.168 6。32℃时红铃虫甲腹茧蜂的内禀增长率呈下降趋势，36℃时值达-0.002，呈负增长趋势。本文为利用红铃虫甲腹茧蜂进行田间天敌防控提供科学依据。

关键词：红铃虫甲腹茧蜂；红铃虫；温度；生长发育；繁殖

---

* 基金项目：转基因专项（2016ZX08012004-006）和湖北省农业科学院青年基金（2015NKYJJ22）

** 第一作者：丛胜波，助理研究员，从事害虫生物防治研究；E-mail：congshengbo@163.com

*** 通信作者：万鹏，研究员，从事转基因作物安全性评价和农业害虫防治研究；E-mail：wanpenghb@126.com

桑螟性信息素迷向防治效果研究

胡桂萍　曹红妹
（江西省蚕桑茶叶研究所，南昌　330202）

摘　要：桑螟（*Diapyloalis phania* Walker）作为桑园的主要害虫，在我国主要蚕区发生频繁，为害严重。近年来由于气候、防治不当等原因桑螟频繁发生，给当地桑农带来严重损失。传统化学农药防治措施存在诸多弊端，无法满足蚕桑生产安全绿色高效的目标。根据昆虫生态化学原理，利用桑螟性信息素制剂散发的雌蛾性信息素对雄蛾进行迷向诱集，从而达到降低交配率和下代虫源基数，保持桑螟数量在安全阈值范围内。试验桑园面积为 4hm^2，安装桑螟性信息素诱捕器装置 30 套，试验调查时间为 2 个月，期间每隔 7 天调查记录一次。调查结果表明，从 4 月第一代越冬成虫羽化产卵至 6 月底这段时间内，桑园内桑螟性信息素诱捕器共诱集桑螟成虫头数为 1 106头，其中单个诱捕器单次最高诱集量为 72 头。为防治桑螟，每年 7 月之前桑园喷施农药 2 次，安装桑螟性信息素诱捕器进行示范防治后，截至 6 月底喷施农药 0 次，即目前为止减少化学农药喷施 2 次。另外通过试验发现桑螟性信息素对桑螟的诱集效果与性信息素浓度有关，与诱捕器防治高度无关。桑螟性信息素对桑螟具有良好的诱集效果，可在桑园主产区推广使用。

关键词：桑螟；性信息素；防治效果

温度对加州新小绥螨捕食东方真叶螨功能反应的影响*

贾静静[1,2]** 符悦冠[2] 张方平[2] 梁 敏[1] 陈俊谕[2]***

(1. 海南大学热带农林学院，海口 570228；

2. 中国热带农业科学院环境与植物保护研究所，海口 571101)

摘 要：为明确加州新小绥螨对橡胶重要害螨东方真叶螨的控害潜能，系统研究了21℃、24℃、27℃、30℃、33℃5个不同温度条件下加州新小绥螨对东方真叶螨各螨态的捕食作用。结果表明：加州新小绥螨对东方真叶螨若螨、幼螨和卵的选择系数分别为0.62、1.40和1.01。在21~33℃条件下，加州新小绥螨对不同螨态的东方真叶螨的功能反应均能很好地拟合Holling-II型圆盘方程，其对东方真叶螨成螨和卵的日均捕食量和对猎物的捕食效能a/Th均在33℃时最强，但对若螨和幼螨的日均捕食量和对猎物的捕食效能a /Th却在30℃最强。在相同的猎物密度条件下，加州新小绥螨的平均捕食量则随其自身密度的增加而逐渐降低，说明加州新小绥螨存在竞争和自我干扰作用，捕食作用率与其自身密度关系为$E=0.1631P^{-0.395}$。

关键词：加州新小绥螨；东方真叶螨；功能反应；寻找效应

---

* 基金项目：天然橡胶产业技术体系（CARS-33-BC2）；中央级公益性科研院所基本科研业务费专项（1630042017009）；海南省重点专项（ZDYF2017041）

** 第一作者：贾静静，硕士研究生；E-mail：1353346233@ qq. com

*** 通信作者：陈俊谕；E-mail：cjy0611@ 163. com

日本食蚧蚜小蜂的寄生行为研究*

李　贤[1,2**]　符悦冠[1]　朱俊洪[2]　吴晓霜[1,2]　陈俊谕[1]
李　磊[1]　韩冬银[1]　牛黎明　张方平[1***]
(1. 中国热带农业科学院环境与植物保护研究所，海口　5711011；
2. 海南大学热带农林学院，海口　570228)

摘　要：日本食蚧蚜小蜂（*Coccophagus japonicus* Compere）是橡副珠蜡蚧（*Parasaissetia nigra* Nietner）的重要天敌之一。为了明确该蜂的寄生行为和雌蜂体型对产卵的影响，在室内观察其寄生行为及不同雌蜂体型条件下的产卵情况。结果表明：日本食蚧蚜小蜂的寄生过程具有搜寻寄主、识别寄主、产卵器刺探、产卵、产卵后处理 5 个阶段。日本食蚧蚜小蜂的寄生时间、寄生率、平均着卵量随寄生次数增多而增加，卵量吻合率随寄生次数增加而降低，寄生 1 次时，寄生所需时间为 19. 75 ±0. 92s，寄生率为 73. 12%，寄生次数与卵量吻合率为 69. 89%，平均着卵量为 0. 76±0. 50 粒；寄生 3 次时，寄生所需时间为 24. 37±1. 85s，寄生率为 83. 33%，寄生次数与卵量吻合率仅为 8. 33%，平均着卵量为 1. 67 粒±0. 89 粒。雌蜂体长对小蜂产卵影响明显，随体长增加，其日产卵量和寄生率越高，体长小于 1. 20mm 时，产卵量及寄生率最小，分别为 16. 83 粒和 49. 4%；体长 1. 40~1. 50mm 时产卵量为 33. 06 粒，寄生率 72. 3%；而体长大于 1. 50mm 时产卵量达 37. 5 粒，寄生率 72. 2%。

关键词：日本食蚧蚜小蜂；寄生行为；体型；寄生时间；寄生率；产卵量

* 基金项目：热科院基本业务费（1630042017002）；海南省重点研发项目（ZDYF2017041）；天然橡胶产业技术体系（CARS-33-GW- BC2）

** 第一作者：李贤，硕士研究生；E-mail：2218505312@ qq. com

*** 通信作者：张方平；E-mail：fangpingz97@ 163. com

丽草蛉滞育的敏感虫态及诱导调控*

李玉艳** 王曼姿 高 飞 陈红印 张礼生***
（中国农业科学院植物保护研究所，农业部作物有害生物综合治理
重点实验室，中美合作生物防治实验室，北京 100193）

摘 要：滞育是昆虫躲避不利环境条件时的一种发育停滞状态，受环境条件影响并由内在调控。滞育的存在对天敌昆虫的大规模扩繁和应用具有重要意义，有助于延长产品货架期、促进长距离安全运输和提高异地释放应用等。丽草蛉（*Chrysopa formosa* Brauer）是一种优良的捕食性天敌昆虫，主要分布在欧洲和亚洲，在我国是本地优势天敌种群。该草蛉的幼虫和成虫均为肉食性，可捕食多种蚜虫、粉虱、螨类、介壳虫、鳞翅目卵及低龄幼虫等，在农林害虫的生物防治中发挥了重要作用。丽草蛉能以预蛹进行兼性滞育，但其滞育特征及环境调控等在国内尚无报道。本文以丽草蛉为研究对象，测试了其滞育敏感虫态，并分析了光周期、温度及猎物等对丽草蛉滞育诱导的影响。结果表明：丽草蛉以预蛹在茧内滞育，光周期是决定丽草蛉滞育的主要因子，温度起一定调节作用。丽草蛉的光周期反应类型为长日照反应型，其在18℃，20℃，22℃和26℃时的临界日长分别为14.39h，14.27h，14.28h和12.92h，说明临界日长随温度升高逐渐缩短，温度对光周期反应有显著调节作用。低温和短光照诱导滞育，随光周期变短和温度降低，丽草蛉的滞育诱导率显著升高，短光照8h配合20℃或18℃可诱导100%的个体进入滞育，但长日照16L：8D不同温度条件下丽草蛉均正常生长发育，无滞育个体出现。不同蚜虫种类对丽草蛉滞育诱导的影响结果表明，分别饲喂豌豆修尾蚜、大豆蚜和桃蚜对丽草蛉的滞育诱导无显著影响，但蚜虫种类可影响其发育历期和茧重。以大豆蚜和桃蚜饲养得到的丽草蛉其发育历期更短、茧更重，这两种蚜虫更适合用于草蛉的大规模饲养。通过对不同龄期的丽草蛉进行滞育诱导处理，结果显示3龄幼虫是感受滞育诱导刺激的最敏感虫态，只有当3龄幼虫处于滞育诱导条件下时才能进入预蛹滞育，低龄幼虫和茧经历低温短光照可显著提高丽草蛉的滞育率，这说明丽草蛉高滞育率的获得并不需要将整个发育期都进行短光照处理，从2龄幼虫期进行滞育诱导便能使全部预蛹进入滞育。本研究确定了丽草蛉的滞育诱导敏感虫态，阐明了光周期、温度及食料对滞育诱导的调控作用，筛选出了诱导滞育率较高的温光组合条件，基本掌握了调控丽草蛉滞育诱导的关键技术，为解决草蛉的贮存、运输和应用等提供了技术支撑和方法指导，有助于实现草蛉的周年规模化扩繁，对促进天敌昆虫产业化生产和大面积释放应用具有重要的现实意义。

关键词：丽草蛉；滞育敏感虫态；滞育诱导；光周期；温度

---

* 基金项目：国家自然科学基金项目（31601689）；中国博士后基金项目（2016M590162）；国家重点研发计划项目（2017YFD0201000）；948项目（2016-X48）

** 第一作者：李玉艳，助理研究员，主要从事天敌昆虫的滞育研究；E-mail：lyy129@126.com

*** 通信作者：张礼生；E-mail：zhangleesheng@163.com

卵表携带细菌对蠋蝽生长发育影响的初探*

廖　平[1,2]**　刘晨曦[1]***　张礼生[1]　毛建军[1]　王孟卿[1]　陈红印[1]　陈国康[2]
（1. 中国农业科学院植物保护研究所农业部作物有害生物综合治理重点实验室，
中国-美国生物防治实验室，北京　100193；2. 西南大学植物保护学院，重庆　400715）

摘　要：蠋蝽（*Arma chinensis* Fallou），属半翅目、蝽科，能捕食鳞翅目、鞘翅目、膜翅目及半翅目等目的40余种农林害虫，是一种捕食范围广的重要天敌昆虫。长期以来，以天然猎物饲养蠋蝽所带来的经济及劳动成本较高、生产周期长、占用空间大等问题一直是蠋蝽规模化繁殖与释放的瓶颈。近年，学者不断从营养的角度深入蠋蝽人工饲料研究，但蠋蝽人工饲料在实际应用中仍存在配制方法烦琐、化学添加剂种类过多、饲养蠋蝽的发育历期长等问题。蠋蝽初孵若虫取食卵壳和水便可成长为二龄若虫，且存在抱团现象；据报道，不少昆虫初孵若虫抱团除有防御外界伤害外，更有从卵壳中获得母体遗传共生菌的作用，而大部分涂卵遗传共生菌对虫体生长发育有显著促进作用。因此，我们考虑蠋蝽卵表携带的细菌是否对蠋蝽的生长发育存在影响，选择实验室连代饲养蠋蝽的卵做卵表携带细菌对蠋蝽生长发育影响初探实验。选择12h新产蠋蝽卵，将卵分成3份，分别作灭菌处理、无菌水处理和空白处理；以灭菌处理和无菌水处理为实验组，空白处理为对照组，每个处理设5个重复，每个重复卵数200粒以上，以柞蚕蛹作为蠋蝽的营养来源；实验主要记录蠋蝽卵孵化率、发育历期、存活率、产卵量、产卵历期、体重、体长等生物学指标；同时通过宏基因组学测序，测定并分析不同处理蠋蝽卵携带细菌、亦或是携带共生菌的种群差异及其基因功能，为不同处理蠋蝽生物学指标显著差异找到微生物学原因。以期从微生物学角度为改善蠋蝽人工饲料及蠋蝽规模扩繁提供参考。

关键词：蠋蝽；卵；细菌；生长发育

---

* 基金项目：重点研发专项“中美农作物病虫害生物防治关键技术创新合作研究”（2017YFE0104900）基金项目：天敌昆虫防控技术及产品研发（2017YFD0201000）；948重点项目（2016—X48）

** 第一作者：廖平，硕士研究生，研究方向为植物保护；E-mail：1934758864@qq.com

*** 通信作者：刘晨曦；E-mail：liuchenxi2004@126.com

益蝽捕食行为观察研究*

唐艺婷** 何国玮 刘晨曦 毛建军 陈红印 张礼生 王孟卿***
（中国农业科学院植物保护研究所/中美合作生物防治实验室，北京 100193）

摘 要：益蝽 *Picromerus lewisi* Scott 属于半翅目 Hemiptera，蝽科 Pentatomidae，益蝽亚科 Asopinae 的捕食性昆虫，其体色暗黄，广泛分布于我国各省市以及日本，朝鲜，俄罗斯等亚洲区域。有文献记载益蝽能取食鳞翅目幼虫，如杨小舟蛾和两色绿刺蛾，笔者也多次在田间观察到其取食高龄斜纹夜蛾幼虫、黏虫幼虫、叶甲成虫等害虫。但是迄今仍未见益蝽捕食行为的相关研究报道。笔者结合田间观察和室内饲养观察发现益蝽能巧妙地将鳞翅目幼虫置于悬空状态、杀死、取食；对比观察了益蝽各龄期对鳞翅目昆虫的捕食行为，发现益蝽对这类猎物的取食行为具有明显的规律性，同时因其龄期不同有较大差异。

根据观察的数据得出规律如下：①益蝽（单头或者多头）攻击黏虫，不管龄期高低，大都是从猎物腹部后半部分的侧缘开始。②捕食者的尺寸与黏虫头部骨化部分的尺寸差异是前者能够成功控制后者的关键数据，前者与后者的比值越大，单头取食的成功率越高。③1~3 龄益蝽若虫通常 3 头以上捕食者联合攻击一头猎物，4~5 龄若虫和成虫蝽通常单头就成功攻击猎物，但不排除它们之间也存在合作关系。④只有 4 龄以上益蝽才攻击鳞翅目成虫，而 1~3 龄若虫未见攻击成虫。⑤益蝽喜将猎物拖至高处，使猎物处于悬空或部分悬空状态，而后猎物被取食干瘪。⑥益蝽对黏虫成虫的刺吸通常导致猎物立即不能飞行。⑦益蝽龄期越高对黏虫的处理时间越短，1~2 龄益蝽若虫的处理时间可以长达 51min，而 5 龄若虫和成虫的处理时间在 10~25min。

关键词：益蝽；捕食行为；龄期

* 基金项目：天敌昆虫防控技术及产品研发（2017YFD0201000）；国家自然科学基金（31672326）；948 重点项目（2016-X48）

** 第一作者：唐艺婷，硕士，研究方向为生物防治学；E-mail：tyt0417@ 163. com

*** 通信作者：王孟卿；E-mail：mengqingsw@ 163. com

大草蛉对虫害诱导植物挥发物的触角电位反应*

王　娟** 张礼生 陈红印 刘晨曦*** 王孟卿***

（中国农业科学院植物保护研究所农业部作物有害生物综合治理重点实验室，中国-美国生物防治实验室，北京　100193）

摘　要：触角是昆虫重要的感觉器官，昆虫触角的表面着生着各种类型的感受器，是昆虫机体感知内外环境，进行化学通讯的接受体。昆虫在寻求配偶、寻找寄主或猎物生境过程中，主要是通过嗅觉感受器感知性外激素、寄主植物挥发物或猎物体表分泌物等来完成。感受器内部一般分布有丰富的功能不同的嗅觉蛋白及数目不等的嗅觉受体神经元，外界气味物质穿过感器表面极孔通过系列识别运输过程最终到达嗅觉受体神经元，最终外界不同的化学信号被转化为电生理信号，到达昆虫大脑中枢神经系统从而引起昆虫不同的行为反应。天敌昆虫对寄主或猎物的定向、鉴别和选择一般依靠植物—植食性昆虫—天敌三重营养之间的化学信息物质，其主要来源于寄主取食的植物、寄主本身或者分泌物，以及一些与寄主相关的有机体。本研究利用扫描电镜对大草蛉雌、雄成虫触角进行了亚显微结构的观察与分析，应用触角电位技术（electroantennography，EAG）研究了大草蛉触角对50种气味标样化合物的电生理反应，进一步对EAG反应较强的前8种气味化合物进行了不同浓度梯度的EAG测试，结果显示：大草蛉触角上共有9种数量、结构与功能各不相同的感受器；除苯乙醇（phenethyl alcohol）的EAG反应值在雌、雄不同触角之间及不同剂量型之间均无显著差异外，其余7种气味化合物对大草蛉雌、雄成虫触角均存在剂量依赖型反应，表现为随着化合物浓度增加其EAG反应显著增强，但存在一定阈值。此外，其中的6种化合物邻苯二甲酸［bis（2-ethylhexyl）phthalate］、β-法呢烯［（-）-β-farnesene］、正己醛（hexanal）、壬醛（nonanal）、4-乙基苯甲醛（4-ethylbenzaldehyde）和3-甲基-1-丁醇（3-methyl-1-butanol）对雌性触角的EAG反应均显著高于对雄性触角的EAG反应，表明大草蛉雌性成虫对气味物质的嗅觉识别可能更加敏感。只有一种化合物戊醛（valeric aldehyde）对雄性触角的EAG反应显著高于对雌性触角的EAG反应。本研究结果旨在明确大草蛉触角感器种类、结构与功能基础上，结合电生理研究，为进一步进行气味化合物行为测试补充印证，对促进大草蛉在农田生态系统中的重要生物防治作用至关重要。

关键词：大草蛉；触角；感器；电生理；气味化合物

---

* 基金项目：国家重点研发计划（2017YFD0201000）；国家重点研发计划-政府间国际科技创新合作重点专项（2017YFE0104900）；农业部948重点项目（2016-X48）

** 第一作者：王娟，博士，研究方向为害虫生物防治；E-mail：wangjuan350@163.com

*** 通信作者：刘晨曦；E-mail：liuchenxi2004@126.com

王孟卿；E-mail：mengqingsw@163.com

草蛉滞育的研究进展*

王曼姿[1,2]**　李玉艳[1]***　高　飞[1]　张礼生[1]***

（1. 中国农业科学院植物保护研究所，农业部作物有害生物综合治理重点实验室，中美合作生物防治实验室，北京　100193；2. 吉林农业大学农学院，长春　130118）

摘　要：草蛉是多种农林害虫的重要捕食性天敌昆虫，在生物防治中作用显著。许多草蛉种类存在滞育现象，利用滞育草蛉可规避不良环境的影响，使发育与环境同步。开展草蛉滞育的研究，可通过揭示滞育特征和内在机理，达到延长产品货架期、保障安全运输和提高产品防治效果的目的，促进草蛉的规模化生产和应用。草蛉的幼虫和大部分成虫均为肉食性［少数种类的成虫以植物的花蜜、花粉以及昆虫分泌的蜜露为食，如普通草蛉 *Chrysoperla carnea*（Stephens）、中华通草蛉 *Chrysoperla sinica*（Tjeder）等］，其食性广且食量大，能捕食多种农林害虫，包括蚜虫、粉虱、介壳虫、蓟马、红蜘蛛及多种鳞翅目害虫的卵及低龄幼虫等，在农林害虫的生物防治中具有重要作用。本文在整理 CAB Abstracts Database 收录的1910年以来文献的基础上，结合其他滞育研究文献，总结了目前国内外已开展滞育研究的草蛉种类及其滞育虫态和敏感虫态，分析了光周期、温度、食料等环境因子对滞育诱导、维持和解除的影响，归纳了滞育草蛉的生化波动规律及滞育后生物学特征等。结果如下：草蛉科种类的滞育多发生在幼虫、预蛹（蛹）和成虫阶段，胚胎滞育未见报道。幼虫滞育可见于多个属，如 *Dichochrysa* 属、*Pseudomallada* 属草蛉主要以3龄幼虫滞育，少数以2龄幼虫滞育，在 *Kymachrysa*、*Nineta* 等属中也存在幼虫滞育。预蛹滞育主要集中在草蛉属（*Chrysopa*），也可见于 *Chrysopidia*、*Cunctochrysa*、*Meleoma*、*Suarius* 等属。成虫滞育以通草蛉属（*Chrysoperla*）最为常见。有些种类还存在双滞育现象，例如 *Nineta flava* 先以预蛹滞育，若雌成虫羽化后经历长日照条件，会进入成虫滞育。在已研究存在滞育的草蛉种类中，光周期反应多数为长日照反应型，如丽草蛉 *Chrysopa formosa*（Brauer）、大草蛉 *Chrysopa pallens*（Rambur）、普通草蛉 *Chrysoperla carnea*（Stephens）、*Ch. downesi* 等的滞育主要由短光照诱导。有些种类的草蛉其光周期反应为短日照反应型，如 *Nineta flava* 在长日照条件下可产生生殖滞育。温度对草蛉滞育的影响仅次于光周期，与光周期结合共同调控草蛉的滞育发育。通常，对于生活在温带地区的草蛉种类，短光照和低温是诱导滞育的主要因子，而长光照和高温促进滞育解除，如丽草蛉 *Chrysopa formosa*、叶色草蛉 *Chrysopa phyllochroma*（Wesmael）、普通草蛉 *Chrysoperla carnea*（Stephens）等。本文综述了目前国内外草蛉滞育的研究进展，讨论了目前草蛉滞育研究存在的问题及滞育在草蛉规模化生产中的应用前景，为深入草蛉滞育的调控机理研究和促进草蛉的商业化应用等提供了理论参考。

关键词：草蛉；滞育特征；滞育调控；滞育机理；生物防治

---

* 基金项目：国家重点研发计划项目（2017YFD0201000）；国家自然科学基金项目（31572062，31601689）；中国博士后基金项目（2016M590162）；948项目（2016-X48）

** 第一作者：王曼姿，硕士研究生，主要从事草蛉滞育相关研究；E-mail：wangmanzi0101@163.com

*** 通信作者：李玉艳；E-mail：lyy129@126.com

张礼生；E-mail：zhangleesheng@163.com

丽草蛉滞育的敏感虫态及诱导调控*

李玉艳** 王曼姿 高 飞 陈红印 张礼生***

（中国农业科学院植物保护研究所，农业部作物有害生物综合治理重点实验室，
中美合作生物防治实验室，北京 100193）

摘 要：滞育是昆虫躲避不利环境条件时的一种发育停滞状态，受环境条件影响并由内在调控。滞育的存在对天敌昆虫的大规模扩繁和应用具有重要意义，有助于延长产品货架期、促进长距离安全运输和提高异地释放应用等。丽草蛉（*Chrysopa formosa* Brauer）是一种优良的捕食性天敌昆虫，主要分布在欧洲和亚洲，在我国是本地优势天敌种群。该草蛉的幼虫和成虫均为肉食性，可捕食多种蚜虫、粉虱、螨类、介壳虫、鳞翅目卵及低龄幼虫等，在农林害虫的生物防治中发挥了重要作用。丽草蛉能以预蛹进行兼性滞育，但其滞育特征及环境调控等在国内尚无报道。本文以丽草蛉为研究对象，测试了其滞育敏感虫态，并分析了光周期、温度及猎物等对丽草蛉滞育诱导的影响。结果表明：丽草蛉以预蛹在茧内滞育，光周期是决定丽草蛉滞育的主要因子，温度起一定调节作用。丽草蛉的光周期反应类型为长日照反应型，其在18℃、20℃、22℃和26℃时的临界日长分别为14.39h、14.27h、14.28h和12.92h，说明临界日长随温度升高逐渐缩短，温度对光周期反应有显著调节作用。低温和短光照诱导滞育，随光周期变短和温度降低，丽草蛉的滞育诱导率显著升高，短光照8h配合20℃或18℃可诱导100%的个体进入滞育，但长日照16L：8D不同温度条件下丽草蛉均正常生长发育，无滞育个体出现。不同蚜虫种类对丽草蛉滞育诱导的影响结果表明，分别饲喂豌豆修尾蚜、大豆蚜和桃蚜对丽草蛉的滞育诱导无显著影响，但蚜虫种类可影响其发育历期和茧重。以大豆蚜和桃蚜饲养得到的丽草蛉其发育历期更短、茧更重，这两种蚜虫更适合用于草蛉的大规模饲养。通过对不同龄期的丽草蛉进行滞育诱导处理，结果显示3龄幼虫是感受滞育诱导刺激的最敏感虫态，只有当3龄幼虫处于滞育诱导条件下时才能进入预蛹滞育，低龄幼虫和茧经历低温短光照可显著提高丽草蛉的滞育率，这说明丽草蛉高滞育率的获得并不需要将整个发育期都进行短光照处理，从2龄幼虫期进行滞育诱导便能使全部预蛹进入滞育。本研究确定了丽草蛉的滞育诱导敏感虫态，阐明了光周期、温度及食料对滞育诱导的调控作用，筛选出了诱导滞育率较高的温光组合条件，基本掌握了调控丽草蛉滞育诱导的关键技术，为解决草蛉的贮存、运输和应用等提供了技术支撑和方法指导，有助于实现草蛉的周年规模化扩繁，对促进天敌昆虫产业化生产和大面积释放应用具有重要的现实意义。

关键词：丽草蛉；滞育敏感虫态；滞育诱导；光周期；温度

---

* 基金项目：国家自然科学基金项目（31601689）；中国博士后基金项目（2016M590162）；国家重点研发计划项目（2017YFD0201000）；948项目（2016-X48）

** 第一作者：李玉艳，女，助理研究员，主要从事天敌昆虫的滞育研究；E-mail：lyy129@126.com

*** 通信作者：张礼生；E-mail：zhangleesheng@163.com

卵表携带细菌对蠋蝽生长发育影响的初探*

廖　平[1,2**]　刘晨曦[1***]　张礼生[1]　毛建军[1]　王孟卿[1]　陈红印[1]　陈国康[2]

（1. 中国农业科学院植物保护研究所农业部作物有害生物综合治理重点实验室，中国-美国生物防治实验室，北京　100193；2. 西南大学植物保护学院，重庆　400715）

摘　要：蠋蝽（*Arma chinensis* Fallou），属半翅目、蝽科，能捕食鳞翅目、鞘翅目、膜翅目及半翅目等目的40余种农林害虫，是一种捕食范围广的重要天敌昆虫。长期以来，以天然猎物饲养蠋蝽所带来的经济及劳动成本较高、生产周期长、占用空间大等问题一直是蠋蝽规模化繁殖与释放的瓶颈。近年，学者不断从营养的角度深入蠋蝽人工饲料研究，但蠋蝽人工饲料在实际应用中仍存在配制方法繁琐、化学添加剂种类过多、饲养蠋蝽的发育历期长等问题。蠋蝽初孵若虫取食卵壳和水便可成长为二龄若虫，且存在抱团现象；据报道，不少昆虫初孵若虫抱团除有防御外界伤害外，更有从卵壳中获得母体遗传共生菌的作用，而大部分涂卵遗传共生菌对虫体生长发育有显著促进作用。因此，我们考虑蠋蝽卵表携带的细菌是否对蠋蝽的生长发育存在影响，选择实验室连代饲养蠋蝽的卵，做卵表携带细菌对蠋蝽生长发育影响初探实验。选择12h新产蠋蝽卵，将卵分成3份，分别作灭菌处理、无菌水处理和空白处理；以灭菌处理和无菌水处理为实验组，空白处理为对照组，每个处理设5个重复，每个重复卵数200粒以上，以柞蚕蛹作为蠋蝽的营养来源；实验主要记录蠋蝽卵孵化率、发育历期、存活率、产卵量、产卵历期、体重、体长等生物学指标；同时通过宏基因组学测序，测定并分析不同处理蠋蝽卵携带细菌或是携带共生菌的种群差异及其基因功能，为不同处理蠋蝽生物学指标显著差异找到微生物学原因。以期从微生物学角度为改善蠋蝽人工饲料及蠋蝽规模扩繁提供参考。

关键词：蠋蝽；卵；细菌；生长发育

---

* 基金项目：重点研发专项“中美农作物病虫害生物防治关键技术创新合作研究”（2017YFE0104900）；天敌昆虫防控技术及产品研发（2017YFD0201000）；948重点项目（2016-X48）

** 第一作者：廖平，女，硕士研究生，研究方向为植物保护；E-mail：1934758864@qq.com

*** 通信作者：刘晨曦；E-mail：liuchenxi2004@126.com

两个胰岛素受体通过不同信号通路协同调控大草蛉卵子发生*

韩本凤** 张礼生 刘晨曦 王孟卿 李玉艳 陈红印 毛建军***
（中国农业科学院植物保护研究所农业部作物有害生物综合治理重点实验室，
中国-美国生物防治实验室，北京 100193）

摘 要：大草蛉（*Chrysopa pallens*）属于脉翅目草蛉科，能捕食蚜虫、粉虱以及鳞翅目昆虫的卵与低龄幼虫等，其幼虫与成虫均能捕食，是一种极具应用价值的天敌昆虫。大草蛉经历连续多代饲养后，常会碰到产卵量减少，存活率下降，发育历期延长等问题，严重制约生产与应用。通过人工手段对生长、繁殖进行调控，则能提高饲养效率与产品质量，促进商业化生产与应用。我们发现，牛胰岛素能促进大草蛉卵黄原蛋白 Vg 表达，促进卵巢发育并显著提高产卵量，表明胰岛素作为产卵刺激因子可能应用于天敌昆虫饲养。与哺乳动物胰岛素一样，昆虫也能产生胰岛素，称为胰岛素样肽，能调控包括繁殖在内的各种生理功能。最近，我们研究了数个大草蛉胰岛素信号通路成员及下游信使的功能。大草蛉 *Vg* 干扰后，Vg 表达水平下降，卵泡生长迟缓，产卵量下降。受体 1 干扰后，Vg 表达下调，卵重与孵化率下降。受体 2 干扰后，Vg 表达下调，卵泡生长受阻，产卵总量下降。*Akt* 干扰后表型与受体 2 干扰后表型相似。*FoxO* 干扰后，卵巢发育未受影响，但产卵量下降。*Tor* 与 *Creb* 干扰后，Vg 表达下调，卵巢发育受阻。研究结果表明大草蛉两个胰岛素受体通过不同信号通路协同调控大草蛉生殖细胞分化与卵黄发生。

关键词：胰岛素受体；卵子发生；卵黄生成；大草蛉

* 基金项目：露地蔬菜化学农药替代技术筛选、优化与应用（2018YFD0201202），948 重点项目（2016-X48）

** 第一作者：韩本凤，女，硕士研究生，研究方向为害虫生物防治；E-mail：934942055@ qq. com

*** 通信作者：毛建军；E-mail：maojianjun0615@ 126. com

益蝽捕食行为观察研究*

唐艺婷** 何国玮 刘晨曦 毛建军 陈红印 张礼生 王孟卿***

（中国农业科学院植物保护研究所/中美合作生物防治实验室，北京 100193）

摘 要：益蝽 *Picromerus lewisi* Scott 属于半翅目 Hemiptera，蝽科 Pentatomidae，益蝽亚科 Asopinae 的捕食性昆虫，其体色暗黄，广泛分布于我国各省市以及日本，朝鲜，俄罗斯等亚洲区域。有文献记载益蝽能取食鳞翅目幼虫，如杨小舟蛾和两色绿刺蛾，笔者也多次在田间观察到其取食高龄斜纹夜蛾幼虫、黏虫幼虫、叶甲成虫等害虫。但是迄今仍未见益蝽捕食行为的相关研究报道。笔者结合田间观察和室内饲养观察发现益蝽能巧妙地将鳞翅目幼虫置于悬空状态、杀死、取食；对比观察了益蝽各龄期对鳞翅目昆虫的捕食行为，发现对益蝽对这类猎物的取食行为具有明显的规律性，同时因其龄期不同有较大差异。

根据观察的数据得出规律如下：①益蝽（单头或者多头）攻击黏虫，不管龄期高低，大都是从猎物腹部后半部分的侧缘开始。②捕食者的尺寸与黏虫头部骨化部分的尺寸差异是前者能够成功控制后者的关键数据，前者与后者的比值越大，单头取食的成功率越高。③1~3 龄益蝽若虫通常 3 头以上捕食者联合攻击一头猎物，4~5 龄若虫和成虫蝽通常单头就成功攻击猎物，但不排除它们之间也存在合作关系。④只有 4 龄以上益蝽才攻击鳞翅目成虫，而 1~3 龄若虫未见攻击成虫。⑤益蝽喜将猎物拖至高处，使猎物处于悬空或部分悬空状态，而后猎物被取食干瘪。⑥益蝽对黏虫成虫的刺吸通常导致猎物立即不能飞行。⑦益蝽龄期越高对黏虫的处理时间越短，1~2 龄益蝽若虫的处理时间可以长达 51 分钟，而 5 龄若虫和成虫的处理时间在 10~25min。

关键词：益蝽；捕食行为；龄期

* 基金项目：天敌昆虫防控技术及产品研发（2017YFD0201000）；国家自然科学基金（31672326）；948 重点项目（2016-X48）

** 第一作者：唐艺婷，女，硕士，研究方向为生物防治学；E-mail：tyt0417@ 163. com

*** 通信作者：王孟卿；E-mail：mengqingsw@ 163. com

大草蛉对虫害诱导植物挥发物的触角电位反应*

王 娟** 张礼生 陈红印 刘晨曦*** 王孟卿***
（中国农业科学院植物保护研究所农业部作物有害生物综合治理重点实验室，
中国-美国生物防治实验室，北京 100193）

摘 要：触角是昆虫重要的感觉器官，昆虫触角的表面着生着各种类型的感受器，是昆虫机体感知内外环境，进行化学通讯的接受体。昆虫在寻求配偶、寻找寄主或猎物生境过程中，主要是通过嗅觉感受器感知性外激素、寄主植物挥发物或猎物体表分泌物等来完成。感受器内部一般分布有丰富的功能不同的嗅觉蛋白及数目不等的嗅觉受体神经元，外界气味物质穿过感器表面极孔通过系列识别运输过程最终到达嗅觉受体神经元，最终外界不同的化学信号被转化为电生理信号，到达昆虫大脑中枢神经系统从而引起昆虫不同的行为反应。天敌昆虫对寄主或猎物的定向、鉴别和选择一般依靠植物-植食性昆虫-天敌三重营养之间的化学信息物质，其主要来源于寄主取食的植物、寄主本身或者分泌物，以及一些与寄主相关的有机体。本研究利用扫描电镜对大草蛉雌、雄成虫触角进行了亚显微结构的观察与分析，应用触角电位技术（electroantennography，EAG）研究了大草蛉触角对50种气味标样化合物的电生理反应，进一步对EAG反应较强的前8种气味化合物进行了不同浓度梯度的EAG测试，结果显示：大草蛉触角上共有9种数量、结构与功能各不相同的感受器；除苯乙醇（phenethyl alcohol）的EAG反应值在雌、雄不同触角之间及不同剂量型之间均无显著差异外，其余7种气味化合物对大草蛉雌、雄成虫触角均存在剂量依赖型反应，表现为随着化合物浓度增加其EAG反应显著增强，但存在一定阈值。此外，其中的6种化合物邻苯二甲酸（bis（2-ethylhexyl）phthalate）、β-法呢烯（（-）-β-farnesene）、正己醛（hexanal）、壬醛（nonanal）、4-乙基苯甲醛（4-ethylbenzaldehyde）和3-甲基-1-丁醇（3-methyl-1-butanol）对雌性触角的EAG反应均显著高于对雄性触角的EAG反应，表明大草蛉雌性成虫对气味物质的嗅觉识别可能更加敏感。只有一种化合物戊醛（valeric aldehyde）对雄性触角的EAG反应显著高于对雌性触角的EAG反应。本研究结果旨在明确大草蛉触角感器种类、结构与功能基础上，结合电生理研究，为进一步进行气味化合物行为测试补充印证，对促进大草蛉在农田生态系统中的重要生物防治作用至关重要。

关键词：大草蛉；触角；感器；电生理；气味化合物

---

* 基金项目：国家重点研发计划（2017YFD0201000）；国家重点研发计划-政府间国际科技创新合作重点专项（2017YFE0104900）；农业部948重点项目（2016-X48）

** 第一作者：王娟，女，博士，研究方向为害虫生物防治；E-mail：wangjuan350@163.com

*** 通信作者：刘晨曦；E-mail：liuchenxi2004@126.com
王孟卿；E-mail：mengqingsw@163.com

外源哌啶酸在丽蝇蛹集金小蜂生长发育中的作用评价*

高　飞** 李玉艳 王曼姿 张礼生[1]*** 艾洪木[2]***

（1. 中国农业科学院植物保护研究所，中美生物防治实验室，北京 100193；2. 福建农林大学植物保护学院，闽台作物有害生物生态防控国家重点实验室，福州 350002）

摘　要：寄生蜂是一类重要的生防昆虫，种类多，数量大，且在传统的生物防治中已得到充分的肯定，很多种类已在农林生物防治中得到广泛的应用。丽蝇蛹集金小蜂（*Nasonia vitripennis*）是一种拥有单元二倍体遗传的理想模式昆虫，可以外寄生丽蝇科和麻蝇科等多种蝇类害虫，在世界广泛分布，主要分布在北美、欧洲和亚洲北部。同时它也是一种优秀的遗传材料，优点众多：①生活周期短，容易饲养。在25℃的条件下两周就能够完成一个完整的生活史，每头寄主蝇蛹能繁育20~50头金小蜂，可以在实验室实现大量繁殖。而且金小蜂可以长期保存，适当低温保存可以延长成虫的寿命，滞育幼虫最长可保存2年的时间；②具有独特的性别决定机制，它们后代的性别由一种共生菌 *Wolbachia* 控制，这种共生菌能用抗生素除掉，因此可以通过人为处理来调控其遗传性状基因，同时其单元二倍体模式还有利于突变体的筛选；③只有5对染色体，便于作遗传分析。因此丽蝇蛹集金小蜂在遗传学、生态学、行为、发展和进化等方面都有很重要的研究意义。该蜂为兼性滞育昆虫，以末龄幼虫滞育，其滞育由母代决定。曾发现哌啶酸（Piperidine acid PA）在滞育丽蝇蛹集金小蜂高度表达，表达量约为非滞育丽蝇蛹集金小蜂的160倍。本研究以丽蝇蛹集金小蜂及其偏好寄主麻蝇为研究对象对添加PA饲养的金小蜂和正常金小蜂进行生物学评价。已有的实验结果表明：在不喂食蜂蜜水的前提下，正常雌蜂与添加哌啶酸的雌蜂寿命具有显著差异（$P<0.05$），而雄蜂寿命差异不显著（$P>0.05$）；添加哌啶酸和正常小蜂相比鲜重之间差异不大（$P>0.05$），干重和水含量之间有显著差异（$P<0.05$）；添加PA后对丽蝇蛹集金小蜂的发育历期没有显著影响（$P>0.05$）；ND小蜂和ND+PA小蜂羽化的雌蜂头数和总数有显著差异（$P<0.05$），而雄蜂头数和雌蜂比没有显著差异（$P>0.05$）。本研究仍处于研究阶段，需要对哌啶酸在丽蝇蛹集金小蜂滞育和耐寒性的作用进行深入研究。

关键词：丽蝇蛹集金小蜂；哌啶酸；滞育；生物学评价

---

* 基金项目：国家自然科学基金青年基金（31601689）；中国博士后科学基金面上一等资助（2016M590162）

** 作者介绍：高飞，硕士研究生，主要从事丽蝇蛹集金小蜂相关研究；E-mail：453231972@qq.com

*** 通信作者：张礼生；E-mail：zhangleesheng@163.com

艾洪木；E-mail：aihongmu@163.com

瘦弱秽蝇及其猎物在天津地区种群发生动态*

邹德玉[1**]　张礼生[2]　吴惠惠[3]　谷希树[1]　徐维红[1]　刘晓琳[1]
（1. 天津市植物保护研究所，天津　300384；2. 中国农业科学院植物保护研究所，
北京　100193；3. 天津农学院，天津　300384）

摘　要：瘦弱秽蝇（*Coenosia attenuata*）为我国一种新型优良天敌昆虫，可以捕食蕈蚊、斑潜蝇、粉虱、有翅蚜及叶蝉等多种害虫。其幼虫和成虫均具捕食性，幼虫在地下以蕈蚊和水蝇幼虫为食，成虫在地上以飞行中的昆虫为食，例如蕈蚊、粉虱、斑潜蝇、果蝇及叶蝉等昆虫的成虫及有翅蚜等。目前为止，尚没有关于瘦弱秽蝇在中国地区种群发生动态的报道。为进一步了解瘦弱秽蝇在中国地区生物学特性及发生规律，加快其研发应用进程，笔者在天津地区露地棉田及冷棚韭菜田通过悬挂黄色黏虫板（40cm×25cm）的方法，对瘦弱秽蝇及其猎物种群发生动态进行了调查研究。调查结果显示，在露地棉田，7月末8月初瘦弱秽蝇成虫开始出现。9月末10月初为发生高峰期，平均单板瘦弱秽蝇成虫量为2.33头，整个发生期性比（♂：♀）约为1：3。随气温降低，11月中旬以后瘦弱秽蝇不再发生。在露地棉田瘦弱秽蝇成虫的猎物主要有粉虱、斑潜蝇、叶蝉、有翅蚜及毛蠓。其中，粉虱数量最多，8月末9月初为粉虱发生高峰期，平均单板粉虱量为2 412.56头。有翅蚜发生数量次之，10月下旬正值迁飞期，数量最多，平均单板有翅蚜量为513.67头。叶蝉在10月下旬发生数量最多，平均单板叶蝉量为142.33头。斑潜蝇在8月上旬发生数量最多，平均单板斑潜蝇量为11.33头。毛蠓发生数量最少，在8月中旬发生数量最多，平均单板毛蠓量为6.78头。尽管猎物种类多、数量大，但是瘦弱秽蝇成虫发生量并不大。棉田没有瘦弱秽蝇幼虫猎物是其主要原因之一。如用瘦弱秽蝇防治棉田害虫，需使用banker media技术，补充瘦弱秽蝇幼虫基质及猎物，使其完成生活史，这样才能有效地利用瘦弱秽蝇防治棉田害虫。在冷棚韭菜田，瘦弱秽蝇成虫在4月中下旬开始零星发生，8月上旬达到全年最大峰值，平均单板瘦弱秽蝇成虫量为2.11头，10月上旬达到全年第二大峰值，平均单板瘦弱秽蝇成虫量为1.28头，整个发生期性比（♂：♀）约为1：2，进入11月中下旬成虫不再发生。韭菜迟眼蕈蚊（*Bradysia odoriphaga*）成虫可周年发生，由于其喜低温惧高温，所以其种群动态呈现明显的春秋高发期和夏冬低谷期。4月下旬达到第一个高峰期，平均单板韭菜迟眼蕈蚊成虫量为162.11头，10月下旬达到全年最大峰值，平均单板韭菜迟眼蕈蚊成虫量为273.67头。水蝇喜潮湿惧干燥，在冷棚仅3—4月发生，其中4月中下旬达到峰值，平均单板水蝇成虫量为0.94头。水蝇发生期短、数量少，

---

* 基金项目：国家重点研发计划“天敌昆虫防控技术及产品研发”（2017YFD0201000）；国家公益性行业（农业）科研专项“作物根蛆类害虫综合防治技术研究与示范”（201303027）

** 第一作者：邹德玉，博士，农业昆虫研究室副主任，主要从事害虫生物防治研究；E-mail：zdyqiuzhen@126.com

不是瘦弱秽蝇的主要猎物。韭菜迟眼蕈蚊周年发生且数量大，是瘦弱秽蝇理想的猎物。但是，瘦弱秽蝇自然发生量不大，如对韭菜迟眼蕈蚊进行害虫生物防治，需要应用 banker media 技术并进行增补式释放瘦弱秽蝇。由于瘦弱秽蝇具有捕食猎物种类多、捕食量大、耐高温、具捕食本能、幼虫耐饥饿能力强等优点，因此是一种极具开发潜力的天敌昆虫资源。

关键词：新型天敌昆虫；瘦弱秽蝇；猎物；种群动态

微生物来源的核苷类农药活性化合物研究进展*

王开梅** 吴兆圆 柯少勇 万中义 方 伟 张亚妮 张志刚

(湖北省生物农药工程研究中心，武汉 430064)

摘 要：微生物仍然是具有生物活性的天然产物的重要来源，而且微生物次生代谢产物在新农药的研究与开发中占据着重要的地位。核苷作为一类重要的生物活性物质，具有丰富多样的生物活性。本文对微生物来源的具有农药活性的核苷类化合物进行总结，重点概括具有农药活性的微生物源核苷类化合物的来源、结构多样性、农药活性类型及其杀虫、杀菌、除草及抗植物病毒的作用机制，以期对新型农用抗生素的开发及新农药创制提供一些有益的借鉴。

关键词：微生物次生代谢产物；核苷；结构多样性；杀虫活性；杀菌活性；除草活性；抗病毒活性；作用机制

1 前言

农作物病虫草害给农业生产带来巨大的损失。化学农药广泛用于农业生产，对保障农业生产的安全发挥重要作用。但化学农药的广泛使用及滥用，也带来了一些负面影响，如：病虫草害的抗药性、农产品及环境中的农药残留及病虫草害的再猖獗等[1]。如何寻找安全有效的病虫草害防治途径和手段，以提高农产品的安全是摆在农药研究者面前的一个重要课题。

微生物天然产物在新农药的研究开发中占据重要的地位[2,3]，一些重要的农药品种，如井冈霉素、阿维菌素、甲氧丙烯酸酯类杀菌剂及草铵膦等本身就是微生物次生代谢产物或以微生物次生代谢产物为先导结构开发得到。微生物来源的核苷及核苷酸在微生物的基础代谢途径中发挥着多种作用，可能会影响到微生物或其他生物的基础代谢。核苷类抗生素结构多样，具有广泛的生物活性，包括抗细菌、抗真菌、抗锥体虫、抗肿瘤、抗病毒、免疫调节与抑制、杀虫及除草等[4,5]。本文中，我们对微生物产生的具有杀虫、杀菌、除草及抗病毒等农药活性的核苷类化合物进行了总结，重点介绍了重要核苷类农药的来源、结构、活性及其作用机制，以期为新型农用抗生素开发及基于微生物天然产物的新农药创制提供一点借鉴。

2 具有农药活性的微生物源核苷类化合物

2.1 微生物产生的具有杀虫活性核苷

苏云金芽胞杆菌（*Bacillus thuringiensis* Berliner）的多个亚种在营养生长期间产生外毒

---

* 基金项目：国家重点研发计划课题（2017YFD0201205）；湖北省农业科技中心创新资金项目（2016-620-000-039）

** 第一作者：王开梅，研究员，研究方向：微生物农药及微生物天然产物研究与开发；E-mail：kaimei. wang@ nberc. com

素-苏云金素（Thuringiensin），具有广谱的杀虫活性[6,7]。Bagougeramine A 由 *B. circulans* 产生，对朱砂叶螨表现出较强的杀灭活性[8,9]。无穗霉素（Aspiculamycin）从 *Streptomyces toyocaensis* var. *aspiculamyceticus* 发酵液中分离得到，其对朱砂叶螨表现出优异的杀螨活性[10-12]。Rodaplutin 由 *Nocardioides albus* 产生，是无穗霉素的结构类似物，对多种昆虫及螨类，如：辣根猿叶甲、小菜蛾、桃蚜、棉红蝽及朱砂叶螨等害虫表现出很强的杀灭活性[13]。尼可霉素［Nikkomycins，日本称为新多氧霉素（Neopolyoxins）］从 *S. tendae* TVE901 菌株的发酵液中分离得到，可抑制几丁质酶的活性；并且尼可霉素对多种害虫、线虫也具有杀虫活性[14,15]。德国拜耳公司曾考虑将含有尼可霉素 X 和 Z 的混合物开发，用于朱砂叶螨的防治。由华北制药厂开发的华光霉素（主要成分为尼可霉素），用于防治红蜘蛛，曾实现了商业化生产。*Micromonospora* sp. A87-16806 所产生的脱氢西尼菌素（dehydrosingefungin）对朱砂叶螨表现出良好的杀螨活性，被申请专利保护，用作杀螨剂[16]。*Actinoplanes* sp. SE-165 菌株所产生间型霉素（Formycin）A 和 B 具有一定的杀虫活性，1mg/kg 的间型霉素 A 和 B 对伊蚊的杀虫效果分别为 87% 和 87%，100mg/kg 时对小菜蛾、猿叶甲的杀虫效果分别为 77%、87%及 50%、80%[17]。*Saccharothrix* sp. 所产生的芒霉素（Aristeromycin）也具有一定的杀虫活性[18]。克利托辛（Clitocine）是从卷边杯伞（*Clitocybe inversa*）中分离得到的一种核苷物质，对棉红铃虫具有较强的杀虫活性[19]。核苷 N9705 为一株未鉴定的链霉菌产生的肽酰胞嘧啶核苷类化合物，其对腐生线虫及松材线虫具有一定的杀线虫活性，144mg/kg 的化合物对两种线虫的杀灭效果达到 98.8%~100%[20]。

2.2 微生物产生的具有杀菌活性核苷

芒霉素对水稻白叶枯病菌（*Xanthomonas oryzae*）及稻瘟菌（*Pyricularia oryzae*）有抑制作用[21]。灭瘟素 S 最早由 Takeuchi 等从 *S. griseochromogenes* 的发酵液中分离得到，对稻瘟病菌的抑制效果极为显著。田间试验表明，1~3g/10 英亩的使用浓度下，灭瘟素 S 对稻瘟病有效[22]，但是其对水稻及其他作物的毒性制约了其商业化应用。除草素（Herbicidins）可以抑制某些真菌及水稻白叶枯病菌[23]。Ascamycin 由一株未鉴定的链霉菌产生，对柑橘溃疡病菌（*X. citri*）及水稻白叶枯病菌表现出选择性的抑菌活性[24]。*Nocardia interforma* 产生的间型霉素 A 对水稻白叶枯病病菌有抑制作用[25]，Bischoff 等发现，间型霉素 A 在 200mg/kg 时可完全抑制稻瘟病的发生[17]。金核霉素（Aureonuclemycin）是上海农药所发现并开发的微生物杀菌剂，由金色链霉菌苏州变种（*S. aureus* var. *shuzhoueusis*）产生，对 *X.* sp. 引起的细菌性病害，如柑橘溃疡病、水稻白叶枯病及细菌性条斑病等具有很的防治效果，但对水稻有一定的药害，其在水稻上的使用应当注意[26]。丰加霉素（Toyocamycin）可高效抑制稻瘟菌孢子的萌发和菌丝的生长[27]。核苷 N9705 对多种植物病原真菌及细菌具有一定的抑制活性，MIC 在 100~250mg/kg[20]。*S. novoguineensis* T36496 所产生的 Amipurimycin 对水稻稻瘟病菌表现出良好的离体及活体抑菌活性[28]。脱氢西尼菌素对灰霉菌、白粉病菌、锈菌表现出良好的杀菌活性[16]。而 *S. miharaensis* ATCC19440 所产生的 Miharamycin A 和 B 可抑制 *Pseudomonas tabaci* 的生长，最小抑制浓度为 1.6mg/kg 和 0.8mg/kg，对稻瘟病菌具有明显的抑制活性[29]。尽管 *M.* sp. SF-1917 所产生的 Dapiramicin A 和 B 对植物病原真菌的离体抗菌活性不强，但 Dapiramicin A 对水稻纹枯病的防治效果与有效霉素相当，而 Dapiramicin B 也有一定的防治效果[30,31]。FR-900848是Streptoverticillium fervens HP-891产生的一个具有多个环丙烷的不饱和脂肪酸侧链的尿苷衍生物，其对尖孢镰刀菌及花生核盘菌的最小抑制浓度为0.1mg/kg[32]。Phosmidosine是由*S.* sp. RK-16所产生的核苷酸抗生素，0.25mg/kg的该化合物可完全抑制灰霉的孢子的形成[33]。武夷菌素由不吸水链霉菌武夷变种产生，为具有过氧侧链的氮代胞苷。其对黄瓜白粉病、番茄叶霉病、灰霉病及柑橘疮痂病等多种病害具有良好的防治效果[34]。我国有少数厂家实现了武夷菌素的商品化生产。

另一类具有杀菌活性的核苷类化合物具有肽类的侧链。多氧霉素（Polyoxins）最早由日本理化研究所的科学家从可可链霉菌中发现[35,36]，并将其开发为用于防治水稻纹枯病及其他真菌病害的杀菌剂。多氧霉素在我国已实现商业化，有多家企业取得了农药登记，并被广泛应用于多种作物上的真菌病害的防治[37]。新多氧霉素A、B和C（Neopolyoxin，其中A与Nikkomycin X结构相同）对稻瘟病菌、灰霉菌及褐斑病菌等有良好的抑菌活性[38]。西尼菌素（Sinefungin）由*S. griseolus* NRRL 3739产生，对多种作物的叶部病害，如蚕豆白粉病、豌豆锈病、炭疽病及细菌性叶枯病等有效[39]。米多霉素（Mildomycin）最早从*Streptoverticillium rimofaciens* B-98891中分离得到，对多种作物的白粉病具有很好的防治效果，其对哺乳动物及鱼类的毒性低[40,41]。

2.3 微生物产生的具有除草活性核苷

研究者从放线菌的次生代谢产物中发现了一些具有杀草活性的核苷类化合物。Isaac等从不同的放线菌菌株中发现了一些具有除草活性的核苷类化合物[42]。5′-脱氧鸟苷由耐热放线菌A6019产生，100mg/kg的该化合物对*Lemna minor*的活性非常好。*S.* sp. A6308产生芒霉素及Coaristeromycin；剂量为6kg/hm^{2}的Coaristeromycin对油莎草、石茅、高粱、稗草、印度芥菜等具有活性。5′-脱氧丰加霉素（5′-deoxytoyocamyin）由*S.* sp. A14345菌株产生，10μg/ml浓度处理可使*Lemna minor*白化，该菌株还产生丰加霉素。山田等人从链霉菌中也分离到了丰加霉素，测定了其杀草活性，25mg/kg的丰加霉素对供试的几种杂草及作物表现出较好的生长抑制活性，且对根及地上部分的活性差别不大[43]。陈伊等也发现丰加霉素可抑制拟南芥的生长[27]。Coformycin由一株未鉴定的放线菌A990菌株产生[42]，剂量为6 kg/hm^{2}处理对石茅高粱、稗草、圆叶牵牛、印度芥菜、螃蟹草等有杀草活性。Ara-A由*Actinoplanes* sp. A9222菌株产生[42]，25mg/kg浓度处理可抑制拟南芥种子萌发。Awaya等从*S. herbaceus* AM-3279菌株中也发现了Ara-A，他们发现该化合物对稗草、升马唐及小藜等具有较好的苗前除草活性，而水稻对该化合物具有抗性[44]。Bush等利用酸模叶蓼为靶标从*Saccharothrix* sp. NCIMB 40131菌株的发酵液中分离至4个具有纯碳环结构的核苷类化合物（Carbocyclic coformycin）[18]。脱氢西尼菌素对多种杂草表现出优异的除草活性，被申请专利保护[16]。间型霉素A和B对多种杂草表现出很好的芽前及芽后除草活性[17]。

SF-2494是由Iwata等从*S. mirabilis*中分离出的[45]，该化合物具有磺酰氨基，对马唐的防效同双丙氨磷，但对酸模叶蓼的防效高于双丙氨磷。Deanalylascamycin由一株未鉴定的链霉菌产生，Scacchi等发现了其除草活性[46]。Albucidin由*S. albus* subsp. *chlorinus* NRRL B-24108菌株产生[47]，该化合物表现出较广谱的除草活性。采用芽前土壤处理，albucidin可使长出的植物严重扭曲，阔叶杂草比禾本科杂草对albucidin更为敏感。采用较低剂量处理时，植物会继续一定的生长，但是新长出的部分会白化。采用苗后处理时，其除草症状出现得非常慢，但随着时间的推移，其症状会进一步发展，新长出的褪色部分最终会出现坏死。Gougerotin 由 *S.* sp. 179 菌株产生[48]，其对水稻苗的生长具有一定的抑制作用。0.3mM 浓度处理就可完全抑制水稻苗的生长，0.1mM 处理对水稻苗的抑制也达到60%。*S. saganonensis* No.4075 产生一系列的除草素（Herbicidin A，B，C，E，F 和 G）[49-52]，对大白菜及水稻种子具有很好的抑制萌发活性。它们对大白菜种子萌发的最小抑制浓度分别为0.78~1.56μg/ml 和 1.56~3.12μg/ml，对水稻种子萌发的最小抑制浓度分别为6.25μg/ml 和12.5μg/ml。而在进行叶面喷雾时，除草素 A 和 B 表现出很好的选择性除草活性，它们对双子叶植物具有很好的除草活性，而水稻对它们具有很好的抗性。除草素 E 和 F 可抑制蓝细菌 *Anacystis nidulans* M-6 菌株的生长，最小抑制浓度分别为100mg/kg和 100~200mg/kg；对白菜种子的萌发也有很好的抑制作用，最小抑制浓度分别为 12.5μg/ml 和 25μg/ml。Kizuka 等从厚穗狗尾草叶片上分离的一株未鉴定的链霉菌 SANK 63997 菌株的代谢产物中发现了除草素 A、B 及 C[53]。徐文平等从土壤分离的 *S. niveus* SPRI-10885 菌株中也分离到了 A、B 和 F[54]。Scacchi 等人从一株链霉菌菌株的代谢产物中分离了灭瘟素 S 和 5-羟甲基灭瘟素 S[55]，并发现了它们具有较为广谱的杀草活性，且对双子叶植物的活性高于单子叶植物。Hydantocidin 是一种具有螺环结构的核苷类化合物，由 *S. hygroscopicus* SANK 63584 菌株产生[56,57]。该化合物具有很好的内吸性，对多年生的单子叶及双子叶杂草的效果比双丙氨膦的效果略好，与草铵膦的效果相当；该化合物对一些难防的多年生杂草，如香附子、田旋花、龙葵及油莎草的防治效果与对照药剂相当或略好。Ribofuranosyl triazolone 在温室试验中表现出广谱的除草活性，在出苗试验中对所有试验植物都有活性，对拟南芥根生长抑制的 IC_{50}值为 0.04mg/kg（或 0.2 μM）[58]。

2.4 微生物产生的抗植物病毒活性核苷

嘧肽霉素是由沈阳农业大学吴元华等从吸水链霉菌辽宁变种中发现的嘧啶核苷肽类化合物，并与大连绿科公司合作，实现了嘧肽霉素的产业化，嘧肽霉素对水稻条纹叶枯病、矮缩病、烟草花叶病毒病及各类果树及蔬菜的病毒病具有显著的防治效果[59]。宁南霉素（Ningnanmycin）由诺尔斯链霉菌西昌变种所产生的胞嘧啶核苷肽型抗生素，早期用于防治白粉病和白叶枯病，后发现其对烟草花叶病毒、黄瓜花叶病毒具有很好的抑制作用，通过黑龙江强尔实现了产业化和商业化应用[60]。新奥霉素（Xinaomycin）也是由诺尔斯链霉菌所产生的尿嘧啶核苷肽类化合物，其对烟草花叶病毒病、西瓜病毒病等具有良好的防治效果[61]。Cytovirin（又名灭瘟素 S）对多种植物病毒病具有抑制活性[62]。核苷 N9705 可抑制烟草花叶病毒引起的烟叶细胞病变，50mg/kg 可以达到完全抑制[20]。*Nocardia interforma* 产生的 Formycin B，可抑制烟草花叶病毒在烟草叶碟中的繁殖及花叶症状的形成[63]。Miharamycin 对黄瓜花叶病毒及烟草花叶病毒在寄主叶片上局部病斑形成的抑制达到 80%以上，10mg/kg 的 Miharamycin A 可完全抑制烟草花叶病毒在烟草叶碟中的繁殖，10mg/kg 的 Miharamycin A 浸根 40h，可抑制水稻条纹病毒的繁殖达到 70%~80%[64]。

3 微生物来源的具有农药活性的核苷的作用机制

3.1 杀虫、杀螨机制

苏云金芽胞杆菌所产生的苏云金素可干扰昆虫的 RNA 聚合酶的活性，通过与 ATP 竞争结合位点来抑制 RNA 的合成，从而达到杀虫的效果[65]。昆虫、螨类的体壁的主要成分为几丁质，多氧霉素、尼可霉素作为几丁质合成酶抑制剂，可通过抑制昆虫及螨类的几丁质合成来起到杀虫的作用[37]。本文所涉及的肽类核苷类化合物也可能够通过这种作用机制起到杀虫杀螨的作用。

3.2 杀菌机制

多氧霉素通过特异性的阻碍几丁质合成酶的活性来干扰真菌细胞壁的合成，起到杀灭真菌的作用[37]。新多氧霉素及尼可霉素具有与多氧霉素类似的结构，也可能是通过这种机制来杀菌。而西尼菌素中特有的氨基酸是甲基转移酶的抑制剂，可能会阻碍 RNA 及蛋白质中的甲基化转移，从而抑制蛋白质的合成。而武夷菌素可引进菌丝生长变形，造成菌丝中的原生质渗漏，并抑制菌丝蛋白质的合成，诱导与抗病性相关的酶的活性的增加，提高植物的防病能力[34]。

3.3 除草机制

微生物来源的核苷类除草活性化合物可通过多种机制来实现其除草活性。Carbocyclic coformycin 的除草活性涉及到抑制 5′-单磷酸腺苷脱氨酶，从而使得杂草内单磷酸腺苷的积累，导致 ATP 的合成失衡[66]。丰加霉素通过抑制植物激素应答基因的表达，以及通过 SCFTiR1 泛素蛋白酶通路阻遏生长素信号，阻断激素所提升的 Aux/IAA 抑制子的降解，来抑制激素信号的传导，起到抑制杂草的生长[67]。Hydantocidin 为腺苷琥珀酸合成酶抑制剂，而腺苷琥珀酸合成酶在嘌呤的生物合成中起着重要作用。Hydantocidin 在植物体内通过磷酸化形成 IMP 的类似物，从而抑制腺苷琥珀酸合成酶的活性[57]。灭瘟素 S 和 5′-羟甲基灭瘟素 S 通过抑制^{14}C 标记的氨基酸加入到水稻和胡萝卜的蛋白质中，从而起到除草作用[55]。Ribofuranosyl triazolone 与 Hydantocidin 具有相同的除草靶标，目前已经获得其全合成方法，因此比 Hydantocidin 更适合除草剂的商业开发[58]。Albucidin 根据结构推测，除草机制很可能也与 Hydantocidin 相似，但不确定其在产生除草活性之前是否也需要生物活化[68]。很多其他的核苷类除草活性化合物的作用机制还不清楚。

3.4 抗病毒机制

嘧肽霉素可抑制烟草花叶病毒复制过程中对尿苷的吸收，抑制烟草花叶病毒-RNA 合成过程中关键酶 RNase 的活性，从而抑制烟草叶片内烟草花叶病毒-RNA 的积累。同时嘧肽霉素还可抑制 TMV 外壳蛋白的合成，并可能破坏 TMV 的衣壳蛋白。嘧肽霉素同时还可以激发寄主植物的防御酶系，从而也起到抗病毒的作用[69]。而宁南霉素通过诱导烟草一系列与病程相关的蛋白基团的表达，启动抗病防御反应，从而诱导烟草对烟草花叶病毒的抗性[70]。另外，500mg/kg 的宁南霉素对 TMV 的钝化效率达到 92%以上，但其机制还不清楚。

4 展望

现代农药的开发难度越来越大。据估计，开发一个新的化学农药需要 10 年以上，投入超过 2 亿美元。从各国农药登记的情况来看，来源于生物（包括微生物）的农药种类的比重在不断上升。微生物产生具有丰富多样结构的农药活性化合物，一方面可直接利用发酵进行活性化合物的生产；另一方面，可利用具有农药活性的次生代谢产物为先导，进行安全高效的新农药的开发。部分微生物来源的具有农药活性的核苷类化合物已开发成为农药，并实现产业化与商业化应用，为一些重要病虫害的防治提供了有力的武器。随着微生物农药资源挖掘的程度不断加深，可以相信，将会有越来越多的农药活性微生物次生代谢产物发现，同时从中发现新的核苷类化合物。目前已发现的具有农药活性的核苷中，一部分化合物的作用机制还不是很清楚，有可能会发现一些新的作用机制，从而推动新型农用抗生素的开发和新农药的创制。

参考文献

[1] Felsot A, Rack K. Chemical pest control technology: benefits, disadvantages, and continuing roles in crop production systems [C]. ACS Symposium Series, 2007.

[2] Berg G, Zachow C, Mueller H, *et al*. Next-generation bio-products sowing the seeds of success of sustainable agriculture [J]. Agron, 2013, 3 (4): 648-656.

[3] Sparks T C, Hahn D R, Garizi N V. Natural products, their derivatives, mimics and synthetic equivalents: role in agrochemical discovery [J]. Pest Manag Sci, 2017, 73: 700-715.

[4] Isono K. Nucleoside antibiotics: Structure, biological activity, and biosynthesis [J]. J. Antibiot, 1988, 41 (12): 1711-1739.

[5] Isono K. Current progress on nucleoside antibiotics [J]. Pharmac Ther, 1991, 53: 269-286.

[6] McConnell, E.; Richards, A. G. The production by Bacillus thuringiensis Berliner of a heat stable substance toxic for insects [J]. Can. J Microbiol. 1959, 5: 161-168.

[7] Farkas J, Sebesta K, Horska K, *et al*. The structure of exotoxin of Bacillus thuringiensis var. gelechiae [J]. Collect Czechslov Chem Commun, 1969, 34: 1118-1120.

[8] Takahashi A, Saito N, Hotta K, *et al*. Bagougeramines A and B, new nucleoside antibiotics produced by a strain of Bacillus circulans. I. Taxonomy of the producing organism and isolation and biological properties of the antibiotics [J]. J Antibiot, 1986, 39 (8): 1033-1040.

[9] Takahashi A, Ikeda D, Naganawa H, *et al*. Bagougeramines A and B, new nucleoside antibiotics produced by a strain of Bacillus circulans. II. Physico-chemical properties and structure determination. [J]. J Antibiot, 1986, 39 (8): 1041.

[10] Arai M, Haneishi T, Enokita R, *et al*. Aspiculamycin, a new cytosine nucleoside antibiotic. I. Producing organism, fermentation and isolation. [J]. J Antibiot, 1974, 27 (5): 329-333.

[11] Haneishi T, Terahara A, Arai M. Aspiculamycin, a new cytosine nucleoside antibiotic. II. Physicochemical properties and structural elucidation. [J]. J Antibiot, 1974, 27 (5): 334-338.

[12] Haneishi T, Arai M, Kitano N, *et al*. Aspiculamycin, a new cytosine nucleoside antibiotic. 3. Biological activities, in vitro and in vivo [J]. J Antibiot, 1974, 27 (5): 339-343.

[13] Dellweg H, Kurz J, Pflüger W, *et al*. Rodaplutin, a new peptidylnucleoside from Nocardioides albus [J]. J Antibiot, 1988, 41 (8): 1145-1147.

[14] Bormann C, Huhn W, Zahner H, *et al*. Metabolic products of microorganisms. 228. New nikkomycins produced by mutants of Streptomyces tendae [J]. J Antibiot, 1985, 38: 9-16.

[15] Bormann C, Mattern S, Schrempf H, *et al*. Isolation of Streptomyces tendae mutants with an altered nikkomycin spectrum [J]. J Antibiot, 1989, 42: 913-918.

[16] Ngo L. Production of dehydrosinefungin by microoganisms and agricultural use [P]. EP0417033A2, 1991.

[17] Bischoff E, von Hugo H, Udo K, *et al*. Herbicidal, insecticidal and fungicidal agent [P]. EP0078986A1, 1983.

[18] Bush B D, Fitchett G V, Gates D A, *et al*. Carbocyclic nucleosides from a species of Saccharothrix [J]. Phytochem, 1993, 32 (3): 737-739.

[19] Kubo I, Kim M, Wood W, *et al.* Clitocine, a new insecticidal nucleoside from the muchroom Cltocybe inversa [J]. Tetrah Let 27 (36): 4277-4280.

[20] 宋普球，魏玉玲，庄名扬，等．核苷 N9705 的抗病毒、抗菌杀虫活性研究 [J]．中国病毒学，2000，15 (S)：180-183.

[21] Kusaka T. The mechanism of aristeromycin. I. Growth inhibition of *Xanthomonas oryzae* by aristeromycin. [J]. J Antibiot, 1971, 24 (11): 756-760.

[22] Takeuchi S, Hirayama K, Ueda K, *et al.* Blasticidin S, a new antibiotic [J]. J Antibiot, ser A, 1958, 11: 1-5.

[23] Arai M, Haneishi T, Kitahara N, *et al.* Herbicidins A and B, two new antibiotics with Herbicidal activity I. Producing organism and biological activities [J]. J Antibiot, 1976, 29 (9): 863-869.

[24] Isono K, Uramoto M, Kusakabe H, *et al.* Ascamycin and delalanylascamycin, nucleoside antibiotics from *Streptomyces* sp. [J]. J Antibiot, 1984, 37 (6): 670-672.

[25] Hori M, Ito E, Takita T, *et al.* A new antibiotic, formycin [J]. J Antibiot, Ser. A 1964, 17: 96-99.

[26] 陶黎明，徐文平．新颖微生物源杀菌剂-金核霉素 [J]．世界农药，2005，27 (3)：45-46.

[27] 陈伊，李舟，魏玉珍，等．根际放线菌 106-03431 产生的核苷类抗生素 3431 的研究 [J]．生物学杂志，26 (4)：17-20.

[28] Harada S, Kishi T. Isolation and characterization of a new nucleoside antibiotic, amipurimycin [J]. J Antibiot, 1977, 30 (1): 11-16.

[29] Niida T, Yumoto H, Tsuruoka T, *et al.* Antibiotics obtained from Streptomyces miharaensis [P]. US Patent 3678159, 1972.

[30] Shomura T, Nishizawa N, Iwata M, *et al.* Studies on a new nucleoside antibiotic, Dapiramicin, I. Producing organism, assay method and fermentation [J]. J Antibiot, 1983, 36 (10): 1300-1304.

[31] Nishizawa N, Kondo Y, Koyama M, *et al.* Studies on a new nucleoside antibiotic, Dapiramicin, II. Isolation, physico-chemical and biological characterization [J]. J Antibiot, 1984, 37 (1): 1-5.

[32] Yoshida M, Ezaki M, Hashimoto M, *et al.* A novel antifungal antibiotic, FR-900848. I. Production, isolation, physico-chemical and biological properties [J]. J Antibiot, 1990, 43 (7): 748-754.

[33] Uramoto M, Kim C, Shin-Ya K, *et al.* Isolation and characterization of phosmidosine a new antifungal nucleotide antibiotic [J]. J Antibiot, 1991, 44 (4): 375-381.

[34] 张克诚，石义萍，李梅．微生物农药武夷菌素的研究进展 [M] //成卓敏．农业生物灾害预防与控制研究．北京：中国农业科技出版社，2005.

[35] Suzuki S, Isono K, Nagatsu J, *et al.*. A new antibiotic, polyoxin A [J]. J. Antibiot, 1965, 18: 131.

[36] Isono K, Asaki K, Suzuki S. Studies on polyoxins, antifungal antibiotics. XIII. The structure of polyoxins [J]. J Am Chem Soc, 1969, 91: 7490-7505.

[37] 左翔，范志金，吴琼，等．多氧霉素的研究进展 [C]．中国化工学会农药专业委员会第十三届年会论文集，209-221.

[38] Kobinata K, Uramoto M, Nishii M, *et al.* Neopolyoxins A, B and C, new chinin synthetase inhibitors [J]. Agric Biol Chem, 1980, 44 (7): 1709-1711.

[39] Hamill R, Hoehn M. A9145, a new adenine-containing antifungal antibiotic I. Discovery and isolation [J]. J Antibiot, 1973, 26 (8): 463-465.

[40] Iwasa T, Suetomi K, Kusaka T. Taxonomic study and fermentation of producing organism and antimicrobial activity of mildiomycin [J]. J Antibiot, 1978, 31 (6): 511-518.

[41] Suetomi K, Kusaka T. Antimildew spectrum of mildiomycin [J]. J Pestcide Sci, 1979, 4 (3): 349-353.

[42] Isaac B G, Ayer S W, Letendre L J, *et al.* 1991. Herbicidal nucleosides from microbial sources [J]. Journal of antibiotics, 44 (7): 729-732.

[43] Yamada O, Kaise Y, Futatsuya F, *et al.* Studies on Plant Growth-regulating Activities of Anisomycin and Toyocamycin [J]. Agric Biol Chem, 1972, 36 (11): 2013-2015.

[44] Awaya J, Matsuyama K, Iwai Y, *et al.* Production of 9-β-D-arabinofuranosyladenine by a new species of *Streptomyces* and its herbicidal activity [J]. J Antibiot, 1979, 32 (10): 1050-1054.

[45] Iwata M, Sasaki T, Iwamatsu H, *et al.* A new herbicidal antibiotic, SF 2494 produced by Streptomyces mirabilis [J]. Sci. Rep Meiji Seika Kaisha 1987, 26: 17-22.

[46] Scacchi A, Bortolo R, Cassani G, *et al.* Herbicidal activity of dealanylascamycin, a nucleoside antibiotic [J]. Pest Biochem Physiol, 1984, 50 (2): 149-158.

[47] Hahn D R, Graupner P R, Chapin E, *et al.* Albucidin: a novel bleaching herbicide from *Streptomyces albus* subsp. *chlorinus* NRRL B-24108 [J]. J Antibiot, 2009, 62 (4): 191-194.

[48] Murao S, Hayashi H. Gougerotin, as a plant growth inhibitor, from *Streptomyces* sp. No. 179 [J]. Agric Biol Chem, 1983, 47 (5): 1135-1136.

[49] Haneishi T, Terahara A, Kayamori H, *et al.* Herbicidins A and B, two new antibiotics with herbicidal activity, II fermentation, isolation and physico-chemical characterization [J]. J Antibiot, 1976, 29 (9): 870-875.

[50] Takiguchi Y, Yoshikawa H, Terahara A, *et al.* Herbicidins C and E, two new nucleoside antibiotics [J]. J Antibiot, 1979, 32 (9): 857-861.

[51] Takiguchi Y, Yoshikawa H, Terahara A, *et al.* Herbicidins F and G, two new nucleoside antibiotics [J]. J Antibiot, 1979, 32 (9): 862-867.

[52] Terahara A, Haneishi T, Arai M, *et al.* Thhe revised structure of herbicidins [J]. J Antibiot, 1982, 35 (12): 1711-1714.

[53] Kizuka M, Enokita R, Takahashi K, *et al.* Studies on actinomycetes isolated from plant leaves [J]. Actinomycetol, 1998, 12 (2): 89-91.

[54] 徐文平，袁生，陶黎明，等．放线菌 10885 除草活性物质的分离鉴定 [J]．农药，2007，46 (12)：814-816.

[55] Scacchi A, Bortolo R, Cassani G, *et al.* Detection, characterization, and phytotoxic activity of the nucleoside antibiotics, Blasticidin S and 5-Hydroxylmethyl-Blasticidin S [J]. J Plant Grow Reg, 1992, 11 (1): 39-46.

[56] Nakajima M, Itoi K, Takamatsu Y, *et al.* Hydantocidin: a new compound with herbicidal activity from Streptomyces hygroscopicus [J]. J Antibiot, 1991, 44 (3): 293-300.

[57] Fonne-Pfister R, Chemla P, Wardt E, *et al.* The mode of action and the structure of a herbicide in complex with its target: Binding of activated hydantocidin to the feedback regulation site of adenylosuccinate synthetase [J]. Proc Natl Acad Sci USA, 1996, 93: 9431-9436.

[58] Schmitzer P R, Graupner P R, Chapin E L, *et al.* Ribofuranosyl triazolone: a natural product herbicide with activity on adenylosuccinate synthetase following phosphorylation [J]. J Nat Prod,

2000，63（6）：777-781.

[59] 吴元华，杜春梅，朱春玉，等．新型农抗嘧肽霉素研究进展［C］．全国植物病毒和病毒防治学术研讨会，2003.

[60] 向固西，胡厚芝，陈家任，等．一种新的农用抗生素——宁南霉素［J］．微生物学报，1995，（5）：368-374.

[61] 冯振群，卢清．新型生物杀菌剂新奥霉素防治烟草花叶病毒病的田间药效［J］．现代农药，2011，10（4）：50-52.

[62] Gray R A. Combating plant virus diseases with a new antiviral agent，cytovirin［J］．Plant Dis Rep，1957，41：576-578.

[63] Tezuka N，Hirai T. Effects of formycin B on tobacco mosaic virus multiplication［J］．J Microbiol，1969，13（4）：367-374.

[64] Noguchi T，Yasuda Y，Niida T，*et al.* Inhibitory effects of Miharamycin A on the multiplication of plant virus and the symptom development［J］．Ann Phytopath Soc Jap，1968，34：323-327.

[65] Liu X，Ruan L，Peng D，*et al.* Thuringiensin：a thermostable secondary metabolite from Bacillus thuringiensis with insecticidal activity against a wide range of insects［J］．Toxins，2014，6（8）：2229-2238.

[66] Dancer J E，Hugher R G，Lindell S D. Adenosine-5′-phosphate deaminase［J］．Plant Physiol，1997，224：119-129.

[67] Hayashi K，Kamio S，Oono Y，*et al.* Toyocamycin specifically inhibits auxin signaling mediated by SCFTIR1 pathway［J］．Phytochem，2009，70（2）：190-197.

[68] Dayan F E，Owens D K，Duke S O，Rationale for a natural products approach to herbicide discovery. Pest Manag. Sci.，2012，68（4）：519-528.

[69] 朱春玉．嘧肽霉素抗烟草花叶病毒（TMV）作用机制研究［D］．沈阳：沈阳农业大学，2005.

[70] 蔡学建，陈卓，宋宝安，等．2%宁南霉素水剂对烟草花叶病毒的抑制及作用机制的初步研究［J］．农药，2008（1）：37-40.

用特境微生物及其次级代谢产物创制新型杀菌剂的研究*

潘华奇** 胡江春

（中国科学院沈阳应用生态研究所，沈阳 110016）

摘　要：植物病害给农业生产造成了巨大的损失。尤其是植物真菌病害，仅对水稻、小麦和玉米的为害，每年给全球农业带来约600亿美元的经济损失。另外化学农药的长期大面积的滥用带来了严重的食品安全问题、环境生态问题和抗药性问题。因此，安全、高效的新型生物杀菌剂的需求越来越大。目前，我国生物杀菌剂品种老化、新产品少、迫切需要高效、环境友好的新型生物杀菌剂。微生物因具有庞大的类群和丰富的代谢产物长期以来都是新型生物农药研制的主要方向。然而随着人们长期反复的挖掘陆源微生物资源日趋匮乏，因此我们专注于具有更大开发前景的海洋微生物、植物内生菌、极端环境微生物等特境微生物新资源的挖掘。同时采取“两条腿走路”的策略，利用这些新资源既研发周期较长、科技附加值高的农用抗生素，也注重周期较短、科技附加值较低的活体微生物制剂的研制，并不断尝试发展特境微生物资源高效挖掘和利用技术。

目前，我们已分离和保藏2 000余株特境微生物等新资源；通过微生物的去重复化，发现了10多种潜在新种，已经鉴定并发表新种资源4株；从优选5株特境微生物中分离鉴定28个抗菌活性物质，包括新抗生素8个。其中，深海异壁放线菌产生2个新的PTM类杀真菌物质，对黄瓜白粉病等展现出良好的防治效果；深海链霉菌产生的抗生素bafilomycins，能抑制多种植物病原真菌，对黄瓜霜霉病、小麦白粉病、玉米锈病等多种重要植物病害有良好的防治作用，特别对黄瓜霜霉病防治效果最为明显，与对照化学药剂98%烯酰吗啉原药相当，目前正在利用代谢工程技术对其进行高产菌株的构建；植物内生正青霉菌能高产抗生素F4-a，95% F4-a对黄瓜霜霉病和辣椒疫霉菌有显著防效，微区试验结果显示其防治黄瓜霜霉病的效果要优于对照药剂50% 烯酰吗啉水分散粒剂，具有研制成新型微生物杀菌剂的潜力。

微生物菌剂是生物农药重要的研究方向，也是替代传统化学农药的最优选择。我们采用多指标进行集成筛选，如对病原的拮抗作用、铁载体活性、几丁质酶和蛋白酶活性，最后通过土壤根际的定殖试验和保护性实验，筛选出6株生物防治效果明显的芽胞杆菌。海洋来源的芽胞杆菌9912D是本课题组筛选的应用效果最佳的一株，我们通过菌株选育、发酵培养基优化、中试放大以及可湿性粉剂研制等工作，创制了杀菌剂9912；同时通过比较基因组学分析阐明了其抗病的三大作用机制，及其潜在合成的新抗菌素。目前该成果已转让给华北制药集团爱诺有限公司，并登记了国际上首个甲基营养型芽胞杆菌杀菌剂。

关键词：特境微生物；生物农药；生物杀菌剂；次生代谢产物

---

* 基金资助：国家自然科学基金（41576136、41006088）；国家“863”计划子课题（2012AA092104-6、2011AA09070404）；中科院青年创新促进会会员项目（2018229）；以及沈阳市中青年科技创新人才支持计划项目（RC170266）的资助

** 第一作者：潘华奇，从事特境微生物资源发掘与新型生物农药创制研究；E-mail：panhq@ iae. ac. cn

保幼激素信号通路基因 *Met* 及 *Kr-h*1 对橘小实蝇成虫生殖的功能研究*

岳 勇** 杨瑞琳 王伟平 周琪皓 王进军 豆 威***
（西南大学植物保护学院 昆虫学及害虫控制工程重点实验室，重庆 400716）

摘 要：橘小实蝇［*Bactrocera dorsalis*（Hendel）］隶属于双翅目（Diptera）、实蝇科（Tephritidae），是世界上重要的农业害虫，尤其对柑橘、番石榴等作物危害极大。保幼激素是调控昆虫发育、变态与生殖最重要的激素之一，因此明确保幼激素在雌成虫生殖中的功能尤为重要。本研究聚焦保幼激素信号传导通路 *Met* 和 *Kr-h*1 这两个目的基因，同时基于橘小实蝇基因组及转录组数据库信息，运用 RT-PCR 技术，从橘小实蝇成虫体内克隆获得了 JH 信号通路基因 *Met* 和 *Kr-h*1 的开放阅读框（ORF），并对其序列进行了分析和注释；同时利用 qRT-PCR 技术分析了橘小实蝇 *Met* 和 *Kr-h*1 在不同发育时期以及成虫不同组织中的表达模式；并且利用保幼激素类似物烯虫酯（Methoprene）处理橘小实蝇成虫，检测了 *Met* 和 *Kr-h*1 表达模式的变化；在此基础上，利用 RNAi 探索了 *Met* 和 *Kr-h*1 在橘小实蝇雌成虫生殖过程中的功能，最后利用烯虫酯（Methoprene）处理了 RNAi 后的成虫，并检测处理后 *Met* 和 *Kr-h*1 表达量变化，同时观察卵巢的发育情况。此研究结果不仅有助于明确保幼激素信号通路基因 *Met* 和 *Kr-h*1 在橘小实蝇成虫生殖中的分子机制，还有助于寻找新的杀虫剂靶标，为实蝇类害虫的持续防控提供新的思路和方法。

关键词：橘小实蝇；保幼激素；信号通路；生殖；功能

---

* 基金项目：国家自然科学基金（31672030）；重庆市基础与前沿研究计划重点项目（cstc2015jcyjBX0061）；现代柑橘产业体系岗位科学家经费（CARS-27）

** 第一作者：岳勇，硕士研究生，研究方向为昆虫分子生态学；E-mail：yongyue19920212@163.com

*** 通信作者：豆威，教授，硕士生导师；E-mail：douwei80@swu.edu.cn

昆虫病原线虫防治蛴螬增效措施概述*

李而涛[1**] 李建一[1,2] 李晓峰[1] 李金桥[1]
曹雅忠[1] 张 帅[1] 李克斌[1] 尹 姣[1***]
(1. 中国农业科学院植物保护研究所，北京 100193；
2. 云南农业大学植物保护学院，昆明 650100)

摘 要：近年来，随着免耕或浅耕农业措施的大面积快速发展，土壤中蛴螬等地下害虫的虫口密度不断积累，以化学农药为主防治措施的应用不得当，导致蛴螬危害日趋严重，对农作物生产造成了极大损失。由于蛴螬的地下为害习性，传统的化学防治效果不佳且污染环境。于是具有独特生防优势的昆虫病原线虫被迅速开发利用。但昆虫病原线虫在实际应用过程中易受温度、湿度、紫外等不良因素影响，致使对蛴螬的防效不理想。目前人们在不断发掘优良的线虫品系、开发线虫保护剂等外，同时对线虫的可能增效措施也展开了大量研究，本文主要概述了昆虫病原线虫防治蛴螬的应用现状及问题、与其他因子混用的协同增效作用，以期为蛴螬治理拓宽思路，有助于推动相关绿色防治技术的研发和产业化。

关键词：蛴螬；昆虫病原线虫；生物防治；协同增效

蛴螬是金龟子幼虫的通称，属于鞘翅目，是世界性的农业重大害虫，在我国东北、华北、西北以及东南沿海等地区为地下害虫的优势类群[1]。蛴螬在土壤中生存，咬食植物的幼苗、根系、嫩茎、种子及块根、块茎等，对玉米、薯类、豆类、棉花、花生、甜菜及小麦等农作物和蔬菜、果树及林木幼苗、草坪等造成危害，降低产量，影响品质，严重地块可造成毁种重播或绝收。据调查，植物地下受害部分的86%是由蛴螬危害造成的[2]。近年来，随着生态环境的治理、退耕还林和环境绿化力度的加大，迅速发展的城市草坪、高尔夫球场等蛴螬适宜栖息场所的增加，特别是由于免耕、浅耕和地膜覆盖等栽培措施的大面积推广，均给农田提供了大量虫源。导致虫口基数增加，蛴螬为害逐年加重，对农作物的产量和品质造成了较大影响。据最新统计，2013 年我国农田蛴螬发生面积 12 521万亩次，由此造成的产量损失达 46 万 t（全国农技推广中心，2013），折合人民币 15 余亿元，而农产品质量下降造成的损失更是难以估计。2016 年，全国花生田虫害共发生 6 993 万亩次，其中 23%是由蛴螬造成的，造成的损失占虫害总损失的 35%（全国农技推广中心，2016），蛴螬是我国花生田发生最为严重、造成损失最大的害虫类群[3-5]。因此，控制蛴螬的为害已成为当前我国农作物安全生产的重大需求。

由于蛴螬在地下隐蔽为害，且为害期长，几乎贯穿整个作物生长期，是国内外公认的最难以防治和测报的重要害虫种类。而长期以来一直采用高毒、残留期长的化学药剂进行

---

* 基金项目：国家自然科学基金（31572007）；国家重点研发计划（2018YFD0201000，2017YFD0201701，2016YFD0100500）

** 第一作者：李而涛，硕士研究生；E-mail：2459691833@ qq. com

*** 通信作者：尹姣，研究员；E-mail：jyin@ ippcaas. cn

防治，由此带来土壤环境污染、杀伤天敌、食品安全等一系列问题。因此，减少化学农药使用、寻找绿色替代技术已成为近几年防治蛴螬等地下害虫的研究热点。

昆虫病原线虫具有杀虫能力强，杀虫谱广，能主动搜索寄主，对人畜、环境安全等优点，是国际上新型的绿色高效生物杀虫剂[6]，对地下害虫特效[7-8]。为了使线虫更好的应用于蛴螬防治，研究者不断对线虫新品种资源进行挖掘，开展线虫与其他生防因子互作及互作机理的研究，以期进一步提高线虫的实施潜能，降低使用成本，使线虫对蛴螬的防治更加经济有效。

1 昆虫病原线虫致病机理概述

昆虫病原线虫对寄主昆虫的侵染机理作为线虫与寄主互作的重要研究领域，已有研究集中于侵入途径、宿主组织病变、血淋巴免疫反应、对寄主能源物质含量的影响、线虫及共生菌产生的毒素对寄主的影响、共生菌次级代谢物的杀虫作用等方面[9-12]。昆虫病原线虫作为昆虫的专性寄生性天敌，可以通过对昆虫排泄物中某些物质的辨识（例如尿酸、尿囊素、黄嘌呤和精氨酸等）、寄主粪便散发出的气味引诱、呼吸所释放的 CO_2 吸引从而主动搜寻到寄主[13]，然后具有侵染能力的侵染期幼虫通过寄主的自然孔口（例如口、肛门、气门），节间膜或者伤口进入昆虫寄主体内，并穿透肠壁或气管壁进入昆虫血腔，随后释放其肠腔内携带的共生细菌并大量繁殖，一方面线虫侵入时对寄主造成机械损伤，另一方面共生菌分泌杀虫毒素蛋白等，抑制免疫反应，破坏寄主生理防御机能，同时共生菌产生抑菌物质，产生胞外酶等分解昆虫尸体，为线虫的生长与繁殖发育提供营养和理想的环境，最终导致昆虫因患败血症而死亡[14-17]。线虫在寄主体内可繁殖几代，当线虫密度高和营养匮乏时就形成肠腔内携菌的 3 龄侵染期幼虫重新回到土壤中主动寻找新的寄主或被雨水、风、土壤、人类活动、昆虫等被动传播达数千米外。

2 昆虫病原线虫在防治蛴螬上的应用

蛴螬是昆虫病原线虫首次应用于害虫防治的目标害虫[18]，也是昆虫病原线虫应用研究最为广泛的地下害虫[19]。目前国内外均已筛选出一些种类或品系并成功地应用于蛴螬的防治。其中日本金龟子（*Popillia japonica*）作为美国重要的经济害虫，经田间试验筛选出多个昆虫病原线虫品系可用于该蛴螬的防治[20-26]。多毛犀金龟（*Cyclocephala hirta*）可利用 *S. glaseri* 线虫进行有效防治[27]；*S. scarabaei* 对东方异丽金龟（*Anomala orientalis*）具有高毒力[28]，微田间试验中，在 2.5×10^9 IJs /hm^2 的剂量下对栗马绒金龟（*Maladera castanea*）3 龄幼虫的致死率为 71%~86%[29]，在室内测定中其对欧洲切根鳃金龟（*Rhizotrogus majalis*）的 3 龄幼虫致死中浓度为 5.5~6.0 IJs /头[25]。利用 *S. scarabaei*、*H. zealandica* 和 *H. bacteriophora* 防治圆头犀金龟（*Cyclocephala borealis*）均有报道[25,26,28]。在我国，周新胜等（1996）对淡翅藜丽金龟（*Blitopertha pallidipennis*）幼虫致病力试验结果表明芫菁夜蛾斯氏线虫（*Steinernema feltiae*）对其致病力最高，在室内死亡率达 97%，田间防治效果达 85%[30]。钱秀娟等（2005）利用嗜菌异小杆线虫（*Heterorhabditis bacteriophora*）Hb-1 品系对东北大黑鳃金龟防效测定时发现在以沙子为介质时 60 IJs /头的线虫剂量处理 56h 后对老熟幼虫校正寄生死亡率达 95.83%[31]。许艳丽等（2008）在盆栽试验中采用 *H. bacteriophora* NJ 线虫连续施用 2~3 次可实现对东北大黑鳃金龟幼虫的有效控制[32]。刘树森等（2009，2010）利用 *H. bacteriophora* 侵染华北大黑鳃金龟、暗黑鳃金龟和铜绿丽金龟三种金龟子 2 龄幼虫的致病力分别达到 93. 3%和 80. 0%[33-34]。Guo *et al.*（2013；2015）研究表明应用 *S. longicaudum* 和 *H. bacteriophora* 线虫可有效防治花生田的暗黑鳃金龟和华北大黑鳃金龟[35-36]。目前，全球有 40 多个国家在研制昆虫病原线虫杀虫剂，商品化生产的线虫品系已有百余种[37-39]。

3 昆虫病原线虫防治蛴螬的局限性

20 世纪 70 年代后期，少数发达国家开始研究应用昆虫病原线虫进行害虫防治。经过长期研究在欧美等发达国家已有应用，并获得了显著的成效，但仍存在施用、储存等方面的制约[40]。这些制约因素与线虫生物学及生态学特性息息相关。已有研究表明昆虫病原线虫离开寄主昆虫后在土壤中存活期的长短及其侵染能力主要取决于温度、湿度、天敌和土壤类型等因子[41]。温度太高，不利于 EPN 存活；温度太低，EPN 活动能力降低。于向阳等（2003）研究表明当砂土含水量为 5%～15%（*w/w*）时 *Steinernema carpocapsae* Ohio 线虫的杀虫活性最高，随湿度降低，杀虫活性明显降低[42]。王欢等（2009）研究表明，土壤中的食线虫真菌、细菌、原生动物、线虫、螨类、弹尾目昆虫和其他微小节肢动物的存在会影响 EPN 在土壤中的活动[43]。线虫喜欢土质疏松的环境，有调查表明在松沙土中有线虫的概率为 20. 8%，中壤土中 12. 2%，而轻壤土中却只有 5. 4%[44-46]。除了以上限制因素外同种线虫对不同蛴螬种类的敏感性的差异也较大，且线虫单独施用效果有时不稳定[47-48]。由于昆虫病原线虫是生物制剂，速效性明显低于化学农药，生产成本相对较高，难以将蛴螬控制在经济阈值水平以下。为了突破这些限制因素的束缚，研究者开始不断挖掘新的线虫品系，开发线虫防紫外线剂和保湿剂，对其可行的增效措施也展开了一系列的研究。

4 昆虫病原线虫防治蛴螬的增效措施

4. 1 与昆虫病原细菌混用

乳状菌能有效控制蛴螬的种群数量，是最早应用于防治蛴螬的病原细菌。早在 1935 年美国的 Hawly 就在日本金龟子（*Popillia japonica*）幼虫感病虫体上发现了一种类芽胞杆菌 *Paenibacillus popilliae*。崔景岳等（1981）利用乳状菌进行毒力测定，发现其对铜绿异丽金龟（*Anomala corpulenta*）幼虫的感染率高达 80%[49]。但因乳状菌属于专性寄生菌，难于人工培养，限制了其发展应用，所以主要用于与其他生防因子共同作用来控制蛴螬的发生为害。如将线虫和乳状菌（*Paenibacillus popilliae*）混用可以提高线虫对多毛犀金龟（*Cyclocephala hirta*）的作用效果（Thurston et *al.*，1994）[50]。

苏云金芽胞杆菌（*Bacillus thuringiensis*，Bt）具有杀虫特异性、对人畜无害、不污染环境等优点，成为 20 世纪应用最成功的微生物杀虫剂[51-52]。Bt 的主要杀虫物质为芽胞期形成具有不同形态的伴胞晶体，即杀虫蛋白晶体，这些杀虫晶体蛋白在昆虫中肠碱性环境中溶解并被酶活化，活化后的毒素与中肠上皮细胞表面的特异性受体结合，插入细胞膜形成孔洞，引发上皮细胞裂解[53-54]，这些特点为昆虫病原线虫快速进入昆虫的血腔提供了有利条件，为两者联用增效提供理论基础。已有研究表明将 *S. glaseri* 和 *Bacillus thuringiensis japonensis* BuiBui 菌株混用能够提高对该菌株敏感蛴螬的杀虫效果[55-56]。

4.2 与昆虫病原真菌混用

将昆虫病原线虫和昆虫病原真菌联用可实现对蛴螬更高水平的控制。已有报道将小卷蛾斯氏线虫（*Steinernema carpocapsae*）和布氏白僵菌（*Beauveria brongniartii*）联用相比于单独真菌处理可以显著提高对东方异丽金龟（*Exomala orientalis*）的致病率[57]。类似的研究中在室内和温室下将 *Heterorhabditis megidis* 或 *S. glaseri* 与 *M. anisopliae* CLO 53 联用对 3 龄 *Hoplia philanthus* 表现出加成或效果[58]。另外，将昆虫病原线虫 *H. bacteriophora* 与绿僵菌（*M. anisoplia*）联用对草坪害虫黄褐犀金龟（*Cyclocephala lurida*）防效较好，也表现出加成或增效作用[58-59]。

4.3 与低度化学农药混用

将环境友好型药剂与线虫混用也可以提高线虫防治效果。其中，利用广谱、低毒、持效期长的药剂与病原线虫混配提高防治效果是目前较为成功的做法，如吡虫啉与昆虫病原线虫联合防治多种蛴螬具有协同作用[60-61]。70%吡虫啉 1/10 推荐浓度与线虫 Hb 混用对暗黑鳃金龟 2 龄幼虫致死率提高了 87.51%[62]。低浓度的除虫脲与 *Steinernema longicaudum* X-7 线虫混用处理卵圆齿爪鳃金龟（*Holotrichia ovata* Chang）3 龄幼虫，7 天后表现为增效作用[63]。

4.4 不同种或品系线虫之间的混用

早期的研究中将不同种或品系的线虫混用取得了较好的防治效果。Choo *et al.*（1996）在室内将两种不同的昆虫病原线虫混用后测定了对南方玉米根虫（*Diabrotica undecimpunctata*）2 龄幼虫防效，结果表明混用后效果明显好于单一线虫[64]。另有研究中将 *H. indica* 和 *S. asiaticum* 混用后对稻纵卷叶螟（*Cnaphalocrocis medinalis*）幼虫进行防治，结果显示混用后致病速度较单独的线虫更快[65]。针对蛴螬的研究中将三种不同的昆虫病原线虫 *H. bacteriophora*，*S. kushidai* 及 *S. glaseri* 混用对三龄毛犀金龟（*Cyclocephala hirta*）和东方异丽金龟（*Exomala orientalis*）幼虫的防治具有相加作用[66]。近期研究中联合施用 *S. glaseri* 和 *H. bacteriophora* 对松云鳃金龟（*Polyphylla fullo*）幼虫的防治也具有加成作用[67]。所以将不同种或品系线虫联用防治蛴螬不失为一种理想的防治方法。

5 展望

针对蛴螬的生物防治中，目前国内外主要是利用昆虫病原线虫和 Bt 单一生防因子防治蛴螬，但是线虫对不同蛴螬的敏感性差异较大、单独施用效果有时不稳定，而有关靶标害虫对 Bt 产生抗性的研究报道已屡见不鲜，且 Bt 在实际生产中速效性较差，因此，可以开展昆虫病原线虫与 Bt 联用防治蛴螬的相关研究，有望利用 Bt 毒素对昆虫中肠的破坏作用，为昆虫病原线虫快速进入昆虫的血腔提供有利条件，不仅提高线虫对蛴螬的防效，降低防治成本，同时减少 Bt 的使用剂量、提高速效性，降低抗性产生风险。

多项研究均表明，线虫与其他因子适当混合后防治效果具有明显的增效或加成作用，其不仅能够提高线虫防治效果，节约成本，同时可应用于田间混合发生的多种蛴螬的统一防治，取得了较好的防控效果，具有良好的应用前景。但是，目前的研究仅限于其混合后的施药方法及防治效果等研究，而对于增效机理很少涉及，因此深入线虫与其他因子混用对蛴螬防治增效的机理研究有望为发现蛴螬新的治理途径提供重要的技术依据。

参考文献

[1] 魏鸿均，张治良，王荫长．中国地下害虫［M］．上海：上海科学技术出版社，1985.

[2] 姚庆学，张勇，丁岩．金龟子防治研究的回顾与展望［J］．东北林业大学学报，2003，31（1）：64-66.

[3] 曹雅忠，李克斌，尹姣．浅析我国地下害虫的发生与防治现状［M］//成卓敏．农业生物灾害预防与控制研究．北京：中国农业出版社，2005：389-393.

[4] 李晓，鞠倩，姜晓静，等．利用性诱剂防治花生田暗黑鳃金龟的研究［J］．植物保护，2012，3（3）：176-179. 63.

[5] 张美翠，尹姣，李克斌，等．地下害虫蛴螬的发生与防治研究进展［J］．中国植保导刊，2014，34（10）：20-28.

[6] Georgis R，Koppenhofer A M，Lacey L A，*et al.* Successes and failures in the useof parasitic nematodes for pest control［J］. Biological Control，2006，38（1）：103-123

[7] Hara A H，Kaya H K，Gaugler R，*et al.* Entomopathogenic nematodes for biological control of the leafminer，*Liriomyza trifolii*（Dipt.：Agromyzidae）［J］. Entomophaga，1993，38（3）：359-369.

[8] Grewal P S，Koppenhöfer A M，Choo H Y. In：Grewal P S ，Ehlers R-Udo，Shapiro-llan D I，eds. Nematodes as Biocontrol Agents［M］. Wallingford，Oxon UK：CAB International，2005：115-146.

[9] 杨君，王勤英，宋萍，等．嗜线虫致病杆菌血腔毒素 Tp40 对大蜡螟幼虫体内酶活性和中肠组织的影响［J］．昆虫学报，2008（6）：601-608.

[10] 张芸，钱秀娟，姬国红，等．夜蛾斯氏线虫对黄粉虫三种保护酶活力的影响［J］．甘肃农业大学学报，2010，45（5）：88-91+95.

[11] 付俊瑞，刘奇志，李星月．昆虫病原线虫异小杆属新种 *Heterorhabditis beicherriana* 共生菌的分离及致病性［J］．中国生物防治学报，2018，34（1）：133-140.

[12] 张文波．昆虫病原线虫共生菌 *SN*52 菌株的次生代谢产物和生物活性研究［D］．沈阳：沈阳农业大学，2017.

[13] 杨秀芬，杨怀文．昆虫病原线虫的致病机理［J］．中国生物防治，1998（4）：38-42.

[14] Poinar G O. Taxonomy and biology of Steinernematidae and Heterorhabdae［M］//R. Gaugler and H. K. Kaya，Eds. Entomopathogenic Nematodes in Biological Control. CRC Press，Boca Raton，FL. 1990：23-61.

[15] Boemare N E，Ahkurst R J，Mourant R G. NDA relatedness between *Xenorhabdus* spp.（Enterobacteriaceae），symbiotic bacteria of entomopathogenic nematodes，and a propoasal to transfer *Xenorhabdus luminescens* to a new genus，Photorhabdus gen［J］. International Journal of Systematic Bacteriology，1993（43）：244-255.

[16] 李慧萍，韩日畴．昆虫病原线虫感染寄主行为研究进展［J］．昆虫知识，2007，44（5）：637-642.

[17] 吴文丹，孙昊雨，席景会，等．嗜菌异小杆线虫侵染后暗黑鳃金龟和大黑鳃金龟幼虫脂肪体和中肠组织超微结构观察［J］．昆虫学报，2015，58（8）：836-845.

[18] Glaser R W，Fox H. A nematode parasite of the Japanese beetle（*Popillia japonica* Newm.）. Science，1930，26：479-495.

[19] 颜珣，郭文秀，赵国玉，等．昆虫病原线虫防治地下害虫的研究进展［J］．环境昆虫学报，2014，36（6）：1018-1024.

[20] Klein M G. Use of Bacillus popilliae in Japanese beetle control [M] //Jakson T A, Glare T R. Use of Pathogens in Scarab Pest Management. England: Intercept Limited. Andover, 1992: 179-189.

[21] Downing A S. Effect of irrigation and spray volume on efficacy of entomopathogenic nematodes (Rhabditida: Heterorhabditidae) against white grubs (Coleoptera: Scarabaeidae) [J]. Journal of Economic Entomology, 1994, 87 (3): 643-646.

[22] Alm S R, Villani M G, Yeh T, *et al. Bacillus thuringiensis* serovar japonensis strain Buibui for control of Japanese and oriental beetls larvae (Coleoptera: Scarabaeidae) [J]. Applied Entomology and Zoology, 1997, 32: 477-484.

[23] Koppenhöfer A M, Wilson M, Brown I, *et al.* Biological control agents for white grubs (Coleoptera: Scarabaeidae) in anticipation of the establishment of the Japanese beetles in California [J]. Journal of Economic Entomology, 2000, 93: 71-80.

[24] Koppenhöfer A M, Cowles R S, Cowles E A, *et al.* Comparison of neonicotinoid insecticides as synergists for entomopathogenic nematodes [J]. Biol. Control, 2002, 24: 90-97.

[25] Koppenhöfer A M, Grewal P S. Interactions and compatibility of EPN with other control agents [M] //Grewal P S, Ehlers R U, Shapiro-Ilan D I. Nematodes as Biocontrol Agents. Wallingford: CABI, 2006: 363-381.

[26] Grewal P S, Power K T, Grewal S K, *et al.* Enhanced consistency in biological control of white grubs (Coleoptera: Scarabaeidae) with new strains of entomopathogenic nematodes [J]. Biological Control, 2004, 30: 73-82.

[27] Converse V, Grewal P S. Virulence of entomopathogenic nematodes to the western masked chafer *Cyclocephala hirta* (Coleoptera: Scarabaeidae) [J]. Journal of Economic Entomology, 1998, 91 (2): 428-432.

[28] Koppenhöfer A M, Fuzy E M. *Steinernema scarabaei* for the control of white grubs [J]. Biological Control, 2003, 28: 47-59.

[29] Cappaert D C, Koppenhöfer A M. *Steinernema scarabaei*, an entomopathogenic nematode for control of the European chafer [J]. Biological Control, 2003, 28: 379-386.

[30] 周新胜，于治军，李兰珍，等．应用虫生线虫防治淡翅黎丽金龟子的研究 [J]．森林病虫通讯，1996 (3)：15-17.

[31] 钱秀娟，许艳丽，Wang Yi，等．昆虫病原线虫对大豆地下害虫东北大黑鳃金龟幼虫的致病力研究 [J]．大豆科学，2005 (3)：68-72.

[32] 许艳丽，钱秀娟，李春杰，等．昆虫病原线虫对东北大黑鳃金龟防治效果研究 [J]．土壤与作物，2008，24 (1)：106-109.

[33] 刘树森，李克斌，刘春琴，等．河北异小杆线虫一品系的分类鉴定及其对蛴螬致病力的测定 [J]．昆虫学报，2009，52 (9)：959-966.

[34] 刘树森，李克斌，刘春琴，等．嗜菌异小杆线虫沧州品系对暗黑鳃金龟幼虫的致病力 [J]．植物保护，2010，36 (5)：96-100.

[35] Guo WX, Yan X, Zhao G Y, *et al.* Han Efficacy of entomopathogenic Steinernema and Heterorhabditis nematodes against white grubs (Coleoptera: Scarabaeidae) in peanut fields [J]. Journal of Economic Entomology, 2013, 106 (3): 1112-1117.

[36] Guo W X, Yan X, Zhao G Y, *et al.* Efficacy of entomopathogenic Steinernema and Heterorhabditis nematodes against Holotrichia oblita [J]. Journal of Pest Science, 2015, 88 (2): 359-368.

[37] 丛斌，刘维志，杨怀文．昆虫病原线虫研究和利用的历史、现状与展望 [J]．沈阳农业大学学报，1999，30 (3)：343-353.

[38] 董国伟，刘贤进，余向阳，等．昆虫病原线虫研究概况．昆虫知识，2001，38（2）：107-111.

[39] 吴文丹，尹姣，曹雅忠，等．我国昆虫病原线虫的研究与应用现状［J］. 中国生物防治学报，2014，30（6）：1-6.

[40] Shapiro-Ilan D I，Gouge D H，Koppenhöfer A M . Factor affecting commercial success：case studies in cotto turf and citrus［M］//Gaugler Red. Entomopathogenic Nematology，CBA International，Wallingford，2002：333-356.

[41] 王进贤，邱礼鸿，练健生，等．昆虫病原线虫对突背黑色蔗龟幼虫致死效果的研究［J］. 昆虫天敌，1986（4）：220-224.

[42] 余向阳，王冬兰，刘济宁，等．昆虫病原线虫的室内感染活性及其所受温湿度的影响［J］. 江苏农业学报，2003，19（1）；13-17.

[43] 王欢，王勤英，李国勋，等．昆虫病原线虫研究进展［J］. 河北农业大学学报，2009，25（增1）：219-223.

[44] 李晓巍，梅树林，武鸿燕，等．昆虫病原线虫防治甜菜地蛴螬的初步研究［J］. 植物保护，1995（4）：14-16.

[45] 王慧，曾勇庆，李铁坚，等．应用昆虫病原线虫防治鸡场家蝇蛆的研究［J］. 山东畜牧兽医，1998（1）：3-4+55.

[46] 朱建华．应用昆虫病原线虫防治桉树白蚁的研究［J］. 福建林学院学报，2002（4）：366-370.

[47] Klein M G. Efficacy against soil - inhabiting insect pests［M］// Gaugler R，Kaya H K. Entomopathogenic Nematodes in Biological Control. Boca Raton FL：CRC Press，1990，195-214.

[48] Georgis R，Gaugler R. Predictability in biological control using entomopathogenic nematodes［J］. Journal of Economic Entomology，1991，84（3）：713-720.

[49] 崔景岳，李锁芝，张慧，等．蛴螬病原菌-乳状菌的研究——Ⅰ、不同菌株的毒力［J］. 植物保护学报，1981（2）：83-89+145.

[50] Thurston G S，Kaya H K，Gaugler R. Characterizing the enhanced susceptibility of milky disease-infected scarabaeid grubs to entomopathogenic nematodes［J］. Biol. Control，1994，4：67-73.

[51] Bravo A，Likitvivatanavong S，Gill S S，*et al. Bacillus thuringiensis*：A story of a successful bioinsecticide［J］. Insect Biochemistry and Molecular Biology，2011，41（7）：423-431.

[52] Jouzani GS，Valijanian E，Sharafi R. *Bacillus thuringiensis*：a successful insecticide with new environmental features and tidings［J］. Applied Microbiology and Biotechnology，2017，101（7）：2691-2711.

[53] Kirouac M，Vachon V，Noël J F，*et al.* Amino acid and divalent ion permeability of the pores formed by the *Bacillus thuringiensis* toxins *Cry1Aa* and *Cry1Ac* in insect midgut brush border membrane vesicles［J］. Biochimica Et Biophysica Acta，2002，1561（2）：171-179.

[54] Vachon V，Laprade R，Schwartz J L. Current models of the mode of action of *Bacillus thuringiensis* insecticidalcrystal proteins：a critical review［J］. Journal of Invertebrate Pathology，2012，111（1）：1-12.

[55] Koppenhöfer A M，Kaya H K. Additive and Synergistic Interaction between Entomopathogenic Nematodes and *Bacillus thuringiensis* for Scarab Grub control［J］. Biol. Control，1997，8：131-137.

[56] Koppenhöfer A M，Choo H Y，Kaya H K，*et al.* Increased field and greenhouse efficacy against scarab grubs with a combination of an entomopathogenic nematode and *Bacillus thuringiensis*［J］.

Biological Control, 1999, 14 (1): 37-44.

[57] Choo H Y, Kaya H K, Huh J, *et al.* Entomopathogenic nematodes (*Steinernema* spp. and *Heterorhabditis bacteriophora*) and a fungus *Beauveria brongniartii* for biological control of the white grubs, *Ectinohoplia rufipes* and *Exomala orientalis*, in Korean golf courses [J]. BioControl , 2002, 47: 177-192.

[58] Ansari M A, Tirry L, Moens M. Interaction between *Metarhizium anisopliae* CLO 53 and entomopathogenic nematodes for the control of *Hoplia philanthus* [J]. Biol. Control, 2004, 31: 172-180.

[59] Anbesse S A, Adge B J, Gebru W M. Laboratory screening for virulent entomopathogenic nematodes (*Heterorhabditis bacteriophora* and *Steinernema yirgalemense*) and fungi (*Metarhizium anisopliae* and *Beauveria bassiana*) and assessment of possible synergistic effects of combined use against grubs of the barley chafer *Coptognathus curtipennis* [J] . Nematology, 2008, 10, 701-709.

[60] Wu S, Youngman R R, Kok L T, *et al.* Interaction between entomopathogenic nematodes and entomopathogenic fungi applied to third instar southern masked chafer white grubs, *Cyclocephala lurida* (Coleoptera: Scarabaeidae), under laboratory and greenhouse conditions [J]. Biological Control, 2014, 76 (3) : 65-73.

[61] Koppenhöfer A M, Grewal P S, Kaya H K. Synergism ofimidacloprid and entomopathogenic nematodes against white grubs: the mechanism [J]. Entomol Exp Appl. , 2000, 94: 283 - 293.

[62] Koppenhöfer A M, Fuzy E M. Effect of the anthranilic diamide insecticide, chlorantraniliprole, on *Heterorhabditis bacteriophora* (Rhabditida: Heterorhabditidae) efficacy against white grubs (Coleoptera: Scarabaeidae) [J]. Biological Control, 2008, 45: 93-102.

[63] 王玉东，肖春，尹姣，等．三种化学杀虫剂对病原线虫侵染暗黑鳃金龟能力的影响 [J]. 中国生物防治学报，2012，28 (1): 67-73.

[64] 张中润，曹莉，刘秀玲，等．昆虫病原线虫 *Steinernema longicaudum* X-7 增效药剂的筛选 [J]. 昆虫知识，2006 (1): 68-73.

[65] Choo H Y, Koppenho¨fer A M, Kaya H K. Combination of two entomopathogenic nematode species for suppression of an insect pest [J]. J Econ Entomol . , 1996, 89: 97-103.

[66] Sankar M, Prasad J S, Padmakumari A P, *et al.* Combined application of two entomopathogenic nematodes, *Heterorhabditis indica* and *Steinernema asiaticum* to control the rice leaf folder, *Cnaphalocrosis medinalis* (Goen.) [J]. J Biopestic, 2009, 2: 135-140.

[67] Koppenhöfer A M, Grewal P S, Kaya H K. Synergism of imidacloprid and entomopathogenic nematodes against white grubs: the mechanism [J]. Entomol Exp Appl . , 2000, 94: 283-293.

[68] Demir S, Karagoz M, Hazir S, *et al.* Evaluation of entomopathogenic nematodes and their combined application against *Curculio elephas* and *Polyphylla fullo* larvae [J]. Journal of Pest Science, 2015, 88 (1): 163-170.

糖醋酒液在植食性害虫防治中的研究进展*

李建一[1,2**] 李而涛[1] 李晓峰[1] 李金桥[1] 曹雅忠[1]
尹 姣[1] 张 帅[1] 吴国星[2] 李克斌[1***]
（1. 中国农业科学院植物保护研究所，北京 100193；
2. 云南农业大学植物保护学院，昆明 650100）

摘 要：糖、醋、酒混合液体（简称“糖醋酒液”）一直广泛应用于田间植食性害虫的防治，已有众多学者报道了其在防治害虫方面的成效。本文结合国内外有关糖醋酒液研究的相关文献，从其作用及原理、应用效果、相关活性成分等方面进行了总结概述，为研究者开发更科学合理高效的食诱技术及其应用提供一定参考。

关键词：食诱技术；食诱剂；昆虫；活性成分

食诱剂是基于植食性害虫偏好食源或其挥发物而研制的一类成虫行为调控剂，模拟植物茎叶、果实等害虫食物的气味，通常对害虫雌雄个体均具有引诱作用，目前实蝇、夜蛾、甲虫等多种（类）农林害虫食诱剂已产业化应用[1]。由于生存繁衍的需要，植食性害虫需要取食植物的茎、叶、花、果实、花蜜等。食物除了能提供昆虫生长发育所需的营养物质，还能提供某些昆虫合成自身信息素所需的前体物质。每种植食性昆虫都有其特定的取食范围及偏好食物，这是昆虫与植物长期协同进化的结果[2]。20 世纪初，人们开始利用发酵糖水、糖醋酒液模拟腐烂果实、植物蜜露以及植物伤口分泌液等昆虫食源气味，进行害虫诱杀[3~5]。目前我国在田间主要使用的食诱剂以糖醋酒液为主，在人们越来越关注化学农药对环境及人类的威胁时，简便、绿色以及低成本的食诱技术是首选的方法。本文就糖醋酒液的作用及原理，防治对象及其活性成分分析等方面进行综述，以期为糖醋酒液食诱技术再开发、创新提供参考，为强化绿色防控及化学农药减施措施提供新的思路。

1 糖醋酒液原理及作用

许多重要害虫在产卵时必须补充营养，对蜜源植物具有趋向性[6~7]。在糖醋酒液虽然组成成分相同，但其在微生物的作用下，会很快发酵所产生的糖类、醇类和有机酸都是植物糖酵解和三羧酸循环等生理过程的产物，这些产物基本与一些植物挥发物类似。糖、醋和酒三者之间混合的比例不同，会出现不同生化反应导致产生的化合物不同，这极大提升

---

* 基金项目：国家自然科学基金（31572007），国家重点研发计划（2018YFD0201000，2017YFD0201701，2016YFD0100500）

** 第一作者：李建一，硕士研究生；E-mail：754540907@qq.com

*** 通信作者：李克斌，研究员；E-mail：kbli@ippcaas.cn

了对昆虫的引诱活性[8,4]。20世纪初期，发酵糖溶液就已经开始被使用到对害虫的防治当中，由于成本低廉、材料简单、容易获得，这些天然诱饵被广泛使用[9]，相比性诱集，糖醋酒液释放的气味对众多害虫都有一定的引诱作用且无性诱剂具有的性别局限性，雌、雄虫皆宜。

糖醋酒液单独使用，能有效诱杀害虫，如果树害虫白星花金龟（*Potosia brevitasis* Lewis），诱杀率高达84.9%，果实被害率较使用前有明显降低，保果效果显著[10]。此外，糖醋酒液配方不同，对害虫的引诱效果也有所不同。何亮等在研究糖醋酒液对梨小食心虫（*Grapholitha molesta* Busck）和苹果小卷叶蛾（*Adoxophyes orana* Fischer von Röslerstamm）的防治效果时，发现当糖、醋、酒、水的配比为3∶1∶3∶80和3∶1∶6：：0时，诱虫种类最多[3]；王志明与何亮等采用了相同的糖醋酒液配方用于诱集梨小食心虫，但诱虫量最好的配方为3∶1∶3∶160[11]，两者研究结果之间的差异可能跟环境、气候及害虫发生量等原因有关。此外，王萍等研究结果表明不同配比的糖醋酒液，诱杀的韭菜蕈蚊（*Bradysia odoriphaga* Yang *et* Zhang）量差异明显，诱虫量最大的配方为3∶3∶1∶80，达到86头/天[4]。王浩等在沙地榛园使用白糖、乙酸、无水乙醇和水分别配置4个配方溶液，包括3∶1∶3∶10、3∶1∶6∶10、6∶3∶1∶10和3∶6∶1∶10，其中6∶3∶1∶10诱集金龟子虫量百分比相比另外3种配方高10%~20%，以水作为对照的诱捕器防治效果为0[12]。刘永华等关于黄斑长翅卷叶蛾（*Acleris fimbriana* Thunberg）的诱集实验表明，4种配方分别为6∶1∶3∶80、6∶3∶1∶80、3∶1∶3∶80、3∶3∶1∶80的糖醋酒液，诱集效果也有明显差异，6∶3∶1∶80诱虫量达到51.35±6.84头，显著高于其他配方[13]。李捷等利用梨小食心虫诱集实验，通过正交法设计不同的糖醋酒比例，分析结果后以探究糖醋酒液3种主要成分的作用，结果表明比例为1∶2∶2∶160和1∶3∶1∶240的糖醋酒液对梨小食心虫引诱效果较好，平均诱捕量可达11头。比例为2∶1∶1∶160和3∶3∶3∶160的糖醋酒液对梨小食心虫引诱效果最差，但4种配方之间平均诱捕量无显著差异。在二期实验中通过稀释4种成分的含量所得结果分析后认为，4种成分作用大小顺序为蔗糖>乙酸>乙醇>水，诱捕量与蔗糖含量关系较大，乙酸次之，可能作为一种助剂起远程提示作用；乙醇含量与散发速率相关，可能作为一种载体帮助气味释放[14]。

2 糖醋酒液与其他因子混施的诱虫效果

糖醋酒液也可与性诱剂（sex attractant）相结合使用，二者原理不同，前者具有广谱性，性诱剂具有专一特异性，不伤害天敌，两者都属于无公害的产品，都属于相对大众化的防治方式，广泛应用于田间，而且两者原理具有一定的互补性。国外有学者在印度田间使用性诱剂诱杀小菜蛾（*Plutella xylostella* Linnaeus），小菜蛾的田间种群数量明显少于对照田[15]。张利军等认为性诱剂在田间单独对梨小食心虫进行防治效果明显，其实验表明15个/hm^2诱盆用于梨小食心虫大量诱捕试验时，可在72天内平均每盆诱虫900头；性诱剂设置密度较大时，会产生一定的迷向作用，在田间放置不同密度的性诱剂测试迷向作用对梨小食心虫的防治效果时发现，1050个/hm^2、750个/hm^2诱芯的迷向处理迷向率极显著，迷向率分别为97.43%和81.83%，防治效果为74.72%和56.43%[16]。张顶武等研究表明，糖醋酒液和性诱剂混合使用所引诱的苹果小卷蛾数量明显高于两者单独使用[17]。不同配方的糖醋酒液和害虫性诱剂混配使用，诱虫量有一定提升。巫鹏翔在实验中使用了

6种不同的糖醋酒液配方与梨小食心虫性诱剂混配使用，发现混配后诱虫平均值要稍好于未混配处理，但无显著差异[18]。刘文旭等也有类似研究表明，性诱剂与糖醋酒液混合使用，所诱杀的梨小食心虫虫量要高于单独使用糖醋酒液和以清水为对照的处理，甚至结果异于巫鹏翔等的研究结论，达到了显著水平[19]。云南马慧芬等也使用了两种不同的糖醋酒液配方诱集陈尺爪鳃金龟（*Holitrichia lata* Brenske），发现两种配方引诱能力无显著差异，均对陈尺爪鳃金龟有诱集作用，但与其雌虫活体混合使用时，诱虫量相比单独使用糖醋酒液有所增加，此种方法类似于与性诱剂混合使用[20]。

除了与性诱剂混配外，糖醋酒液和其他物质混配也有一定的增效作用，耿林等使用了9种糖醋酒液与枣蜜混配后发现，糖、醋、酒精、枣蜜的配比为20：15：5：2时，蜜源-糖醋液对苜蓿盲蝽（*Adelphocoris lineolatus* Goeze）的诱集量最大，为每3天引诱94±32.79头，与其他配方诱虫量呈显著差异，该研究还发现，配置的蜜源—糖醋酒液对雌雄虫都有引诱效果，且各处理诱集到的雌虫量要高于雄虫量[21]。陈彩贤在糖醋酒液中加入蜂蜜、芒果汁和番石榴汁后，对粪蚊（Scatopsidae）和菇蝇（*Bradysia minpleuroti* Yang *et* Zhang）的诱杀效果明显好于单独使用糖醋酒液，添加不同的蜜源物质对吸引两种昆虫的能力都有所增强[22]。陈又清等分别使用糖醋酒液和乙二醇（ethylene glycol）混合进行诱集实验发现，糖醋酒液所诱甲虫种类与乙二醇并无显著差异，但所诱得的小蠹数量在人工环境或自然环境明显高于乙二醇，说明糖醋酒液对小蠹有明显吸引作用，可单独作为一种食诱剂防治小蠹[23]。国外有学者将乙醇注入健康的榆树、木兰等植物，发现能明显吸引棘胫小蠹，因此认为乙醇是最关键的引诱物质。后续研究验证了乙醇对光滑足距小蠹（*Xylosandrus germanus*）、北方材小蠹（*Xyleborus dispar*）、云杉根小蠹（*Hylastes cunicularius*）、细干小蠹（*Hylurgops palliatus*）、纵坑切梢小蠹（*Tomicus piniperda*）、黑条木小蠹（*Trypodendron lineatum*）和肾点毛小蠹（*Dryocoetes autographus*）等50多种小蠹具有显著的吸引作用[24~31]。太红坤等的Y型嗅觉仪实验表明，性成熟番石榴实蝇（*Bactrocera correcta* Bezzi）性成熟雌虫对甲基丁香酚（methyleugenol）+糖醋酒液混合液无显著反应。雄虫仅对5%甲基丁香酚+糖醋酒液混合溶液产生显著反应。性未成熟雌虫仅对5%甲基丁香酚+糖醋酒液混合液产生显著反应，性未成熟雄虫对所有处理均无显著反应，由此看出，甲基丁香酚与糖醋酒液混配时，用量控制在5%时对番石榴实蝇诱集效果更好[32]。郑庆伟将中草药与糖醋酒液混合熬制，配方为糖：醋：党参：苍术：苦参：水=1：4：2：3：5：20，吸引金龟子成虫能力是单独配置糖醋液、糖水、醋的2~3倍。其分析指出，混配液具有融合度高、气味腐酸、夹带芳香的混合气味，属于缓释性药液，所以诱虫量相比其他溶液单独使用更高[33]。

3 糖醋酒液成分组成

糖醋酒液在田间较常用的成分包括白糖（绵白糖）、醋（米醋、白醋或乙酸）、酒（白酒或无水乙醇）和水，四者之间混合的比例不同，以及发酵的时间不同会出现不同的生化反应和产生不同的化合物，这些化合物极大的增加了吸引害虫的能力。王萍等通过GC-MS测得4种配方糖醋酒液的挥发物，其中配方比例3：3：1：80的挥发物约含有33种成分，其中包括酮、醛、醇、烷烃、酚和酯等，如表1[4]。

表 1　糖醋酒液 3∶3∶1∶80 的挥发物化学成分

编号	化合物名称	编号	化合物名称
1	1，4-二乙基苯 Benzene，1，4-diethyl-	11	1，2-二乙基苯 Benzene，1，2-diethyl-
2	1，3-二乙基苯 Benzene，1，3-diethyl-	12	3，4-二甲基苯乙酮 Ethanone，1-（3，4-dimethylphenyl）-
3	对乙基苯乙烯 Benzene，1-ethenyl-3-ethyl-	13	1-（3，4-二甲基苯基）乙酮 Ethanone，1-（3，4-dimethylphenyl）-
4	1-苯丁烯 1-Phenyl-1-butene	14	2-乙基苯丙酮 2’-ethylpropiophenone
5	1，2，4，5-四甲基苯 Benzene，1，2，4，5-tetramethyl-	15	4-羟甲基苯乙酮 1-（4-hydroxymethylphenyl）ethanone
6	1，2，3-三甲基环戊烷 Cyclopentane，1，2，3-trimethyl-	16	3-苯基环氧乙烷甲酸乙酯 Oxiranecarboxylicacid，3-phenyl-，ethyl ester
7	3-乙基苯甲醛 Benzaldehyde，3-ethyl-	17	扁桃酸甲酯 B enzeneaceticacid，. alpha. -hydroxy-，methyl ester
8	4-乙基苯甲醛 Benzaldehyde，4-ethyl-	18	正十四烷 Tetradecane
9	间苯二甲醛 Isophthalaldehyde	19	2，7-二甲基萘 Naphthalene，2，7-dimethyl-
10	肉桂醛 Cinnamaldehyde	20	1，6-二甲基萘 Naphthalene，1，6-dimethyl-
21	3-苯基-2-丙烯醛 2-propenal，3-phenyl-	28	对苯二甲醛 1，4-benzenedicarboxaldehyde
22	对苯二甲醛 1，4-benzenedicarboxaldehyde	29	对苯二甲醛 1，4-benzenedicarboxaldehyde
23	1，3，5-十一烷三烯 1，3，5-undecatriene	30	α，α’-二甲基 1，4-苯二甲醇 1，4-benzenedimethanol， alpha.，. alpha.’-dimethyl-
24	对异丙基苯乙醇 Benzenemethanol， 4-（1-methylethyl）-	31	2，6-二叔丁基对甲基苯酚 2，6-di-tert-butyl-4-methylphenol
25	对乙基苯乙酮 Ethanone，1-（4-ethylphenyl）-	32	对乙基苯甲酸乙酯 4-ethylbenzoic acid，ethyl ester
26	4-乙基苯丙酮 4’-ethylpropiophenone	33	1，4-二乙酰苯 1，1’-（1，4-phenylene）bisethanone
27	苯并环庚三烯 Benzocycloheptatriene		

20 世纪初人们就已经开始使用发酵糖水引诱害虫，国外学者 Pirkka Utrio 研究表明，糖醋酒能吸引害虫的原因之一就是其在不断的发酵过程中产生的化合物，Pirkka Utrio 从

中糖醋酒纯物质发酵后的混合液中鉴别出了38种物质，其中包含醇、酸、酯和醛类（表2），38种物质有35种对鳞翅目昆虫有吸引作用，最有效的包括乙醇、异戊醇、乙酸和乙偶姻[34]。

表2　糖醋酒纯物质混合液发酵后成分

编号	化合物	编号	化合物
1	乙醇 ethyl alcohol	20	己酸乙酯 ethyl caproate
2	丙醇 propyl alcohol	21	癸酸乙酯 ethyl caprate
3	异丁醇 isobutyl alcohol	22	辛酸乙酯 ethyl caprylate
4	异戊醇 isoamyl alcohol	23	月桂酸乙酯 ethyl laurate
5	β-苯乙醇 β-phenethyl alcohol	24	肉豆蔻酸乙酯 ethyl myristate
6	己醇 hexyl alcohol	25	棕榈酸乙酯 ethyl palmitate
7	辛醇 octyl alcohol	26	乳酸乙酯 ethyl lactate
8	癸醇 decyl alcohol	27	乙酸异戊酯 isoamyl acetate
9	2，3 戊二醇 2，3-pentadiol	28	异丁酸异戊酯 isoamyl isobutyrate
10	乙酸 acetic acid	29	异戊酸异戊酯 isoamyl isovalerate
11	丙酸 propionic acid	30	己酸异戊酯 isoamyl caproate
12	丁酸 butyric acid	31	辛酸异戊酯 isoamyl caprylate
13	异丁酸 isobutyric acid	32	β-苯乙醚醋酸酯 β-phenethyl acetate
14	异戊酸 isovaleric acid	33	乙醛 acetaldehyde
15	己酸 caproic acid	34	异丁醛 isobutyraldehyde
16	辛酸 caprylic acid	35	异戊醛 isovaleraldehyde
17	癸酸 capric acid	36	糠醛 furfuraldehyde
18	月桂酸 lauric acid	37	乙偶姻 acetoin
19	乙酸乙酯 ethyl acetate	38	双乙酰 diacetyl

4　展望

20世纪初，人们就开始在生产实践中应用发酵糖水、糖醋酒液等传统食诱剂诱杀实蝇、蛾类等害虫，糖醋酒液具有操作简便、使用方便、绿色无害和应用范围广等特点。现今在田间所使用的糖醋酒液配方及物质相对粗糙，成分包括白糖，食用醋，白酒和自来水，有一定的诱捕效果，但并不是纯物质，所含杂质较多，很少有研究探究这些杂质是否对诱集有影响。

糖醋酒液目前已知的配方种类繁多，但针对某一种靶标害虫的最佳配方较少，其各组分间配比不同、不同物种间同一配方甚至诱捕器设置不同，最后的诱集效果也不同，刘永华等使用4种不同配方（包括6：1：3：80、6：3：1：80、3：1：3：80和3：3：1：

80）对黄斑长翅卷叶蛾进行诱集实验后发现，6：3：1：：80 诱虫量最高，但与何亮等研究结果有所不同。同时其研究还发现，诱捕器设置在 1.5m 时，诱虫量显著高于处理设置为 1.2m 和 0.5m 时的诱虫量[13]，所以在田间使用时，针对不同害虫种类应设计相应的糖醋酒液最佳配方以及合理选择并设置诱捕器类型和高度。此外，田间环境复杂，具有大量且多样的气味影响食诱剂引诱效果，背景（环境）气味[35]可干扰食诱剂的诱虫效率，例如玉米吐丝期可大量释放苯丙素类化合物，在此期间使用丁子香酚（eugenol）、肉桂醇（Cinnamic alcohol）、4-甲氧基苯乙醇（4-Methoxybenzyl alcohol）等物质在玉米吐丝期对北方玉米根萤叶甲的引诱活性最弱[36~37]。因此，在实际应用当中，使用纯度更高的蔗糖、乙酸和乙醇并确定最佳比例后，与性诱剂或者其他靶标性较强，并且相对不同类型诱集场所具有一定特异性的化合物混合使用，可能会减少背景气味对诱集效果的影响。

在当今无残留绿色农业的背景下，糖醋酒液具有使用简单、对人畜环境无害和广谱等优点，但特异性较差，也会诱杀一些种类的天敌昆虫。另外，易受环境、气候以及诱捕器设置等条件影响，所以在实际生产应用中应根据不同的昆虫物种设计较好的配方，与性诱剂或其他专一性较好的化合物合理混配使用。此外，对糖醋酒液挥发物进行测定，并从机理方面将化合物与待试靶标害虫进行分子实验，以确定不同害虫和不同糖醋酒液挥发物的相关性，以此弥补糖醋酒液专一性较差的缺点。

参考文献

[1] 陆宴辉，2016. 农业害虫植物源引诱剂防治技术发展战略［M］//吴孔明. 中国农业害虫绿色防控发展战略. 北京：科学出版社：120-132.

[2] 钦俊德，王琛柱. 论昆虫与植物的相互作用和进化的关系［J］. 昆虫学报，2001，44（3）：360-365.

[3] 何亮，秦玉川，朱培. 糖醋酒液对梨小食心虫和苹果小卷叶蛾的诱杀作用［J］. 昆虫知识，2009，46（5）：736-739.

[4] 王萍，秦玉川，潘鹏亮，等. 糖醋酒液对韭菜迟眼蕈蚊的诱杀效果及其挥发物活性成分分析［J］. 植物保护学报，2011，38（6）：513-520.

[5] 唐艳龙，魏可，杨忠岐，等. 诱捕栗山天牛成虫的食物源引诱剂研究［J］. 环境昆虫学报，2016，38（3）：595-601.

[6] 耿冠宇，崔建州，李继泉. 绿盲蝽对寄主植物挥发物的趋性和忌避研究［J］. 河北农业大学学报，2012（8）：1-55.

[7] 鲍晓文，郑峰，蔡明飞，等. 补充营养对梨小食心虫成虫生殖及寿命的影响［J］. 西北农林科技大学学报，2010（8）：123-131.

[8] Green N，Beroza M，Hall S A. Recent developments in chemical attractants for insects［J］. Advance in Pest Control Research，1960，3（1）：129-179.

[9] Shelly T，Epsky N，Jang E B，*et al.* Trapping and the Detection，Control，and Regulation of Tephritid Fruit Flies：Lures，Area-Wide Programs，and Trade Implications［M］. Berlin：Springer Netherlands，2014.

[10] 陈光华，文家富，王刚云. 糖醋液诱杀果树害虫白星花金龟试验效果［J］. 陕西农业科学，2007（6）：53+92.

[11] 王志明. 不同配方糖醋酒液对桃园梨小食心虫的诱杀效果［J］. 果树实用技术与信息，2013（1）：30-31.

[12] 王浩，李玉航，徐树堂，等．沙地榛园金龟子防治技术初探［J］．辽宁林业科技，2013（4）：31-34.

[13] 刘永华，李鲜花，阎雄飞，等．糖醋酒液对黄斑长翅卷叶蛾诱集效果研究［J］．陕西农业科学，2018，64（7）：21-22.

[14] 李捷，王怡，郭晋帅，等．利用梨小食心虫分析糖醋酒液3种主要成分的作用［J］．果树学报，2016，33（03）：358-365.

[15] Reddy G V P. Mass trapping of diamondback moth，Plutella xylostella in cabbadge fields using synthetic sexpheromone［J］. International Pest Control，1997：（39）：125-126 .

[16] 张利军，陈晓东，帅赛，等．利用性诱剂防治梨小食心虫的研究试验［J］．山西农业科学，2010，38（7）：97-100.

[17] 张顶武，李松涛，董民，等．性诱剂和糖醋液防治桃园苹果小卷蛾技术研究［J］．中国果树，2007（3）：37-39.

[18] 巫鹏翔，吴凤明，郭冲，等．糖醋酒液与性诱剂结合对梨园梨小食心虫的最佳诱捕效果研究［J］．应用昆虫学报，2016，53（5）：1005-1011.

[19] 刘文旭，冉红凡，路子云，等．性诱剂与糖醋液组合对桃园梨小食心虫的诱捕效果研究［J］．中国植保导刊，2014，34（10）：43-47.

[20] 马惠芬，李勇杰，闫争亮，等．用糖醋酒液引诱陈齿爪鳃金龟试验初报［J］．西部林业科学，2010，39（4）：92-94.

[21] 耿林，毕拥国，王志刚．蜜源-糖醋液对苜蓿盲蝽的引诱作用研究［J］．河北林果研究，2014，29（3）：307-309+319.

[22] 陈彩贤．糖醋液添加不同物质对粪蚊和菇蝇的诱杀效果试验［J］．广西农业科学，2010，41（09）：936-937.

[23] 陈又清，李巧，陈彦林，等．糖醋液和乙二醇对地表甲虫的诱集效率比较［J］．昆虫知识，2010，47（1）：129-133.

[24] Ranger C M，Reding M E，Persad A B，*et al.* Ability of stress－related volatiles to attract and induce attacks by Xylosandrus germanus and other ambrosia beetles［J］. Agricultural and Forest Entomology，2010，12：177-185.

[25] Ranger C M，Reding M E，Schultz P B，*et al.* Ambrosia beetle（Coleoptera：Curculionidae）responses to volatile emissions associated with ethanol－injected Magnolia virginiana［J］. Environmental Entomology，2012，41（3）：636-647.

[26] Montgomery M E，Wargo P M. Ethanol and other host-derived volatiles as attractants to beetles that bore into hardwoods［J］. Journal of Chemical Eco logy，1983，9（2）：181-190.

[27] Schroeder L M. Attraction of the bark beetle Tomicus piniperda and some other bark－ and wood－living beetles to the host volatiles α-pinene and ethanol［J］. Entomologia Experimentalis *et* Applicata，1988，46：203-210.

[28] Schroeder L M，Lindelöw Å. Attraction of scolytids and associated beetles by different absolute amounts and proportions of α－pinene and ethanol［J］. Journal of Chemical Ecology，1989，15（3）：807-817.

[29] Dunn J P，Potter D A. Synergistic effects of oak volatiles with ethanol in the capture of sap rophagous wood borers［J］. Journal of Entomological Science，1991，26（4）：425-429.

[30] Miller D R，Rabaglia R J. Ethanol and（－）－α-Pinene：attractant kairomones for bark and ambrosia beetles in the southeastern US［J］. Journal of Chemical Ecology，2009，35：435 － 448.

[31] Reding M E，Schultz P B，Ranger C M，*et al.* Optimizing ethanol-baited traps for monitoring dama-

ging ambrosia beetles（Coleoptera：Curculionidae，Scolytinae）in Ornamental Nurseries［J］. Journal of Economic Entomology，2011，104（6）：2017-2024.

［32］太红坤，李正跃，蒋小龙，管云，周力斌，肖春．甲基丁香酚与糖醋液对番石榴实蝇的引诱效果［J］. 昆虫知识，2010，47（01）：105-109.

［33］郑庆伟．中草药糖醋液诱杀金龟子成虫是普通糖醋液的 2～3 倍［J］. 农药市场信息，2015（28）：53.

［34］Pirkka Utrio andKalervo Eriksson. Volatile fermentation products as attractants for Macrolepidoptera［J］. Finnish Zoological and Botanical Publishing Board，1977，14：98-104.

［35］Schröder R，Hilker M. The relevance of background odor in resource location by insects：a behavioral approach［J］. Bio Science，2008，58（4）：308-316.

［36］Hesler L S，Lance D R，Sutter G R. Attractancy of volatile non-pheromonal semiochemicals to northern corn rootworm beetles（Coleoptera：Chrysomelidae）in eastern South Dakota［J］. Journal of Kansas Entomology Society，1994，67：186-192.

［37］Hammack L，Hesler L S. Seasonal response to phenylpropanoid attractants by northern corn rootworm beetles（Coleoptera：Chrysomelidae）［J］. Journal of Kansas Entomology Society，1995，68：169-177.

植绥螨科物种资源及分类存在的问题

李洞洞　乙天慈　郭建军　金道超*
（贵州大学昆虫研究所，贵州省山地农业病虫害重点实验室，
昆虫资源开发利用省级特色重点实验室，贵阳　550025）

摘　要：植绥螨科 Phytoseiidae 隶属于蛛形纲 Arachnida、蜱螨亚纲 Acari，依 Krantz 于 1978 年提出的分类系统，其属于寄螨目 Parasitiformes、革螨亚目 Gamasida、革螨股 Gamasina、植绥螨总科 Phytoseiidea。植绥螨体椭圆形，活体半透明有光泽，体色从乳白，淡黄到红或褐色，与所摄食物有关。成螨体长在 200～500μm，足长，行动敏捷。世界植绥螨科已知种超 2 250种，中国已知 300 余种。Chant 等将植绥螨科分为三个亚科：钝绥螨亚科 Amblyseiinae、植绥螨亚科 Phytoseiinae、盲走螨亚科 Typhlodrominae，70 个属。植绥螨是一类重要的生物防治物，用来防治小型吸汁性有害生物如叶螨、蓟马、粉虱、蚜虫等。我国植绥螨分类研究存在以下问题：①植绥螨已知种多数来自栽培物，或与叶螨和其他害螨相关的种，而对其他栖息环境，如枯枝落叶层，苔藓等生境中的种类调查较少。②我国植绥螨区系研究不平衡，部分地区还未有充分的采集和调查研究的报告。③虽然目前文献中多采用 Chant 及其合作作者提出的系统，但植绥螨亚科和属的划分还未统一，还没有一个较为完善的、被世界多数分类学家公认的分类系统。④我国植绥螨分类工作曾由吴伟南做过系统总结，但分类研究总体上处于分散且不连续、标本散落多处的状态，研究中难以获取可用于对照的模式标本。⑤传统分类学鉴定存在诸多困难，缺少分子生物学现代技术与方法的应用。当下我国植绥螨科分类工作的重点是：充分调查我国植绥螨资源，建立国家级标本库；开展中国模式标本的重描述与绘图，厘定问题属种，为其在生物防治等领域奠定基础。

关键词　植绥螨科；中国东洋区；分类研究

---

* 通信作者：金道超

利用 RNAi 手段对智利小植绥螨生殖相关基因的初步探究*

毕思佳**　吕佳乐　王恩东　徐学农***

（中国农业科学院植物保护研究所，北京　100193）

摘　要： 智利小植绥螨作为植绥螨科最重要的生物防治种类之一，有着特殊的生殖方式，其所有后代须经交配产生，雌性为二倍体，雄性因来自父本的基因组丢失成为单倍体，又被称为假产雄孤雌生殖。过去的研究多集中在生态学或进化遗传学等领域，分子生物学方面研究较少，生殖机制仍模糊不清。目前笔者实验室完成了对智利小植绥螨基因组序列的初步组装，在此基础上，笔者以果蝇和西方静走螨作为参照，根据序列保守性分析，选择了 3 个与生殖相关的基因（*RpL*11、*RpS*2、*tra*-2），用 RNAi 饲喂法对基因功能展开初步探究，用 qRT-PCR 方法确定目的基因有没有被成功敲除或者表达量降低。试验结果表明：饲喂靶标基因 dsRNA 后，*RpL*11、*RpS*2、*tra*-2 基因被成功干扰，表达量与对照相比分别降低了 42%、72%、59%。当 *RpL*11 和 *RpS*2 被干扰后，智利小植绥螨的产卵量与对照相比显著降低，日均产卵量减少了 70%左右，多数处理仅产少量卵甚至不产卵。后代雌性比和卵的孵化率也略有下降，部分卵发生变形且无法孵化。当 *tra*-2 被干扰后，智利小植绥螨的产卵量和后代雌性比没有受到明显影响，但卵的孵化率显著降低，大约减少了 50%左右，多数雌螨在整个产卵期中所产的卵均发生严重变形，无幼螨孵出。笔者发现，*RpL*11 和 *RpS*2 基因可能在智利小植绥螨的繁殖中起着关键作用，*tra*-2 基因可能在智利小植绥螨卵的发育中起着关键作用。

关键词： *RNAi*；*RpL*11；*RpS*2；*tra*-2；生殖

---

* 基金项目：国家自然科学基金青年基金（31701850）；国家重点研发计划（2017YFD0200401）；现代农业产业技术体系北京市叶类蔬菜创新团队（BAIC07-2018）

** 第一作者：毕思佳，硕士研究生，研究方向：害虫生物防治；E-mail：945807651@ qq. com

*** 通信作者：徐学农，研究员；E-mail：xuxuenong@ caas. cn

二斑叶螨营养需求及人工饲料配制*

何永娟** 贾冰红 吕佳乐 王恩东 徐学农***
（中国农业科学院植物保护研究所，北京 100193）

摘　要：二斑叶螨（*Tetranychus urticae*）是一种世界性广泛分布的害螨，在许多重要的经济作物上造成了巨大的损失。捕食螨是目前防治叶螨最重要的天敌，其中以智利小植绥螨为代表的叶螨的专食性捕食螨，防效最好。但是专食性捕食螨只能以活体叶螨属叶螨来饲养，而目前叶螨属叶螨饲养需要种植大量的寄主植物，因此，生产过程中所需较大的空间和劳力成本。由于专食性捕食螨食性专一的生物学机理目前尚不明确，研发其人工饲料难度大。与之比较，叶螨寄主范围广泛、食性杂，是否能开发出叶螨的人工饲料，以此来节省寄主植物种植的环节，实现饲养成本的下降？

前期试验摸清了二斑叶螨的取食机制：二斑叶螨的口器为刺吸式，由口针鞘、口针、喙和一对须肢四个部分构成。二斑叶螨在未取食时，口针处于弯曲状态，刺探植物时，左右口针互相交错地伸出，到达取食位置时，两口针连锁成一根细长的口针。口针端部有小孔，汁液通过小孔吸入。

前期还进行了二斑叶螨的人工饲料做了基础性的研究：通过正交试验，得出两个较好配方，一个是较佳产卵量配方：蔗糖（8. 0g）、酵母（3. 75g）、蛋黄（6. 25g）、KH_2PO_4（0. 15g）、Na_2HPO_4（0. 042g）；另一个是较佳存活率配方：蔗糖（8. 0g）、蛋黄（12. 5g）、维生素（0. 08g）、KH_2PO4（0. 15g）。但是这两种配方跟自然寄主饲养的对比，饲养效果不理想，所以关于营养成分的种类及比例还需进一步研究。

本次研究在前期研究的基础之上，测定了二斑叶螨寄主植物新鲜芸豆叶片及新鲜芸豆汁液间营养成分含量的差异。结果表明：有 14 种氨基酸、6 种维生素、4 种微量元素是存在显著性差异的。将较佳存活率配方中的基础成分由蒸馏水换成新鲜汁液，其新鲜蛋黄的量加倍。结果显示，饲喂效果优于前期配方，取食人工饲料之后其存活率和产卵量均低于取食自然寄主，为什么会出现这样结果？到底是什么影响人工饲料饲养效果呢？因此，有必要从分子方面进行了研究，为进一步分析和优化人工饲料：对取食上述最好配方人工饲料、自然猎物和饥饿 24h 的二斑叶螨 3 个处理进行了转录组测序，共鉴定出 1 772个差异基因，筛选出消化、解毒相关的差异基因 128 个，笔者在其中选取的 20 个典型基因，通过荧光定量 PCR 表明有 18 个基因的表达趋势是与转录组数据相符的。在取食人工饲料之后，与消化、解毒相关的基因主要是下调的，其中与

* 基金项目：国家重点研发计划（2017YFD0200401）；中国农业科学院基本科研业务专项（Y2016PT13）；现代农业产业技术体系北京市叶类蔬菜创新团队（BAIC07-2018）

** 第一作者：何永娟，硕士研究生，研究方向：农业害虫生物防治；E-mail：1553590370@ qq. com

*** 通信作者：徐学农，研究员；E-mail：xuxuenong@ caas. cn

产卵相关的两个卵黄原蛋白基因明显下调了，这有可能是导致产卵量降低的原因。其他基因的功能和作用还需进一步验证。

专食性天敌猎物人工饲料的研制，开拓了天敌规模化饲养的思路，对专食性天敌的规模化饲养提供了理论和现实依据，推进生物防控的进步具有重要意义。

关键词：二斑叶螨；智利小植绥螨；人工饲料；转录组

不同营养源人工饲料对加州新小绥螨生长发育和生殖的影响*

刘静月** 吕佳乐 王恩东 徐学农***
（中国农业业科学院植物保护研究所，北京 100193）

摘 要：加州新小绥螨［*Neoseiulus*（*Amblyseius*）*californicus*（McGregor）］属蜱螨亚目（Acari）植绥螨科（Phytoseiidae）。可以捕食二斑叶螨、全爪螨、跗线螨、蓟马等，抗逆性较强，高温35℃仍能够发育繁殖，在有水但缺乏食物的条件下，平均可以存活18天，具有较高的生物防治潜力，国际上已商品化生产的天敌品种。2011年，在我国首次发现加州新小绥螨，目前大量繁殖成本仍就较高，为了减低成本，提高饲养效率，开展了人工饲料的研究，及取食人工饲料对加州新小绥螨生长发育和生殖的影响。

前期试验发现以70%蒸馏水、5%蜂蜜、5%蔗糖、5%胰蛋白胨、5%酵母浸膏、10%新鲜鸡蛋黄的基础饲料可以维持加州新小绥螨成螨的存活需求，但取食基础饲料的已交配雌成螨的产卵量显著低于取食二斑叶螨的雌成螨。

为提高加州新小绥螨的产卵量，在基础饲料中分别添加丰年虾卵、柞蚕蛹血淋巴，发现已交配雌成螨产卵量较基础饲料显著增加，产卵历期分别为9.93天、19.67天，产卵量分别为11.73粒、27.06粒。

人工饲料可以基本满足雌成螨营养需求，那是否可以满足整个生长发育和生殖的营养需求？以基础饲料，添加丰年虾卵、柞蚕蛹血淋巴、柞蚕卵饲养加州新小绥螨，其饲养效果均好于基础饲料，饲养效果最好的为添加柞蚕蛹血淋巴，其雌、雄螨的总发育历期分别为7.63天、7.24天，幼螨期分别为1.95天、1.82天，第一若螨期分别为3.13天、3.06天，第二若螨期分别为2.55天、2.37天；雌、雄螨交配成功率为71.43%，雌成螨产卵前期为2.03天，产卵历期为3.78天，产卵量为4.35粒，但其发育历期、产卵历期、产卵量显著低于取食二斑叶螨。

以人工饲料从卵饲养至成螨，交配后的产卵历期及产卵量显著低于人工饲料饲养已交配雌成螨的产卵历期及产卵量，是否是发育阶段营养不足，使其生殖发育不能完成，成螨产卵量下降？添加柞蚕卵人工饲料饲养的雌雄成螨与二斑叶螨饲养的雌雄成螨交叉交配：二斑叶螨（♀）×二斑叶螨（♂）、二斑叶螨（♀）×人工饲料（♂）、人工饲料（♀）×二斑叶螨（♂）、人工饲料（♀）×人工饲料（♂）。交配后以二斑叶螨饲养，交配成功

* 基金项目：国家重点研发计划（2017YFD0200401）；国家重点研发计划（2017YFD0201000）；现代农业产业技术体系北京市叶类蔬菜创新团队（BAIC07-2018）

** 第一作者：刘静月，硕士研究生，研究方向：作物害虫综合防治；E-mail：yuezhijingmi258@163.com

*** 通信作者：徐学农，研究员；E-mail：xuxuenong@caas.cn

率为95.83%，总产卵量786粒，4种交配组合雌成螨产卵前期分别为1.33天、1.83天、2.40天、2.50天，产卵历期均为10天，产卵量分别为34.17粒、34.17粒、35.00粒、33.50粒，后代性比分别为0.69、0.66、0.68、0.56。实验结果表明，取食人工饲料发育至成螨，交配后取食二斑叶螨，其产卵量与正常取食二斑叶螨发育无显著差异，仅在产卵前期、后代性比存在差异。

关键词：加州新小绥螨；人工饲料；柞蚕蛹血淋巴；生长发育；生殖

中国赤螨物种及关联寄主多样性*

徐思远　乙天慈　郭建军　金道超**

（贵州山地农业病虫害重点实验室，贵州大学昆虫研究所，贵阳　550025）

摘要：赤螨科 Erythraeidae 隶属于节肢动物门 Arthropoda、蛛形纲 Arachnida、蜱螨亚纲 Acari、真螨总目 Acariformes、绒螨目 Trombidiformes、前气门亚目 Prostigmata，为赤螨总科 Erythraeoidea 的重要科级单元；其幼螨寄生于昆虫和其他节肢动物体上，第二若螨和成螨捕食小型节肢动物，是潜在的重要生防天敌。

目前赤螨科世界已知 60 属 850 余种，其中仅有 14 属 44 种的成螨和幼螨能够对应。中国现在已报道的赤螨有 5 亚科 11 属 31 种，其中有 3 个未定种。赤螨幼螨和成螨的生活习性不同、形态差异大，野外采集的幼螨和成螨难以判定是否同种，加之完成世代的周期长而难以通过饲养获得各虫态，因此，现阶段分类研究仍然是幼螨分类和成螨分类并存，故幼螨有一套术语，成螨也有一套术语。同时幼螨标本相对易于采集，成螨能与幼螨对应的物种很少，目前仍以幼螨分类为主。

为明确中国赤螨资源，对 15 个省（鲁，苏，浙，闽，皖，赣，鄂，湘，黔，云，川，陇，陕，粤，琼），3 个自治区（蒙，宁，桂），1 个直辖市（渝）开展了调查。共计采获寄主标本 853 号，寄生螨标本共计 2103 号。经初步整理鉴定获得以下主要结果：

（1）物种资源：现已整理鉴定出赤螨计 5 亚科、10 属，17 种。其中有 2 个中国新纪录属——马兰特赤螨属 *Marantelophus* Haitlinger，2011（华美赤螨亚科 Abrolophinae Witte，1995），丹布勒赤螨属 *Dambullaeus* Haitlinger，2001（丽赤螨亚科 Callidosomatinae Southcott，1957），有 2 新纪录种。

（2）关联寄主：赤螨可寄主范围较广，本研究现采获的寄主分属于昆虫纲 12 目（蜻蜓目，蜚蠊目，螳螂目，虫脩目，直翅目，啮虫目，缨翅目，半翅目，鞘翅目，双翅目，鳞翅目，膜翅目），蛛形纲 2 目（盲蛛目，蜘蛛目）。昆虫纲中的主要寄主类群为直翅目、半翅目、双翅目和鞘翅目，分别占寄主总数的 29.2%、18.4%、9.7%和 9%；蛛形纲的主要寄主类群为盲蛛目、蜘蛛目，分别占寄主总数的 11%、1.4%。在不同目寄主类群所获的赤螨数量不同，各寄主类群上采获赤螨数与总数之比分别为：直翅目 43.7%，半翅目 12.4%，双翅目 10.9%，盲蛛目 10.1%，鞘翅目 8%。

（3）寄生量：赤螨在寄主体上的寄生量一般为 1~3 头，多的可达 109 头（直翅目）。

本研究为进一步探明中国赤螨物种多样性奠定了基础，为深入认识赤螨寄生阶段（幼螨）和捕食阶段（第二若螨和成螨）的生物学特性提供了基础资料，对明确赤螨在生物防治中的资源价值和应用潜力具有重要意义。

关键词 赤螨；昆虫；寄生关系；生物防治；中国

---

* 基金项目：国家自然科学基金（31872275）

** 通信作者：金道超；E-mail：daochaojin@126.com

中国寄螨科分类研究现状及展望*

姚茂元　乙天慈　金道超**

（贵州大学昆虫研究所，贵州山地农业病虫害重点实验室，
农业部贵阳作物有害生物科学观测实验站，贵阳　550025）

摘　要：寄螨科隶属于蛛形纲 Arachnida，蜱螨亚纲 Acari，寄螨总目 Parasitiformes，中气门亚目 Mesostigmate，寄螨总科 Parasitoide，寄螨科 Parasitidae。体中小型，背板 1~2 块；雌螨生殖板呈三角形，顶端尖细；雄螨螯肢动趾上有导精趾，足 2 具格外强大的表皮突。是较常见，且分布广的螨类，多在草堆、腐殖土上营自由生活，尤多在腐败的海藻、堆肥、粪肥等处，在小哺乳类动物的地下洞窝中亦可发现，或与土蜂、甲虫等一道，并借以传播。可捕食害螨、小型节肢动物及其卵，是潜在的重要生防天敌类群。

寄螨科的记述可追溯到 18 世纪，1758 年 Linnaeus 首次对寄螨科中的 *Pergamasus crassipes* 和 *Parasitus coleoptratorum* 进行了描述，Latreille 于 1795 建立了寄螨属，1876 年 Kramer 对寄螨属的分类地位进行了简单记述，1901 年 Oudemans 建立了寄螨科。二十世纪五十年代，寄螨科大量属级单元相继建立。其高级阶元分类系统一直处于变化中。1972 年 Juvara-Bals 建议将寄螨科分为寄螨亚科 Parasitinae 与偏革螨亚科 Pergamasina 二个亚科。到 1987 年，全世界约 90 余种。进入 21 世纪后，寄螨科分类研究逐渐活跃起来，相关研究总体呈上升趋势，且现阶段分类学研究仍然是重点。据文献统计，全世界已记录寄螨科 33 属 513 种，现今中国已报道寄螨科 12 属 116 种。由于大多数寄螨营自由生活或与昆虫生活在一起，在哺乳动物体表寄生的较少，故国内以往报导尚不多。我国螨类的研究工作在新中国成立后才得到迅速发展，特别是 1963 年第一次全国蜱螨学术讨论会的召开，对我国螨类研究工作起到了很大促进作用。主要从事寄螨科分类研究的国内学者有马立名、林坚贞。

目前该类群分类学研究主要存在的问题包括：1）寄螨分类学研究区域性差异性很大：不同地区的同种寄螨的形态学差异较大；2）属级分类单元系统相对混乱，系统发育关系有待明确：各属的分属特征不明确；3）生物学、生态学相关研究甚少，难以满足该类群作为生防天敌的需要。

需对此类群开展如下工作：1）采集不同地区的同种寄螨进行比较形态学研究，以此确定某些常用分类特征的稳定性；2）正确定义新的分类单元，探索分类单元间的发育关系，建立完善的分类单元体系，明确可使用的稳定的分属特征；3）加强该科生物学，生态学相关研究，为其作为生防天敌奠定基础。

关键词：寄螨科；分类学；研究进展；生防天敌；分类单元

---

* 基金项目：国家自然科学基金（31372161 和 31272357）资助

** 通讯作者：金道超；E-mail：daochaojin@ 126. com

有害生物综合防治

纳米技术（纳米材料）对作物和农药性能的功效*

黄世文** 王 玲 刘连盟 侯雨萱
（中国水稻研究所，杭州 311401）

摘 要：将纳米材料（纳米磁盘）放入水中浸 2h，水即被活化，称为纳米活化水（NTW）。用纳米活化水处理作物种子和秧苗（植株），可以提高种子发芽率，促进秧苗（植株）生长，提高作物产量和品质。纳米技术（纳米材料）同时还可以给水产业，家禽、畜牧业，蔬菜、水果和食品加工等带来许多好处。当然，纳米技术也可促进微生物生长。

试验结果表明（表 1），同一水稻品种用不同能量的纳米材料处理，或不同水稻品种用同样能量的纳米材料处理，对水稻种子的发芽率、秧苗生长、株高、穗长和穗重、结实率及千粒重都不相同。一般情况下，高能量的纳米材料处理后能明显提高上述性状。

Table 1 Effects of treatment with different energy nanometer pottery trays（NPTs）n adult rice plants

Treatment	Plant beight（cm）			Panicle length（cm）			Panicle weight（g）		
	Jinzao 47	Zhongzheyou 1	Xiushui 09	Jinzao 47	Zhongzheyou 1	Xiushui 09	Jinzao 47	Zhongzheyou 1	Xiushui 09
Control	99.77	115.98	87.38	22.11	24.21	15.62	3.47	3.74	2.69
NPT-A	94.73	114.81	93.50*	22.76	24.29	16.86*	3.89	3.93	3.05
NPT-B	98.36	118.52	88.80	23.03	25.60*	15.40	3.62	3.99	3.06
NPT-C	102.99	116.71	86.01	23.10	24.82	15.22	4.14*	4.67*	3.13
NPT-D	94.96	117.85	89.17	22.60	24.09	15.97	4.17*	4.13	3.71*
Treatment	**No. of filled grains per panicle**			**Seed-setting rate（%）**			**1 000-grain weight（g）**		
	Jinzao 47	Zhongzheyou 1	Xiushui 09	Jinzao 47	Zhongzheyou 1	Xiushui 09	Jinzao 47	Zhongzheyou 1	Xiushui 09
Control	141.53	148.32	105.96	79.57	86.10	88.03	24.64	26.00	24.99
NPT-A	142.91	153.24	130.06*	80.74	88.84	88.18	24.94*	26.50*	24.71*
NPT-B	168.77*	152.56	125.37*	88.23*	85.47	94.70*	25.10*	26.10	25.70*
NPT-C	157.18*	180.64*	116.51*	84.37	92.12*	90.07*	24.82	25.92	23.71*
NPT-D	168.11*	142.56	136.78	87.48*	88.91	95.38*	25.36*	26.20	26.31*

另外，化学农药经纳米技术（纳米材料）处理后，其性能也能得到提升。杀菌剂经

* 基金项目：The National Key R & D Program of China（2018YFD0200304，2016YFD0200801），Innovation project of Chinese Academy of Agricultural Sciences（CAAS）（CAAS-ASTIP-2013-CNRRI，CAAS-XTCX2016012）

** 第一作者：黄世文，博士，研究员，从事水稻病害发生、流行与防控研究；E-mail：hswswh666@126.com

纳米材料处理后其效能得到提高，对病原菌的生长抑制能力加强，对病害的防治效果更好。稀释600倍液的井冈霉素和稻瘟灵（富士一号）药液，经纳米材料处理后与未经纳米材料处理的相比较，对纹枯病菌（*Rhizoctonia solani*）和稻瘟病菌（*Pyricularia oryzae*）的生长抑制率分别由7.23%提高到32.53%，2.78%提高到29.30%。

但是，不同作物（品种）要用什么样能量的纳米材料处理？激活一定量的水需要多大能量的纳米材料、处理多少时间？纳米材料处理水其活性能保持多长时间？长时间储存后纳米材料处理水还能保持其原始的活性吗？由于这些问题对今后纳米技术（纳米材料）的广泛应用非常重要，因此需要进一步研究。然而，纳米技术（纳米材料）在农业上大规模应用，不论是对人类、动物、作物，还是环境和生态系统都存在着潜在的风险，这些也需要进一步明确。

关键词：纳米技术（纳米材料）；纳米处理水；功效；作物；农药

稻瘟酰胺微囊的制备研究*

朱　峰[1,2**]　段婷婷[1]　廖国会[1]　曹立冬[2]
曹　冲[2]　李凤敏[2]　陈才俊[1***]　黄啟良[2***]
（1. 贵州省农业科学院植物保护研究所，贵阳　550006；
2. 中国农业科学院植物保护研究所，北京　100193）

摘　要：为提高稻瘟酰胺在水稻上使用效率，本研究以稻瘟酰胺为芯材，聚羟基丁酸酯为壁材，采用乳化溶剂挥发法制备了稻瘟酰胺微囊，并通过红外光谱、热重分析以及电镜扫描等手段对所制备的微囊进行了表征。结果表明：所制备的稻瘟酰胺微囊呈棒状；粒径在 1 800~3 000nm；包封率和载药量分别为 75%和 25%；该微囊具有良好的控释性能，并且能够有效降低稻瘟酰胺对水生生物斑马鱼的毒性，具有良好的使用效果和环境效应。

关键词：稻瘟酰胺；微囊；缓释；毒性

农业生产中农药的使用效率是制约其效果的关键因素之一，农药常规剂型存在有效成分释放速度快，药效持效时间短等问题[1]。与传统剂型相比，农药微囊具有独特的优点，延长持效期、保护有效成分免受环境影响。微囊化技术使有效成分在预期时间段内，从预存库向设定环境持续释放，并保持在一定浓度水平的技术，使有效成分在较长时间内保持一定剂量水平并持续发挥作用。微囊化技术拥有提高有效物质的利用率、延长有效作用时间、减少流失量和使用次数等诸多优势，已经广泛应用在生物医学、食品、制药等领域，在农业领域的应用也越来越多[2~4]。

目前我国登记的微囊化的农药品种主要是微囊悬浮剂，按种类来分主要是杀虫剂和除草剂两大类[5]。同时，通过加工成缓释剂型，可以使对非靶标生物高毒的农药低毒化，可以解决扩大产品的使用范围。除此之外，农药微囊可减少农药在环境中的光解作用从而降低农药在生产中的使用量[6]。然而，稻瘟酰胺用于水稻上的防治中，使用效率仍待提高，因此，本研究以水稻田防治稻瘟病的新型药剂稻瘟酰胺为芯材，天然生物可降解聚羟基丁酸酯为壁材制备稻瘟酰胺微囊，为稻瘟酰胺在水稻上的减量使用，开发新型可控释农药新剂型提供理论依据。

---

* 基金项目：国家重点研发计划（2017YFD200302）；贵州省科技支撑计划项目（黔科合支撑［2017］2582）

** 第一作者：朱峰，博士研究生，主要从事农药高效对靶技术研究；E-mail：gzzbszf@ 163. com

*** 通信作者，陈才俊，博士，研究员，主要从事天然产物农药研究；E-mail：2725456133@ qq. com
黄啟良，博士，研究员，主要从事农药剂型加工原理与质量控制技术研究；E-mail：qlhuang@ ippcaas. cn

1 材料与方法

1.1 仪器与试剂

恒温电磁搅拌器，上海司乐仪器有限公司；TG20-WS 离心机，长沙湘智离心机仪器有限公司；FD-1-50 型真空冷冻干燥机，北京博医康实验仪器有限公司；Agilent 1200 型高效液相色谱仪，美国安捷伦科技有限公司；热重分析仪，美国铂金埃尔默仪器有限公司；Nicolet 6700 红外光谱仪，美国赛默飞世尔科技有限公司；PL-03 光化学反应仪，北京普林塞斯科技有限公司；ZRS-8G 溶出度测试仪，天津市新天光分析仪器技术有限公司。

92.5%稻瘟酰胺（Fenoxanil）原药，江苏长青农化股份有限公司；聚乙烯醇（PVA），国药集团化学试剂公司；聚羟基丁酸酯，深圳意科曼生物技术有限公司。

1.2 微囊的制备

采用 O/W（油相/水相）型乳化溶剂挥发法制备聚羟基丁酸酯稻瘟酰胺微囊。具体方法如下：分别准确称取一定量的稻瘟酰胺原药和聚羟基丁酸酯（PHB），稻瘟酰胺原药和聚羟基丁酸酯（PHB）的比例 1：2、1：4 及 1：10，其中 1：4 所制备的微囊效果最佳；用三氯甲烷溶解配制成质量溶度（稻瘟酰胺原药和聚羟基丁酸酯的质量）为 40~50mg/ml 的溶液，两者按一定的比例混合即为油相；准确称量一定量的乳化剂聚乙烯醇（PVA）加至去离子水中，加热搅拌至溶解，配制成质量浓度为 0.25%~1%的水溶液即为水相，试验结果显示 PVA 质量分数为 0.25%所制备的微囊最佳；将油相和水相按照体积比 1：1、1：2、1：5 及 1：10 混合置于烧杯中，在设定剪切速度为 6 000~12 000r/min，剪切时间范围 5~20min，试验结果显示油相和水相比为 1：10，剪切速度为 10 000r/min，时间为 10min 时所制备的微囊较好；于 55℃下搅拌挥发除去有机溶剂三氯甲烷，在 10 000 r/min下离心 10min，用去离子水洗涤沉淀 3 次，冷冻干燥，即得聚羟基丁酸酯-稻瘟酰胺微囊干粉，干燥储存。

1.3 微囊的表征

1.3.1 微囊粒径及其分布的测定

粒径及分布是微囊的一个重要表征指标。本研究采用 Malvern 激光粒度仪测定稻瘟酰胺微囊粒径大小及分布。具体方法如下：在微囊干粉中加入适量蒸馏水，超声制成微囊悬浮液，上机测定。

1.3.2 微囊包封率和载药量的测定

准确称量 0.025g（精确至 0.0002g）稻瘟酰胺微囊干粉，用色谱纯甲醇溶解并定容至 25ml，经 0.22μm 膜过滤。采用高效液相色谱外标法测定滤液中稻瘟酰胺的有效含量。色谱条件如下：

仪器：Agilent 1200 高效液相色谱仪，带二极管阵列检测器（Diode Array Detector，DAD）；色谱柱：Eclipse XDB-C18，250mm×4.6mm，流动相：乙腈/水（0.2%甲酸水）= 80/20；流速：1ml/min；柱温：30℃；检测波长：230nm；进样量：5μl。

稻瘟酰胺微囊的包封率和载药率的计算公式如下：

$$包封率(\%) = \frac{微囊中稻瘟酰胺的质量}{加入氟乐灵总质量} \times 100 \quad (1)$$

$$载药量(\%)=\frac{微囊中稻瘟酰胺的质量}{微囊总质量}\times 100 \tag{2}$$

1.3.3 热重分析

分别称取一定量的稻瘟酰胺原药、标准品以及聚羟基丁酸酯加入到热重分析仪中，在氮气保护环境中从室温升至550℃，10℃/min。

1.3.4 红外光谱分析

取一定量的KBr放入研钵中研磨，研磨完成后压片，用作测试背景。然后取少量的稻瘟酰胺原药及微囊粉末加入到研磨好的KBr当中，研磨均匀后压片，放入到红外光谱仪中进行分析。

1.4 释放实验

分别准确称取20.0mg稻瘟酰胺原药，100.0mg稻瘟酰胺微囊装入透析袋中，加入2ml乙腈：水（20：80）混合溶液，用夹子夹紧以后放入到溶出仪中，转速设置为100转/min，释放介质［乙腈：水=20：80（v/v）］200ml，定时取样。

1.5 光解实验

配制10mg/L的稻瘟酰胺原药及微囊标准溶液，加入到20ml的光解管中，磁子搅拌，在紫外灯照射下，定时取样，每次取样1ml，过膜，进样。

1.6 毒性实验

采用OECD试验方法中的半静态法进行试验。首先进行预实验，根据试验方法，设置若干组间距较大的浓度，每组处理10尾驯养好的斑马鱼，不设重复，观察并记录24h斑马鱼的中毒症状及实验结果。

根据预实验结果，正式试验设置6个浓度梯度，每个浓度梯度设置3个平行（表1），同时设置空白对照组及溶剂对照组，取10尾驯养好的斑马鱼于装有5L曝氧水的玻璃缸中。试验期间不喂食，及时清除死亡斑马鱼，于24h观察并记录斑马鱼死亡数及中毒症状。

2 结果与讨论

2.1 微囊的表征

2.1.1 粒径分布及外观形貌

如图1和图2所示，扫描电镜结果显示所制备的微囊呈棒状。激光粒度仪测定数据表明：稻瘟酰胺微囊粒径在1 800~3 000nm。

2.1.2 稻瘟酰胺微囊的包封率和载药量

由公式（1）和（2）计算得到，所制备的稻瘟酰胺微囊的包封率为75%，载药量为25%。

2.1.3 热重分析

热重分析常用来分析物质的热分解性质，由于微囊壁材和稻瘟酰胺有效成分的热分解性质不同，因此本研究采用热重分析来分析稻瘟酰胺微囊的热分解性质。如图3所示，稻瘟酰胺微囊壁材PHB在温度在260~280℃时，PHB快速分解，到280℃时PHB基本完全分解。与PHB相比，稻瘟酰胺原药从200℃开始时就开始分解，当温度到达230℃左右时稻瘟酰胺原药快速分解，温度到达275℃时基本完全分解。而所制备出的微囊在275℃时候开始快速分解，当温度到达 300℃时候完全分解。

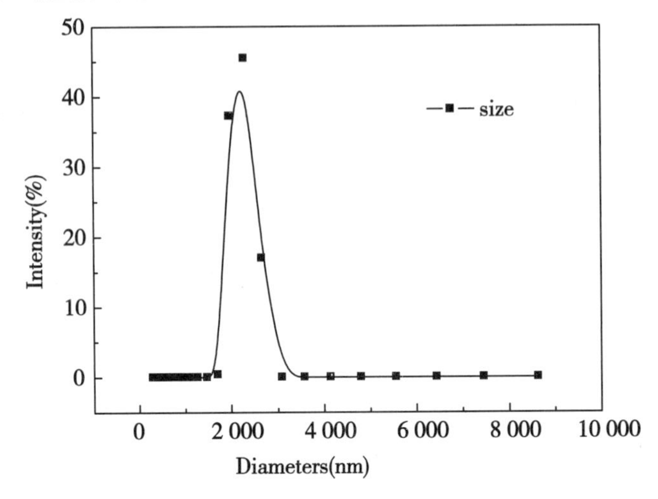

图 1　稻瘟酰胺微囊的粒径分布

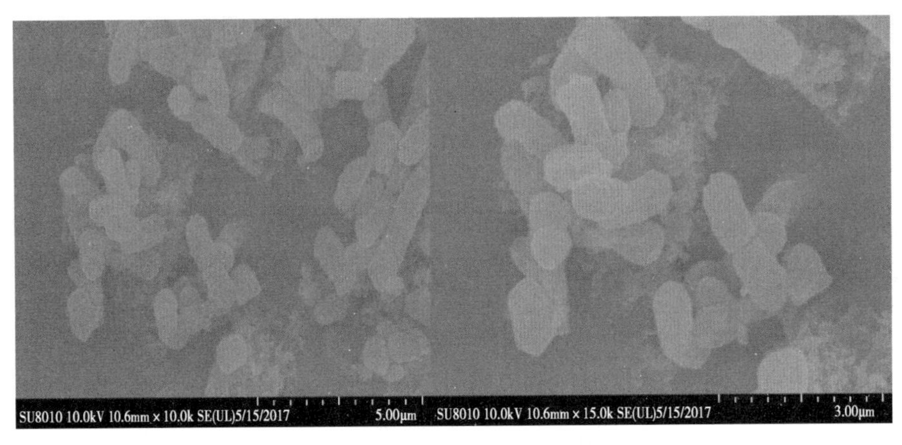

图 2　稻瘟酰胺微囊扫描电镜图

2.1.4　红外光谱分析

红外光谱图分析结果如图 4 所示，稻瘟酰胺原药在 1 475cm^{-1}、1 544cm^{-1}和 1 661cm^{-1}处有强吸收峰。而微囊的特征吸收峰为 1 723cm^{-1}，这也是 PHB 的特征吸收峰，表明稻瘟酰胺成功包覆到 PHB 材料当中。

2.2　稻瘟酰胺微囊释放实验

通过稻瘟酰胺微囊释放实验，如图 5 所示，在 0~5h 时，稻瘟酰胺原药快速释放，累计释放率高达 90%，而稻瘟酰胺微囊的累计释放率仅为 40%。与原药相比，稻瘟酰胺的微囊化能够显著降低有效成分的释放速率，这是由于囊壁材料的包覆作用降低了稻瘟酰胺的释放速率。稻瘟酰胺微囊的释放分为突释和缓慢释放两个阶段，突释阶段是由于微囊外部的稻瘟酰胺快速释放造成的，这有利于病害防治过程中初期有效性的发挥；而缓慢释放阶段的即为囊内的稻瘟酰胺，这对延长稻瘟酰胺在田间的作用时间，提高农药的利用效率有着积极的作用。

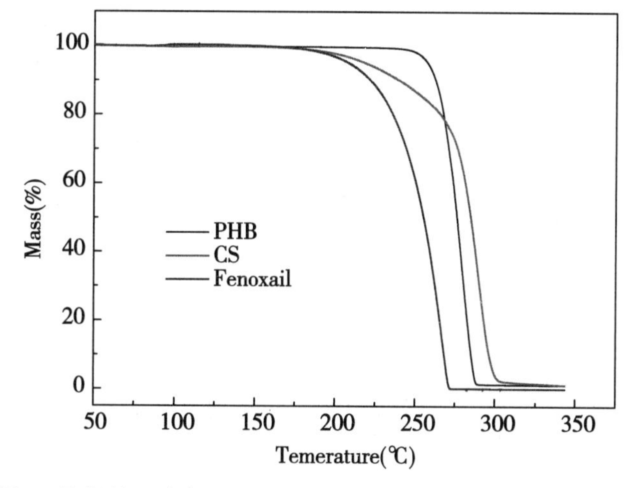

图 3　聚羟基丁酸酯（PHB）、稻瘟酰胺微囊和原药热重分析图

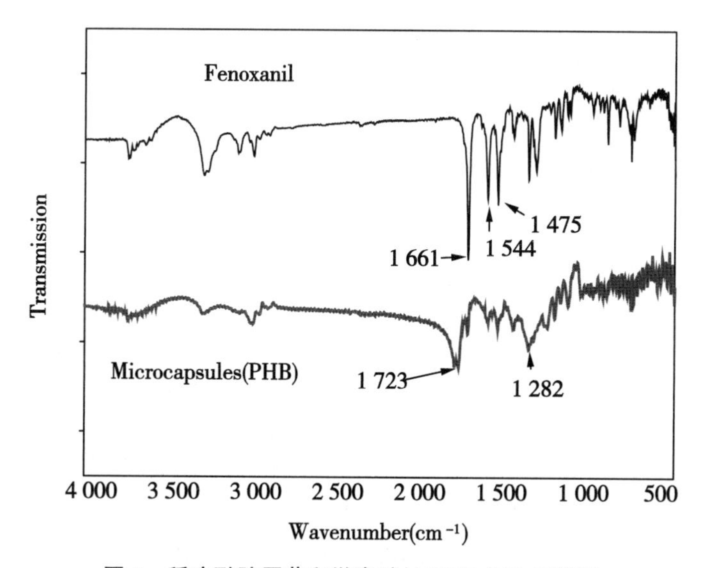

图 4　稻瘟酰胺原药和微囊壁材 PHB 红外光谱图

2.3　稻瘟酰胺微囊光解实验

光降解是制约农药在田间使用效率的因素之一，因此降低农药的光解作用能有效地提高农药的利用率。如图 6 所示，稻瘟酰胺微囊的光降解速率明显比原药的慢，稻瘟酰胺在 1h 时降解了 50%，而微囊仅降解了大约 30%。因此，稻瘟酰胺经过微囊化加工以后可有效降低其光解，延长在水稻上的作用时间。

2.4　稻瘟酰胺微囊对斑马鱼急性毒性实验

表 1　稻瘟酰胺微囊对斑马鱼的急性毒性

剂型	致死中浓度 LC_{50}（mg/L）	回归方程	置信区间	相关系数（R^2）
悬浮剂	5.235	$y=-8.418+11.709x$	4.771~5.717	0.944
微囊	28.590	$y=-11.081+7.61x$	24.893~33.573	0.987

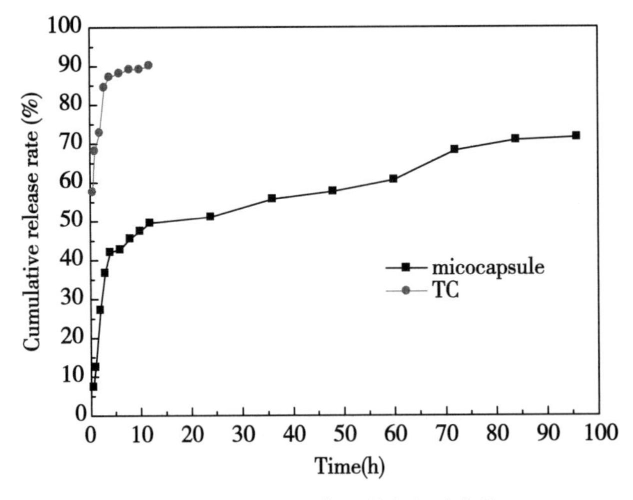

图 5　稻瘟酰胺原药和微囊释放曲线

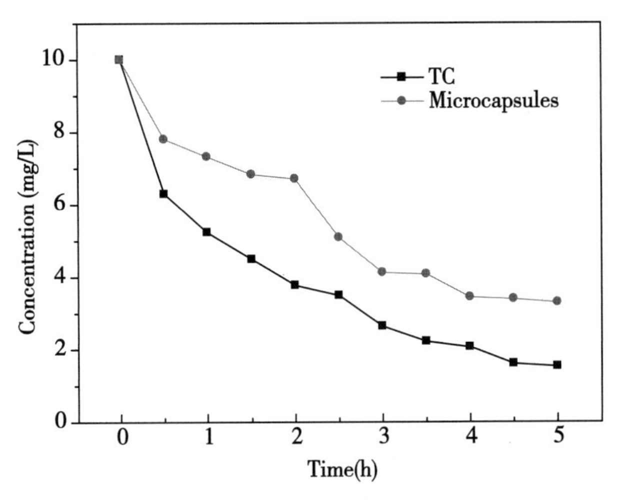

图 6　稻瘟酰胺原药及微囊光解曲线

如表 1 所示，稻瘟酰胺制剂和微囊对斑马鱼的急性毒性差异较大，所制备的稻瘟酰胺微囊和商品制剂对斑马鱼的致死中浓度分别为 5. 235mg/L 和 28. 590mg/L，因此稻瘟酰胺经过微囊化以后对降低了对水生生物斑马鱼毒性，具有良好的生态环境效应。

3　结论与讨论

本研究以具有生物可降解性的聚羟基丁酸酯（PHB）为壁材，采用乳化溶剂挥发法制备了稻瘟酰胺微囊。所制备的稻瘟酰胺微囊呈棒状，粒径集中在 1 800~3 000nm。其包封率和载药率分别为 75%和 25%。稻瘟酰胺微囊具有较好的缓释效果，同时能够有效降低稻瘟酰胺的光解。所制得的微囊对水生生物毒性较低，具有较好的生态环境效益。本研究对于提高农药的使用效率，开发稻瘟酰胺缓释新剂型有一定意义。

和传统农药剂型相比，在本研究中稻瘟酰胺微囊表现出了良好的性能，但关于该微囊在田间应用过程中的效率以及在田间的归趋问题尚待研究。只有将实验室模拟以及田间实验相结合起来才能真正地反映其应用价值及前景。

参考文献

[1] 朱峰，许春丽，曹立冬，等．农药微囊剂及其制备技术研究研究进展［J］．现代农药，2018，17（2）：12-16.

[2] 黄海燕．缓控释制剂研究进展［J］．西昌学院学报：自然科学版，2008，22（2）：57-59.

[3] Zhang S F，Chen P H，Zhang F，*et al*. Preparation and physicochemical characteristics of polylactide microspheres of emamectin benzoate by modified solvent evaporation/extraction method［J］. Journal of Agriculturial Food Chemistry，2013，61（50）：12219-12225.

[4] 彭海辉，陆海云．环保型缓/控释技术及其应用［J］．广东化工，2007，34（8）：81-84.

[5] 马兰可，钱超群，闫宪飞．农药微囊悬浮剂研究进展［J］．广州化工，2016，44（13）：31-33.

[6] 刘亚静，曹立冬，张嘉坤，等．氟乐灵微囊的制备表征及其光稳定性研究［J］．农药学学报，2015，17（3）：341-347.

千公顷水稻绿色防控与统防统治融合推进*

袁玉付** 仇学平 宋巧凤 谷莉莉 曹方元
(江苏省盐城市盐都区植保植检站，盐城 224002)

摘 要：为推进“农药零增长、防控源污染”行动，2017 年，江苏省盐城市盐都区在前些年创建水稻绿色防控与统防统治融合示范区的基础上，继续践行“科学植保、公共植保、绿色植保”理念，采取印发技术意见、制定推进方案、公开组织申报、严肃公正评审、规范组织实施和现场观摩提升的做法，推进千公顷水稻绿色防控与统防统治融合，取得了水稻增产增效、组织发展壮大、发挥引领作用、农药减量提效的成效，吹奏着绿色发展的凯歌。

关键词：绿色防控；统防统治；融合；推进

党的十九大提出“乡村振兴”战略和全社会对农产品质量安全的高度关注，进一步推动了水稻绿色防控和统防统治融合，实施农药减量行动的步伐。2015 年起，江苏省盐城市盐都区开始实施水稻专业化统防统治用工补贴项目，翌年尝试创建水稻绿色防控与统防统治融合示范区，探索绿色防控与统防统治融合防控水稻重大病虫害，2017 年借助于江苏省级农林渔病害防治及处理项目的重大病虫害防治中水稻专业化统防统治用工补贴项目，推进千公顷水稻绿色防控与统防统治融合。

1 推进概况

推进融合主体为与农户、家庭农场、种植企业、种植大户等签订水稻病虫害专业化统防统治协议的专业化服务组织（合作社、企业）。按照水稻专业化统防统治用工补贴项目的规范程序，通过会议组织、网上宣传、自愿申报、资格审核、专家评审、网上公示，实施中专项检查、电话抽查、上门核查，确定认定 8 个服务组织参加推进融合，实施融合农户 604 户，推进融合面积 1 260hm^2（表 1）。

2 推进做法

2.1 印发技术意见

5 月 25 日，盐都区农委都农发〔2017〕66 号，印发《水稻病虫害绿色防控技术意见》，明确技术路径是选用抗性品种+种子处理+秧田覆盖无纺布+生态调控、健康栽培+利用天敌+灯诱、性诱、养鸭+科学、规范、安全用药+统防统治。预期目标是病虫为害损失率 5%以下，高效低毒农药使用覆盖率 80%以上，农药使用量比非融合区减少 20%以上，稻谷农残检测合格率 100%。

---

* 基金项目：2017 年江苏省级农林渔病害防治及处理项目的重大病虫害防治中水稻专业化统防统治用工补贴项目

** 第一作者：袁玉付，推广研究员，主要从事植保技术推广工作；E-mail：yyf-829001@163.com

表 1　盐都区 2017 年水稻绿色防控与统防统治融合主体情况表

序号	推进融合主体	服务镇（街道）	融合农户（个）	融合面积（hm^2）
1	盐城市盐都区秦南镇农业综合服务专业合作社	秦南镇	16	266.7
2	盐城市盐都区红太阳植保专业合作社	龙冈镇、鞍湖街道	85	180
3	盐城汉和农业科技有限公司盐都分公司	龙冈镇	5	93.3
4	盐城田欢农业服务有限公司	秦南镇、大纵湖镇、北龙街道	17	166.7
5	盐城市盐都区禾丰植保服务专业合作社	学富镇	12	113.3
6	盐城农益惠农业发展有限公司	秦南镇、七星农场	3	80
7	盐城市盐都区盐龙平安农机专业合作社	盐龙街道	5	120
8	盐城市盐都区好兄弟植保专业合作社	大冈镇	461	240
	合　　计		604	1 260

2.2　制定推进方案

结合前两年项目实施经验教训，在充分调研的基础上，制定了 2017 年实施方案，6 月 19 日上报市农委。7 月 24 日区植保植检站印发《盐都区 2017 年水稻专业化统防统治用工补贴项目实施意见》，提出具体工作要求、检查方法和责任追究措施。成立了由区农委分管主任任组长，相关职能单位负责人参加的项目实施小组，由区植保植检站牵头负责具体实施工作。

2.3　公开组织申报

6 月 1 日区植保植检站召开项目申报专题会议，明确项目申报条件，要求各镇（区、街道）农业服务中心推荐符合条件的服务组织进行申报，同时通过《盐都现代农业网》《盐城市盐都区植保植检站网》向社会公开遴选服务组织。申报项目的专业化服务组织（植保服务合作社、企业）的条件：①在盐都区登记注册，有健全的财务账目；②在盐都区范围内水稻专业化统防统治面积 66.67hm^2 以上，合同齐全；③有较强的管理能力、技术能力、服务能力，有配套的办公、仓库、机械等设施设备；④遵守项目纪律，自觉接受项目管理，资料真实，服务规范。

2.4　严肃公正评审

7 月 11 日区植保植检站召开项目申报评审会议，请农委监察室、科项科项目管理人员、申报单位所在地的农业服务中心主任参加。对符合条件的 10 个服务组织，从营业执照、财务账目、服务面积、管理能力、技术能力、日作业能力、机防队员、信用承诺等 8 个方面进行综合评分，按平均得分排序，淘汰得分最低的 1 个申报单位，最终 9 个服务组织被确定为拟实施单位。项目实施单位、农户信息 7 月 17—23 日在《中国·盐都—农委》网进行公示，接受社会各界监督，公示期内未接到投诉。

2.5　规范组织实施

在区植保植检站印发《盐都区 2017 年水稻专业化统防统治用工补贴项目实施意见》，对项目实施的绩效目标、实施单位、工作要求、检查方法、责任追究进行明确的基础上，7 月 26 日，区农委与各项目实施单位签定项目实施责任状，明确服务目标，严明实施要求，严格监督核查，强化责任追究。要求项目实施单位必须实行合同服务；在项目实施区交通要道处设立项目展示牌；8、9月对实施项目的基本情况、补贴面积、补贴金额及参与全承包防治的农户信息等情况在所在村（居）张榜公示7天 以上；防治时必须根据区病虫情报的技术要求，优先选用高效低毒低残留农药和环境友好型剂型，所用药剂必须从有资质的农药经营企业或生产厂家（公司）正规渠道进货，有正规进货发票；防治时必须建立防治档案，田间档案必须经服务对象签字确认；用药后5~7天检查防治效果。

2.6 现场观摩提升

10月20日，区植保植检站组织各镇（区、街道）农业服务中心主任、植保技干，项目实施单位负责人40多人考察观摩，先后观摩了平安农机合作社在盐龙街道北港村实施的水稻绿色防控与全程机防统防统治融合项目区、汉和公司在龙冈镇港北村实施的水稻绿色防控与全程飞防统防统治融合项目区、好兄弟合作社在大冈镇北杨村扬帆农场实施的水稻绿色防控与专业化统防统治融合示范核心区，现场观摩后，全体人员在大冈镇农业中心会议室进行了总结提升，在现场介绍的基础上，区植保植检站负责人进行了点评和总结。通过现场观摩，对水稻绿色防控与统防统治融合推进、农药减量增效的具体措施技术和取得的成效有了直观和深入的了解，为积极主动做好今后的工作奠定了良好的基础。

3 推进成效

3.1 水稻增产增效

推进水稻绿色防控与专业化统防统治融合后，水稻病虫害得到及时、有效防治，促进了水稻单产提高。据田间测产对比，推进融合区比面上大户自主防治区平均增产5%~21%。通过融合推进，项目区比农户自防田平均少用药1.9次，折人民币35元，平均亩增产52kg，折人民币110元，两项合计146元，项目区总节本增效275.94万元。推进融合区经济效益和社会效益明显，得到广大农户的一致好评。

3.2 组织发展壮大

通过项目实施，扩大了专业化服务组织的服务面和知名度，提升了植保社会化服务的运行质态，参加项目实施的服务组织，在项目实施过程中，队伍得到锻炼，规模得到壮大，实力得到加强，管理水平得到提高。

3.3 发挥引领作用

通过推进融合，带动大面积水稻绿色防控与专业化统防统治融合工作的开展，植保专业化服务组织、家庭农场、种植大户购买高效植保机械进行水稻统防统治的积极性空前高涨，据统计，当年新增大中型自走式喷杆喷药机115台，新增加植保无人飞行器19台，统防统治的装备得到明显加强，提高了植保机械化水平和防治的效率、质量，推进了大面积统防统治工作，全区水稻重大病虫专业化统防统治面积达9.51 万 hm^2，占防治面积的64.02%，水稻全承包面积达1 800hm^2。

3.4 农药减量提效

据中后期检查，推进融合区由于防治适期准确，用药品种优质对路，防治质量均匀稳定，参加项目农户的田块，高效低毒农药使用覆盖率达90%以上，平均用药4.5次，比农民正常自行防治田用药少1.9次，减少农药用量23.7%，适期用药率98%，用药对路率100%，防治效果平均90%以上，比大户自防田提高5%左右。服务对象满意率95%以上。

新型配方生物制剂不同施药方法对中后期条螟白螟防控效果评价*

李文凤[1**]　单红丽[1]　王晓燕[1]　张荣跃[1]
罗志明[1]　房　超[2]　毛永雷[2]　尹　炯[1]　黄应昆[1***]
(1. 云南省农业科学院甘蔗研究所/云南省甘蔗遗传改良重点实验室，开远　661699；
2. 云南凯米克农业技术服务有限公司，昆明　650216)

摘　要：近年云南气候特殊多雨湿润，外来新虫种条螟白螟种群增长快、暴发流行趋势明显，是当前要重点加强监测和防控对象。为筛选防控中后期条螟白螟的新型配方生物制剂及精准高效施药技术，选用72%苏云·杀单可湿性粉剂、8%氯氟氰·甲维盐悬浮剂和3.6%氯氟氰·苏云悬浮剂进行人工和无人机飞防喷施田间试验研究，以期为甘蔗螟虫全程精准高效防控提供新产品、新技术支撑。试验结果及综合评价分析显示，72%苏云·杀单可湿性粉剂、8%氯氟氰·甲维盐悬浮剂9月中旬人工和无人机飞防喷施对中后期条螟白螟螟害株和螟害节均具有良好的防控效果，是防治中后期条螟白螟理想的高效低毒低风险新型配方生态生物制剂，值得在蔗区大面积推广应用。田间使用以每公顷72%苏云·杀单可湿性粉剂3 000g和8%氯氟氰·甲维盐悬浮剂750ml为宜，可在9月中旬条螟白螟第4~5代高发期一次性施药。按每公顷用药量对水900kg，采用电动背负式喷雾器人工叶面喷施；或每公顷用药量对昊阳飞防专用助剂及水15kg，采用无人机飞防叶面喷施，对螟害株率的防效可达81.3%以上，对螟害节率的防效可达88.6%以上。

关键词：生物制剂；不同施药方法；中后期条螟白螟；防效评价

---

* 基金项目：国家现代农业产业技术体系（糖料）建设专项资金（CARS-170303）；云岭产业技术领军人才培养项目“甘蔗有害生物防控”（2018LJRC56）；云南省现代农业产业技术体系建设专项资金
** 第一作者：李文凤，研究员，主要从事甘蔗病虫害研究；E-mail：ynlwf@163.com
*** 通信作者：黄应昆，研究员，从事甘蔗病虫害防控研究；E-mail：huangyk64@163.com

稻虾共作及稻草还田对稻田杂草群落的影响*

李儒海**　黄启超　褚世海　彭成林

（湖北省农业科学院植保土肥研究所/农业部华中作物有害生物综合治理重点实验室/农作物重大病虫草害防控湖北省重点实验室，武汉　430064）

摘　要：2001 年以来，湖北省潜江市首创了稻虾共作稻田复合种养新模式，亩均增收 5 000元左右，近年来在湖北省各地迅速发展。本研究在湖北省潜江市一块持续了 4 年的试验田中调查了稻虾共作及稻草还田处理对稻田杂草群落的影响。试验共设 6 种处理：①冬泡+稻虾共作+无稻草还田；②冬泡+稻虾共作+稻草还田；③冬泡+冬闲-中稻+无稻草还田；④冬泡+冬闲-中稻+稻草还田；⑤冬干+冬闲-中稻+无稻草还田；⑥冬干+冬闲-中稻+稻草还田。

结果表明，田间杂草主要有稗、千金子、双穗雀稗、异型莎草、水莎草、灰化苔草、鳢肠、陌上菜、水苋菜、丁香蓼、水蓼等。水稻苗期，处理 3 的杂草总密度在所有处理中最小，为 59.2 株/m^2，即冬泡+冬闲+无稻草还田处理不利于杂草的发生。稻草还田处理比对应的无稻草还田处理的禾本科杂草密度大，可能是由于稻草还田带入稗、双穗雀稗等杂草种子较多，导致次年禾本科杂草密度较大。各处理对莎草和阔叶杂草密度的影响无显著差异。

水稻分蘖期，千金子的密度在处理 3（28.0 株/m^2）和处理 4（10.4 株/m^2）中显著高于处理 1（2.4 株/m^2）、处理 2（4.0 株/m^2）、处理 5（2.4 株/m^2）和处理 6（0 株/m^2），表明稻虾共作和冬干处理对千金子的发生有抑制作用。异型莎草、灰化苔草、水莎草和水苋菜更适应冬干处理。各处理对其他杂草密度的影响无显著差异。

水稻穗期，处理 5、处理 6 中异型莎草、水莎草和水苋菜的密度显著高于处理 1、处理 2、处理 3 和处理 4，表明它们更适应冬干处理。各处理对其他杂草密度的影响无显著差异。各处理对杂草鲜重的影响与对密度的影响具有一致性。

关键词：稻虾共作；稻草还田；稻田杂草群落

* 基金项目：湖北省农业科学院重大研发成果培育专项（2017CGPY01）；湖北省农业科技创新中心项目（2016-620-000-001-018）资助

** 第一作者：李儒海，博士，研究员，主要从事杂草生物生态学及综合治理研究；E-mail：ruhaili73@163. com

种苗处理对麦冬病害和产量的影响研究*

蒋秋平** 曾华兰*** 何 炼 华丽霞 王明娟 张 敏
（四川省农业科学院经济作物育种栽培研究所，成都 610300）

摘 要：设置5种药剂3种处理方式的种苗处理方法，研究了对麦冬病害防效和产量的影响。结果表明，叶面喷施100mg/kg多抗霉素和20亿芽胞/ml枯草芽胞杆菌对麦冬黑斑病的效果较好，防效分别为61.15%和52.65%；浸苗100mg/kg多抗霉素和500mg/kg恶霉灵对麦冬根腐病的效果较好，防效分别为74.48%和74.20%。浸苗方式下，施用300mg/kg嘧菌酯和100mg/kg多抗霉素的麦冬产量最高，产量为1 656.5kg/亩和1597.5kg/亩，较对照增产19.48%和15.21%。

关键词：麦冬；种苗处理；病害；产量

麦冬（*Ophiopogon japonicus*）为百合科沿阶草属多年生草本植物，具有润肺止咳、养阴生精、强身健体、抗疲劳及衰老等功效，是我国传统中药材。随着近年来麦冬市场需求量的增加和种植面积的扩大，出现了病害发生严重和产量减少的现象。本试验通过比较几种种苗处理技术对麦冬病害和产量的影响，以期为麦冬绿色生产提供技术指导。

试验设置浸苗、浇灌、叶面喷雾3种处理方式，设置20亿芽胞/ml枯草芽胞杆菌、3 000mg/kg代森锰锌、100mg/kg多抗霉素、300mg/kg嘧菌酯、500mg/kg噁霉灵等5种药剂处理、清水空白对照。浸苗以药液浸没麦冬苗基部为宜、时间为5～8min，浇灌150kg/亩（1亩≈667m^2。全书同），叶面喷施50kg/亩。试验设重复3次，小区面积20m^2。每小区定5点，每点固定20株（共100株）麦冬，于处理后10天、20天和30天，调查记载麦冬主要病害的发病株数。在麦冬收获时，测定每小区的麦冬实际鲜重，计算各处理平均产量和较空白对照的增产率。

试验结果表明，叶面喷施100mg/kg多抗霉素和20亿芽胞/ml枯草芽胞杆菌对麦冬黑斑病的效果较好，防效分别为61.15%和52.65%；浸苗100mg/kg多抗霉素和500mg/kg噁霉灵对麦冬根腐病的效果较好，防效分别为74.48%和74.20%。浸苗方式下，施用300mg/kg嘧菌酯和100mg/kg多抗霉素的麦冬产量最高，产量为1 656.5 kg/亩和1 597.5kg/亩，较对照增产19.48%和15.21%。

---

* 基金项目：四川省财政创新提升工程项目（2016GYSH-002）；四川省农科院中试熟化项目（CG-ZH2018ZC11-5）

** 第一作者：蒋秋平，主要从事经济作物病虫害防治研究；E-mail：274519006@qq.com

*** 通信作者：曾华兰；E-mail：zhl0529@126.com

7种杀虫剂对四种麦蚜的室内毒力测定*

龚培盼[1,2]** 张云慧[1] 李祥瑞[1] 程登发[1] 任智萌[1] 李建洪[2]*** 朱 勋[1]***

（1. 中国农业科学院植物保护研究所，植物病虫害生物学国家重点实验室，北京 100193；2. 华中农业大学植物科学技术学院，农药毒理学与有害生物抗药性研究室，武汉 430000）

摘 要：小麦是我国主要的粮食作物之一，麦蚜分布遍及世界各小麦产区，是小麦的主要害虫之一，严重影响小麦产量和质量。麦长管蚜 *Sitobion avenae*（Fabricius）、麦无网长管蚜 *Metopolophium dirhodum*（Walker）、麦二叉蚜 *Schizaphis graminum*（Rondani）和禾谷缢管蚜 *Rhopalosiphum padi*（Linnaeus）是为害小麦的4种蚜虫。前期研究发现四种麦蚜对杀虫剂的耐药性存在差异。本研究利用浸渍法选择植物源类、有机磷类、拟除虫菊酯类和大环内酯类等不同作用机制的7种杀虫剂，对四种麦蚜进行室内毒力测定，研究比较常用杀虫剂对四种麦蚜的毒力差异。实验结果表明，新烟碱类杀虫剂对四种麦蚜的毒力差异比（TDR）最高，其中吡虫啉对麦长管蚜的毒力最高，对麦无网长管蚜的毒力最低，其毒力差异比高达84.76；噻虫嗪对麦二叉蚜的毒力最高，对麦无网长管蚜的毒力最低，其毒力差异比为24.33。阿维菌素对麦长管蚜的毒力最高，对麦无网长管蚜的毒力最低，其毒力差异比为2.55。氧乐果和鱼藤酮对麦长管蚜、禾谷缢管蚜和麦二叉蚜的毒力相当，对麦无网长管蚜的毒力最低分别为10.39mg/L和11.62mg/L。高效氯氰菊酯、阿维菌素和苦参碱对四种麦蚜的毒力相当。整体而言麦无网长管蚜表现出较强的耐药性，麦长管蚜和麦二叉蚜次之，而禾谷缢管蚜最弱。通过评价常用杀虫剂对四种麦蚜的毒力差异，未来在应用以上杀虫剂防治麦蚜时，需要注意针对麦无网长管蚜的防治。

关键词：TDR；麦蚜；杀虫剂；毒力测定

---

* 基金项目：国家重点研发计划（2018YFD0200500；2017YFD0201700）；现代农业产业技术体系（CARS-03）

** 第一作者：龚培盼，硕士研究生，研究方向为杀虫剂毒理学

*** 通信作者：李建洪；E-mail：jianhl@ mail. hzau. edu. cn；

朱勋；E-mail：zhuxun@ caas. cn

5 种除草剂春季使用对麦田杂草的防治效果及对小麦的安全性*

耿亚玲** 杜鹏程 宋姗姗 王 华 袁立兵***

（河北省农林科学院植物保护研究所，河北省农业有害生物综合防治工程技术研究中心，农业部华北北部作物有害生物综合治理重点实验室，保定 071000）

摘 要：小麦是我国重要粮食作物之一，每年因杂草危害引起的产量损失达 10%左右。河北省小麦田杂草群落多为禾本科杂草与阔叶杂草混合发生，其中以雀麦和播娘蒿危害最为严重，生产上主要在冬前进行化学防治。冬前施药对用药时期要求较为严格，施药适期很短，经常由于寒流提前而导致无法施药，因此，系统评价主要除草剂春季使用对河北省麦田主要杂草雀麦和播娘蒿的防治效果及对小麦的安全性对于麦田杂草防治工作具有重要的指导意义。本研究于 2018 年在河北省保定市清苑区戎官营村试验基地进行，主要杂草种类为雀麦和播娘蒿，小麦品种为济麦 22，以啶磺草胺、氟唑磺隆、精噁唑禾草灵、甲基二磺隆、炔草酯等 5 种除草剂为供试药剂，采用田间小区试验，系统评价各种药剂春季使用对雀麦和播娘蒿的防治效果及对小麦的安全性。

冬小麦返青后拔节前茎叶喷雾施药，试验设 4%啶磺草胺可分散油悬浮剂（优先，美国陶氏益农公司）12.00g a.i./hm^2、70%氟唑磺隆水分散粒剂（彪虎，爱利思达生物化学品北美有限公司）42.00g a.i./hm^2、69g/L 精噁唑禾草灵水乳剂（喜骠，山东青岛瀚生生物科技股份有限公司）62.10g a.i./hm^2、30g/L 甲基二磺隆可分散油悬浮剂（世玛，拜耳作物科学（中国）有限公司）13.50g a.i./hm^2、15%炔草酯可湿性粉剂（麦极，瑞士先正达作物保护有限公司）67.50g a.i./hm^2 和清水对照（CK）共 6 个处理，重复 4 次，小区面积 24m^2，随机区组排列。施药器械采用德国产 SOLO425 型手动喷雾器，扇形喷头，将药液进行 2 次稀释，倒入喷雾器内充分混匀，药液量 450L/hm^2。定点调查，每小区设 3 个点，每个点 1m^2，分别于施药当天调查杂草基数，施药后 7 天、15 天、30 天调查小麦药害情况，药后 15 天调查株防效，药后 30 天调查株防效和鲜重防效。

经调查，施药前雀麦的平均密度为 193 茎/m^2。药后 15 天，精噁唑禾草灵、甲基二磺隆和啶磺草胺对雀麦的株防效分别为 58.48%、48.8%、43.77%，三者之间没有显著差异，但均显著高于氟唑磺隆和炔草酯。药后 30 天，除炔草酯外，其他除草剂药效均有不同程度的提高，啶磺草胺、甲基二磺隆对雀麦的株防效分别为 96.72%和 89.01%，两者差异不显著，但啶磺草胺显著高于其他 3 种药剂；精噁唑禾草灵、氟唑磺隆对雀麦的株防

* 基金项目：河北省现代农业科技创新工程项目（F18C10001）；河北省农林科学院科学技术研究与发展计划项目（2018120303）

** 第一作者：耿亚玲，助理研究员，从事农田杂草防治研究；E-mail：gengyaling2006@163.com

*** 通信作者：袁立兵，副研究员，从事农田杂草防治研究；E-mail：yuanlibing83@163.com

效分别为86.60%和79.10%，差异不显著。啶磺草胺、甲基二磺隆、精噁唑禾草灵、氟唑磺隆对雀麦的鲜重防效较好，分别为99.31%、94.60%、85.42%、85.39%，而炔草酯仅为6.76%，防治效果不理想，雀麦生长旺盛。

用药前播娘蒿平均密度为57株/m^2。甲基二磺隆、啶磺草胺、精噁唑禾草灵药后15天对播娘蒿的株防效为8.87%~29.85%，药后30天为21.99%~43.12%，株防效较低，但播娘蒿生长受到严重抑制，鲜重防效分别为87.04%、72.99%、74.10%，3种药剂均显著高于氟唑磺隆和炔草酯，药后30天氟唑磺隆的株防效和鲜重防效分别为5.47%和49.30%，炔草酯的株防效和鲜重防效分别为2.48%和5.39%。

小麦安全性方面，药后7天、15天、30天，各处理小麦植株生长正常，未出现明显药害症状。

本研究表明，甲基二磺隆、啶磺草胺、精噁唑禾草灵对雀麦和播娘蒿均有较好的防治效果，平均鲜重防效分别为90.82%、86.15%、79.76%，根据杂草密度情况可以考虑单独使用。氟唑磺隆对雀麦和播娘蒿的平均鲜重防效为67.35%，有关研究表明，氟唑磺隆与2，4-D丁酯、苯磺隆混用在不降低对禾本科杂草防效的同时能显著提高对阔叶杂草的防效，因此可以进行复配研究，提高对播娘蒿防治效果。炔草酯对雀麦和播娘蒿的平均鲜重防效仅为6.07%，建议杂草群落为雀麦和播娘蒿的田块避免使用。另外，在春季使用各药剂处理后，均未发现明显的药害症状，小麦叶色、长势均与对照无明显区别，表明在小麦返青后拔节前使用推荐剂量供试药剂对小麦安全，可以酌情选择应用。

关键词：麦田杂草；杂草防治；春季除草；除草剂

汾渭河谷平原小麦玉米一年两熟区主要病虫草害绿色防控技术*

董晋明[1**]　陆俊姣[1]　任美凤[1]　李大琪[1]　仵均祥[2]　李　霞[3]　赵文梅[4]

(1. 山西省农业科学院植物保护研究所，农业有害生物综合治理山西省重点实验室，太原　030031；2. 西北农林科技大学植物保护学院，杨凌　712100；3. 临汾市植保植检站，临汾　041000；4. 闻喜县植保植检站，闻喜　043800)

摘　要：汾渭河谷平原位于黄土高原南部，主要由山西省临汾盆地、运城盆地和陕西省关中平原组成，是黄土高原农业生产条件最好地区之一，可以满足小麦玉米一年两熟需要。近年来，随着农产品价格的波动以及劳动力成本的增加，该区域农作物种植结构、种植方式发生了很大变化。收获机械南征北战、跨区作业，粮种远距离调运，加之机械化高茬收割、浅耕免耕、秸秆还田等农耕技术的应用，加剧了该区域小麦玉米病虫草害的发生和为害。据调查该区域目前发生的病虫草种类比 20 年前增加了 25%~30%，各种病虫为害频次上升了 40%~50%，造成生产上防不胜防的被动局面。

面对这一现状，各地的防治基本上是针对单虫单病进行化学防治，农药使用量不断加大，没有从生态系统的整体出发，加强预防，保护天敌。尽管近年部分县市开展了一定面积的统防统治，无人机作业，但形式大于内容，对防治效果不跟踪调查。

要推进现代种植业的发展，满足公众健康需要，建设美丽乡村，就要认真贯彻我国植保总方针："预防为主，综合防治"。深刻反思传统病虫防治的诸多弊端，彻底转变传统植保过分依赖化学农药，片面追求防治效果，忽视安全用药和环境保护的理念，改变目前单虫单病防治的高投入、高污染、高风险、低效益的做法，走绿色植保发展道路。应用病虫害综合治理（IPM）理论：从生态系统的整体出发，本着预防为主的指导思想和安全、有效、经济、简便的原则，因地、因时制宜，合理运用农业的、生物的、物理的、化学的方法，以及其他有效地生态学手段，把病虫控制在不足以为害的水平，以达到最佳经济、生态、社会效益。

经过近 4 年大量生产调研和防治实践，总结出 5 条农药减量化途径。

①搞好小麦玉米保健栽培，减少病虫害发生；②提高种衣剂效果及包衣率，预防病虫害发生；③严格掌握病虫防治指标，准确预报病虫害；④充分发掘自然天敌作用，生态调控病虫害；⑤针对常发性暴发性病虫，精准减量化施药。

本项研究从生态系统的整体出发，根据目前机械化作业流程，保留和利用了土地深耕

* 基金项目：国家公益性行业（农业）科研专项"黄土高原小麦玉米油菜田间节水节肥节药综合技术方案"，项目编号（201503124）

** 第一作者：董晋明，研究员，主要从事农作物病虫害综合治理技术研究；E-mail：dongjinming59@163.com

深松、秸秆还田、作物轮作等优良传统农耕措施，考虑到耕作成本问题，在间隔年限上进行了放宽，但不能取消。在此基础上，将小麦主要病虫防控重点放在播种和穗期两个时间节点上，播种期以种子包衣高效复合病虫兼治型种衣剂为核心，以提高小麦包衣率为目标，预防各种病虫的发生和为害；穗期以小麦蚜虫为主防对象，严格掌握防治指标，充分发挥自然天敌的控制作用，在自然天敌无法控制的前提下，根据当地穗期并发病虫，选择最佳配方一次施药，兼治多种病虫，用药量以控制为害为目的，杜绝见虫就治和盲目防治的陋习。

根据当地目前麦后硬茬播种玉米的习惯，提出将夏玉米防治重点放在播种期和喇叭口期，播种期以拌种内吸性强的杀虫杀菌复合种衣剂为主要措施，控制苗期各种害虫为害造成缺苗断垅；根据当地历年玉米螟和大斑病为害情况，在玉米喇叭口期可以杀虫杀菌联合用药防控一次。对于偶发性、暴发性病虫害，做好预测预报，组织及时防治。最终形成汾渭河谷平原小麦玉米一年两熟区主要病虫草害绿色防控技术共 18 条（略），减施农药 30%以上，农药利用率提高 11%以上。本项绿色防控技术规程，是针对该区域粮食生产专业合作社和种粮大户提出，覆盖面积 1 000余万亩。

关键词：汾渭河谷平原；小麦玉米；一年两熟；病虫草害；绿色防控

几种杀菌剂对玉米穗腐病菌的毒力测定*

吴之涛** 杨克泽 马金慧 高正睿 陈志国 任宝仓***

（甘肃省农业工程技术研究院，武威 733006；2. 甘肃省特种药源植物种质创新与安全利用重点实验室，武威 733006）

摘 要：为筛选出防治玉米穗腐病菌的有效药剂，采用生长速率法测定了萜烯醇、苯甲·嘧菌醇、戊唑醇、香芹酚、多菌灵、吡唑·醚菌酯、精甲·咯菌腈、苯醚·甲环唑、春华秋实 9 种杀菌剂对玉米穗腐病菌层出镰刀菌（*Fusarium proliferatum*）的室内毒力。生长速率法测定结果表明，9 种杀菌剂对层出镰刀菌的毒力大小顺序为：春华秋实>戊唑醇>苯甲·嘧菌醇>苯醚·甲环唑>多菌灵>吡唑·醚菌酯>精甲·咯菌腈>萜烯醇>香芹酚，其中以春华秋实、戊唑醇、苯甲·嘧菌醇对玉米穗腐病菌菌丝生长抑制效果较好，对层出镰刀菌的 EC_{50} 分别为 0.324μg/ml，0.884μg/ml，1.533μg/ml，对玉米穗腐病菌有一定的抑制效果。

关键词：玉米穗腐病；杀菌剂；毒力测定；EC_{50} 值

---

* 基金项目：甘肃省现代农业产业技术体系玉米产业（GARS-02-03）；甘肃省重点研发计划—农业类（18YF1NA011）

** 第一作者：吴之涛，研究实习员，从事植物病原真菌鉴定与防治；E-mail：285772983@qq.com

*** 通信作者：任宝仓，副研究员，从事玉米病虫害研究及防治；E-mail：463573198@qq.com

3种杀菌剂对假禾谷镰刀菌的毒力测定*

王　丽[1**]　王芳芳[1]　金京京[1]　马璐璐[1]　齐永志[1***]　甄文超[2***]

（1. 河北农业大学植物保护学院，保定　071001；

2. 河北农业大学农学院，保定　071001）

摘　要：由假禾谷镰刀菌（*Fusarium pseudograminearum*）引起的小麦茎基腐病已成为海河平原麦区的一种重要土传病害。目前，化学药剂拌种是防治小麦土传病害的主要措施，但中国农药信息网上仍未登记关于小麦茎基腐病的化学药剂。本试验采用菌丝生长速率法，测定了2018年采自山东、河北和河南6株假禾谷镰刀菌SD-DZ、SD-YX、HB-NH、HB-YN、HN-JX和HN-DKZ对3种不同作用类型杀菌剂咯菌腈、戊唑醇和百菌清的敏感性。结果表明，咯菌腈、戊唑醇和百菌清对6株假禾谷镰刀菌均表现出较强的抑制作用。其中，咯菌腈抑制作用最强，EC_{50}值在0.027~0.074μg/ml，均值为0.056μg/ml；EC_{90}值在0.780~1.665μg/ml，均值为1.130μg/ml；戊唑醇次之，EC_{50}值在0.322~2.441μg/ml，均值为1.328μg/ml；EC_{90}值在4.897~253.863μg/ml，均值为65.503μg/ml；百菌清抑制作用最弱，EC_{50}值在0.363~4.218μg/ml，EC_{50}均值为2.255μg/ml；EC_{90}值在306.035~1 615.121μg/ml，EC_{90}均值达1 101.070μg/ml；初步发现，吡咯类杀菌剂咯菌腈对假禾谷镰刀菌的抑制作用显著强于戊唑醇及百菌清。

关键词：小麦茎基腐病；杀菌剂；假禾谷镰刀菌；毒力测定

---

* 基金项目：“十三五”国家重点研发计划（2017YFD0300906、2018YFD0300502）

** 第一作者：王丽，在读硕士生，主要从事小麦茎基腐病综合防控研究；E-mail：15933529965@163.com

*** 通信作者：齐永志，博士，讲师，硕士生导师，主要从事植物生态病理学研究；E-mail：qiyongzhi1981@163.com

甄文超，博士，教授，博士生导师，主要从事农业生态学与植物生态病理学研究；E-mail：wenchao@hebau.edu.cn

复配玉米种衣剂对二点委夜蛾防治效果*

吴 娱** 刘春琴 冯晓洁 刘福顺 王庆雷***

(沧州市农林科学院，沧州 061001)

摘 要：本试验旨在测试溴氰虫酰胺和噻虫嗪复配农药对二点委夜蛾的防虫效果。试验将农药溴氰虫酰胺和噻虫嗪按3种比例复配，以及几种常用种衣剂分别对玉米种子进行包衣处理，田间播种，待玉米出苗后接种二点委夜蛾幼虫，在接种后第3天、7天、14天时调查植株为害程度。调查发现，溴氰虫酰胺/噻虫嗪各处理对二点委夜蛾的防治效果优于其他处理，其中2号配比为最佳推荐比例。

关键词：复配；玉米；种衣剂；二点委夜蛾；为害指数

二点委夜蛾（*Athetis lepigone*）属鳞翅目夜蛾科，是2005年在我国河北省新发生的玉米地下害虫[1]，近些年来由于农耕方式的改变，尤其是黄淮海地区“小麦-玉米”两熟种植区耕作栽培与管理措施，大量的小麦秸秆还田为二点委夜蛾幼虫提供了隐蔽场所，幼虫咬食玉米根部及茎基部，被害玉米植株枯死或倒伏，给玉米生产造成极大的威胁[2]。其成虫迁飞能力和繁殖力强，幼虫为害隐蔽，监测困难等原因导致其为害面积逐年扩大，已经成为黄淮海夏玉米苗期的重要害虫[3]。

当前，对二点委夜蛾的防治主要依靠化学防治。但是由于该虫在田间为害隐蔽，药剂喷施很难使药液与害虫充分接触，大大降低了防治效果。因此，利用杀虫剂进行种子包衣是目前防治玉米二点委夜蛾最为经济有效的方法。前人研究发现对二点委夜蛾防效较好的的玉米种衣剂有氟虫腈、丁硫克百威、噻虫嗪、吡虫啉、溴氰虫酰胺、氯虫苯甲酰胺等[4-5]。但是，大多数单一药剂的长期使用易导致害虫抗药性的产生，使用复配农药可提高药效，延缓害虫抗药性，本研究选取溴氰虫酰胺和噻虫嗪复配，对比几种常用种衣剂对二点委夜蛾的防效试验，旨在筛选出最佳增效作用的复配药剂及施用比例。

1 材料与方法

1.1 供试药剂，作物及试虫

药剂：溴氰虫酰胺600 FS；噻虫嗪600 FS；氯虫苯甲酰胺627 FS；氟虫腈080 FS；满适金Maxim XL。玉米品种：先玉335。试虫：二点委夜蛾3龄幼虫。药剂和品种全部由先正达公司提供，二点委夜蛾幼虫由沧州市农林科学院提供。

1.2 试验方法

1.2.1 试验设计

用表1中不同的种衣剂进行种子包衣处理，共9个处理（包括对照），4次重复。试

* 基金项目：国家重点研发计划“耕地地力影响农业有害生物发生的机制与调控”(2017YFD0200601)

** 第一作者：吴娱，硕士，助理研究员，研究方向为植物保护；E-mail：wyufish777@163.com

*** 通信作者：王庆雷；E-mail：wqlei02@163.com

验共设36个小区，随机完全区组设计，每个小区30m²，每小区种植20株玉米。

表1　试验用玉米种衣剂的种类及用量

编号	试验药剂	制剂用量（ml/100kg 种子）	有效成分用量（g ai/100kg 种子）
1	溴氰虫酰胺 600 FS /噻虫嗪 600 FS	150+150	72+72
2	溴氰虫酰胺 600 FS/噻虫嗪 600 FS	225+225	108+108
3	溴氰虫酰胺 600 FS/噻虫嗪 600 FS	300+300	144+144
4	溴氰虫酰胺 600 FS	180	108
5	噻虫嗪 600 FS	180	108
6	氯虫苯甲酰胺 627 FS	400	251
7	氟虫腈 080 FS	2 500	200
8	CK^-（不接虫）	—	—
9	CK^+（接虫）	—	—

注：每个处理均加入 100ml/100kgseed 满适金 Maxim XL。

1.2.2　*试验地点及方法*

试验设在沧州市农林科学院试验田（北纬38°23′，东经116°76′），于6月份播种，播种7天后调查出苗率并接虫，选择虫龄一致的健壮3龄幼虫，每株接种2头。每个处理接虫后第3、7、14天各调查一次玉米被为害情况。

为害程度分为4级。0级：无为害；1级：部分为害，叶部为害<1/3；2级：部分为害，叶部为害>1/3；3级：全株为害，整株被切断或死亡。计算死苗率、为害指数和保苗率。

死苗率（%）=3级受害苗数/总苗数×100

为害指数=［∑（各级株数×该级值）/（调查总株数×最高级值）］×100

保苗效果（%）=［（对照组为害指数-药剂处理组为害指数）/对照组为害指数］×100

1.2.3　*数据分析*

使用SPSS 17.0和Excel 2007进行数据分析处理，采用Duncan氏新复极差法进行差异显著性检验（P=0.05）。

2　结果与分析

2.1　不同玉米种衣剂对玉米出苗率的影响

出苗率调查结果显示，各种衣剂包衣的玉米种子出苗率为87.50%~96.25%，与对照组无显著性差异（表2）。

表2　不同玉米种衣剂对玉米出苗率的影响

编号	药剂	出苗率（%）
1	溴氰虫酰胺 600 FS/噻虫嗪 600 FS	92.50±1.44a
2	溴氰虫酰胺 600 FS/噻虫嗪 600 FS	87.50±3.23a

（续表）

编号	药剂	出苗率（%）
3	溴氰虫酰胺 600 FS/噻虫嗪 600 FS	92. 5±2. 50a
4	溴氰虫酰胺 600 FS	92. 5±2. 50a
5	噻虫嗪 600 FS	90±2. 04a
6	氯虫苯甲酰胺 627 FS	95±2. 04a
7	氟虫腈 080 FS	96. 25±2. 39a
8	CK⁻（不接虫）	96. 25±2. 39a
9	CK⁺（接虫）	95±2. 04a

注：表中数据为平均值±标准误，同列数据后具有相同小写字母者表示经 Duncan's 新复极差法检验在 0. 05 水平无显著差异。

2. 2 不同玉米种衣剂对二点委夜蛾的防效

调查结果可以看出（表 3），除 7 号药剂的死苗率与接虫对照无显著性差异，其余药剂的死苗率均显著低于对照组，其中 3 号药剂死苗率最低，为 0%。各药剂为害指数从低到高依次为 3 号、2 号、1 号、6 号、4 号、5 号、7 号，7 号药剂最高，为 35. 91%，和接虫对照无显著性差异，其余药剂为害指数均低于对照，最低为 3 号药剂，为害指数 6. 42%。保苗效果上，从高到低依次为 2 号、3 号、6 号、1 号、4 号、5 号、7 号，2 号保苗效果最高为 85. 55%，7 号最低为 24. 93%。

表 3　不同玉米种衣剂第 14 天时对二点委夜蛾的防治效果

编号	药剂	死苗率（%）	为害指数	保苗效果（%）
1	溴氰虫酰胺 600 FS/噻虫嗪 600 FS	4. 26±2. 79c	13. 85±7. 08cd	68. 33±17. 80a
2	溴氰虫酰胺 600 FS/噻虫嗪 600 FS	1. 39±1. 39c	7. 64±2. 63cd	85. 55±5. 64a
3	溴氰虫酰胺 600 FS/噻虫嗪 600 FS	0. 00±0. 00c	6. 42±3. 21cd	84. 89±8. 83a
4	溴氰虫酰胺 600 FS	5. 44±0. 27bc	17. 72±7. 94bcd	60. 71±20. 30ab
5	噻虫嗪 600 FS	8. 38±2. 82bc	24. 64±5. 10bc	52. 14±2. 20ab
6	氯虫苯甲酰胺 627 FS	4. 17±4. 17c	15. 48±10. 94bcd	74. 12±14. 17a
7	氟虫腈 080 FS	15. 44±4. 87ab	35. 91±7. 28ab	24. 93±13. 71b
8	CK⁻（不接虫）	1. 32±1. 32c	1. 32±1. 32d	—
9	CK⁺（接虫）	23. 68±6. 87a	50. 47±8. 61a	—

注：表中数据为平均值±标准误，同列数据后具有相同小写字母者表示经 Duncan's 新复极差法检验在 0. 05 水平无显著差异。

第 3 天、第 7 天、第 14 天为害情况调查结果显示（图 1），第 3 天时除了药剂 7，各处理均表现出较低的为害水平；第 7 天为害指数开始升高，其中 4 号药剂为害指数增长最快，是第 3 天时的 17. 97 倍；第 14 天时为害指数增速有所降低，增速最低的为 2 号药剂，仅为第 7 天时的 0. 07 倍，增速最高为 4 号药剂，为第 7 天时的 1. 13 倍。

3 结论与讨论

本试验中是首次对二点委夜蛾研究使用田间接虫的方法，前人对二点委夜蛾药剂防效

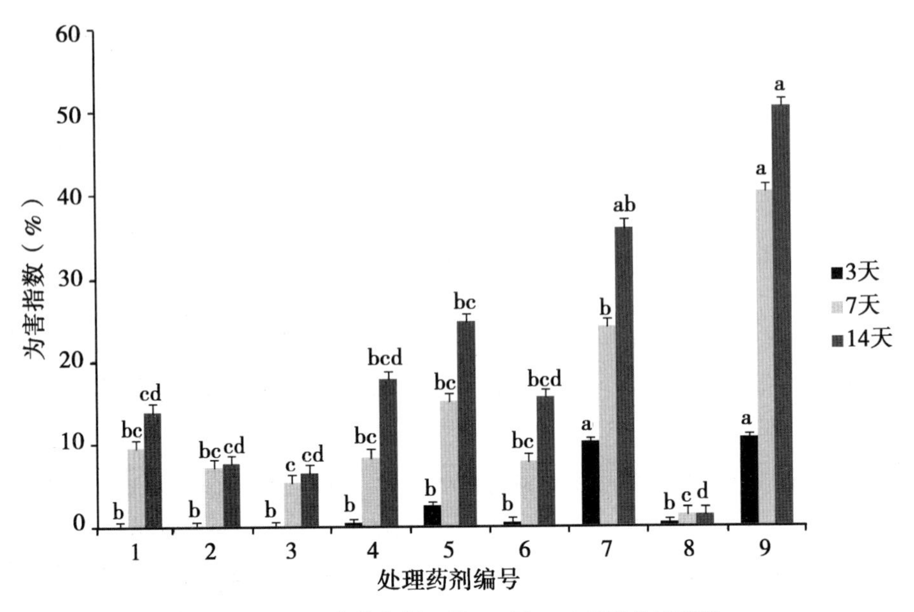

图 1　不同玉米种衣剂 3 天、7 天、14 天的为害指数

注：图中同系列字母表示其差异显著性（$P=0.05$）。

试验的研究有室内毒力试验[6-7]或者田间试验依赖于自然发生[8]，由于受到自然条件及害虫发生情况的影响，田间害虫自然发生有很大的不确定性，人工接虫能够及时准确地反映出抗虫鉴定结果[9]，因此使用田间接虫的方法在一定程度上提高了鉴定结果的稳定性和准确性。

试验结果中可以看出，各种衣剂对玉米种子出苗率均无显著影响，7 号药剂氟虫氰对二点委夜蛾的防治效果最差，防治效果较好药剂的有复配药剂 1 号、2 号、3 号以及 6 号氯虫苯甲酰胺，这 4 组农药间的防治效果从数据分析上看无显著性差异，但是复配农药在第 14 天时为害增速较其他农药明显降低，从而在整体上表现出更好的防治效果。溴氰虫酰胺是杜邦公司继氯虫苯甲酰胺之后开发的第二代鱼尼丁受体抑制剂类杀虫剂[10]，噻虫嗪是一种全新结构的第二代烟碱类高效低毒杀虫剂，对害虫具有胃毒、触杀及内吸活性，其施药后迅速被内吸，并传导到植株各部位，二者复配后优势互补，能够提高防治效果。复配药剂 1-3 号三种配比之间防效差异很小，2 号已有稳定的高效表现，从经济成本上考虑，建议使用 2 号配比浓度。

参考文献

[1] 姜京宇，李秀芹，许佑辉，等．二点委夜蛾研究初报［J］. 植物保护，2008，34（3）：23-26.

[2] 江幸福，罗礼智，姜玉英，等．二点委夜蛾发生为害特点及暴发原因初探［J］. 植物保护，2011，37（6）：130-133.

[3] Li L T，Zhu Y B，Ma J F，*et al*. An analysis of the *Athetis lepigone* transcriptome from four developmental stages［J］. PLoS ONE，2013，e73911.

[4] 张海剑，张全国，李彦昌，等. 种衣剂包衣对二点委夜蛾的防治效果及安全性评价［J］. 中

国植保导刊，2017，10（37）：60-63.
［5］ 安静杰，党志红，李耀发，等．拌种防治玉米二点委夜蛾的药剂筛选及其安全性研究［J］.植物保护，2017，43（3）：213-217.
［6］ 王玉强，李立涛，马继芳，等．二点委夜蛾防治药剂的室内筛选和毒力测定［J］. 中国植保导刊，2012，32（5）：23-25.
［7］ 李耀发，党志红，高占林，等．二点委夜蛾高效低毒防治药剂室内毒力评价［J］. 农药，2012，5（3）：213-214.
［8］ 张建军，王炜，张瑞平．不同药剂防治玉米二点委夜蛾田间试验［J］. 安徽农学通报，2014，20（6）：91，137.
［9］ 刘春琴，李靖宇，李峰，等．玉米苗期种衣剂抗小地老虎危害的接虫鉴定方法［C］//植保科技创新与农业精准扶贫——中国植物保护学会2016年学术年会论文集．北京：中国农业科学技术出版社，2016：152-155.
［10］ 郑雪松，赖添财，时立波，等．双酰胺类杀虫剂应用现状［J］. 农药，2012，51（8）：554-557，580.

杂草的防治关键时期及杂草对玉米危害研究

卢宗志　吴　宪　李洪鑫
（吉林省农业科学院/农业部东北作物有害生物综合治理重点实验室，公主岭　136100）

摘　要：本文研究了玉米田杂草防治的关键时期和不同除草时期杂草对玉米产量的影响，结果表明：杂草防治的关键时期为玉米播种至出苗后25天，杂草对玉米产量形成危害的关键时期为在玉米苗齐后30~35天。

关键词：玉米；杂草；防治时期；产量损失

1　试验方法

对玉米进行小区播种，每小区20m^2，3次重复，共11个处理。从玉米出苗整齐后开始计算，从苗齐10天后开始除草，每隔5天对杂草进行人工铲除，一直铲草到苗齐后55天。每次铲草前调查无草处理玉米的株高和叶龄，同时调查即将铲草处理玉米的株高和叶龄，每次调查20株，秋收时每小区取中间两垄进行测产。然后对调查数据进行整理。在每次调查时，每小区取5点，调查杂草种类并按阔叶杂草和禾本科杂草进行分类称重，以研究杂草发生量对玉米生长的危害。从而明确玉米田杂草防治的关键时期和不同时期除草对玉米产量的影响。

2　结论与分析

2.1　杂草防治的关键时期

从开始除草后的多次调查和秋后产量调查结果发现，玉米苗齐后25天（6月15日前后），是杂草防除的关键时期，在此之前，玉米有草处理和无草处理生长基本相同，在苗齐后25天，有草处理与无草处理玉米生长发生明显不同，有草的处理无论是从叶龄还是从株高与无草处理相比，明显落后。从产量看，苗齐后30天开始，产量呈明显下降趋势。由此可见，在玉米苗期杂草防除期间，除草剂使用的关键时期应该在玉米苗齐后25天之前使用（图1至图3）。

2.2　不同时期杂草危害与玉米生长的关系

从苗齐后15天，陆续调查各处理内杂草鲜重数量，结果见表1。由表1可见，虽然早期杂草鲜重一直在增长，但在玉米苗齐后40天，杂草鲜重开始迅速增长，此时开始对玉米产量影响较大。但从产量减少看，在玉米苗齐后35天，玉米产量开始明显减少，所以杂草对玉米形成危害的关键时期应该在玉米苗齐后30~35天对玉米产量影响较为明显。

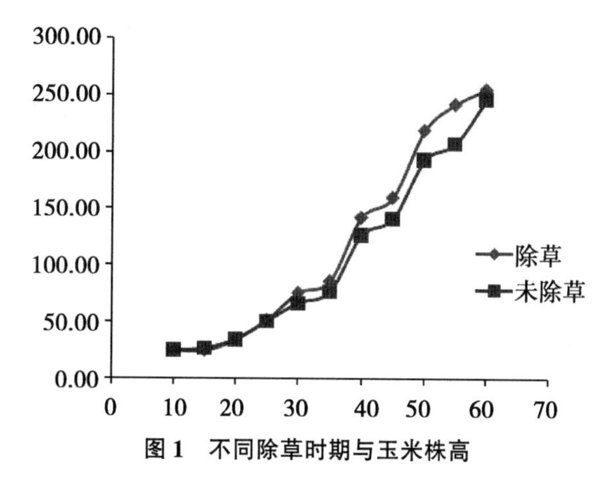

图 1　不同除草时期与玉米株高

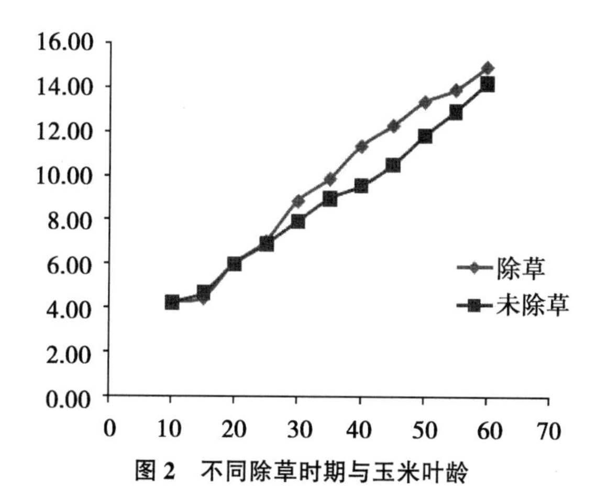

图 2　不同除草时期与玉米叶龄

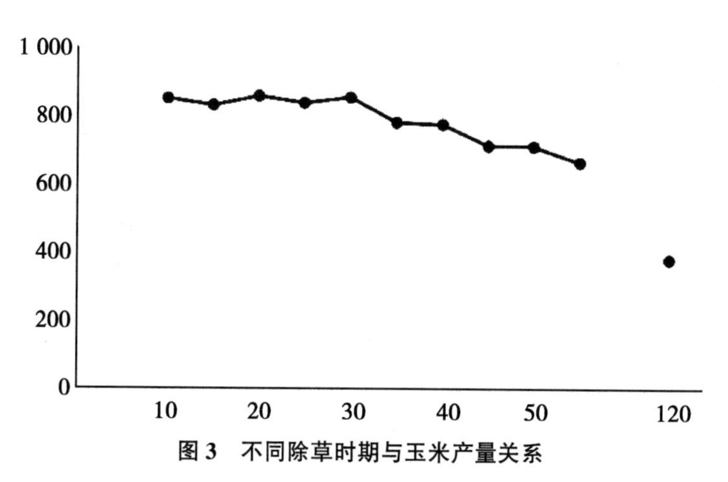

图 3　不同除草时期与玉米产量关系

表1　杂草不同时期生长量与玉米产量的关系

苗齐后天数（天）	10	15	20	25	30	35	40	45	50	55	60
阔叶草鲜重（g）		18	39	63	144	227	791	273	985	1 013	1 090
禾本科草鲜重（g）		20	29	71	147	84	844	1 131	1 797	1 984	1 690
杂草总鲜重（g）		38	68	134	291	311	1 635	1 404	2 782	2 997	2 780
亩产量（kg）	845.9	829.8	856.7	837	853.1	779.6	774.2	711.5	709.7	663.1	378.2
减产率（%）	0	1.9	-1.3	1.1	-0.9	7.8	8.5	15.9	16.1	21.6	55.3

除草剂胁迫对玉米苗期光合作用的影响*

王艺凝** 程 舒 李海粟 吴明根***
（延边大学农学院，延吉 133002）

摘 要：为了探讨除草剂胁迫对玉米苗期光合作用的影响，本文以“先玉335”为材料，研究了玉米地常用除草剂莠去津、硝磺草酮、金收（烟嘧·莠去津）、扑草净、百草枯5种除草剂对其叶片光合气体交换及叶绿素荧光参数的影响。结果表明，供试5种除草剂对玉米光合作用影响不同。莠去津3倍标准用量处理对玉米光合作用无影响，百草枯等有胁迫效应的除草剂会使叶片蒸腾速率（E）、气孔导度（GH_2O）、净光合速率（A）不同程度降低，且随着除草剂使用剂量的增加，这种胁迫效应越明显。在光合生理层面，除草剂处理降低了玉米叶片最大量子产量（Fv/Fm）、实际量子产量［Y（II）］和光化学淬灭参数（qP），而非调节性能量耗散量子产量［Y（NO）］则呈上升趋势，表明在除草剂胁迫下玉米叶片产生了光合电子传递受阻，反应中心活性下降等隐形药害。

关键词：除草剂；玉米；光合作用；胁迫；隐形药害

化学除草是当前玉米生产中最切实可行的防止草害措施。但除草剂用量增加等不合理的使用导致了众多问题[1-4]，前人研究表明一些除草剂的不合理使用会对作物的光合作用产生胁迫效应，阻碍叶片的同化物输出[5,6]。玉米亦是如此，除草剂如果超量使用易发生隐形药害，导致品质降低或减产[7,8]。

光合作用是在光的驱动下将大气中二氧化碳转化为化学能的过称[9]，通过测定该过程的气体交换可获得植物的光合速率、光的响应曲线、气孔开闭程度等参数[10,11]。叶绿素荧光动力学参数是反映光合作用变化的指标之一，为植物抗逆生理、作物增产潜力预测等研究提供参考依据的分析方法[12-14]。近年来，叶绿素荧光动力学参数已经广泛应用在干旱、高温、盐渍等逆境胁迫上[15-17]，有关除草剂胁迫对叶绿素荧光参数的影响却鲜见报道。基于此，本文将探讨不同除草剂及使用剂量对玉米苗期光合系统的胁迫，为合理使用除草剂以及预防隐形药害提供理论依据。

1 材料与方法

1.1 材料

1.1.1 供试植物

玉米“先玉335”。

1.1.2 供试药剂

38%莠去津悬浮剂（济南天邦化工有限公司）；15%硝磺草酮悬浮剂（江苏富田农化

---

* 基金项目：国家自然科学基金项目（31760521）

** 第一作者：王艺凝，硕士研究生，主要学习杂草科学领域；E-mail：5minggen@163.com
*** 通信作者：吴明根；E-mail：wuminggen@163.com

有限公司)；50%扑草净可湿性粉剂（山东胜邦绿野化学有限公司)；200g/L 百草枯水剂(山东侨昌化学有限公司)；24%金收悬浮液（4%烟嘧磺隆+20%莠去津；安徽沙隆达生物科技有限公司)。

1.2 方法

1.2.1 试验设计

2016 年 5 月在延边大学农学院温室（129.4°E，42.9°N)，采用高为 15cm、直径为 25cm 的花盆种植玉米，每盆 6 粒，用药前定苗，每盆留 3 株。

玉米 4~5 叶期，采用手动喷雾器进行茎叶喷雾。供试药剂为莠去津、硝磺草酮、金收（复配剂)、扑草净、百草枯 5 种除草剂，除百草枯按推荐量使用外，其他 4 种分别设推荐量及 3 倍量，3 次重复，以清水为对照（表 1)。

表 1 除草剂处理用量及试验编号

名称	施药剂量	试验编号
莠去津 Atrazine	标准量（3 500ml/hm^2)	Y1
	3 倍标准量（10 500ml/hm^2)	Y3
硝磺草酮 Mesotrione	标准量（1 150g/hm^2)	X1
	3 倍标准量（3 000g/hm^2)	X3
金收（烟嘧 · 莠去津）Nicosulfuron · atrazine	标准量（1 250ml/hm^2)	J1
	3 倍标准量（4 000ml/hm^2)	J3
扑草净 Prometryn	标准量（2 000g/hm^2)	P1
	3 倍标准量（6 000g/hm^2)	P3
百草枯 Paraquat	标准量（2 750ml/hm^2)	B
水 Water	—	CK

1.2.2 光合作用参数指标测定

采用便携式光合作用仪 GFS-3000（德国 WALZ)，于施药后第 1，2，3，5，7，9 天的每天上午 9—11 点测定玉米净光合速率［A，μmol/（m^2 · S））、气孔导度［GH_2O，μmol/（m^2 · S））、细胞间 CO_2 浓度（Ci，mg/kg）和蒸腾速率［E，mmol/（m^2 · S））等光合参数。仪器配备 4cm^2 的叶夹。叶室 CO_2 浓度、光强、温度和湿度分别控制为 400mg/kg、400μmol/（m^2 · s)、27℃、50%。

1.2.3 叶绿素荧光动力学参数测定

使用便携式调制叶绿素荧光仪 PAM-2500（德国 WALZ）测定叶绿素荧光参数，于施药后第 1，2，3，5，7，9 天的每天上午 9—11 点测定，测定前使用暗适应叶夹夹持 20min，先后测量叶片荧光诱导曲线和快速光曲线。

1.2.4 数据分析与方法

采用 Excel、SPSS 等软件进行数据的计算、统计分析及绘图。

2 结果分析

2.1 玉米叶片光合参数指标

除草剂的种类不同其作用机理和作用时间也不同。在玉米叶片蒸腾速率（E)、气孔导度（GH_2O）、净光合速率（A）随着除草剂药后时间的变化中（图 1），与对照相比，莠去津标量和 3 倍标量、硝磺草酮标量、金收标量和 3 倍标量无明显的起伏变化。百草枯、扑草净 3 倍标量和硝磺草酮 3 倍标量处理变化幅度大，百草枯处理下，苗期玉米叶片的 E、GH_2O、A 直线下降，处理后仅 1 天 A 即为负值，至第 3 天时叶片已经完全死亡。3 倍标量扑草净处理下，玉米 E、GH_2O、A 第 1 天下降明显，药后第 3 天，叶片 E、GH_2O、A 迅速下降至最低水平，此后从第 7 天开始稍有回升。3 倍标量硝磺草酮处理的 E、GH_2O、A 下降较缓慢，药后第 3 天达到低点，而后第 5 天回升，第 7 天已达到正常对照水平。

由图 1 得知施药后 5 天可以得出药后光合参数的明显差异，将药后 5 天各处理下玉米叶片光合参数列表（表 2）。与对照组相比，莠去津的标量和 3 倍标量、硝磺草酮标量和金收的标量处理对苗期玉米光合作用无显著影响。对叶片光合作用有胁迫的各除草剂处理中，叶片蒸腾速率（E）、气孔导度（GH_2O）、净光合速率（A）受除草剂胁迫呈下降趋势，且随着除草剂浓度的升高下降越明显。其中，百草枯、3 倍标量硝磺草酮和 3 倍标量扑草净处理下 E、GH_2O、A 极显著降低，标量扑草净处理下 E、GH_2O 显著降低，A 极显著降低。3 倍标量金收处理下 A 显著降低。除草剂对胞间 CO_2 浓度（Ci）影响则无普遍规律。3 倍标量硝磺草酮、3 倍标量扑草净、百草枯对 Ci 影响都是极显著的，与对照相比，3 倍标量硝磺草酮和标量扑草净使 Ci 显著降低，3 倍标量扑草净和百草枯使 Ci 显著升高。前人研究表明，在正常情况下 Ci 与净光合作用时而正相关，时而负相关，至今未达成一致的共识[18-20]。所以在遭受除草剂胁迫时，这种无规律的变化也在情理之中。

表 2 各处理对玉米叶片光合参数的影响

处理	E [mmol/ (m^2 · s)]	GH_2O [μmol/ (m^2 · s)]	A [μmol/ (m^2 · s)]	Ci (mg/kg)
CK	2.013±0.215	105.6±5.0	17.86±0.87	205.8±11.7
Y1	2.077±0.136	118.3±6.2	17.51±1.10	206.6±7.6
Y3	2.144±0.140	116.9±8.1	17.43±0.96	209.1±6.2
X1	2.278±0.211	101.0±4.7	17.03±0.74	213.5±3.7
X3	1.044±0.122**	54.4±5.9**	11.27±0.73**	63.2±7.6**
J1	2.102±0.208	108.2±6.1	17.05±1.52	211.0±6.3
J3	1.663±0.117	90.1±4.6	14.68±1.35*	221.0±8.3
P1	1.445±0.114*	77.8±7.4*	12.58±0.91**	133.1±9.8**
P3	0.179±0.026**	8.8±5.5**	−1.48±0.84**	645.9±4.4**
B	0.601±0.162**	27.4±7.0**	−0.68±0.58**	452.3±5.4**

注：因百草枯处理后第 5 天玉米已死亡，固用百草枯药后 1 天的结果代为对比。

* 和 ** 表示该参数与 CK 进行比较后差异显著（$P<0.05$）和极显著（$P<0.01$）。

2.2 玉米叶片叶绿素荧光参数

调制叶绿素荧光参数是光合作用的无损伤探针，它不受气孔影响，能够准确可靠的反

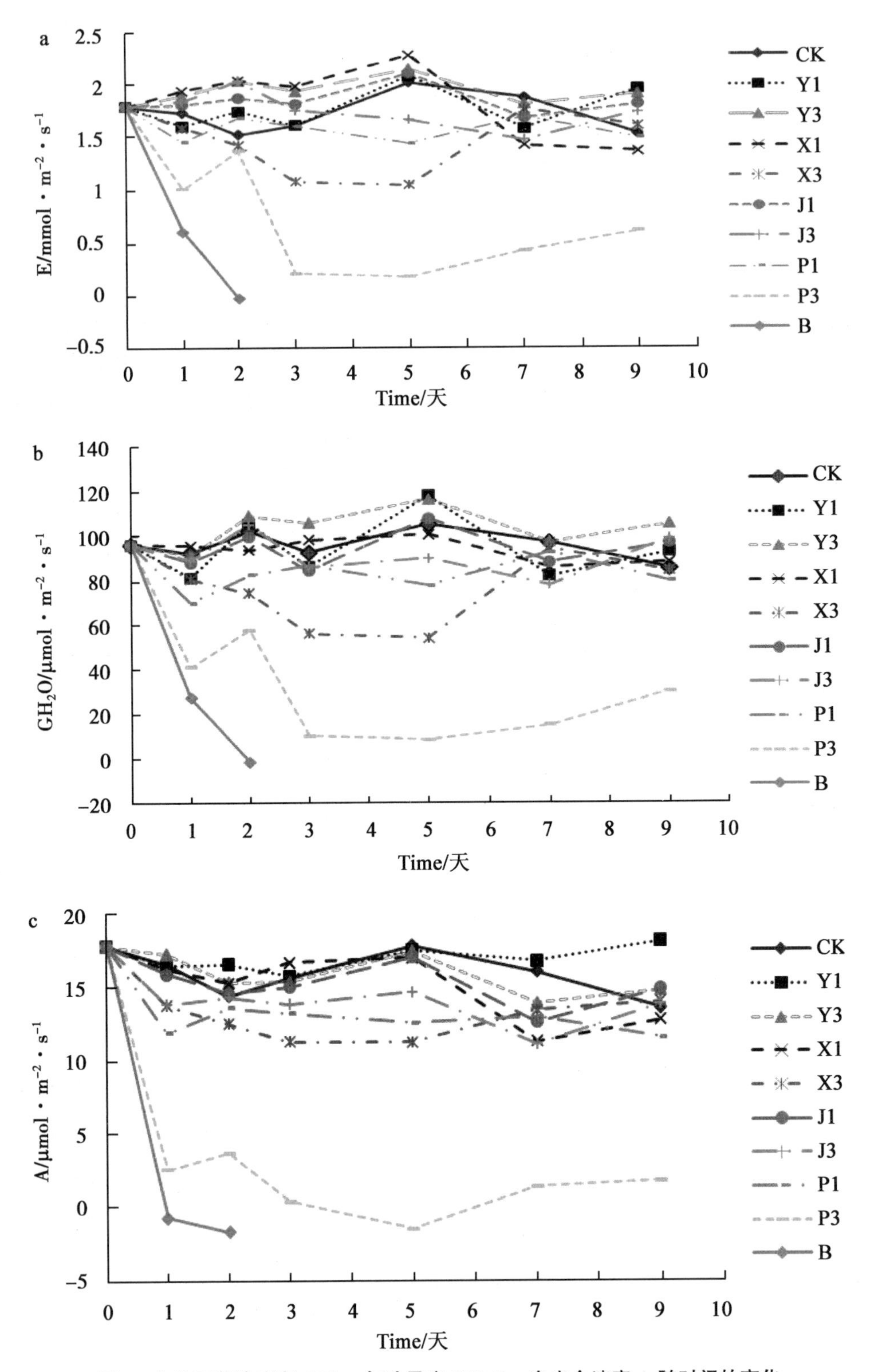

图 1　各处理蒸腾速率（E）、气孔导度 GH_2O、净光合速率 A 随时间的变化

映光合系统原初信息。经不同除草剂处理后，药后5天苗期玉米叶片叶绿素荧光参数见表3。与对照相比，推荐量及3倍量莠去津、推荐量硝磺草酮及推荐量金收处理对叶片荧光参数无显著影响。百草枯和3倍量扑草净处理的叶片其最大量子产量（Fv/Fm）、实际量子产量（Y（Ⅱ））、非调节性能量耗散量子产量［Y（NO）］、光化学淬灭参数（qP）均表现出极显著差异；推荐量扑草净处理下Fv/Fm、Y（Ⅱ）有显著差异，Y（NO）和qP有极显著差异；3倍量金收处理下Y（Ⅱ）、Y（NO）、qP有显著差异；3倍量硝磺草酮处理下Y（Ⅱ）有显著差异。以上对叶片叶绿素荧光有影响的处理中，Fv/Fm、Y（Ⅱ）和qP随除草剂处理及除草剂浓度的增加而降低；而Y（NO）的变化与上述参数截然相反。Fv/Fm和Y（Ⅱ）的差异说明某些除草剂的处理使苗期玉米受到不同程度的胁迫并且导致实际光合作用下降；qP的降低，说明PSⅡ中处于开放状态的反应中心比例下降，接收的光量子不能进一步转化；Y（NO）的升高，说明植物受到损伤，植物吸收的光能不能被顺利转换为光化学能量[21]。此结果与各除草剂处理对玉米叶片光合参数的影响基本一致，进一步说明了不同除草剂及浓度对苗期玉米造成的不同程度胁迫结果的准确可靠。

表3　各处理对玉米叶绿素荧光参数的影响

处理	Fv/Fm	Y（Ⅱ）	Y（NO）	qP
CK	0.762±0.011	0.431±0.042	0.304±0.028	0.697±0.046
Y1	0.766±0.016	0.471±0.025	0.314±0.012	0.714±0.032
Y3	0.757±0.020	0.436±0.031	0.319±0.015	0.706±0.029
X1	0.754±0.019	0.412±0.029	0.309±0.008	0.719±0.023
X3	0.76±0.009	0.348±0.013*	0.307±0.004	0.580±0.030
J1	0.764±0.017	0.445±0.030	0.318±0.005	0.686±0.047
J3	0.761±0.023	0.348±0.021*	0.405±0.073*	0.524±0.051*
P1	0.718±0.018*	0.319±0.036*	0.573±0.032**	0.475±0.054**
P3	0.69±0.021**	0.128±0.054**	0.737±0.068**	0.196±0.037**
B	0.033±0.026**	0.067±0.048**	0.892±0.059**	0.032±0.055**

注：因百草枯处理后第5天玉米已死亡，固用百草枯药后1天的结果代为对比。

*和**表示该参数与CK进行比较后差异显著（$P<0.05$）和极显著（$P<0.01$）。

在众多的叶绿素荧光参数中，Fv/Fm是PSⅡ的最大光合量子产量，能反映植物健康情况，该值相对于原先下降越多则所受胁迫越明显[22]。各种除草剂处理下苗期玉米叶片的Fv/Fm变化如图2所示。百草枯处理叶片在短短2天的时间内从约0.76迅速下降到0左右，其对叶片胁迫情况最为快速和严重；其次，3倍量扑草净在处理的叶片也在短短的2天内从约0.76降到约0.48左右，其后，Fv/Fm值一直维持在该水平，直到第7天略有回升，这说明3倍量扑草净处理胁迫较快速，但随着时间的延长，植物有抵抗胁迫，恢复健康的迹象；推荐量扑草净对叶片Fv/Fm值也有一定影响，经其处理的叶片其Fv/Fm值稍微比正常值低，但不明显。

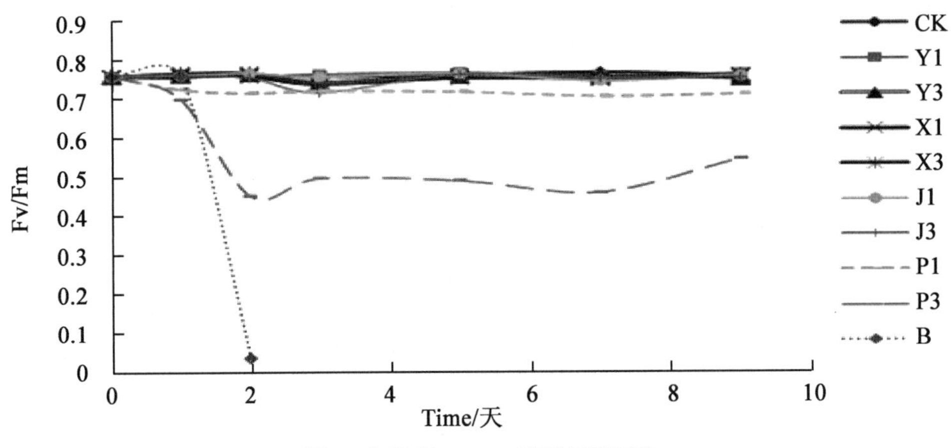

图 2　各处理 Fv/Fm 随时间的变化

相对电子传递速率（ETR）是通过 PSⅡ的电子传递速率，其值的大小变化能反映植物光合进程的快慢程度[23]。图 3 为各除草剂处理下，苗期玉米叶片 ETR 随时间的变化。百草枯处理叶片在 2 天从正常值下降到 0 左右，此时叶片电子几乎不进行传递，光合作用停滞；其次，扑草净处理的叶片 ETR 也有明显下降，3 倍量扑草净处理 ETR 下降与百草枯处理较相似，第二天 ETR 降到 0 左右，此后略有回升，推荐量扑草净处理 ETR 较 3 倍量稍高，最低值 3~5，变化趋势与 3 倍量相似；其他除草剂处理的 ETR 虽均有变化，但都在较为正常的范围内。

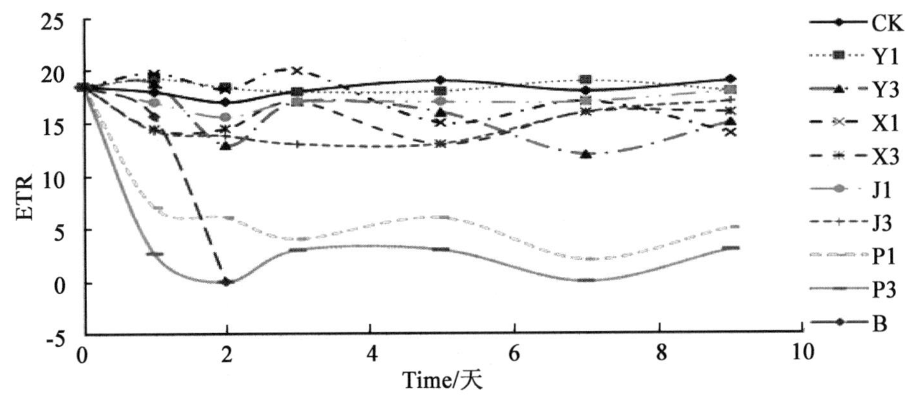

图 3　各处理 ETR 随时间的变化

快速光曲线是在光能捕获和传递层面诠释光系统的实际状态[12,24]。不同处理苗期玉米叶片的 ETR 的快速光曲线如图 4 所示。其中能明显看出，百草枯处理 ETR 最小，其次是 3 倍量扑草净，再次是 3 倍量硝磺草酮和 3 倍量金收，这说明以上除草剂阻碍了苗期玉米的正常电子传递速率。

快速光曲线的初始斜率能反映植物的光能利用效率[25]，利用 Platt 快速光响应模型[26]对图 2 快速光曲线拟合结果见表 4，经百草枯、推荐量及 3 倍量扑草净处理的叶片光量子利用效率 α 明显降低，3 倍量金收处理的叶片 α 有较明显降低，且以上处理随用药浓度增大 α 减小，这说明百草枯、推荐量及 3 倍量扑草净和 3 倍量金收处理阻碍了苗期玉米对光量子的正常利用。经百草枯、3倍量扑草净处理的叶片最大相对电子传递速率Pm明显降低，3倍量硝磺草酮处理的叶片Pm有较明显降低，以上处理同样是随用药浓度增大Pm减小，这说明百草枯、3倍量扑草净和3倍量硝磺草酮阻碍了苗期玉米光合系统的电子传递。

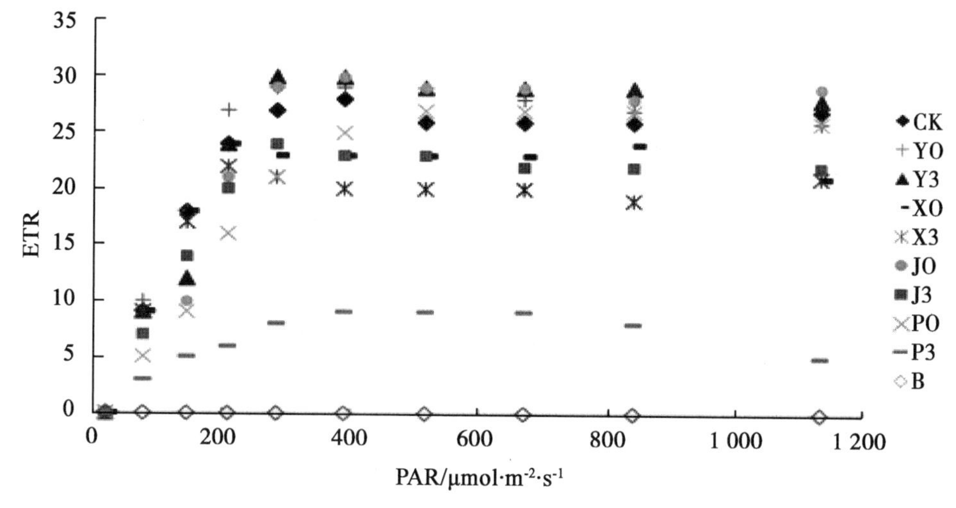

图4 各处理叶片的快速光曲线

表4 快速光曲线拟合参数

处理	CK	Y1	Y3	X1	X3	J1	J3	P1	P3	B
光量子利用效率α	0. 190	0. 188	0. 185	0. 192	0. 199	0. 184	0. 151	0. 058	0. 000	—
最大相对电子传递速率Pm	32. 369	33. 624	33. 633	30. 331	23. 148	31. 575	30. 839	31. 881	0. 818	—

3 讨论

近年来，有关农药胁迫对植物光合作用影响的研究在国内已初步开展。国内外的研究表明，除草剂对作物光合作用会产生不同程度的胁迫。Renee等[27]研究表明，除草剂能够降低植物叶片中光合色素的含量。王正贵等[28]研究表明，除草剂处理会引起小麦叶片净光合速率下降、光合作用受阻以及电子传递速率下降等。Aurelie等[29]研究表明，除草剂使葡萄叶片光合功能和叶片色素含量下降，且除草剂用量越大降幅越大。Conrad等[30]研究表明，除草剂会阻断电子传递，导致荧光发射的增加。胡海军等[31]研究表明，除草剂会使叶绿素含量、净光合速率和PSⅡ光化学效率等不同程度的降低。本研究中为探究不同除草剂对玉米苗期光合作用的胁迫，巧妙的使用了常用于玉米田除草，但作用机理不同，玉米耐受程度也不同的除草剂于玉米苗期作处理；莠去津、扑草净为三氮苯类除草剂它们是光合作用光系统Ⅱ抑制剂；因玉米体内含玉米酮，可使莠去津羟化失去活性，所以莠去津对玉米安全，本研究中施用莠去津的玉米苗药后无明显变化，这也印证了前人莠去津在5倍用量下对玉米无明显药害症状的结论[32]；扑草净是玉米苗前土壤封闭除草剂，本研究于苗期施用，药后玉米随即受胁迫，3~5天功能叶片表现出生长停滞；百草枯是联吡啶类除草剂，是光合系统Ⅰ电子传递链分流剂，并且为灭生性除草剂，在药后仅1天，玉米叶片出现不同程度的失绿，而后死亡；金收是烟嘧磺隆和莠去津的复配剂，烟嘧磺隆是磺酰脲类除草剂，它是通过乙酰乳酸合成酶来阻止支链氨基酸的合成，玉米对该药有较好耐药性，但超标量处理后出现轻微的发育迟缓，但很快恢复；硝磺草酮是三酮类除草剂，它通过抑制羟苯基丙酮酸双氧化酶（HPPD）来抑制类胡萝卜素生物合成。超标量施用硝磺草酮除草剂，玉米的长势变弱。

4 结论

本研究结果表明，苗期玉米经莠去津、硝磺草酮、金收、扑草净、百草枯5种玉米田常用除草剂处理后，根据除草剂作用机理、处理剂量、药后时间的不同，对叶片光合作用的影响也不同。莠去津处理在标量及3倍标量对玉米光合作用无影响，硝磺草酮和金收处理在标量条件下也无影响，但3倍标量开始有一定胁迫效应。有胁迫效应的除草剂会使玉米叶片光合气体交换的蒸腾速率（E）、气孔导度（GH_2O）和净光合速率（A）下降；使光合荧光的最大量子产量Fv/Fm、实际量子产量Y（Ⅱ）和光化学淬灭参数qP下降。同时，以上的胁迫效应会随着除草剂使用剂量的增加越明显。这说明了即使玉米地常用除草剂，在不合理施药时期或超标准量使用，也会对苗期玉米产生不同程度的胁迫，导致玉米出现生长减缓、叶片皱缩、缺绿等可见药害，也会导致玉米叶片的光合电子传递受阻，光合反应中心活性下降等隐性药害。因此在玉米生产中，应根据玉米时期、玉米耐受性、草害发生程度、除草剂作用机理适时适量使用除草剂，这样才能在杀死杂草的同时保证玉米的稳产优质。

参考文献

[1] 张静．我国除草剂的登记现状及其发展趋势分析［D］．保定：河北农业大学，2013.

[2] 胡凡，朴英，王洪武，等．黑龙江省除草剂使用情况的调查研究［J］．农学学报，2015，5（1）：25-31.

[3] Kish P A. Evaluation of Herbicide Impact on Periphyton Community Structure Using the Matlock Periphytometer［J］. Journal of Freshwater Ecology，2006，21（2）：341-348.

[4] Seguin F，Druart J C，Cohu R L. Effects of atrazine and nicosulfuron on periphytic diatom communities in freshwater outdoor lentic mesocosms［J］. Annales de Limnologie - International Journal of Limnology，2001，37（1）：3-8.

[5] Ali S，Honermeier B. Post emergence herbicides influence the leaf yield，chlorophyll fluorescence and phenolic compounds of artichoke（*Cynara cardunculus* L.）［J］. Scientia Horticulturae，2016，203：216-223.

[6] Ralph P J. Herbicide toxicity of Halophila ovalis assessed by chlorophyll a fluorescence［J］. Aquatic Botany，2000，66（2）：141-152.

[7] 曹福贤，隋玉香，张淑华．除草剂隐形药害的降解方法［J］．吉林农业，2006（11）：19.

[8] Sun T F，Fei Y E. Study of the Herbicide Antidote on Reducing Residue Injury by Imazethapyr to Corn［J］. Agrochemicals，2010.

[9] Rabinowitch E I，French C S. Photosynthesis and Related Processes（Volume Ⅱ，Part Ⅰ）［J］. Physics Today，2009，5（3）：20-21.

[10] Wong S C，Cowan I R，Farquhar G D. Stomatal conductance correlates with photosynthetic capacity

[J]. Nature, 1979, 282 (5737): 424-426.

[11] Fischer R A, Rees D, Sayre K D, *et al.* Wheat Yield Progress Associated with Higher Stomatal Conductance and Photosynthetic Rate, and Cooler Canopies [J]. Crop Science, 1998, 38 (6): 1467-1475.

[12] Ralph P J, Gademann R. Rapid light curves: A powerful tool to assess photosynthetic activity [J]. Aquatic Botany, 2005, 82 (3): 222-237.

[13] Beer S, Vilenkin B, Weil A, *et al.* Measuring photosynthetic rates in seagrasses by pulse amplitude modulated (PAM) fluorometry [J]. Marine Ecology Progress, 1998, 174: 293-300.

[14] Michael J, Durako, Jennifer I. Kunzelman. Photosynthetic characteristics of *Thalassia tudinum* measured in situ by pulse-amplitude modulated (PAM) fluorometry: methodological and scale-based considerations [J]. Aquatic Botany, 2002, 73 (2): 173-185.

[15] 卜令铎，张仁和，常宇，等．苗期玉米叶片光合特性对水分胁迫的响应 [J]. 生态学报，2010, 30 (5): 1184-1191.

[16] Larcher W, Wagner J, Thammathaworn A. Effects of superimposed temperature stress on in vitro chlorophyll fluorescence of *Vigna unguiculata* under saline stress [J]. Journal of Plant Physiology, 1990, 136 (1): 92-102.

[17] Mehta P, Jajoo A, Mathur S, *et al.* Chlorophyll a fluorescence study revealing effects of high salt stress on Photosystem Ⅱ in wheat leaves [J]. Plant Physiology & Biochemistry, 2010, 48 (1): 16-20.

[18] Zeiger E. The Biology of Stomatal Guard Cells [J]. Plant Biology, 1983, 34 (34): 441-474.

[19] Mansfield T A, Hetherington A M, Atkinson C J. Some Current Aspects of Stomatal Physiology [J]. Plant Biology, 1990, 41 (41): 55-75.

[20] 陈根云，陈娟，许大全．关于净光合速率和胞间 CO_2 浓度关系的思考 [J]. 植物生理学报，2010, 46 (1): 64-66.

[21] Schreiber U, Schliwa U, Bilger W. Continuous recording of photochemical and non-photochemical chlorophyll fluorescence quenching with a new type of modulation fluorometer [J]. Photosynthesis Research, 1986, 10 (1): 51-62.

[22] Kitajima M, Butler W L. Quenching of chlorophyll fluorescence and primary photochemistry in chloroplasts by dibromothymoquinone [J]. Biochimica Et Biophysica Acta, 1975, 376 (1): 105-115.

[23] Bianchi S D, Dall'Osto L, Tognon G, *et al.* Minor antenna proteins CP24 and CP26 affect the interactions between photosystem II subunits and the electron transport rate in grana membranes of Arabidopsis [J]. Plant Cell, 2008, 20 (4): 1012-1028.

[24] Serôdio J, Vieira S, Cruz S, *et al.* Rapid light-response curves of chlorophyll fluorescence in microalgae: relationship to steady-state light curves and non-photochemical quenching in benthic diatom-dominated assemblages [J]. Photosynthesis Research, 2006, 90 (1): 29-43.

[25] Rascher U, Liebig M, Lüttge U. Evaluation of instant light-response curves of chlorophyll fluorescence parameters obtained with a portable chlorophyll fluorometer on site in the field. Plant Cell & Environment, 2000, 23 (12): 1397-1405.

[26] Platt T, Gallegos C L, Harrison W G. Photoinhibition of photosynthesis in natural assemblages of marine phytoplankton [J]. J Mar Res. Publications- Astronomical Society of Japan, 1980, 57 (57): 341-345.

[27] Muller R, Schreiber U, Escher B I, *et al.* Rapid exposure assessment of PSII herbicides in surface water using a novel chlorophyll a fluorescence imaging assay [J]. Science of the Total Environment,

2008, 401 (1-3): 51-9.

[28] 王正贵, 周立云, 郭文善, 等. 除草剂对小麦光合特性及叶绿素荧光参数的影响 [J]. 农业环境科学学报, 2011, 30 (6): 7-13.

[29] Bigot A, Fontaine F, Clément C, *et al*. Effect of the herbicide flumioxazin on photosynthetic performance of grapevine (*Vitis vinifera* L.) [J]. Chemosphere, 2007, 67 (6): 1243-1251.

[30] Conrad R, Büchel C, Wilhelm C, *et al*. Changes in yield of in-vivo fluorescence of chlorophyll a as a tool for selective herbicide monitoring [J]. Journal of Applied Phycology, 1993, 5 (5): 505-516.

[31] 胡海军, 史振声, 吕香玲, 等. 烟嘧磺隆对糯玉米光合特性和叶绿素荧光参数的影响 [J]. 玉米科学, 2014 (3).

[32] 耿亚玲, 刘博艳, 王华, 等. 不同茎叶处理除草剂对玉米的安全性 [J]. 安徽农业科学, 2015 (18): 141-142.

燕麦叶斑病田间防治技术初步研究*

刘万友** 王东 张笑宇 孟焕文 周洪友***

（内蒙古农业大学，呼和浩特 010018）

摘 要：燕麦（*Avena sativa* L.）是重要的粮饲兼用作物，主要在我国华北和西北地区种植。近年来，在燕麦主产区进行病害调查时发现，燕麦叶斑病为害严重，且具有发病范围广、时间长的特点。本研究利用正交试验设计对品种、播期、密度、施肥及灌水量等不同栽培条件下燕麦叶斑病的发病情况进行分析，结果表明播期是影响该病害发生的最主要因素，且连续3年的测定结果趋势一致。利用不同杀菌剂进行田间筛选试验，结果表明各供试药剂对燕麦叶斑病均具有一定的防效，拌种处理较叶面喷施效果更好，且增产作用显著；结合经济效益进行分析，40%多菌灵是防控燕麦叶斑病较为理想的供选药剂。

关键词：燕麦；叶斑病；防治技术；药剂筛选

1 材料与方法

1.1 材料

供试燕麦品种：燕科一号（A1）、保罗（A2）、草莜一号（A3）、农家种（A4）、科燕一号（A5）共5个品种。

供试药剂：50%速克灵（日本住友化学株式会社），70%甲基硫菌灵（浙江威尔达化工有限公司），15%三唑酮（四川国光农化有限公司），50%多菌灵（四川国光农化有限公司），25%甲霜灵（浙江禾本科技有限公司），70%代森锰锌（安岳民兴农药厂），58%甲霜锰锌（四川国光农化有限公司），40%福美·拌种灵（山西科力科技有限公司）。

1.2 试验方法

1.2.1 不同栽培方式的正交试验设计

采用L_{25}（5^6）正交试验设计，5个因素分别为品种、播期、密度、施肥量（N、P）、灌水量，每种因素设置5个水平，重复2次，共计50小区，每区面积30m^2。

1.2.2 杀菌剂的田间筛选试验

采用随机区组设计，设10个药剂处理，1个对照（CK），3次重复，每小区面积为4m^2。

药剂处理设为两种：一是在燕麦分蘖前期和扬花期喷施；二是采用拌种方法，对燕麦种子现拌现种。

---

* 基金项目：现代农业产业技术体系建设专项（CARS-08-C-3）

** 第一作者：刘万友，硕士研究生；E-mail：15548290183@163.com

*** 通信作者：周洪友，教授，主要从事作物病虫草害综合防控研究；E-mail：hongyouzhou2002@aliyun.com

1.2.3 调查方法

在燕麦生长期内，对叶斑病发生情况进行调查，统计病情指数并计算防效。在燕麦成熟期进行田间取样及室内考种，取样面积为 $1m^2$，主要记录生物重量、株高、小穗数、穗粒数、千粒重等。

2 结果与分析

2.1 不同栽培方式对燕麦叶斑病病害发生的影响

正交试验结果表明，播期对燕麦叶斑病病情指数的影响最大，其次依次为播种密度、磷肥、品种、灌水量，影响最小的是施氮肥量。各因素中，只有播期在连续 3 年的测定结果中趋势一致；当播期为 5 月 30 日时，燕麦叶斑病的发生程度均为最轻，而播期为 5 月 9 日时发病最重。

2.2 不同杀菌剂对燕麦叶斑病的田间防治效果

杀菌剂对燕麦叶斑病田间防效测定结果表明，各供试药剂处理对叶斑病均有一定的防治效果。喷施药剂 17 天后，50%速克灵的防效最好，可达 30.49%；其次为 40%福美・拌种灵和 15%三唑酮，防效分别为 19.28%和 15.38%。喷施药剂 45 天后，50%多菌灵的防效最好，为 57.52%；其次为 15%三唑酮和 40%福美拌种灵，防效分别为 52.84%和 50.17%。药剂拌种处理在叶斑病发生初期防效较低，在 7%~13%；而在叶斑病发病高峰期，其防效普遍高于药剂喷施处理，其中 15%三唑酮拌种处理防效最高，可达 66.55%，防病效果显著。

2.3 药剂施用对燕麦产量的影响

供试各药剂对燕麦的株高、小穗数、穗粒数、千粒重和产量（生物产量和籽粒产量）的影响效果不一。其中喷施甲霜灵后燕麦株高最小，为 88.8cm，比对照减少 14.5cm；15%三唑酮拌种后燕麦株高最大，为 114.4cm，比对照增加 11.1cm。应用 40%福美・拌种灵和 50%多菌灵拌种处理的燕麦小穗数和穗粒数指标明显高于其他处理及对照，分别为 19.0、19.8 和 65.2、57.0。在喷施药剂处理中，施用 50%速克灵处理的千粒重最重，为 25.66g；40%福美・拌种灵和 15%三唑酮拌种处理的燕麦千粒重分别为 25.10g 和 25.04g，高于一般喷施处理。药剂拌种处理后燕麦产量明显增加，生物产量增产在 20%左右，籽粒产量增产在 30%左右，最高可达 49.53%。

3 结论与讨论

在栽培方式方面，播期是影响燕麦叶斑病发生的主要因素。连续 3 年调查结果显示，播期为 5 月 30 日其叶斑病的发生程度均为最轻，而 5 月 9 日则为最重，推测是与当地的气候条件有一定的关系。而其他因素在不同年份的发病程度不尽相同，未表现出明显规律。

在病害药剂防治方面，拌种处理比叶面喷施更有利于防治燕麦叶斑病，并能带来显著的增产作用。推测原因，可能是由于药剂拌种的内吸作用时间更为长久，使得燕麦具有持续的抗病能力，从而降低叶斑病的发病程度，增加了光合作用面积，进一步积累光合产物，最终导致生物产量和籽粒产量都有一定程度的增加。

结合经济效益进行分析，40%多菌灵不论从防治效果、田间增产效果，还是从防治费用来看，都是生产实际中较适宜、并值得推广的防治燕麦叶斑病的有效药剂。

甲氧虫酰肼与虱螨脲复配对甜菜夜蛾的亚致死效应*

陈吉祥** 任相亮 胡红岩 王 丹 宋贤鹏 马 艳***
（中国农业科学院棉花研究所/棉花生物学国家重点实验室，安阳 455000）

摘 要：甜菜夜蛾（*Spodoptera exigua* Hübner.）属鳞翅目（Lepidoptera）夜蛾科（Noctuidae），是一种重要的农业害虫，近年来危害日益严重。由于长期单一的使用化学杀虫剂防治，导致甜菜夜蛾对有机磷、氨基甲酸酯、拟除虫菊酯等农药产生了不同水平的抗性。昆虫生长调节剂作为一种生物农药主要通过抑制昆虫生理发育，如通过抑制蜕皮、新表皮形成等导致害虫死亡，由于该类农药具有低毒环保的特点，成为防治甜菜夜蛾等鳞翅目害虫的备选药剂，并可与多种化学农药复配使用。因此，本实验通过药膜法，研究亚致死浓度的甲氧虫酰肼与虱螨脲复配对甜菜夜蛾的亚致死效应。

试验采用人工饲料药膜法，选取亚致死浓度的甲氧虫酰肼（LC_{15} = 12. 5ng/cm^2）、虱螨脲（LC_{15} = 17. 5ng/cm^2）及二者混剂（甲氧虫酰肼 6. 25ng/cm^2+虱螨脲 8. 75ng/cm^2）处理甜菜夜蛾 3 龄幼虫，48h 和 72h 后称量和统计幼虫死亡率及体重，然后将各处理中存活幼虫转入正常的人工饲料上继续饲养，调查和统计幼虫的发育历期、蛹前累计死亡率、蛹重、蛹历期、化蛹率、羽化率、单雌产卵量和卵孵化率。

结果表明：甜菜夜蛾 3 龄幼虫取食甲氧虫酰肼、虱螨脲和混剂后，48h 的死亡率分别为 11. 11%、0. 00%、23. 74%；72h 的死亡率分别为 15. 28%、13. 89%、45. 83%，因此，混剂处理后甜菜夜蛾的死亡率显著高于单剂处理，且速效性明显高于单剂。

甜菜夜蛾取食 3 种药剂 72h 后，幼虫体重分别为 39. 68mg、44. 38mg 和 33. 06mg，与对照相比，体重抑制率分别为 36. 47%、28. 95% 和 47. 07%，混剂的抑制效果明显高于 2 种单剂；观察幼虫发育历期结果表明，3 种药剂处理后的发育历期分别比对照处理延长了 0. 40 天、0. 65 天和 1. 15 天，同样是混剂处理的幼虫历期显著高于 2 种单剂处理；3 种药剂导致的蛹前累计死亡率分别为 19. 45%、48. 61% 和 56. 94%，且混剂造成的蛹前累计死亡率显著高于甲氧虫酰肼单剂处理。

3 种药剂处理后，化蛹率分别为 68. 75%、66. 67% 和 60. 22%，与对照相比分别降低 20. 83%、22. 91% 和 29. 36%，且混剂处理的化蛹率显著低于 2 种单剂处理；蛹重分别为 127. 23mg、127. 68mg 和 120. 35mg，蛹重抑制率分别为 20. 55%、20. 26% 和 24. 84%，与对照相比，蛹重均显著降低，但 3 种药剂处理之间无显著性差异；蛹历期分别为 6. 63 天、7. 13 天和 7. 50 天，分别比对照处理延长了 0. 13 天、0. 63 天和 1. 0 天，且混剂处理的幼

---

* 基金项目：“十三五”国家现代农业棉花产业技术体系（CARS-15-20）；国家自然科学基因项目（31601648）

** 第一作者：陈吉祥，硕士；E-mail：chenjx1023@ 126. com

*** 通信作者：马艳，研究员；E-mail：aymayan@ 126. com

虫历期显著高于2种单剂处理；甲氧虫酰肼、虱螨脲单剂和混剂处理下甜菜夜蛾蛹的羽化率分别为91.35%、90.28%、92.45%，单雌日均产卵量为188粒、200粒、151粒，卵孵化率为89.64%、90.34%、87.44%，与对照相比均无显著性差异。

综上所述，与单剂处理相比，甲氧虫酰肼和虱螨脲混剂显著抑制幼虫的体重、化蛹及蛹重，延长了幼虫发育历期和蛹历期，提高了蛹前累计死亡率，而对单雌日均产卵量、羽化率和孵化率影响较小。本研究结果为有效控制甜菜夜蛾和该混剂的研发和推广应用提供重要的理论依据。

关键词：甲氧虫酰肼；虱螨脲；甜菜夜蛾；亚致死效应

宜宾市马铃薯常见害虫调查初报及绿色防控对策*

吴郁魂[1**] 罗家栋[2] 周黎军[1] 唐仲梅[3] 邱开友[4]
(1. 宜宾职业技术学院，宜宾 644003；2. 宜宾市农业局，宜宾 644000；
3. 筠连县农业局，筠连 645250；4. 高县农业局，高县 645154)

摘 要：报道了常见马铃薯害虫的种类有18种，其中地下害虫有8种，刺吸类害虫有4种，食叶类害虫有3种，钻蛀类害虫有2种，害螨有1种。归纳了其特点：马铃薯地下害虫种类比较多，为害周期长，最具有毁灭性；以桃蚜为优势种的刺吸类害虫为害严重，造成病虫交加；食叶类马铃薯害虫零星分布，间歇发生；新的虫害不断出现。并就宜宾马铃薯害虫的绿色防控对策进行了探讨。

关键词：宜宾；马铃薯；害虫；绿色防控；对策

宜宾市地处我国西南地区四川省，位于四川盆地南缘，宜宾市海拔236.3~2 008.7m，气候垂直分布，地形地貌复杂，年均温17.7~18.0℃，降水量1 144.61mm，雾多、温差大，土壤酸性至微碱性，具有得天独厚的马铃薯生产条件，且种植马铃薯历史悠久，做大做强马铃薯产业，推进马铃薯主粮化发展战略是宜宾市推进农业供给侧结构性改革的重要内容。在“十二五”期间，全市马铃薯种植面积由2.35万hm^2提高到4.83万hm^2，总产量（折合原粮）由5.73万t提高到13.5万t。其中，春马铃薯1.04万hm^2，产量3.64万t；秋冬马铃薯3.79万hm^2，产量9.86万t。[1]近几年来，随着种植面积的大幅度提高，虫害问题成为影响马铃薯生产、贮存和制种的一大制约因素。为了更好地摸清宜宾马铃薯主要害虫的基本情况，2014—2018年，笔者对宜宾市马铃薯常见害虫的发生情况进行了调查，并根据调查结果提出了马铃薯害虫的绿色防控对策。

1 宜宾市马铃薯常见害虫的种类调查

在宜宾市的主要产马铃薯区县，包括翠屏区、南溪区、高县、筠连县、兴文县、宜宾县、珙县，对春马铃薯、秋马铃薯和冬马铃薯均进行普查，每季马铃薯分别在苗期、生长期和贮存期开展害虫的种类调查。采用网捕法、黑光灯诱集法、黄（蓝）色板诱集法、铺膜振落法、搜索法等方法，发现害虫随时记载，对不确定的害虫，带回实验室进行人工饲养，观察其生活史。调查结果见表1。

---

* 基金项目：宜宾市科技局立项“《宜宾马铃薯生产技术规范》研究与应用”(2015RY006)
** 第一作者：吴郁魂，教授，从事植物保护、农业产业化教学与研究工作；E-mail：wuyuhun@163.com

表1　宜宾市马铃薯的常见害虫[1)]

害虫中文名称	学名	为害部位	为害程度[2)]
小地老虎	*Agrotis ypsilon*（Rottemberg）	根茎、块茎	+++
东方蝼蛄	*Gryllotalpa orientalis* Burmeister	根茎、块茎	++
华北大黑鳃金龟	*Holotrichia oblita* Faldermann	根茎、块茎	+
暗黑鳃金龟	*Holotrichia parallela* Motschulsky	根茎、块茎	+
铜绿丽金龟	*Anomala corpulenta* Motschulsky	根茎、块茎	+++
中华蟋蟀	*Gryllus chinensis* Weber	根茎、块茎	++
沟金针虫	*Pleonomus canaliculatus* Faldermann	根茎、块茎	+++
桃蚜（烟蚜）	*Myzus persicae*（Sulzer）	叶片、嫩茎	+++
茄无网蚜	*Acyrthosiphon solani*（Kaltenbach）	叶片、嫩茎	+
马铃薯长管蚜	*Macrosiphum euphorbiae*（Thomas）	叶片、嫩茎	+
马铃薯块茎蛾	*Phthorimaea operculella*（Zeller）	芽、茎秆、叶片、块茎	+
茄二十八星瓢虫	*Epilachna vigintioctopunctata*（Fabricius）	叶片、嫩茎	+
烟蓟马	*Thrips tabaci*（Thysanoptera Thripidae）	叶片	++
美洲斑潜蝇	*Liriomyza sativae* Blanchard	叶片	++
侧多食跗线螨	*Polyphagotarsonemus latus*（Banks）	叶片、花蕾	++
东方行军蚁	*Monomorium pharaonis*（L.）	根茎、块茎	+
斜纹夜蛾	*Prodenia litura*（Fabricius）	叶片、嫩茎	+
甜菜夜蛾	*Laphygma exigua* Hubner	叶片、嫩茎	+

注：1）此表为2014—2018年调查结果。

2）为害程度注明："+"表示虫害为害程度轻微，"++"表示虫害为害程度中等，"+++"表示虫害为害程度严重。

2　宜宾市马铃薯常见虫害的为害特点

根据表1调查结果显示：在宜宾市，常见马铃薯害虫的种类有18种，其中地下害虫有8种，刺吸类害虫有4种，食叶类害虫有3种，钻蛀类害虫有2种，害螨有1种。通过对宜宾市马铃薯常见害虫发生规律的分析，其发生为害具有以下特点。

2.1　马铃薯地下害虫种类比较多，为害周期长，最具有毁灭性

宜宾市马铃薯常见地下害虫共计8种，占马铃薯害虫种类的44.4%。分属鳞翅目1种，鞘翅目4种，直翅目2种，膜翅目1种。与一般作物的地下害虫比较，马铃薯的地下害虫不仅对于马铃薯的根茎芽等进行为害，而且要加害生长的块茎，因而为害周期拉长，个别种，如马铃薯块茎蛾兼有地下害虫习性，甚至会在马铃薯贮存期仍然继续为害，为害期持续长达4个月左右，以幼虫蛀食马铃薯块茎和芽，为害率甚至可达100%，并且使种薯块茎发芽率受到严重影响，该虫也是茄科作物共患的害虫。

小地老虎1~3龄幼虫日夜均在马铃薯植株上活动取食，取食叶片（特别是心叶）成孔洞或缺刻，4龄以后，昼伏夜出，活动和取食，在齐土面部位，把幼苗切断倒伏在地，或将咬下的幼苗连茎带叶拖至其穴中，幼虫为害块茎使其出现大而不规则的孔洞。2017

年5月14日，在筠连县高坪苗族乡先锋村尧埂组刘会有的马铃薯种植地块里发现，小地老虎幼虫达到16头/m^2，受害株率达到65%，其中致死株率达到43%。

沟金针虫成虫在地上部活动时间不长，无严重为害。该虫幼虫在土中可取食播下的马铃薯种薯、萌出的幼芽和薯苗的根，破坏薯块幼苗营养结构，受害幼苗的伤口不整齐，造成缺苗断垄，但为害往往不太明显。幼虫进一步钻蛀为害生长期正在膨大的幼嫩块茎，引发烂薯。每头幼虫可钻蛀2~3孔，形成细而深的孔洞，虫孔直径4~6mm，受伤的块茎感染细菌后，则易腐烂，不仅影响产量，而且降低块茎的品质。春马铃薯中沟金针虫为害株率可达到40%以上，块茎为害率可达20%。据调查，一般上一年马铃薯地没有在秋季翻地，下一年春旱严重的土壤生态环境非常适宜金针虫的发生繁殖，应该注意重点预防沟金针虫。由于沟金针虫雌成虫多在原地交尾产卵，其活动扩散能力有限，因此，在虫口密度高的地内对沟金针虫开展防治后，其种群密度在短期内不易回升。

2.2 以桃蚜为优势种的刺吸类害虫为害严重，造成病虫交加

在宜宾市，马铃薯常见蚜虫有3种，其中，以桃蚜为优势种，该种广泛分布在宜宾市各地，成虫及若虫在马铃薯叶及嫩茎上刺吸汁液，造成生长点皱缩，叶片卷缩。此外，桃蚜又是多种植物病毒的主要传播媒介，其传毒造成的为害远远大于蚜害本身。桃蚜可以传染卷叶病毒、马铃薯Y病毒、X病毒、A病毒、Y病毒、杂斑病毒和黄瓜花叶病毒等多种病毒，例如马铃薯卷叶病毒（PLRV）即通过桃蚜传毒，发病马铃薯上部叶片卷曲，尤其是小叶的基部。这些叶片趋向于直立，这是重要的马铃薯病毒性病害，对马铃薯生产影响比较大，易感品种的产量损失可高达90%。蚜虫还会在贮存期为害种薯块茎幼芽，故种薯催芽时也要注意治蚜防病。若短期内温度升高，当马铃薯株衰老或水分含量不够或蚜虫种群密度比较大时种群内大量产生有翅蚜；反之，在马铃薯环境条件比较好的情况下，种群内大量产生无翅蚜，预示蚜虫即将大发生，应该及时防治。田间调查显示，有翅蚜一般通过迁飞在较远距离（大约100m）的相邻田块之间传毒，而无翅蚜则可在同一田块内部近距离的不同植株之间传毒，其爬迁距离不足2m。在发病过程中，甚至几种病毒病通过桃蚜传毒，复合侵染马铃薯，给马铃薯产量和品质造成很大影响。

2.3 食叶类马铃薯害虫零星分布，间歇发生

食叶类马铃薯害虫在宜宾市零星分布，与其他作物比较，该类害虫一般不容易形成威胁马铃薯生产的优势种，常年对于马铃薯产量和品质影响轻微，呈现间歇性发生趋势。只是个别年由于虫口基数高，并且天敌数量少，加上气候条件有利于害虫种群数量增加，对马铃薯造成一定为害。如鞘翅目中的茄二十八星瓢虫和鳞翅目中的斜纹夜蛾、甜菜夜蛾等。2014年4月15日，在兴文县毓秀苗族乡调查，茄二十八星瓢虫虫口密度高，蔓延速度快，在发生高峰期，虫口密度达到45头/株，有虫株率达到100%，取食后叶片残留表皮，且成许多平行的牙痕。也将叶吃成孔状或仅存叶脉，严重之处全田如枯焦状，比较罕见。

2.4 新的虫害不断出现

随着马铃薯栽培耕作制度由粗放到集约的变化和气候的反常改变，为新的虫害发生形成了有利条件，一些新的虫害不断出现。例如，在宜宾市农业科学院和宜宾职业技术学院的马铃薯组培生产中常常发现烟蓟马对组培苗的为害，该虫一年发生8~10代，世代重叠，主要营孤雌生殖。一年中以4—5月为害最重，保护地栽培环境条件和组培苗营养条

件均有利于蓟马的发生，一般分布在叶背，吸食叶片皮层细胞，烟蓟马虫体微小而细长，体长1~2mm，以成虫和若虫通过锉吸式口器为害马铃薯，开始，只锉破植物表皮，随后，口器刺入植物组织中，吸取汁液，受到损伤的寄主细胞逐渐变干，并充满空气，使被害马铃薯叶呈银白色斑痕沿主脉发展，特别是在叶脉周围的银白色斑痕上点状分布着蓟马的排泄物，这是与其他虫害为害状的重要区别。另据报道，该虫除了对马铃薯叶片直接伤害外，还可以将番茄斑萎病毒（TSWV）从番茄上传播到马铃薯上。[2]

侧多食跗线螨主要以成螨和幼螨刺吸马铃薯的汁液。马铃薯受害后，叶片僵硬，叶背呈灰褐色，油浸状，叶缘向下卷曲（这是与病毒病症状的重要区别，病毒病造成叶片卷缩是叶缘向上卷曲），该螨虫个体微小，体色较浅，一般要借助于高倍放大镜或体视显微镜才能看清楚，因此上述为害状常常被错误地诊断为病毒病或生理病，应注意区别。

侧多食跗线螨一年发生20~30代，以成螨在土缝、杂草根际越冬。温室大棚内可周年繁殖为害，世代重叠现象严重。在宜宾市，盛发期为6月下旬至9月中旬，7—9月种群数量达到高峰期。侧多食跗线螨趋嫩性强，成螨和幼螨多分布在马铃薯植株的幼嫩部位，喜欢在嫩叶的背面栖息取食。成螨较为活跃，尤其是雄成螨，有携带雌若螨向植株上部幼嫩部位迁移的习性。雌螨以两性生殖为主，也可以孤雌生殖。侧多食跗线螨近距离扩散主要靠爬行，而远距离传播主要靠人为携带或风力传播。发生初期有明显的点片阶段。

此外，值得注意的是：在筠连县发现有东方行军蚁（黄蚂蚁）以工蚁咬食茎根，使马铃薯茎叶枯黄的致死，并咬食薯块表面或钻入薯块内形成许多“隧道”，一般减产5%~20%。

3 绿色防控对策探讨

针对宜宾市马铃薯主要害虫发生为害特点，马铃薯害虫绿色防控应贯彻“预防为主，综合防治”的植保工作方针，严格执行植物检疫，以环境友好型的马铃薯“绿色”生产技术为基础，积极开展物理防治和生物防治，科学、合理使用化学农药，将害虫损失控制在经济允许受害水平以下，将马铃薯中的农药残留量降低到国家规定的标准范围以内，实现马铃薯产品的生态、优质、安全。

3.1 严格执行植物检疫

从国外及外地引进优良的马铃薯品种和种质资源有利于宜宾市推进马铃薯主粮化战略，发展马铃薯产业，但要注意严格执行植物检疫。因此，为了实现马铃薯生产可持续发展，保护薯农利益，必须贯彻执行《中华人民共和国进出境动植物检疫法》《植物检疫条例》及其《实施细则》等法律法规。要从源头上加强植物检疫监督管理，提高马铃薯经销大户的植物检疫意识和法制意识，针对随种薯传播的马铃薯检疫性害虫，如马铃薯甲虫、马铃薯块茎蛾等给予密切注意，禁止从疫区调运马铃薯特别是种薯，是控制检疫性害虫蔓延最有效的方法。严格按检疫要求进行加强引种调运监管，企业如在宜宾市外购买马铃薯，必须严格按照检疫要求出具检疫证书。积极开展种薯检疫执法，每年至少3次。设置马铃薯检疫性有害生物田间观测圃、观测点，加强田间调查，及时发现马铃薯检疫性害虫，并且及时处置。通过多管齐下，杜绝马铃薯检疫性害虫传入宜宾市。

3.2 推广环境友好型的“绿色”马铃薯生产技术

针对主要害虫，因地制宜选用抗（耐）病优良品种，使用健康的不带病毒、病菌、虫卵的种薯；合理品种布局，选择健康的土壤，在宜宾推广“水稻-马铃薯”水旱轮作种植模式，大大减轻一些土传病害和地下害虫的为害。还可与非茄科作物轮作3年以上。通过对设施、肥、水等栽培条件的严格管理和控制，促进马铃薯植株健康成长，防止马铃薯生长过嫩过绿，以抑制病虫害的发生；测土平衡施肥，增施磷、钾肥，增施充分腐熟的有机肥，适量施用化肥；合理密植，采用大垄双行种植，及时清除田边和田中杂草，注意清洁田园，及时发现病虫株，并清除、远离深埋，降低病虫源数量。马铃薯收获后，块茎应随即运回，不要在田间过夜，避免马铃薯块茎蛾在夜间或早晨活动在块茎产卵。

3.3 积极开展物理防治

根据马铃薯害虫的主要习性，露地栽培可安装频振式杀虫灯诱杀夜蛾、蝼蛄和金龟子等害虫。保护地栽培可采用防虫网或银灰膜避蚜虫等、黄板（柱）等方法诱杀蚜虫、美洲斑潜蝇等，利用蓟马趋蓝色的习性，在田间设置蓝色粘板，诱杀蓟马成虫。

3.4 积极开展生物防治

以虫治虫：释放天敌，如捕食螨、寄生蜂、七星瓢虫等。保护天敌，创造有利于天敌生存的环境，选择对天敌杀伤力弱的农药；以菌治虫：利用23～50g/667m^{2}的16 000 IU/mg苏云金杆菌可湿性粉剂1 000倍液防治鳞翅目幼虫；利用植物源农药治虫：利用0.3%印楝乳油800倍液防治块茎蛾、蚜虫；利用0.38%苦参碱乳油300～500倍液防治蚜虫以及地老虎、蛴螬等地下害虫。以及性诱剂诱杀甜菜夜蛾，甜核·苏云菌可湿性粉剂（禾生绿源）防治鳞翅目害虫等。

3.5 科学、合理使用化学农药

3.5.1 农药施用

严格执行GB 4285和GB/T 8321的规定，应做到对症下药，适期用药，合理轮换用药，运用适当浓度与药量，合理混配药剂，并确保农药施用的安全间隔期，注意保护生态环境。

3.5.2 主要虫害防治

1）地下害虫

土壤处理：用75%辛硫磷乳油0.5kg，加少量土，喷拌细土125～175kg播种时撒在垄沟内。

药剂防治地下害虫的参考防治指标为：金针虫3～4头/m^2；小地老虎幼虫1～2头/m^2；蝼蛄苗期3～5头/m^2；蛴螬苗期幼虫1～2头/m^2。

药液灌根：采用50%辛硫磷乳剂1 000倍液灌根。

毒饵法：将0.5kg 90%晶体敌百虫用热水化开，加水5kg左右，拌上炒香的豆饼或麦麸50kg，或拌50kg切碎的鲜草鲜菜，配成毒饵，傍晚撒施在苗的附近。

在成虫盛发期，还可对害虫集中的植物上，喷施50%辛硫磷乳剂1 000倍液，或90%晶体敌百虫1 000倍液，或2.5%溴氰菊酯乳油3 000倍液防治。

必须指出，针对蛴螬等地下害虫，过去多用15%毒死蜱颗粒剂撒施，但该农药不易降解，而且安全间隔期长，易导致农产品农药残留超标和隐性成分残留，鉴于毒死蜱的风险，自2016年12月31日起，国家已经禁止在蔬菜上使用[3]。为此，当前应抓紧试验、筛选可代替毒死蜱防治地下害虫的高效低毒低残留的农药。

2）蚜虫

蚜虫防治指标为：有蚜株率 10%，单株蚜量 5~7 头，用 10% 吡虫啉可湿性粉剂 2 000~4 000倍液，或 20% 氰戊菊酯乳油 3 300~5 000倍液，或 24% 螺虫乙酯悬浮剂 4 000~5 000倍液，或 10%烯啶虫胺水剂 3 000~5 000倍液等药剂，交替喷雾。

3）马铃薯块茎蛾

在种薯贮存期和成虫盛发期进行防治，对有虫的种薯，室温下用二硫化碳 7.5g/m^3 熏蒸 3h；在成虫盛发期可喷洒 2.5%高效氯氟氰菊酯乳油 2 000倍液全田喷雾防治。

4）茄二十八星瓢虫

防治指标为：单株 2~3 头，要抓住幼虫分散前的有利时机及时施药，可采用下列杀虫剂进行防治：2.5%溴氰菊酯乳油 1 500~2 500倍液，20%甲氰菊酯乳油 1 000~2 000倍液，40%菊・马乳油 2 000~3 000倍液；21%增效氰・马乳油 1 500~3 000倍液，对水喷雾，视虫情隔 7~10 天喷 1 次。注意叶背和叶面均匀喷药，以便把孵化的幼虫全部杀死。

5）侧多食跗线螨

每叶有虫或卵 2~3 头，田间卷叶株率达到 0.5%~1%时，即可在点片发生阶段用药防治，可用 73%炔螨特乳油 2 000~3 000倍液，或 24%螺螨酯悬浮剂 3 000倍液，或施用 99%SK 矿物油乳油 150 倍液。喷药重点在植株幼嫩的叶背和茎的顶尖。

6）烟蓟马

使用 25%噻虫嗪水分散粒剂 3 000~5 000倍液灌根，同时减少地下害虫为害，还可减少病毒病的发生；针对高抗性蓟马，用艾绿士+虫螨腈+唑虫酰胺复配型产品，防治效果很好。

7）东方行军蚁

灌根法：在马铃薯苗期，有蚁害时立即用 50%辛硫磷乳剂 1 000倍液灌根。

诱杀法：在蚁路处，可用灭蚁蟑、灭蚁特效诱杀粉，每 20m^{2}0.5g 引诱蚂蚁搬运回巢取食。利用蚂蚁之间相互舐食的习性，该药在巢内相互传递，7 天后即可达到除了蚁蛹以外全巢灭杀的理想效果。

参考文献

[1] 宜宾市农业局．对宜宾市政协四届五次会议第 203 号建议答复的函［Z］．2016-05-30.

[2] 谢开云，何卫．马铃薯三代种薯体系与种薯质量控制［M］．北京：金盾出版社，2011：161.

[3] 中国农药工业协会．2016 年国家禁用和限用的农药名录汇总［EB/OL］．http：//www.agrichem.cn/n/2017/1/12/20171128525077999.shtml

几种病毒抑制剂防治烟草花叶病毒病的田间药效评价*

杨　芳
（济源市农牧局，济源　459001）

摘　要：试验结果表明，20%吗胍·乙酸铜可湿性粉剂、0.5%氨基寡糖素水剂、8%宁南霉素水剂对烟草花叶病毒病具有较好的防治效果，于发病前或发病初期施药，每7天一次，连续3~5次，能较好的抑制烟草花叶病毒病为害。

关键词：杀菌剂；烟草花叶病毒病；防效

烟草花叶病毒病（TMV）是烟草生产上为害最大的一种病害。烟草感染病毒后，叶绿素受破坏，光合作用减弱，叶片生长被抑制，叶小、畸形，严重影响产量和内在品质，减产幅度可达50%~70%。为筛选有效的烟草花叶病毒病抑制剂，有效解决目前生产中防治烟草花叶病毒病的技术难题，我们于2017年在河南省济源市进行了几种杀菌剂防治烟草花叶病毒病田间药效试验，以期为大田生产提供科学依据。

1　材料与方法

1.1　试验作物

烟草，品种为云烟87。

1.2　试验对象

烟草花叶病毒病（*Tobacco mosaic virus*）。

1.3　供试药剂

0.5%氨基寡糖素水剂（京博农化科技股份有限公司，市售品）

0.5%香菇多糖水剂（山东荣邦化工有限公司，市售品）

20%盐酸吗啉胍可湿性粉剂（江西劲农化工有限公司，市售品）

8%宁南霉素水剂（德强生物股份有限公司，市售品）

20%吗胍·乙酸铜可湿性粉剂（山东玉成生化农药有限公司，市售品）。

1.4　试验条件

试验地点设在济源市王屋镇柏木凹村烟草生产基地进行，试验地土质为砂壤土，pH值7.6，有机质含量为1.9%，地势平坦，肥力中等，灌溉条件良好。烟苗于5月25日移栽，实行宽窄行种植模式，株距0.5m，宽行0.6m，窄行1m。试验期间阴雨天气较多，烟草处于旺长期，花叶病毒病发病高峰期。

---

* 第一作者：杨芳，高级农艺师，主要从事农业技术推广工作；E-mail：yf19770103@163.com

1.5 试验设计

试验共设 7 个处理，每处理 4 次重复，共计 28 个小区，随机区组排列，每个试验小区面积 $50m^2$。分别于 7 月 27 日、8 月 3 日和 8 月 10 日用田帮手 3WBD-16 背负式电动喷雾器进行喷雾，空白对照区喷施清水，每 $667m^2$ 用药液 30kg。各处理统一实施治虫、肥水等田间管理。试验处理设置见表 1。

表 1 试验处理设置

处理编号	供试药剂	施药剂量（制剂量 $g/667m^2$）	施药剂量（有效成分量 g/hm^2）
1	0.5%氨基寡糖素水剂	150	11.25
2	0.5%香菇多糖水剂	200	15
3	20%盐酸吗啉胍可湿性粉剂	250	750
4	8%宁南霉素水剂	62.5	75
5	20%吗胍·乙酸铜可湿性粉剂	333.3	1 000
6	清水对照（CK）	—	—

注：供试药剂均按照该药剂登记最高剂量施药。

1.6 防效及安全性调查

1.6.1 防效调查

试验共调查 4 次，分别于第 1 次施药前调查基数，第 1、2、3 次施药后 7 天调查防效。每小区随机 5 点取样，每点调查 6 株，以株为单位记录调查总株数、各级病株数，并计算病情指数和防治效果。测定防效后采用邓肯氏新复极差法（DMRT）进行统计分析。

1.6.2 分级标准

按照中华人民共和国烟草行业标准（YC/T39—1996）烟草病害分级标准的烟草花叶病分级标准（以整株为单位）：0 级：全株无病；1 级：心叶脉明或轻微花叶，或上部 1/3 叶片花叶但不变形，植株无明显矮化；2 级：1/3～1/2叶片花叶，或少数叶片变形、或主脉变黑，或植株矮化为正常株高的 2/3 以上；3 级：1/2～2/3叶片花叶、变形或主侧脉坏死，或植株矮化为正常株高的 2/3～1/2 以上；4 级：全株叶片花叶、严重变形或坏死，或植株矮化为正常株高的 1/2～1/3；

1.6.3 防效计算方法

病情指数＝∑（各级病叶数×相对级数值）/（调查总叶数×9）×100

防治效果（%）＝（空白对照区病情指数－处理区病情指数）/空白对照区病情指数×100

在每次施药和调查防效的同时，对各处理烟草植株生长发育情况进行调查，检验是否存在药害症状。

2 结果与分析

2.1 安全性调查

每次施药后 7 天观察一次，各处理区烟苗生长正常，均无药害现象。

2.2 防治效果

田间药效试验结果及差异性分析结果见表 2。

表 2　不同药剂处理对烟草花叶病毒病的田间防治效果（河南济源，2017 年）

使用药剂和浓度	药前基数	第一次施药后 7 天		第二次施药后 7 天		第三次施药后 7 天	
	病情指数	病情指数	防效（%）	病情指数	防效（%）	病情指数	防效（%）
0.5%氨基寡糖素水剂	4.32	3.68	23.81 Bb	3.31	46.18 ABa	2.65	66.54 ABa
0.5%香菇多糖水剂	3.79	4.27	11.59 CDc	4.11	33.17 CDc	3.73	52.90 Cc
20%盐酸吗啉胍可湿性粉剂	4.26	4.12	14.70 Cc	4.37	28.94 Dd	4.29	45.83 Dd
8%宁南霉素水剂	4.04	3.77	21.95 Bb	3.82	37.89 Cc	3.16	60.10 Bb
20%吗胍 · 乙酸铜可湿性粉剂	3.56	3.36	30.43 Aa	3.05	50.41 Aa	2.34	70.45 Aa
清水对照（CK）	3.67	4.83	—	6.15	—	7.92	—

注：表中数据均为 4 次重复的平均值，同列数据后不同大小写字母分别表示在 0.01 和 0.05 水平上的差异显著性

由表 2 可知：3 次施药后 7 天防效调查，5 个药剂处理中，以 20%吗胍 · 乙酸铜可湿性粉剂处理（有效成分含量 1 000g/hm^2）防效最好，为 70.45%，显著高于其他供试药剂；0.5%氨基寡糖素水剂处理（有效成分量 11.25g/hm^2）次之，防效为 66.54%；8%宁南霉素水剂处理（有效成分量 75g/hm^2）防效为 60.10%；0.5%香菇多糖水剂（有效成分量 15g/hm^2）和 20%盐酸吗啉胍可湿性粉剂（有效成分量 750g/hm^2）两个处理防效相对较差，分别为 52.90%和 45.83%。

3　结论

（1）试验结果证明，20%吗胍 · 乙酸铜可湿性粉剂、0.5%氨基寡糖素水剂、8%宁南霉素水剂对烟草花叶病毒病有较好的防治效果，连续施药 3 次后，防效均达到 60%以上，是生产上防治烟草花叶病毒病较为理想的药剂。

（2）烟草花叶病毒病重在预防，应在发病前或发病初期防治，每 7 天一次，连续 3~5 次；病情发生严重时，为保证防治效果，应适当加大用药量。

参考文献

[1]　苏小记，贾丽娜．2.0%氨基寡糖素水剂防治烟草病毒病药效试验［J］．陕西农业科学，2005（3）：55-56.

[2]　李应金，刘勇，李强，等．几种药剂防治烟草病毒病田间药效比较［J］．植物保护，2005，31（4）：88-1350.

[3]　秦碧霞，蔡健和，周兴华，等．几种药剂防治烟草花叶病毒病田间试验［J］．广西农业科学，2008，39（1）：37-39.

[4]　陈彦春，常剑波，杨方．菌克毒克防治烟草花叶病药效初报［J］．烟草科技，2001（8）：44-45.

[5]　王凤龙．烟草病毒病综合防治技术［J］．烟草科技，2002（4）：43-45.

瓜列当土壤种子库生物诱捕消除技术研究与应用*

马永清[1,2]** 李朴芳[1] 陈连芳[3] 程 伟[3] 刘 艳[3] 支金虎[4]

（1. 西北农林科技大学水土保持研究所，杨凌 712100；2. 中国科学院水利部水土保持研究所，杨凌 712100；3. 新建生产建设兵团第二师农业科学研究所，铁门关 841005；4. 塔里木大学植物科学学院，阿拉尔 843300）

摘 要：1937 年 Molish 首次提出植物化感作用的概念，是指植物之间（包括微生物）作用的相互生物化学关系，这种生物化学关系包括有益和有害的两个方面。列当是列当科列当属的根寄生植物，是一种寄生于其他植物根部的全寄生植物。全世界已发现 100 种列当，在我国为害较为严重的是向日葵列当和瓜列当。我国瓜列当主要分布在新疆，为害瓜类、番茄、马铃薯。根据我们对 21 枝瓜列当计数结果表明：每枝平均生产 3.8 万粒（0.5 万~8.1 万粒）种子，千粒重 12.27mg（1.88~32.23mg），每株可以产生 11.4 万~114 万粒种子（3~30 个分枝），这些列当种子会积累在农田中形成庞大的土壤种子库。根据我们的检测，新疆生产建设兵团第二师二十七团土壤中第一块样本地中的种子库数量为 420.0 亿粒/hm^2，第二块为 187.5 亿粒/hm^2。这些种子数量巨大且在土壤中可以保持生存力长达 15~20 年以上。成熟后的列当种子需要经过一段时间的后熟过程，完成后熟的列当种子在发芽之前需要 1~2 周时间在一定的温度和湿度条件下进行预培养，之后的列当种子还必须从寄主那里获得一个化学物质才能发芽，在自然条件下这种发芽刺激物质是由寄主或非寄主植物的幼根分泌提供的。获得该物质后，列当种子的“发芽管”可在数日内长出种皮，之后在吸器诱导物质的作用下很快形成吸器，与寄主根吸附并穿入根内后与寄主根的木质部形成联结，从寄主植物那里竞争性的夺取水分、养分及生长激素。由于列当属植物是根寄生杂草，在没有长出地面之前，它已经给作物造成严重的伤害，所以不易控制，目前世界上没有开发出有效的除草剂。列当的有效防除一直是一个世界性难题。有效的途径是尽量减少土壤中的列当种子含量。诱捕作物是指该作物的根系能够分泌列当属植物种子发芽的刺激物质，但是又不会被列当正常寄生，诱捕作物本身可以进行正常收获。由于列当属植物种子的生命只有一次，发芽后不能寄生就会死亡，这种发芽又称之为“自杀发芽”，如此可以在列当找不到寄主之前死亡，从而大大降低土壤中列当的种子库，该研究属于化感作用研究范畴。

利用诱捕作物原理和生防菌剂来进行作物轮作的方式防除列当杂草是一种既有效、又生态的防除方法，可以实现杂草防除的“减源”“竭库”“生态环保”的理念，对相应国家“双减”（减肥、减药）的国策，实现无公害向日葵、加工番茄产业发展具有重要的意

---

* 基金项目：新疆生产建设兵团科技局项目（2016AC007）

** 第一作者：马永清，博士，教授，主要从事植物化感作用和寄生植物生理生态研究；E-mail：mayongqing@ ms. iswc. ac. cn

义。笔者团队在 2013 年报道了玉米可以作为列当的诱捕作物，郑单 958 作为我国推广面积最大的品种，在笔者筛选的 200 多个品种中表现出最好的诱捕列当种子自杀发芽的能力，可以采用轮作的方式减少列当在土壤中的种子库数量（竭库），同时为了能够减少当季加工番茄和向日葵寄生列当的数量，笔者筛选出来一株生防用放线菌（从健康的土壤中分离获得）可以在抑制列当种子发芽（减源）并减少列当寄生的同时又增加寄主作物向日葵和加工番茄的产量，并且已经在新疆生产建设兵团的大田开展了示范试验，本次报告将给各位参会代表汇报最近三年获得的主要进展。

关键词：列当；诱捕作物；化感作用；土壤种子库；生防菌；新疆

烟草疫霉菌对剑麻重要防御酶活性影响的研究*

郑金龙[1**]　易克贤[1***]　习金根[1]　黄　兴[1]　吴伟怀[1]
高建明[2]　张世清[2]　陈河龙[2]　贺春萍[1***]　梁艳琼[1]
（1. 中国热带农业科学院环境与植物保护研究所　农业部热带作物有害生物综合治理重点实验室，海口　571101；2. 中国热带农业科学院热带生物技术研究所农业部热带作物生物技术重点开放实验室，海口　571101）

摘　要：对剑麻（H. 11648）接种烟草疫霉菌前后 8 种重要防御酶的活性变化规律进行了研究。结果表明：对照（只对叶片进行针刺，喷无菌水，不接种烟草疫霉菌）的剑麻，苯丙氨酸解氨酶（PAL）、超氧化物岐化酶（SOD）、多酚氧化酶（PPO）、过氧化氢酶（CAT）、过氧化物酶（POD）、几丁质酶（chitinase）、过氧化氢酶（H_2O_2）、&-1，3 葡聚糖酶等 8 种酶活性在 120h 之内没有明显变化。接种烟草疫霉菌的剑麻，PAL、PPO 和 POD 酶活性随着时间的推移呈现先上升后下降的趋势，96h 时达到最高值；SOD 酶活性随着时间的推移呈现先下降后上升的趋势，48h 时降到最低处；CAT 酶活性随着时间的推移呈现先上升后下降的趋势，48h 时达到最高值；chitinase 酶和 &-1，3 葡聚糖酶活性随着时间的推移呈现逐步上升的趋势，120h 后仍呈上升趋势；H_2O_2 酶活性 72h 前保持平稳，随后随着时间的推移呈现先上升后下降的趋势，96h 达到最高值。

关键词：剑麻；烟草疫霉菌；酶活性

* 基金项目：国家麻类产业技术体系建设专项资金（CARS-16-E16）；国家自然科学基金面上项目（31771849）；海南省自然科学基金项目（317260）

** 第一作者：郑金龙，汉族，助理研究员；研究方向：植物病理；E-mail：zhengjinlong_36@163. com

*** 通信作者：易克贤，博士，研究员；研究方向：分子抗性育种；E-mail：yikexian@126. com
贺春萍，硕士，研究员；研究方向，植物病理；E-mail：hechunppp@163. com

3种浸种方法对草莓种子发芽率的影响*

梁中午[1**]　庞晓倩[2]　冯彩莲[1]　张　悦[3]　齐永志[1***]　甄文超[4***]

（1. 河北农业大学植物保护学院，保定　071001；2. 河北农业大学现代科技学院，保定　071001；3. 沧州市农林科学院，沧州　061001；4. 河北农业大学农学院，保定　071001）

摘　要：杂交育种是当前草莓育种的主要方法之一。但因草莓种子小、种皮厚、吸水透气性差及种子内存在抑制物等特性导致种子发芽率极低，严重限制了草莓新品种杂交选育进程。为筛选出一种操作简单、快捷且能显著提高发芽率的方法，本研究测定55℃温水，98%浓硫酸，12% H_2O_2 3种溶液浸种对亲本（红颜、甜查理、法兰地）和杂交F1代（红颜×甜查理、甜查理×红颜、红颜×法兰地、法兰地×红颜）7种草莓种子发芽率的影响。结果表明：55℃温水浸种处理（CK）7种种子均在第8～10天开始发芽，而12% H_2O_2 浸种种子均在第4天开始发芽；98%浓硫酸浸种后，仅有甜查理与法兰地种子在第4天开始发芽；在第40天时，经12% H_2O_2 浸种的7种草莓种子发芽率均高于50%，其中，甜查理发芽率高达91.8%；98%浓硫酸浸种后，甜查理和法兰地的发芽率分别为41.8%和40.3%，法兰地×红颜发芽率最低（仅为25.3%），而红颜×甜查理、红颜×法兰地均未发芽；55℃温水浸种的7种草莓种子发芽率均较低，发芽率仅在15%～20%，显著低于12% H_2O_2 浸种。由上发现，温水浸种处理操作烦琐、耗时长；浓硫酸浸种时间虽短，但危险系数高，且操作不方便，发芽率相对较低；12% H_2O_2 浸种处理操作相对简单，浸种时间易控制，且浸种后种子表面浸液易清洗，种子发芽率最高。该结论可为草莓杂交育种相关研究提供部分理论依据。

关键词：草莓；杂交育种；浸种；发芽率；种子

---

* 基金项目：河北农业大学师生协同创新项目（编号：SSXT201702）

** 第一作者：梁中午，在读硕士生，主要从事植物生态病理学研究；E-mail：m15511289597@163.com

*** 通信作者：齐永志，博士，讲师，硕士生导师，主要从事植物生态病理学研究；E-mail：qiyongzhi1981@163.com

甄文超，博士，教授，博士生导师，主要从事农业生态学与植物生态病理学研究；E-mail：wenchao@hebau.edu.cn

云南蔗区甘蔗重要病虫发生流行动态与精准防控*

李文凤** 张荣跃 单红丽
王晓燕 尹 炯 罗志明 李 婕 仓晓燕 黄应昆***
（云南省农业科学院甘蔗研究所/云南省甘蔗遗传改良重点实验室，开远 661699）

摘 要：近年由于持续冬暖，多雨高湿，十分有利甘蔗病虫繁殖生存；加之未实行严格引种检疫，重新植轻宿根管理及化学农药使用不科学、不合理等因素，导致云南蔗区甘蔗病虫种类日趋增多，发生为害逐年加重，造成大幅度减产减糖，给蔗糖业带来严峻灾害威胁。本文在调查研究基础上，结合当前甘蔗生产实际，系统对 8 种严重影响甘蔗生产重要病虫发生动态、暴发流行原因进行了综述；并针对重要病虫发生为害特点，提出了加强甘蔗引种检疫、注重培育和选用抗病品种、大力推广使用脱毒健康种苗、规模化应用灯诱技术、科学引导和示范推广生物防治性诱技术、切实推进缓释长效低毒农药精准高效施药技术、强化田间管理、发病初期及时喷药防治、抓好抓实突发性害虫监测与应急防控等精准高效绿色防控技术融合与应用，以实现甘蔗病虫全程精准防控，农药减量控害、甘蔗提质增效。

关键词：云南蔗区；甘蔗；病虫害；流行动态；精准防控

---

* 基金项目：国家现代农业产业技术体系（糖料）建设专项资金（CARS-170303）；云岭产业技术领军人才培养项目“甘蔗有害生物防控”（2018LJRC56）；云南省现代农业产业技术体系建设专项资金

** 第一作者：李文凤，研究员，主要从事甘蔗病虫害研究；E-mail：ynlwf@ 163. com
*** 通信作者：黄应昆，研究员，从事甘蔗病虫害防控研究；E-mail：huangyk64@ 163. com

6种具有潜在威胁性甘蔗害虫发生动态与防控*

李文凤** 张荣跃 李婕 王晓燕 单红丽
罗志明 尹 炯 仓晓燕 黄应昆***
（云南省农业科学院甘蔗研究所/云南省甘蔗遗传改良重点实验室，开远 661699）

摘 要：近年来，随着农业结构调整，种植制度改变，引种频繁，化学农药滥用，连作现象突出及气候环境异常，为甘蔗害虫传播、繁殖、生存提供了有利条件，为害甘蔗的害虫种类增多，甘蔗生产存在潜在威胁。为前瞻性把握甘蔗害虫发生动态，科学有效防控甘蔗害虫，确保甘蔗生产安全，本文对黄翅大白蚁 *Macrotermes barneyi* Light、蓝绿象 *Hypomeces squamosus* Fabricius、异歧蔗蝗 *Hieroglyphus tonkinensis* Bolivar、褐纹金针虫 *Melanotus caudex* Lewis、扁歧甘蔗羽爪螨 *Diptiloplatus sacchari* Shin et Don、条纹平冠沫蝉 *Clovia conifer* Walker 等6种具有潜在威胁性甘蔗害虫的发生动态、形态识别、生活习性及发生规律及防控措施进行了分述。

关键词：甘蔗；潜在威胁性；害虫；发生动态；防控措施

* 基金项目：国家现代农业产业技术体系（糖料）建设专项资金（CARS-170303）；云岭产业技术领军人才培养项目“甘蔗有害生物防控”（2018LJRC56）；云南省现代农业产业技术体系建设专项资金

** 第一作者：李文凤，研究员，主要从事甘蔗病虫害研究；E-mail：ynlwf@163.com

*** 通信作者：黄应昆，研究员，从事甘蔗病虫害防控研究；E-mail：huangyk64@163.com

缓释长效多功能新药剂对甘蔗螟虫和绵蚜防控效果评价*

李文凤[1**]　张荣跃[1]　王晓燕[1]　单红丽[1]
尹　炯[1]　毛永雷[2]　房　超[2]　罗志明[1]　黄应昆[1***]
（1. 云南省农业科学院甘蔗研究所/云南省甘蔗遗传改良重点实验室，开远　661699；
2. 云南凯米克农业技术服务有限公司，昆明　650216）

摘　要：甘蔗螟虫和绵蚜是云南蔗区目前分布最广泛，减产减糖最严重害虫。为筛选防控甘蔗螟虫和绵蚜的缓释长效低毒低风险多功能配方新药剂及精准高效施药技术，选用10%杀虫单·噻虫嗪颗粒剂和1%Bt·噻虫胺颗粒剂根施进行田间药效试验。田间试验结果表明，10%杀虫单·噻虫嗪颗粒剂和1%Bt·噻虫胺颗粒剂对甘蔗螟虫和绵蚜均具有良好的防控效果，是防控甘蔗螟虫和绵蚜理想的缓释长效低毒低风险多功能配方新药剂，与其他药剂交替使用，可延缓害虫抗药性产生和发展。两种药剂田间使用最适宜用量均为45kg/hm^2，可在1—7月结合新植蔗下种、宿根蔗管理或大培土，按每公顷用药量45kg与每公顷施肥量1 200~1 800kg混合均匀一次性撒施于蔗沟、蔗桩或蔗株基部覆土或全膜盖膜，对螟害枯心苗的防效可达79.2%以上，对甘蔗绵蚜的防效可达98.8%以上；甘蔗实测产量和糖分分别较对照增加41 555kg/hm^{2}和6.5%以上。缓释长效强内吸性多功能新药剂与底肥追肥混匀一次性根施，施用方便，精准高效，省工省时，环境友好，值得在蔗区大面积推广应用。

关键词：缓释长效药剂；精准施药；甘蔗螟虫和绵蚜；防效评价

---

* 基金项目：国家现代农业产业技术体系（糖料）建设专项资金（CARS-170303）；云岭产业技术领军人才培养项目“甘蔗有害生物防控”（2018LJRC56）；云南省现代农业产业技术体系建设专项资金

** 第一作者：李文凤，研究员，主要从事甘蔗病虫害研究；E-mail：ynlwf@163.com

*** 通信作者：黄应昆，研究员，从事甘蔗病虫害防控研究；E-mail：huangyk64@163.com

四川攀西地区芒果病虫害绿色防控技术*

何　平[1**]　余　爽[1]　刘大章[1]　郑崇兰[1]　巫登峰[1]　陈建雄[1]　毛丽萍[2]
(1. 四川省凉山州亚热带作物研究所，西昌　615000；
2. 凉山州农产品质量安全检测中心，西昌　615000)

摘　要：通过多年的监测和绿色防控试验研究，调查掌握四川攀西地区芒果的主要病虫害种类和发生为害特点，集成植物检疫、生态调控、物理防控、生物防治、科学用药等绿色防控技术，为该地区芒果的安全生产提供技术支撑。

关键词：芒果病虫害；绿色防控技术；四川攀西地区

四川省攀西地区地处四川省西南部，沿安宁河、雅砻江、金沙江沿岸的低山地带，光热资源丰富，是我国主要的晚熟芒果产区之一。目前已经发展芒果4万hm^2，其中攀枝花市3.3万hm^2，凉山州0.7万hm^2，主栽品种以凯特、金煌、椰香、金白花等为主。伴随着芒果产业的大规模发展，芒果病虫害也随之多样式、渐变性快速发展，次生病虫害上升为主要病虫害，危险性病虫害发生为害明显提高，严重为害芒果产业的发展。

2009以来，在农业部南亚热作专项的支持下，通过建立固定观测点定期监测芒果病虫害的为害特点、发生规律，并开展大量试验研究，集成了植物检疫、生态调控、物理防控、生物防治、科学用药等绿色防控技术，大力促进了本地区芒果产业持续健康发展。

1　四川攀西地区芒果病虫害的种类及发生特点

1.1　病虫害种类

通过田间调查和室内鉴定，四川攀西地区芒果病虫害共有55种，其中虫害7目15科18种，病害37种，其中，叶部病害21种，果实病害13种，茎干病害3种。

1.2　发生特点

因四川攀西芒果产区的地理、气候条件和植被等因素差异，病虫害的发生具有区域性、季节性和波动性的特点。芒果蓟马、蚧壳虫、切叶象甲、叶瘿蚊、白粉病、炭疽病是整个芒果产区的普发性病虫害，芒果畸形病、芒果枝枯病、橘小实蝇成为危害性病虫害。

芒果花期、抽梢期，主要以棉蚜、芒果蓟马、切叶象甲、叶瘿蚊、白粉病、枝枯病和畸形病发生普遍和严重；芒果果实期（6—10月），主要以橘小实蝇、蚧壳虫、炭疽病、细菌性黑斑病、疮痂病发生普遍且严重。芒果休眠期（11月至翌年1月）主要以蚧壳虫发生较普遍。

---

* 基金项目：农业部热作病虫害专项基金

** 第一作者：何平，高级农艺师，主要从事亚热带植物引试种及植物保护工作；E-mail：Heping1973@126.com

2 主要绿色防控技术

2.1 植物检疫

对芒果畸形病、枝枯病等危险性病害提高认识，加强宣传，并划定保护区，禁止到病害发生区域引进苗木或枝条，同时修剪工具也要及时彻底消毒，控制其扩展蔓延。

2.2 病虫害预测预报

建立芒果病虫害固定观测点，掌握病虫害发生状况、为害特点，开展预测预报工作，为绿色防控提供依据。

2.3 生态调控技术

2.3.1 冬季管理

冬季管理是芒果病虫害绿色防控技术的重要环节。在芒果采果后（9—11月），应及时清除烧毁果园内的落果、病残枝、落叶和果园周围的杂草野花，深翻果园土壤30~40cm，树干涂布石灰浆（生石灰：水=1：5~10）或“五合剂”（生石灰10份，细硫磺粉1份，食盐1份，动（植）物油0.1份，水20份充分混和调制而成）或喷布国光松尔膜每25kg对水2~3kg，全园喷撒1~2次1：1：100波尔多液或波美0.5~1度石硫合剂，有效降低越冬病虫基数。

2.3.2 平衡施肥

在不同的芒果产区，根据不同的土壤肥力、植株营养需求，合理确定氮磷钾肥和微肥的施用量，施用有机肥，增加土壤有机质。果实采收后施用基肥要足，花前、花后和果实膨大期的追肥要及时，可以配合使用生物菌肥，改善土壤微生物，减少炭疽病、白粉病和畸形病等病害的发生。

2.3.3 节水灌溉

攀西芒果产区干湿季分明，降水严重分布不均，对芒果的生产影响较大，同时蓟马、细菌性黑斑病等病虫为害和裂果较严重。因此在果园中应建立滴灌、微灌、喷灌节水设施，集成水肥药一体化新技术，不仅节约水资源的使用，也能达到精准施肥、有效控制病虫为害的目的。

2.3.4 果园生草

果园生草能控制病虫害的发生和杂草危害，优化果园小气候，改善果园土壤环境，促进果园生态平衡，同时发展“草+畜+沼+果”循环农业种养结合模式，可以提高综合效益。主要采取“树盘覆膜（草）、行间种草”的栽培模式，种植黑麦草、美国菊苣、紫花苜蓿、光叶紫花苕、三叶草等草种，采用人工或机械割鲜草饲养牲畜，也可腐熟后施用在果园中，增加土壤有机质。

2.4 物理防控技术

物理防控技术是芒果害虫绿色防控的关键技术之一，主要包括灯光诱杀、性信息素诱杀、色板诱杀、糖醋酒液诱杀等技术。

2.4.1 灯光诱杀

每2~3hm^{2}果园安装1台太阳能双光波（波长320~680nm）杀虫灯，3—8月能有效诱杀金龟子、横纹尾夜蛾等鳞翅目、鞘翅目害虫；同时根据不同害虫对不同波长光源的趋性，在成虫高峰期采用专用波长的光源，增加靶标害虫的诱杀效果，保护天敌。

2.4.2 色板诱杀

芒果开花期和幼果期（1—3月），针对芒果蓟马和棉蚜的为害，在果园芒果树1.5m高处挂置蓝色和黄色粘板（比例为3∶1或4∶1）进行诱杀，每1hm^{2}挂置500~600张；同时在蓝色粘板上配合使用蓟马性信息素，可以增加诱杀量。果实期挂置黄色粘板，诱杀橘小实蝇。

2.4.3 性信息素诱杀

针对芒果蓟马和橘小实蝇的为害，在芒果开花期，应用蓟马性信息素诱芯挂置在蓝板上诱杀蓟马每1hm^{2}挂置500~600张；在果实期安装橘小食蝇诱捕器诱杀橘小实蝇的成虫，每1hm^{2}挂300个。也可以采用黄板加性信息素诱杀橘小食蝇，每1hm^{2}挂置黄板500张左右。

2.4.4 食物诱剂诱杀

每年4—8月，采用澳宝丽食物诱剂（夜蛾利它素饵剂+10%灭多威）诱杀芒果横纹尾夜蛾、小齿螟、芒果毒蛾等鳞翅目害虫，每1hm^{2}挂置70~100个诱捕器，每15天更换一次诱剂。

2.4.5 糖醋酒液诱杀

糖醋酒液诱杀是一种简单易行的物理防控方法，可以诱捕金龟子、小齿螟、芒果横纹尾夜蛾等鞘翅目、鳞翅目、双翅目的成虫。糖醋酒液的配制比例为糖∶醋∶酒∶水=6∶3∶1∶10，用1250ml饮料瓶制作诱捕器，每500ml液体滴20%氰戊菊酯乳油或敌百虫1ml；每亩1hm^{2}挂置200~300个诱捕器，15天后更换一次药液。

2.4.6 果实套袋

在3月中下旬和4月初，采用白色单层纸袋或双层复合袋套果，不仅能改善果实外观色泽，提高优质果率和商品果率；同时能减少芒果蓟马、蚧壳虫、细菌性黑斑病、蒂腐病、裂果等病虫害的发生为害，减少农药施用，降低果实农药残留。

2.5 生物防控技术

2.5.1 以虫治虫

目前在生产上主要采取“以虫治虫”方式在田间释放东方钝绥螨等天敌捕食螨防治芒果小瓜螨、西花蓟马；释放瓢虫、蚜茧蜂、小花蝽等天敌昆虫，控制芒果蚜虫和茶黄蓟马；释放瓢虫和草蛉捕食性天敌，蚜小蜂和跳小蜂等寄生性天敌控制蚧壳虫的发生为害，以减少化学农药的使用，提高果品质量和安全水平。

2.5.2 以菌治虫

应用Bt乳剂、球孢白僵菌、金龟子绿僵菌等微生物制剂喷雾和灌根，可以防治小齿螟、棉铃虫、铜绿丽金龟等鳞翅目和鞘翅目害虫。

2.5.3 以菌治菌

应用枯草芽胞杆菌、地衣芽胞杆菌、荧光假单胞杆菌、哈茨木霉菌、寡雄腐霉等有益微生物制剂喷雾和灌根，在芒果叶际和根际产生抗生素，抑制致病菌的生长繁殖，减轻芒果枝枯病、畸形病等病害的发生，从而达到以菌治菌的目的。

2.6 科学用药技术

科学用药技术是芒果病虫害绿色防控的关键技术之一。目前主要采取优先选用生物农药，推广应用高效、低毒、低残、环境友好型农药，优化集成农药的交替使用、精准使用、安全使用等技术，禁止使用高毒高残留农药。

2.6.1 优选生物农药

在芒果生产中根据不同病虫害种类，建议选用阿维菌素、多杀菌素、球孢白僵菌、金龟子绿僵菌、苏云金杆菌等微生物源农药；除虫菊素、鱼藤酮、烟碱、苦参碱、印楝素等植物源农药；石硫合剂、波尔多液等矿物源农药，防治芒果害虫。选用多抗霉素、枯草芽胞杆菌、木霉素等防治芒果病害。

2.6.2 高效精准防治

根据芒果病虫害发生规律结合芒果生长发育期进行高效精准防治。休眠至发芽前期（11月至翌年1月），全园喷施1∶1∶100波尔多液、0.5~1波美度的石硫合剂，树干涂白，有效控制越冬病虫源。芒果开花至果实生长期（3—8月），选用2.5%多杀霉素悬浮剂1 500~2 000倍液、60g/L乙基多杀菌素4 000倍液、0.5%苦参碱1 500倍液、0.5%烟碱·苦参碱水剂1 500倍液、3%甲维盐微乳剂2 000倍液、0.3%印楝素乳油2 000倍液、10%烟碱水剂1 500倍液、0.5%藜芦碱可溶液剂2 000倍液等药剂防治蓟马、蚜虫、蚧壳虫等虫害；选用“多利维生·寡雄腐霉”7 500倍液、2%氨基寡糖素水剂1 500倍液、3 000亿个/g荧光假单胞菌1 000~1 500倍液、5%多抗霉素水剂1 500倍液等生物农药和43%戊唑醇悬浮剂1 500~2 000倍液、50%甲基硫菌灵悬浮剂1 500倍液、25%苯醚甲环唑乳油1 500倍液、250g/L嘧菌酯1 500倍液、70%代森锰锌1 000~1 500倍液等药剂防治芒果炭疽病、芒果疮痂病、芒果细菌性黑斑病等病害。

2.6.3 减量控害增效技术

农药增效助剂与农药混用，可减少农药使用量，明显降低农药在作物和土壤中的残留。在芒果病虫害药剂防治中，推荐使用“激健”、有机硅等农药增效助剂。

四川攀西地区芒果主要病虫害的绿色防控技术*

何　平**　余　爽　刘大章　郑崇兰　巫登峰　陈建雄
（四川省凉山州亚热带作物研究所，西昌　615000）

摘　要：通过多年试验研究，总结出四川省攀西地区 15 种（芒果病害 8 种、芒果虫害 7 种）芒果主要病虫害的发生特点、绿色防控技术，可以有效控制芒果病虫为害，提高果品质量和安全水平。

关键词：芒果；病虫害；绿色防控；四川攀西地区

四川省攀西地区地处四川省西南部，沿安宁河、雅砻江、金沙江沿岸的低山地带，光热资源丰富，是我国主要的晚熟芒果产区之一。目前已经发展芒果 60 万亩左右，其中攀枝花市 50 万亩，凉山州 10 万亩。随着芒果产业的大规模发展，芒果病虫害也随之多样式、渐变性快速发展，次生病虫害上升为主要病虫害，危险性病虫害发生为害明显提高，严重危害芒果产业的发展。通过多年调查和试验研究，本文旨总结四川省攀西地区芒果主要病虫害的绿色防控技术，为当地芒果产业持续健康发展提供参考。

1　主要芒果病害及绿色防控技术

1.1　芒果炭疽病

1.1.1　发病特点

主要为害芒果嫩梢，花序和果实。叶片受害，开始时出现黑褐色的小斑点，其后扩大为不规则的褐斑。为害轻时使叶片皱缩，畸形或果实表皮粗糙，为害严重时则导致落叶、烂果。花序主要为害伸长期，以花序抽发期、幼果期、嫩梢期和果实成熟期发病重。

1.1.2　防治方法

（1）种植抗病品种。台农、红贵妃、红象牙、椰香芒等。

（2）加强管理，提高抗病能力。合理施肥，控制氮肥，增施磷钾肥、有机肥和中微量元素肥料。

（3）药剂防治。在花序抽发期、幼果期、果实成熟期、秋梢抽发期及时喷药防治。药剂可选用 45%咪鲜胺可湿性粉剂 1 000～1 500倍液、25%咪鲜胺乳油 800～1 000倍液、10%苯醚甲环唑水分散粒剂 1 500倍液、25%丙环唑乳油 1 000～1 500倍液、50%多菌灵可湿性粉剂 1 000～1 500倍液，注意药剂轮换交替使用。

1.2　芒果细菌性黑斑病

1.2.1　为害特点

可为害叶、梢和果实。叶片感病后，初出现水渍状黄褐色病斑，后变黑褐色至黑色，

*　基金项目：农业部热作病虫害专项基金

**　第一作者：何平，高级农艺师，主要从事亚热带植物引试种及植物保护工作；E-mail：Heping1973@ 126. com

病斑扩展常受较粗叶脉限制而呈多角形，病斑上会产生黑色的疤块，病斑周围有黄晕。茎感病后，皮开裂。果实感病后，病斑开裂，从裂缝处流胶，后期果实腐烂。

1.2.2 防治方法

（1）加强检疫，育苗圃要在夏秋梢抽发期，定期喷20%噻菌铜悬浮剂500倍液或1%波尔多液进行保护。

（2）搞好清园，剪除病枝叶、落果，集中烧毁，并用1%波尔多液进行全园喷洒；用40%氧氯化铜悬浮剂500倍液，20%噻菌铜悬浮剂1 000倍液喷洒树体。

（3）果实套袋。坐果后20~30天及时套袋。

（4）药剂防治：主要采用1%中生菌素水剂300倍液，40%氧氯化铜悬浮剂500倍液，72%农用链霉素3 000~4 000倍液，2%春雷霉素水剂500倍液，50%氯溴异氰尿酸可溶性粉剂1 000倍液，33.5%喹啉铜悬浮剂1 500倍液，20%噻菌铜悬浮剂1 000倍液等药剂进行防治。

1.3 芒果白粉病

1.3.1 发病特点

可为害花、幼果、叶片，以花序受害重，多发生于盛花期—谢花期。花柄及萼片最易感病，当这些器官感病时，花蕾停止发育，花朵也会停止开放，病部覆盖白色粉状霉层；花序基部先变褐，逐渐整枝花枝变褐，花梗枯死，引起落花，导致挂果率低，幼果受害后果实畸形、褪色、脱落。在树荫遮蔽的老果园和管理差的果园，嫩梢的叶片受害后嫩叶皱缩、脱落。在攀枝花地区花期白粉病的发生时间为头年12月下旬至翌年3月，重发生时间为2—3月。其中爱文、金白花、海顿、凯特等品种抗性较差，受害较重。

1.3.2 防治方法

（1）种植抗病品种：台农、红贵妃、红象牙、椰香芒、吉禄等品种抗性较强。

（2）加强肥水管理，提高树体抗病能力，合理施肥，控制氮肥，增施磷钾肥、有机肥和中微量元素肥料。

（3）做好冬季清园，消灭越冬病源。秋季修剪后，要及时喷1∶1∶100波尔多液，预防剪口回枯。秋梢老熟后全园喷一次45%石硫合剂结晶800倍液。加强果园的管理，尽量砍除果园周围散生的风景芒果树，以减少传染源。

（4）花序抽发期，选用20%三唑酮可湿性粉剂800~1 000倍液、25%丙环唑乳油1 000~1 500倍液、40%氟硅唑乳油8 000倍液、50%嘧菌酯水分散粒剂3 000倍液、50%硫磺·三唑酮悬浮剂500倍液、40%多菌灵·三唑酮可湿性粉剂800倍液等药剂进行防治，每10~15天防治1次。

1.4 芒果疮痂病

1.4.1 为害特点

芒果疮痂病在攀枝花地区只在极少数果园发生。主要为害芒果幼嫩的枝梢、叶片、花及果实等器官。受侵染的嫩叶多从下表皮开始出现暗褐色至黑色、近圆形的病斑，叶片扭曲畸形。较老叶片受害，背面产生许多凸起的小黑斑，中央裂开；中脉上形成椭圆形凸起、中央裂开的小斑，严重时叶片扭曲畸形易脱落。天气潮湿时病斑上长出细小黑点和灰色霉层，此为病原菌的分生孢子盘及分生孢子。枝条受害出现不规则的灰色斑块。未成熟的果实受害，在果实的基部产生许多凸起的、灰褐色的斑点，直径大小约5mm，病部果皮变粗糙木质化，中央呈星状裂开，潮湿时长出小黑点及灰色霉层，病果易脱落。

1.4.2 发病特点

病原菌以菌丝体在罹病组织内越冬。翌年春天在适宜的温、湿度下，在旧病斑上产生分生孢子，通过气流及雨水传播，侵染当年萌发的新梢嫩叶，经过一定潜育期后，新病部又可产生分生孢子，进行再侵染。果实在生长后期普遍受侵染。每年5—7月，苗圃地里的实生苗和刚栽植实生苗的普遍受侵染发病。

1.4.3 防治方法

（1）严格检疫。新种果园不要从病区引进苗木。

（2）搞好清园，加强肥水管理。冬季结合栽培要求进行修剪，彻底清除病叶、病枝梢，清扫残枝、落叶、落果集中烧毁。

（3）药剂防治。加强对苗圃地和新植果园的防治。在嫩梢期开始喷药，约7~10天喷1次，共喷2~3次；座果发病初期每隔7~10天喷一次。药剂可选用80%代森锰锌800倍液、10%苯醚甲环唑水分散粒剂1 500倍液、47%加瑞农800倍液。

1.5 芒果畸形病

1.5.1 为害症状

主要为害花序，被害花序畸形、簇生，节间缩短，鳞片肿大，不结果。新梢受害，节间缩短肿大，叶片小、簇生、畸形，干枯。病树生长势减弱，结果少。

1.5.2 防治方法

（1）加强苗木检疫检查。加强对新栽植苗木的检查，发现感病苗木要立即清除并烧毁。严禁到已发病的果园内采集接穗和种子，不在病树周围建立苗圃。

（2）及时剪除发病花序和枝梢。经常巡视果园，发现发病花序和枝梢要及时剪除，剪除长度30~45cm（至少1台梢），并带出园外烧毁，防止病菌传播。修剪时要做好工具的消毒，防止人为传播。

（3）喷药防治。剪除病枝后、花期、秋梢抽发期喷70%甲硫菌灵1 000倍液、50%多菌灵500倍液加20%达螨灵1 500~2 000倍液。

1.6 芒果流胶病

1.6.1 为害症状

可为害枝干、花序。枝干受害后，病部渗出胶状物，被害部位皮层变黑褐色，严重时剥开树皮可见木质部已坏死呈黑褐色，导致树势衰弱，甚至枝梢枯死。

1.6.2 病原及发生规律

此病由芒果色二孢真菌侵染所致。病菌为弱寄生菌，由伤口侵入。土壤瘠薄、营养不良、树势衰弱、高温多湿和荫蔽，有利于该病的发生。

1.6.3 防治方法

（1）加强栽培管理，合理施肥、增强树势，减少伤口。

（2）涂药保护。削开树皮，刮除腐烂树皮，喷涂80%乙蒜素30倍液，碘制剂30倍液，3.3%腐钠·硫酸铜原液，硫悬浮剂，甲硫萘乙酸等药剂。

（3）冬季刷干。石灰浆（石灰：水=1：5~10）、波尔多浆、石硫合剂、硫悬浮剂、五合剂（生石灰10份，细硫磺粉1份，食盐1份，动（植）油0.1份，水20份）进行树干刷白。

1.7 芒果枝枯病

1.7.1 为害症状

该病主要为害枝条和茎干，有时也可为害叶片；为害果实引起蒂腐病。侵染枝条或茎干，症状常表现为回枯、流胶、树皮纵向开裂和木质部变褐等。受害枝条初期病部出现水渍状褐斑，扩大后病部开裂，流出乳白色树脂，然后变为黄褐色、棕褐色至黑褐色，环绕枝条上、下扩展后，病部以上的枝条枯死，黑褐色病部长出许多黑色颗粒。后变黑色，剖开病部枝条，木质部变浅褐色。受害部位的叶片从叶柄开始发病，并沿叶脉扩展，黄褐色，严重时整个叶片枯死。幼树感病，可致整株枯死。

1.7.2 防治方法

（1）涂治伤口。较大的枝条或茎干局部流胶坏死，用利刃刮除病灶，在切口处涂上以下几种药剂之一。波尔多膏：硫酸铜：新鲜消石灰：新鲜牛粪=1：1：3，充分混合成软膏状。托布津浆：70%甲基硫菌灵：新鲜牛粪=1：200，充分混匀。氯氧化铜浆糊：用30%氯氧化铜可湿性粉剂制成糊状。

（2）喷雾防治。病枝修剪后可喷洒1%波尔多液、20%丙环唑乳油1 500~2 000倍液、10%苯醚甲环唑水分散颗粒剂1 000~1 500倍液、戊唑醇+苯醚甲环唑1 500倍液、40%氟硅唑乳油3 000倍液、50%吡唑醚菌酯乳油3 000倍液、50%多菌灵可湿性粉剂500倍液等。

1.8 芒果蒂腐病

1.8.1 为害症状

芒果蒂腐病主要为害接近成熟期的果实，在果肩部位靠近果柄部位果肉黑色腐烂，病斑凹陷。早期发病经过防治，病部干疤脱落。

1.8.2 发病规律

蒂腐病菌主要从采果时的伤口及剪口入侵，也可从花期侵入，潜育至果实后熟阶段发病。蒂腐病主要通过雨水和气流传播，高温多雨时发生严重，干旱少雨发生轻。

1.8.3 防治方法

（1）加强果园管理。及时清除病果，减少传染源。

（2）果实套袋。果实套袋能有效防止蒂腐病的侵染和发生。

（3）科学用药。可选用45%咪鲜胺可湿性粉剂1 000~1 500倍液、25%咪鲜胺乳油800~1 000倍液、70%甲基硫菌灵800~1 000倍液、50%多菌灵可湿性粉剂1 000~1 500倍液、80%代森锰锌600倍液进行防治。

2 主要芒果虫害及绿色防控技术

2.1 芒果切叶象甲

2.1.1 为害症状

芒果切叶象甲主要为害夏秋梢，成虫啃食叶肉，留下网状叶片，叶片干枯脱落。雌虫把卵产在嫩叶上后剪下落土孵化。严重时枝条顶端光秃、枯死，影响夏秋梢的生长。

2.1.2 发生规律

该虫的老熟幼虫在土中滞育越冬，次年5月越冬代成虫羽化，为害芒果的零星嫩梢。以6—9月第二代为害最严重，7、8月是为害高峰期，此时正值芒果抽梢高峰期，剪叶遍地，造成秃梢。

2.1.3 防治方法

（1）人工防治。在芒果抽梢期间，注意巡视果园，如发现被切叶象甲为害的植株，应每3天收捡1次地上的嫩叶，并将其晒干烧毁，杀死其中幼虫，断绝下代虫源。

（2）生态调控。加强管理，促使枝梢整齐抽发，冬季翻耕园土，杀死越冬害虫。

（3）科学用药。当嫩叶宽约3cm之际，选用4.5%高效氯氰菊酯水乳剂1 000倍液、20%氯氰·敌畏乳油1 000倍液、2.5%高效氯氟氰菊酯水乳剂1 500倍液、40.7%毒死蜱乳油1 000倍液、5%天然除虫菊乳油1500倍液、20%高氯·马乳油1 000倍液、20%穿先甲（氯氰菊酯·敌畏）乳油2 000~3 000倍液喷雾防治。

2.2 橘小实蝇

2.2.1 为害症状

以成虫产卵在将成熟的果实表皮内，孵化后幼虫取食果肉，引起裂果、烂果、落果。被害果表面完好，仔细查看，可见有虫孔，手按则有汁液流出，切开果实多已腐烂，且有许多蛆虫，不堪食用。此虫还可为害柑橘类、桃、李、枇杷、枣、番石榴、丝瓜等多种水果蔬菜。

2.2.2 生活习性

该虫以蛹在表土、个别以幼虫在为害的果实中越冬。在攀枝花周年可发生，冬季可见成虫活动，以8—10月发生重。成虫多在上午8时前羽化，成虫羽化后常在果园或果园周围各种植物上活动，多栖息于叶背。喜取食带有酸味的物质。羽化后的成虫需经一段时间才交尾产卵，交配后2~3天产卵。成虫喜在果腰上产卵，产卵时，以产卵器刺破果皮形成产卵孔，每孔产卵5~10粒，每雌虫可产200~400粒卵。幼虫孵出后钻入果内取食。幼虫老熟后即脱果入土化蛹，其入土化蛹深度多在3~4cm。成虫寿命40~60天。

2.2.3 防治方法

（1）生态调控。结合栽培管理，在冬季或早春期间，抓住成虫羽化出土前，进行翻耕果园地面土层，减少越冬虫口基数。及时摘除虫果，收集落地果实并集中处理。

（2）物理防控。7—8月，成虫大发生时，在果园内挂置采用橘小实蝇性信息素诱捕器、黄色粘板、食物诱剂粘板性，集中诱杀。

（3）果实套袋。座果后及时套袋，带袋采摘果实或缩短摘袋晒果时间，减少为害。

（4）生物防治。保护和利用天敌可以有效减少虫口数量，常见天敌有实蝇茧蜂、跳小蜂、黄金小蜂和蚂蚁等。

（5）科学用药。7—9月果实成熟期，成虫大量发生时，选用1.1%阿维·高氯1 500~2 000倍液、4.5%高效氯氰菊酯水乳剂1 000倍液、2.5%高效氯氟氰菊酯水乳剂1 500倍液、5%天然除虫菊乳油1 500倍液、10%顺式氯氰菊酯乳油1 500倍液等药剂喷雾杀灭成虫。

2.3 芒果叶瘿蚊

2.3.1 为害症状

主要为害秋梢转绿前的叶片，叶片老熟后则不为害。成虫将卵产在刚抽发嫩叶的叶肉内，孵化的幼虫为害叶片，初期形成疱状突起的虫瘿，后期叶片穿孔，脱落，削弱光合作用，诱发芒果炭疽病，导致枝条光秃枯死，对芒果幼苗、幼树的生长与成龄树的结果母枝造成严重影响。

2.3.2 发生特点

以蛹在芒果园表土层越冬。成虫自土壤中羽化飞出交尾后，多选择长度3~10cm的古铜色芒果嫩叶产卵，卵散产，以叶正面居多，同一叶片可被多头成虫重复产卵。成虫寿命短，仅20~36h。幼虫孵出后直接侵入叶肉，受害部初呈针尖状黄白色浑浊的小点，周围有水渍状晕斑。随着幼虫发育，受害部的叶片组织因受刺激增长而逐渐向两面隆起，虫瘿数量较多的嫩叶常变畸皱缩。经4~6天，发育成熟的幼虫会自行钻孔离瘿弹跳坠地入土而成为前蛹。

2.3.3 防治方法

（1）芒果建园宜选用单一或抽梢期接近的品种，并通过回缩修剪及水肥调控技术，抹除过早和过迟抽发的新梢，促使新梢抽梢整齐，尽快老熟。

（2）药剂防治。每次秋梢抽发初期古铜色嫩叶转色前，可与切叶象甲、芒线尾夜蛾、毒蛾等芒果害虫一道进行防治，使用药剂与切叶象甲相同。

2.4 芒果蓟马

2.4.1 为害症状

主要为害花、幼果和嫩叶。以成虫、若虫聚集在花器内为害，造成花器干枯脱落。成虫锉食果皮，在果皮上形成糙斑，成虫锉食嫩叶，导致叶片干枯脱落。

2.4.2 发生特点

为害芒果的蓟马种类有茶黄蓟马、西花蓟马、红带网纹蓟马、榕管蓟马，以茶黄蓟马、西花蓟马为主。在攀枝花地区蓟马可周年发生为害，全年有两个为害高峰期，即花期~幼果期（2—5月）和秋梢抽发期发生（8—9月）。

2.4.3 防治方法

（1）生态调控。加强果园管理，及时清除杂草，降低越冬虫数；种植三叶草、光叶紫花苕等诱集植物，减少对石榴的为害，便于集中防治；果园中可以安装喷灌设备，在蓟马发生高峰期，每天早晚各喷水30min，可以有效控制蓟马的发生为害。

（2）物理防治。可悬挂蓝板、黄板并配合使用蓟马性信息素，每亩板用量40~50张，兼治石榴蚜虫，诱杀效果较好。

（3）生物防治。保护草蛉、钝绥螨、小花蝽、瓢虫等天敌，同时果园中可以挂置中国捕食螨（巴氏钝绥螨）进行防治，每亩挂置30~40袋。

（4）科学用药。在蓟马发生高峰期，每天早上10点前、下午17点后交替用药防治。可选10%吡虫啉1 500~2 000倍液、1%阿维菌素3 000~4 000倍液、48%毒死蜱2 000~3 000倍液、20%啶虫脒1 500~2 000倍液、2.5%多杀霉素1 500~2 000倍液、5%阿维·啶虫脒稀释2 000倍液，烟碱生物杀虫剂稀释500倍液，70%吡虫啉稀释20 000倍液、60g/L乙基多杀霉素4 000倍液、0.5%苦参碱1 500倍液、0.3%印楝素乳油1 500~2 000倍液、0.5%的烟碱·苦参碱水剂1 500倍液、3%甲维盐微乳剂2 000倍液、2%阿维·吡虫啉乳油1 000~1 500倍液、4%阿维·啶虫脒乳油1 500~2 000倍液、1%阿维菌素+22.4%螺虫乙酯2 000~2 000倍液等药剂进行防治，连续防治2~3次，注意交替用药。

2.5 芒果蚧壳虫

2.5.1 为害特点

为害芒果常见的蚧壳虫有椰圆盾蚧、褐圆蚧、垫囊绿蜡蚧、角蜡蚧等，以若虫、成虫为害芒果枝条、叶片、果实，并诱发烟煤病，影响果树光合作用和长势，降低果实商品性。

2.5.2 防治方法

（1）冬季管理。冬季及时清园，剪除虫枝、枯枝，确保植株通风透光。使用石灰浆、石硫合剂、五合剂或者成品树干涂白剂（松耳膜）进行树干涂白；12 月至翌年 1 月全园喷洒 1~2 次 0.5~1 波美度石硫合剂，消灭越冬虫源。

（2）科学管理。合理整形修剪，加强水肥管理，提高树体抗病力。

（3）生物防治。保护和利用七星瓢虫、红点唇瓢虫以及草蛉和寄生蜂等天敌。

（4）科学用药。抓住若虫孵化期，抗药力差，卵和初生若虫体表分泌蜡粉较少，药液容易渗透到害虫体内的有利时机，可选 33%螺虫·噻嗪酮 3 000~4 000倍液、22.4%螺虫乙酯 1 500~2 000倍液、3%高渗苯氧威 1 000~1 500倍液、0.5%苦参碱 1 500倍液，48%毒死蜱乳油 1 000~1 500倍液，也可以将 22.4%螺虫乙酯混用 25%噻嗪酮或 48%毒死蜱 2 000~3 000倍液进行喷雾防治。

2.6 横纹尾夜蛾

2.6.1 为害特点

芒果横纹尾夜蛾以幼虫蛀食芒果的嫩梢、花穗，引致枯萎，严重影响幼树生长和产量。

2.6.2 发生规律

芒果横纹尾夜蛾以蛹越冬。早春羽化。成虫昼伏夜出，交尾后卵散产于嫩梢、幼叶或花穗上，平均每雌蛾产卵 200 粒左右，卵期 2~4 天。初孵幼虫一般先蛀食嫩叶的主脉或叶柄，3 龄后才钻入嫩梢或花穗为害，还能转梢为害。老熟幼虫在芒果的枯枝、朽木、树皮或树头周围疏松的表土化蛹。

2.6.3 防治方法

（1）生态调控。经常清除果园的枯枝、朽木，刮除粗皮，减少合适的化蛹场所。根据幼虫化蛹的习性，可在树干基部绑扎稻草引诱老熟幼虫化蛹。

（2）药剂防治。以保护夏秋梢为主，每次秋梢抽发初期（嫩叶古铜色至转色前），可与切叶象甲、叶瘿蚊、毒蛾等芒果害虫一并进行防治，使用药剂与切叶象甲相同。

2.7 芒果蚜虫

2.7.1 为害特点

蚜虫常以成虫、若虫群集于嫩梢、嫩叶背面，花穗及幼果柄上吸取汁液，引起卷叶，枯梢，落花落果，影响新梢伸长或枯死。该虫分泌蜜露，引起煤污病，影响光合作用和果实品质。

2.7.2 发生规律

蚜虫可营孤雌生殖，世代重叠，只要条件适宜，可周年为害。主要为害嫩叶、嫩梢，以卵越冬，在较干燥季节为害更重。蚜虫还可产生有翅蚜，在不同作物、不同设施间和地区间迁飞，传播快。蚜虫对黄色、橙色有很强的趋向性。但银灰色有趋避蚜虫的作用。

2.7.3 防治方法

（1）生物防治。棉蚜的天敌有瓢虫、草蛉、小花蝽、食蚜蝇、蜘蛛、蚜茧蜂等。应注意保护天敌，当天敌总数与棉蚜数的比例达到 1：40 时，可有效控制棉蚜发生。果园中可以挂置中国捕食螨（巴氏钝绥螨、东方钝绥螨）进行防治，每亩挂置30~40袋。

（2）科学用药。可选择10%吡虫啉1 500~2 000倍液、1.8%阿维菌素乳油2 000倍液、1.5%除虫菊素水乳剂500倍液、5%鱼藤酮可溶液剂500倍液、25%吡蚜酮1 500倍液、10%吡虫啉1 000~1 500倍液、2.2%阿维·啶虫脒乳油2 000~3 000倍液、0.5%苦参碱稀释1 500倍液、2%阿维·吡虫啉乳油1 000~1 500倍液、1%阿维菌素+22.4%螺虫乙酯2 000~2 000倍液等药剂进行防治，连续防治2~3次，注意交替用药。

油茶虫害及其防治最新进展*

谢银燕** 章 颖 王 松 伍慧雄 黄永芳 单体江***
（华南农业大学，林学与风景园林学院/广东省森林植物
种质创新与利用重点实验室，广州 510642）

摘 要：油茶（*Camellia oleifera* Abel.）属山茶科（Theaceae）山茶属（*Camellia*）植物，与油棕、油橄榄和椰子并称世界四大木本食用油料树种，在我国主要分布于长江流域及以南的14个省（区）。作为我国特有的木本油料植物，油茶产业对确保我国粮油安全，推进农村经济的发展具有重要意义。但随着油茶种植面积的迅速增加，油茶虫害的发生也日趋严重，严重影响茶油的产量与质量，阻碍油茶产业的健康发展。目前国内报道的油茶虫害高达412种，分布于同翅目（171种）、鳞翅目（124种）、鞘翅目（76种）、直翅目（26种）、缨翅目（6种）、等翅目（4种）、双翅目（4种）和膜翅目（1种）。不同地区油茶虫害的种类和为害差异较大，其中为害严重的主要是油茶毒蛾、油茶枯叶蛾、黑跗眼天牛、油茶象、桃蛀螟、茶梢尖蛾、油茶尺蛾、相思拟木蠹蛾、油茶蛀茎虫和油茶叶蜂等。化学防治仍是目前防治油茶虫害最快速、最有效的防治措施，但随着人们消费观念的改变以及对茶油品质要求的提高，滥用化学农药不仅不可能有效地控制油茶虫害，还会污染油茶林，破坏生态平衡，降低茶油质量，影响人们健康。不同的害虫虽然采取的防治方法不同，但对于油茶虫害应深入研究其生物学特性和发生发展规律，做好预测预报，加强检验检疫，大力推广无公害防治技术，采取以林业防治、物理防治和生物防治为主，化学防治为辅综合防治措施。

关键词：油茶；虫害；防治；研究进展

---

* 基金项目：中央财政林业科技推广示范项目（2016GDJK-01）
** 第一作者：谢银燕，在读研究生，研究方向为森林保护学；E-mail：xieyinyan@ stu. scau. edu. cn
*** 通信作者：单体江，博士，讲师，研究方向为森林保护学；E-mail：tjshan@ scau. edu. cn

桃树绿色防控示范区的创建与关键技术*

许怀萍[1**]　袁玉付[2]　仇学平[2]　宋巧凤[2]　谷莉莉[2]
（1. 江苏盐城盐都台湾农民创业园管理委员会，盐城　224000；
2. 盐城市盐都区植保植检站）

摘　要：为探索桃树病虫害绿色防控，2017 年起，江苏省盐城市盐都区通过建立桃树病虫害绿色防控示范区，从源头上开展桃产品质量安全行动，通过组织开展桃树病虫害发生情况调查分析与防治实践，制定科学合理的绿色防控策略，总结形成了“加强调查监测、农艺健身栽培、杀虫灯诱杀、色板诱杀”四项绿色防控关键技术，控制桃树病虫为害。

关键词：绿色防控；示范区；关键技术

随着现代高效设施林果业的兴起，江苏省盐城市盐都区的桃树种植面积、品种呈不断增长扩展之势，特别是党的十九大提出“乡村振兴”战略和全社会对农产品质量安全的高度关注，进一步推动了绿色植保、绿色防控和农药减量行动。创建桃树病虫绿色防控技术示范区可以从源头上减少用药、并控制“禁限用农药”进入生产前沿，通过组织开展桃树病虫害消长规律调查分析，制定科学合理的绿色防控策略，优化农业、物理、生物防治技术和科学使用高效低毒低残留对环境友好的农药，集成绿色防控技术，控制桃树病虫为害。

1　创建桃树绿色防控示范区的目标

1.1　明显提升桃品质量

最大可能地减少使用化学农药，防治桃潜叶蛾、桃褐腐病、梨小食心虫、苹小卷叶蛾等主要病虫害，绿色防控技术到位率 80%以上，防控效果 85%以上，每 667m^2 防治成本平均下降 10%，桃品化学农药残留量明显降低，农药残留检测不超标，产品质量检验合格。

1.2　有效控制病虫为害

重抓农业、物理、生物防治，结合科学选用高效、低毒、低残留的环保型农药，提高总体控制效果，桃树病虫为害损失率 5%以内。

1.3　有效改善生产环境

通过示范桃树病虫绿色防控综合配套技术，有效改善桃园生态环境，实现桃树种植产业可持续发展。

---

* 基金项目：2017 年江苏省级农林渔病害防治及处理项目的重大病虫害防治中果蔬生物农药绿色防控补贴项目

** 第一作者：许怀萍，高级农艺师，主要从事农业技术推广工作；E-mail：yyf-829001@163.com

1.4 辐射带动效应明显

通过桃树绿色防控示范区建设，辐射带动全区桃园病虫害绿色防控面积 700hm^2 次以上，辐射区绿色防控技术到位率 50%以上，防控效果 80%以上，减少化学农药使用量 10%以上，每 667m^2 防治成本平均下降 5%，桃树病虫为害损失率 8%以内。

2 盐都区创建桃树绿色防控示范区的行动

2.1 地址及桃树品种

2017 年起盐都区创建桃树绿色防控示范区，核心示范区选择在盐都区大冈镇佳富村，实施单位为盐都区植保植检站和盐都区大冈镇农业服务中心，基地单位为盐都区志凤家庭农场和盐城兴冈生态农业开发有限公司，面积 24.8hm^2，示范区桃树品种主要中油 4 号油桃、突围毛桃、京红、柳条、湖景、白凤等水蜜桃系列。辐射带动区主要是台创园、大冈镇、龙冈镇、潘黄街道等地桃树种植园 200hm^2。

2.2 核心示范区目标任务

绿色防控产品和主推技术到位率 95%以上；病虫防控效果 85%以上；化学农药用量减少 20%以上；桃品农药残留不超标。

2.3 示范区关键措施

加强病虫调查监测，协调运用整枝、清园、涂白、摘除病虫残体、杀虫灯、色板、防虫网、水肥一体化等综合防控措施，推广生物农药、高效低毒低残留农药，科学、规范、安全用药。实行病虫害专业化统防统治。

3 桃树病虫害绿色防控的关键技术

桃树病虫绿色防控的总策略是：从桃树园生态系统的总体出发，坚持“预防为主、综合防治”的植保方针，本着安全、经济、有效的原则，树立“科学植保、公共植保、绿色植保”理念，以农业防治措施为基础，协调运用物理防治和生物防治措施，科学搞好化学防治，大力推广应用生物农药和高效、低毒、低残留、对环境友好的农药，减少化学农药使用量，掌握好用药安全间隔期，以达到高产、优质、低成本、农业生产安全、农产品质量安全和减少污染的目的，发挥桃园最大优质桃品生产潜力与桃品质量安全。

3.1 加强调查监测

从 3 月起，对示范区和辐射带动区桃树园进行病虫消长规律调查监测，每间隔 5 天调查一次，4 月起，间隔 3 天调查一次。区植保站于 3 月下旬、4 月下旬发布桃树病虫防治情报信息两期，指导桃树示范区科学、安全搞好桃园重点病虫的绿色防控工作。

3.2 农艺健身栽培

3.2.1 科学整疏

通过在空间合理布局骨干枝和结果枝，优化树体通风透光条件，减轻病虫害，从而延长树体寿命、提升丰产性、优果率。根据栽培特点、桃树种类、不同密度采取相对应的整形修剪方法，冬季、夏季修剪相结合。采用适时疏蕾、疏花、疏果、果实套袋等技术措施，掌控目标产量、优化花果质量、提质增效。

3.2.2 清洁桃园

桃树病虫害世代传播和为害最薄弱的时期是冬季，此时将病虫枝及剪下来的枝条及时运离桃园，用石灰水涂白主杆，可压低病虫基数。春夏秋清园可减少病虫的再侵染源。

3.2.3 合理施肥

冬季封园，翻土施肥，按照“控氮、稳磷、增钾、补微”的施肥方针，结合“有机无机相结合，氮、磷、钾、中微合理配比”的施肥原则，以“重施基肥、合理追肥，基肥和追肥6：4”的施肥方法，各基地特别加强重视基肥的施用，并以生物有机肥为主，确保做到斤果斤肥。

3.3 杀虫灯诱杀

利用杀虫灯诱杀金龟子、卷叶蛾等，可降低其直接为害和后代数量，有助于减少化学农药使用，实现对其种群的可持续控制。每隔30~40m安装一台频振式太阳能杀虫灯，安装高度因桃树高度而定，一般为1.5~1.8m。通过生物农药绿色防控补贴项目资金投入10万元，在示范核心区安装江苏益生电子科技有限公司生产的自清式太阳能杀虫灯26盏，辐射带动区安装15盏。启动时间为3月20日到6月30日，灯下口位距树冠30~40cm，每天旁晚开灯，清晨关灯，每夜亮灯时间8~9h。定期检查杀虫灯自清情况，及时倒袋清虫，并设置安全警示标志。

3.4 色板诱杀

色板诱杀技术是根据不同的昆虫对不同的颜色具有敏感性，利用诱虫信息素黄、蓝板诱杀有翅蚜虫、白粉虱、斑潜蝇、果蝇、烟粉虱、蓟马、叶蝉等小型昆虫，操作简便、无残留、无害虫抗药性风险，绿色环保。4月下旬在桃棚内、5月上旬在露地桃园，视树群体大小，挂置30cm×25cm的黄蓝板225~300张/hm^2，粘满虫时及时更换，到6月中旬结束。通过生物农药绿色防控补贴项目资金投入5万元，采购北京中捷四方生物科技股份有限公司的诱虫信息素覆膜黄板15 500张，在核心示范区使用1 500张；诱虫覆膜蓝板12 800张，在核心示范区使用1 200张；共余均在辐射带动区投放使用，共有36个桃（果）树基地进行示范试用，面积200hm^2。

不同栽培模式苹果园喷雾的农药利用率及对蚜虫的防治效果探究*

王　明[1**]　苏小记[2]　周晓欣[1]　岳虎锋[3]　陈奕璇[1]　闫晓静[1]　袁会珠[1***]

（1. 中国农业科学院植物保护研究所，北京　100193；
2. 陕西省植物保护工作总站，西安　710003；
3. 旬邑县农村经营管理站，旬邑　711300）

摘　要：苹果蚜虫（*Aphis citricolavander* Goot）在陕西苹果主产区一年发生10余代，5—6月春梢抽发期是一年当中危害最严重的时期，苹果蚜虫以成若蚜主要群集当年新抽枝条顶端和嫩叶上危害，危害初期叶片周缘下卷，以后叶片向下弯曲或稍横卷，发生严重时，蚜虫密布枝条顶端及顶部嫩叶，并出现大量白色的蜕皮，严重影响新梢生长。本试验探究了不同喷雾方式在不同栽培模式苹果园的果实膨大期喷施40%的毒死蜱乳油的农药利用率及对苹果蚜虫的防治效果。结果表明：在乔化园，植保无人机低空低容量喷雾、背负式电动喷雾器的大容量喷雾、背负式喷雾喷粉机大容量喷雾、担架式动力喷雾机及农户自制植保机械（牵引式动力喷雾机）喷雾的农药利用率分别为67.9%、54.7%、58.3%、58.3%和55.4%；植保无人机低空低容量喷雾的农药利用率要明显高于其他几种大容量喷雾方式。施药7天后对苹果蚜虫的防治效果分别为62.5%a、72.5%a、68.0%a、87.7%a和87.1%a，在5%显著性水平下差异不显著。在矮砧纺锤型栽培模式果园，植保无人机低空低容量喷雾、背负式电动喷雾器的大容量喷雾、背负式喷雾喷粉机大容量喷雾、担架式动力喷雾机、农户自制植保机械（牵引式动力喷雾机）喷雾、果园自走式专用喷雾机喷雾以及果园专用牵引式喷雾机喷雾的农药利用率分别为58.5%~66.0%、35.2%、65.9%、65.1%、60.7%、66.2%和67.7%；植保无人机低空低容量喷雾的农药利用率与果园专用喷雾机相当，但要高于背负式喷雾器和喷枪喷雾。施药7天后对苹果蚜虫的防治效果分别为71.5%c~83.8%abc、75.3%abc、63.4%c、92.9%ab、93.2%ab、93.7%ab和94.5%a，不同喷雾方式喷雾对苹果蚜虫的防治效果有一定的差异，植保无人机低空低容量喷雾在添加了飞防助剂后的防治效果与果园专用喷雾机差异不显著。

关键词：喷雾方式；农药沉积率；苹果蚜虫；防治效果

* 基金项目：国家重点研发计划（2016YFD0201305）农药减施增效技术效果监测与评估研究
** 第一作者：王明，硕士研究生；E-mail：460719269@qq.com
*** 通信作者：袁会珠，博士，研究员；E-mail：hzhyuan@ippcaas.cn

飞防喷雾助剂评价方法研究*

高赛超** 袁会珠 杨代斌 周 晓 闫晓静***
(中国农业科学院植物保护研究所，北京 100193)

摘 要：随着我国农业现代化的推进，农业航空在植物保护中具有较广阔的发展空间。但航空植保施药技术仍存在些许问题，喷雾体系需不断完善，对航空植保施药技术的研究需不断深入、细化。航空植保喷雾亩用水量在0.5~1.5L，是常规地面喷雾的1/20~1/30，然而目前航空施药绝大部分依然为常规药剂，药液浓度较高，喷雾雾滴较小，因而易产生蒸发和飘移问题进而影响防治效果。新型药剂的研发需要较长时间，因而通过添加喷雾助剂用来减缓其蒸发和飘移是一项行之有效的举措。目前市场上航空喷雾助剂种类多样，有植物油类、矿物油类、有机硅类、高分子聚合物类、表面活性剂类等。如何选取更加适宜的航空喷雾助剂，对提高航空喷雾药效、减少环境污染进而推动我国农业航空的发展，促进航空喷雾技术更好的服务于我国农业具有重要作用。本实验室研究建立了悬滴法、风洞法、盆栽试验法和大田小区试验相结合的飞防助剂研究方法，以评价飞防助剂对雾滴抗蒸发性、抗飘移性、润湿铺展性、提高农药利用率、增加防治效果等方面的作用，以期为航空喷雾助剂使用提供指导。

(1) 助剂对雾滴分布及黏附张力的影响。在室温下，利用雾滴粒径测试系统测定，以雾滴体积中径 D_{V50}、Pct%<105μm、雾滴谱的相对跨度 RS [$RS=(D_{V90}-D_{V10})/D_{V50}$] 3个指标分析助剂对雾滴粒径及分布的影响。用接触角测量仪 OCA20 测定其接触角（θ），设定微量注射器点滴为4μl大小液滴于叶面，记录其在20s时的接触角；用DCAT21表面界面张力仪测定其表面张力（γ），以黏附张力（$\beta=\gamma\times COS\theta$）为指标分析其对叶片的润湿性影响。

(2) 助剂对雾滴抗蒸发性能的影响。以蒸发方程和蒸发抑制率两个指标来评价助剂抗蒸发性能，用蒸馏水配制不同添加量助剂供试溶液，分别在25℃和33℃下，用接触角测量仪 OCA20 测定蒸发性能，设定微量注射器点滴为4μl大小液滴悬置于温控盒内，连续记录1min内雾滴体积变化，拟合1min内蒸发方程并计算蒸发抑制率。蒸发抑制率计算公式如下：

$$R(\%)=\frac{Vo-Vi}{Vo}\times 100$$

R：为蒸发抑制率（%）；

Vo：清水雾滴在1min内的体积变化差值；

* 基金项目：国家重点研发计划“农业航空低空低容量喷雾技术”（2016YFD0200703）资助

** 第一作者：高赛超，硕士研究生；E-mail：gaosc1993@163.com

*** 通信作者：闫晓静，副研究员，主要从事杀菌剂作用机制研究；E-mail：xjyan@ippcaas.cn

Vi：添加助剂后雾滴在 1min 内的体积变化差值。

（3）助剂对雾滴抗飘移性能的影响。利用风洞试验，以诱惑红作为示踪剂，测定水平及垂直空间雾滴沉积比例，分析不同助剂的抗飘移性能。具体试验方法如下：喷头在中心线正上方，距风洞地面 80cm。置聚乙烯绳子于距喷头 2m 处垂直布置 5 根，间距为 10cm，第一根距风洞地面 10cm（依次记为 $H_{0.1}$、$H_{0.2}$、$H_{0.3}$、$H_{0.4}$、$H_{0.5}$）；水平方向分别距喷头 3m、4m、5m、6m、7m（分别记为 L_3、L_4、L_5、L_6 和 L_7）共布置 5 根（间隔为 1m，距地面 10cm），具体布置如图 1。将聚乙烯绳采用超声波洗脱，酶标仪测定，得到数据并进行相应计算转换。

雾滴在聚乙烯绳上的沉积量 *Ad* 表示，公式如下：

$$Ad = di \times (S/W) \tag{1}$$

式中：*di* 为第 i 根收集线上示踪剂沉积（μg）；*S* 为收集线间距离（m）；*W* 为收集线直径（m）。

$$Ta = V \times C \tag{2}$$

式中：*Ta* 为喷施示踪剂总量（μg）；*V* 为喷雾体积（ml）；*C* 为示踪剂浓度（μg/ml）。

$$Sd = (Ad/Ta) \times 100\% \tag{3}$$

式中：*Sd* 为收集到雾滴沉积占喷头输出的百分比。

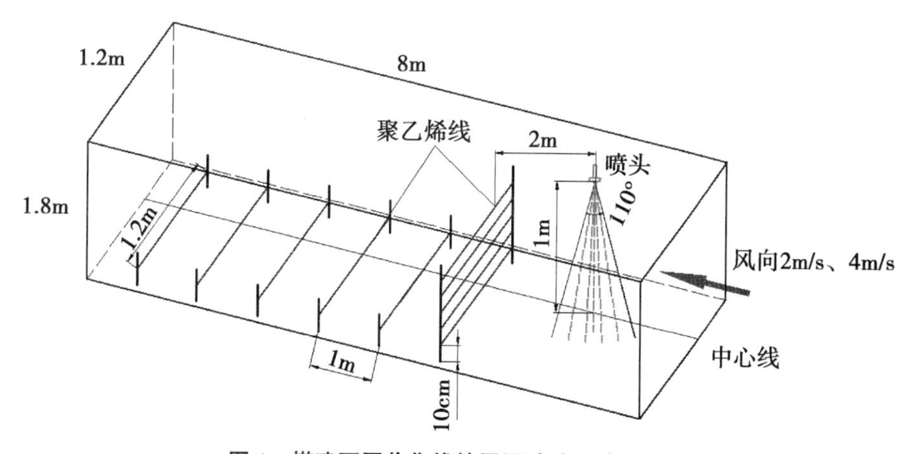

图 1　搭建不同收集线的风洞试验系统原理图

（4）田间试验中助剂对沉积量以及防效的影响。田间试验（以小麦田为例），根据飞机喷幅划分田间小区，布置卡罗米特试纸和麦拉片（如图 2），设定飞机各项参数（飞行速度、高度、喷洒量等），进行药液喷洒。

喷雾试验结束后将收取的卡罗米特试纸进行扫描，并用 Depositscan 软件检测卡罗米特纸的雾滴覆盖率。麦拉片和整株小麦，用蒸馏水充分洗涤 10min，过滤，测量滤液的吸光度值，根据标准曲线，得到诱惑红的量，从而得到沉积分布情况。

有效沉积率（%）=（单株小麦的实际沉积量/单株小麦的理论沉积量）×100

关键词：喷雾助剂；评价方法；润湿性；蒸发性；飘移性；田间试验

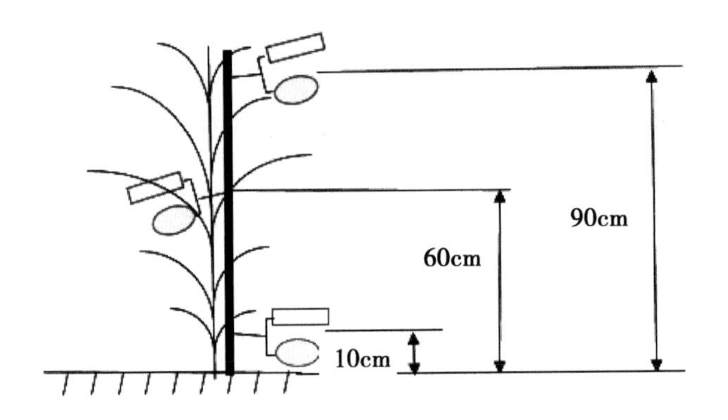

备注：卡罗米特纸卡
滤纸

图 2　测试卡布置示意图

$^{13}C_{12}$-酚酞的标记合成*

全海源** 折冬梅*** 赵会凤
（中国农业科学院植物保护研究所，北京 100193）

摘 要：以$^{13}C_6$-苯酚为原料，在催化剂存在，与邻苯二甲酸酐下加热得到同位素标记$^{13}C_{12}$-酚酞。研究了反应温度、反应时间及投料比等对合成C_{12}-酚酞的影响。最终产率以消耗的C_6-苯酚计算，收率89.4%。目标产物经质谱（MS）、核磁（NMR）及高效液相色谱（HPLC）等定性定量分析方法确证。化学纯度≥98.0%，同位素丰度≥99.0atom% ^{13}C，可以作为医药领域检测用同位素内标试剂。

关键词：酚酞；同位素标记；合成

酚酞，化学名称：3，3-二（4-羟苯基）-3H-异苯并呋喃酮。酚酞在化学及医药等领域都发挥着重要作用。目前主要作为医药缓泻剂和食品添加剂而广泛应用。酚酞为刺激性轻泻药，主要作用于大肠，药性温和，毒性较小，常用于治疗慢性习惯性便秘，小量吸收后因进行肠肝循环，但多次或大剂量服用可出现过敏反应甚至中毒[1-2]，然而一些保健食品中非法添加酚酞，为避免给使用者的身体造成危害，酚酞的定性定量测定日趋重要。

酚酞的检测分析的方法主要有高效液相色谱（HPLC）[3-5]、反相高效液相色谱（RP-HPLC）[6-9]、超快速液相色谱-质谱/质谱联用法（UFLC-MS/MS）[10]、紫外分光光度法[11-12]、方波伏安法（SWV）[13]、荧光光谱法[14]、液相色谱-质谱法（LC-MS）[15]等。医药及食品安全检查中，酚酞多采用液相色谱类的方法，其灵敏度较高，但存在复杂的前处理和基质效应，影响测定结果。采用同位素稀释质谱法可以避免基质影响及大量减少前处理工作量。同时，作为医药产品，需进行药剂的再评价研究，需要利用稳定的同位素标记物，进行测定。

稳定的同位素标记物，可以改变极性和离子代谢物的色谱行为，这些代谢物通常在反相色谱柱上保留较差，并且由于添加了可离子化的官能团，代谢物的电离效率也可以在同位素标记后得到改善。有共同官能团的代谢物可以通过测定具有特征质量差异的色谱共旋转的同位素标记分析物（MS 双峰）对来容易地识别。同位素标记的分析物对可以提供相对定量的信息以及代谢物的鉴定[17]。同时，同位素稀释质谱法采用质谱仪进行检测，结合了质谱高灵敏度和处理复杂化合物的能力，使得同位素稀释质谱技术成为有机物定量的重要方法，得到了广泛的关注与应用[18]。

进行药物再评价或者同位素稀释质谱法，都需要稳定同位素标记合成的药物作为内

* 基金项目：国家重点研发计划（2016YFD0200201）

** 第一作者：全海源，硕士研究生，主要从事稳定同位素标记合成；E-mail：qhy550829672@126.com

*** 通信作者：折冬梅，副研究员，主要从事稳定同位素标记合成；E-mail：shedongmei@caas.cn

标，进行分析。但是目前尚未有^{13}C标记的酚酞的合成报道。

本研究首先对非标记的酚酞的合成路线加以改进，得到一条更适合^{13}C同位素标记的的合成方法。在酚酞的合成方法中以苯酚和邻苯二甲酸酐为原料，在催化剂存在下加热得到产物，对此在催化剂的选择上有较多的报道。本研究以$^{13}C_6$-苯酚与邻苯二甲酸酐为原料，结合薛循育[19]与 Ram W. Sabnis[20]的研究基础上对催化剂和反应条件进行选择与调整，改进后的方法收率提高，时间缩短。合成路线如下。

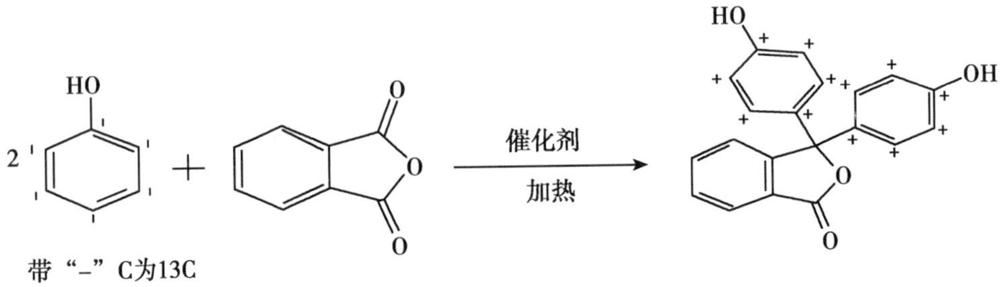

催化剂
加热
带“–”C为13C

图1　稳定同位素标记$^{13}C_{12}$-酚酞合成路线

1　实验部分

1.1　主要仪器与试剂

Bruker DPX 300 MHz 型核磁共振仪，Agilent ZORBAX SB-C18 高效液相色谱仪，S321-90 机械搅拌器，DF-101Z 集热式恒温加热磁力搅拌器。

$^{13}C_6$-苯酚：剑桥同位素实验室（纯度大于 99%，同位素丰度大于 99% atom），甲磺酸、氯化锌、二甲苯、邻苯二甲酸酐都来自北京百灵威科技有限公司（纯度>99%）。

1.2　合成方法

在烧瓶中依次加入$^{13}C_6$-苯酚、邻苯二甲酸酐、甲磺酸、氯化锌，邻苯二甲酸酐、甲磺酸、氯化锌的摩尔比为 2∶1.1∶4∶0.5，升温到 90℃，搅拌反应 4h。冷却至室温，加氢氧化钠水溶液至 pH 为 4~5，过滤出固体。固体依次用甲苯、热水洗涤，100℃下真空干燥至恒重，得到产物。收率 89.0%，纯度大于 98.0%，同位素丰度 99.0%。

2　结果与讨论

2.1　合成实验的优化

由于同位素前体$^{13}C_6$-苯酚价格昂贵，为了使同位素转化率达到最大，实验分别对反应温度、反应时间和原料配比等 3 个因素进行了考察，找到最优条件合成稳定同位素标记$^{13}C_{12}$-酚酞。

2.1.1　反应温度对合成酚酞的影响

反应温度对化学反应的影响很大，升高温度能够加快反应，但同时也能增加副产物的生成，在保持除反应温度外其他配比及条件不变时，温度对$^{13}C_{12}$-酚酞收率的影响。实验结果见表 1。反应温度的变化对产物的收率影响较大，当温度低于 80℃收率较低，其原因是温度低，反应难于进行，造成收率低，当温度高于 100℃收率随着温度升高而降低，原因是温度过高生成副产物越多，造成收率低，因此优选反应温度为 90℃。

表 1　反应温度对 $^{13}C_{12}$-酚酞合成收率的影响

实验编号	反应温度（℃）	收率（%）
1	80	70.4
2	85	83.2
3	90	89.0
4	95	87.8
5	100	80.9

注：收率以苯酚计（下同）

2.1.2　反应时间对合成酚酞的影响

在保持除反应时间外其他配比及条件不变时，反应时间对 $^{13}C_{12}$-酚酞收率的影响。由表 2 可知，在 5h 内随着反应时间的增加收率随之增加，在 5h 达到最大，继续延长时间收率有降低趋势。但反应在 4h 后已基本反应完全，所以控制反应时间以 4h 为宜。

表 2　反应时间对 $^{13}C_{12}$-酚酞合成收率的影响

实验编号	反应时间（h）	收率（%）
1	2	75.6
2	3	84.7
3	4	89.0
4	5	89.2
5	6	88.1

2.1.3　原料配比对合成酚酞的影响

为提高 $^{13}C_6$-苯酚的利用率，对 $^{13}C_6$-苯酚与邻苯二甲酸酐的配比进行调整。由表 3 可知，$^{13}C_{12}$-酚酞的收率随着邻苯二甲酸酐与 $^{13}C_6$-苯酚摩尔比的增加而增加，在 1.1：2 时达到最高，继续增加邻苯二甲酸酐的量不再增加产率。

表 3　物料配比对 $^{13}C_{12}$-酚酞合成收率的影响

实验编号	邻苯二甲酸酐与 $^{13}C_6$-苯酚摩尔比	收率（%）
1	0.8：2	72.5
2	0.9：2	81.2
3	1.0：2	88.1
4	1.1：2	89.0
5	1.2：2	88.9

2.2　产品结构表征

$^{13}C_{12}$-酚酞产品采用反相高效液相色谱（RP-HPLC）纯度分析，产品峰的保留时间与

非标记标样峰保留时间基本一致，产品光学纯度大于 98.0%。产物经质谱（MS）分析 ESI - MS，m/z：331.32［M + H］$^+$。由（M -1）峰的强度数据计算，^{13}C 同位素丰度为 99.0%。产物经氢谱核磁共振（^1HNMR）分析，HNMR（300 MHz，DMSO-D_6），δ：9。63（s，2H，OH），7.90 ~ 7.61（m，4H，Ph-H），7.36 ~ 7.30（t，2H，Ph-H），7.01（s，2H，Ph-H），6.81 ~ 6.79（t，2H，Ph-H），6.47（s，2H，Ph-H）。受 ^{13}C 的影响，故含羟基的苯环上氢谱核磁共振峰产生明显的分裂。

3 结论

以 $^{13}C_6$-苯酚为同位素标记前体与邻苯二甲酸酐在甲磺酸与氯化锌的催化下快速合成 $^{13}C_{12}$-酚酞，操作简单快速，对设备无特殊要求。通过条件优化得到较优合成条件，以消耗的 $^{13}C_6$-苯酚计算，$^{13}C_{12}$-酚酞的合成收率为收率 89.0%，产品经 RP-HPLC、^1HNMR 、质谱确认，纯度大于 98.0%，^{13}C 的同位素丰度为 99.0% 。

参考文献

[1] 张金萍．服用酚酞片致过敏反应 1 例［J］．中国药物应用与监测，2007（6）：5.

[2] 杨梅，杨莉萍，王钦．急性酚酞片中毒 1 例［J］．中国乡村医药，2009（1）：54.

[3] 王玫，曹霞．HPLC 法测定酚酞片的含量探讨［J］．黑龙江医药，2009（3）：260-261.

[4] 孙银华．HPLC 法测定酚酞片中酚酞的含量［J］．中国实用医药，2011（6）：5.

[5] 吴红英．高效液相色谱法测定酚酞片中酚酞含量的研究［J］．山西医药杂志，2010（2）：161-162.

[6] 逯小萌．RP_HPLC 测定酚酞片的含量［J］．China Licensed Pharmacist，2015（10）：11-13.

[7] 万庆，钱世兵．RP_HPLC 法测定酚酞片的含量［J］．安徽医药杂志，2006（10）：922-923.

[8] 胡丹．RP_HPLC 法测定酚酞片中酚酞的含量［J］．中国现代医生，2013（23）：81-82.

[9] Geeta N，Baggi T R. Determination of phenolphthalein by reverse phashigh-performance liquid chromatography［J］．Microchemical Journal，1990，42（2）：170-175.

[10] 张军民，傅思武，赵晋，等．UFLC-MS/MS 法快速测定酚酞片中的酚酞［J］．药物评价研究，2014（2）：155-157.

[11] 祁爱桂，李桂兰，陈静．紫外法与间接碘量法测定酚酞片含量的比较［J］．黑龙江医药，1995（4）：212-214.

[12] 萧汉文，王巍．酚酞片含量测定方法的改进［J］．今日药学，2013（12）：801-802.

[13] 冒爱荣，严金龙．方波伏安法测定酚酞片含量［J］．理化检验-化学分册，2007（10）：881-882.

[14] Yu J，Ge L，Dai P，*et al.* Highly selective determination of phenolphthalein by flow injectionchemiluminescence method based on a molecular imprinting polymer［J］．Luminescence，2009，24（6）.

[15] 张涛．LC-MS/MS 法分析减肥保健食品中非法添加的酚酞［J］．中国医药科学，2011（18）：98-100.

[16] Bruheim P，Kvitvang H F，Villas-Boas S G. Stable isotope coded derivatizing reagents as internal standards in metabolite profiling. Journal of Chromatography A，2013，1296：196-203.

[17] Guo K，Bamforth F，Li L. Qualitative metabolome analysis of human cerebrospinal fluid by 13C-/12C-isotope dansylation labeling combined with liquid chromatography Fourier transform ion cyclotron

resonance mass spectrometry [J]. Journal of the American Society for Mass Spectrometry, 2011, 22 (2): 339-347.

[18] 徐仲杰，涂亚辉，孙雯，等．稳定同位素标记六六六-D_6 的合成 [J]. 广东化工，2014 (22): 206-207.

[19] 薛循育，柯德宏．酚酞合成方法的改进 [J]. 化学试剂，2006 (11): 697-698.

[20] Sabnis R W. A facile synthesis of phthalein indicator dyes [J]. Tetrahedron Letters, 2009, 50 (46): 6261-6263.

免耕对杂草发生规律的影响*

许　贤　刘小民　李秉华　申贝贝　崔海燕　王建平　王贵启
（河北省农林科学院粮油作物研究所，石家庄　050031）

摘　要：为了明确免耕对农田杂草发生规律的影响，采用田间定点调查方法对小麦、玉米田杂草发生规律进行了研究。试验结果表明，采用旋耕（WX）与免耕（WM）两种处理方式播种玉米，对玉米地杂草的种类及杂草发生高峰期没有影响，但对杂草的数量及主要杂草的种类影响较大。采用WX处理方式小区内杂草的发生数量及主要杂草的种类明显大于WM处理小区内杂草发生数量和主要杂草种类。待上茬作物玉米收获后，采用麦田旋耕种植玉米+玉米田旋耕种植小麦（WX-CX）、麦田旋耕种植玉米+玉米田免耕种植小麦（WX-CM）、麦田免耕种植玉米+玉米田旋耕种植小麦（WM-CX）、麦田免耕种植玉米+玉米田免耕种植小麦（WM-CM）4种不同处理方式种植小麦，杂草出苗统计结果表明，4种处理方式对小麦田杂草的种类及出苗高峰期没有影响，但对杂草发生数量有影响。采用WX-CM处理方式下，小麦田杂草出苗最多；采用WM-CM处理方式下，小麦田杂草出苗最少。4种处理方式对发生于小麦田“转嫁”到下茬作物田的杂草种类和出苗高峰期没有影响，但对杂草的数量影响较大，其中WX-CM方式下杂草的发生数量最大，WM-CX方式下杂草的发生数量最小。

关键词：旋耕；免耕；小麦田；玉米田；杂草发生规律

对土壤进行免耕处理直接进行种植农作物属于保护性耕作的范畴[1-2]。20世纪30年代美国首先开展了保护性耕作技术的研究，确立免耕技术成为当时农业耕作的主导技术[3]。2004年美国实行免耕、垄作、覆盖耕作和少耕的耕地面积占全国耕地62.2%，而常规耕作面积为37.7%，传统耕作比例呈下降趋势，免耕比例逐年上升[4]。我国对免耕技术的研究也比较早，20世纪50年代就开始了免耕试验的研究[5]，并且初步研制出了与之相匹配的免耕播种机。目前免耕耕作技术在我国取得了较好的效果和长足发展，2003年农业部组织进行了机械化免耕保护性耕作技术示范项目，涉及北方13个省市区的25个示范点[6]。

有效对农田杂草进行控制是实施免耕技术成功的重要指标之一[7]，明确目前免耕农作物田杂草的发生规律是对杂草进行有效控制的关键。目前对于我国北方免耕措施对农田杂草发生规律的影响研究相对较少，为了明确免耕措施对农田杂草发生规律的影响，特进行了此项研究，现将研究结果报道如下。

1　试验方法

1.1　试验设计

试验在河北省农林科学院粮油作物研究所藁城实验站进行，实验站位于河北省藁城市堤上村（N38.03°，E114°42），海拔53m，年均气温12.5℃，试验土壤为潮褐土，质地为

* 基金项目：生态节水型麦油两熟制种植模式及杂草绿色防治技术研究与示范（18226431D）

壤土，土壤条件有机质含量为2%，全磷含量为0.22%，碱解氮含量为85.40，有效磷为71.28，有效钾为79.0。试验地为典型的冬小麦/夏玉米一年两熟农作区。

针对北方免耕开展农田杂草的调查研究。本试验于2007年6月至2008年6月进行，调查了免耕与旋耕措施对小麦、玉米田杂草发生规律的影响。2007年6月22日，小麦收获后播种玉米，玉米品种为郑单958；2007年10月19日，玉米收获后播种小麦，小麦品种为石新733。试验在土壤条件、杂草发生均匀的同一块田进行。试验设以下6个处理，每处理重复3次，随机区组排列，小区面积64m^2，其他农事操作相同（表1）。

表1　试验处理描述

代码	处理	田间操作
WX	麦田旋耕种植玉米	小麦收获后秸秆全部粉碎旋耕于土壤中，然后播种玉米
WM	麦田免耕种植玉米	小麦收获后秸秆全部粉碎覆盖于土壤表面，然后播种玉米
WX-CX	麦田旋耕种植玉米+玉米田旋耕种植小麦	小麦收获后秸秆全部粉碎旋耕于土壤中，然后播种玉米，待玉米收获后秸秆全部清除旋耕，然后播种小麦
WX-CM	麦田旋耕种植玉米+玉米田免耕种植小麦	小麦收获后秸秆全部粉碎旋耕于土壤中，然后播种玉米，待玉米收获后秸秆全部清除，然后直接播种小麦
WM-CX	麦田免耕种植玉米+玉米田旋耕种植小麦	小麦收获后秸秆全部粉碎覆盖于土壤表面，然后播种玉米；玉米收获后秸秆全部清除旋耕，然后播种小麦
WM-CM	麦田免耕种植玉米+玉米田免耕种植小麦	小麦收获后秸秆全部粉碎覆盖于土壤表面，然后播种玉米；玉米收获后秸秆全部清除，然后直接播种小麦

注：以下表格相同。

1.2　调查方法

杂草发生规律调查：作物播种后定点（每小区随机调查5点，每点1m^2），每隔1周调查1次，统计并拔除所有出苗杂草，直至杂草基本不再出苗。

2　试验结果

2.1　不同处理方式对玉米田杂草发生规律的影响

从图1至图3中可以看出，采用旋耕与免耕两种处理方式，在单位面积内对玉米田杂草的发生数量及主要杂草种类影响较大，但对杂草的总种类和发生高峰期没有影响。旋耕处理小区内杂草的发生数量明显大于免耕处理小区内杂草发生数量。其中旋耕处理小区的小麦自生苗、牛筋草、马唐、谷莠、反枝苋、马齿苋、铁苋菜和藜的数量较大，而免耕处理小区只有小麦自生苗和牛筋草的数量较大。此外，随着时间的推移，杂草的出苗数量依次呈几何数量降低，即玉米播后4周杂草出苗数量远远低于玉米播后2周时杂草的出苗数量，玉米播后6周时杂草的出苗数量又远远低于玉米播后4周时杂草的出苗数量。当玉米播种8周时，两种处理方式对杂草的出苗基本没有影响，此时杂草出苗较少；玉米播种10周时，杂草基本不再出苗。从图3中可以看出，在单位面积内，玉米田旋耕处理小区内杂草总发生数量为1 404.1株/m^2，而免耕处理方式下杂草总发生数量为698.4株/m^2。

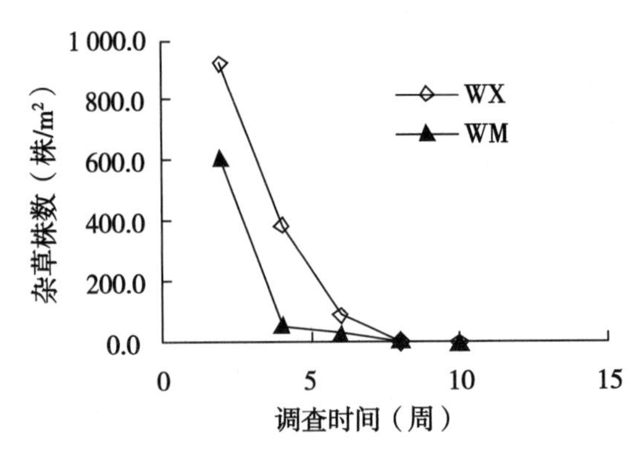

图 1　旋耕与免耕对玉米田杂草发生规律的影响

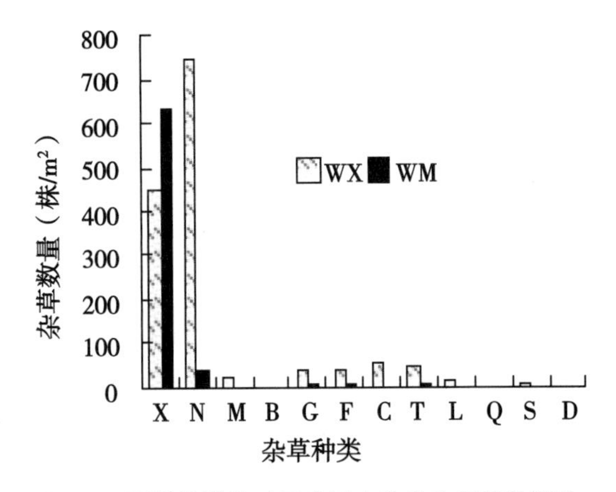

图 2　不同耕作措施对玉米田杂草发生规律的影响

注：图 2 中 X 代表小麦自生苗，N 代表牛筋草，M 代表马唐，B 代表稗，G 代表谷莠，F 代表反枝苋，C 代表马齿苋，T 代表铁苋菜，L 代表藜，Q 代表苘麻，S 代表酸浆，D 代表打碗花；WX 代表麦田旋耕种植玉米，WM 代表麦田免耕种植玉米。

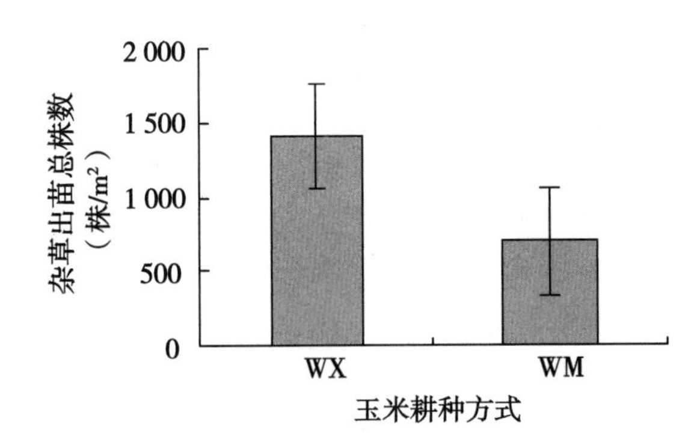

图 3　旋耕与免耕对玉米田杂草发生规律的影响

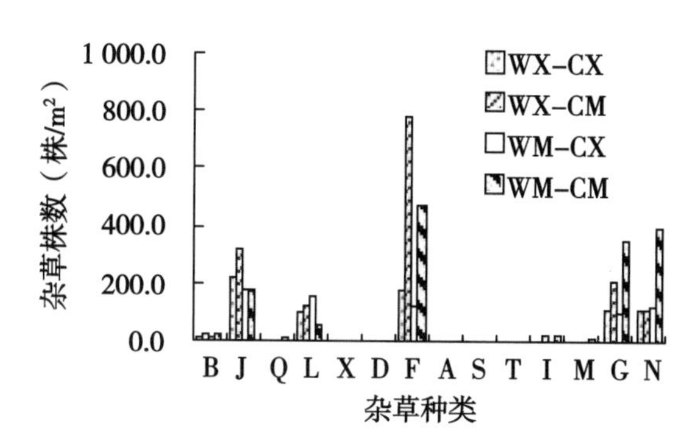

图 4　4 种不同耕作措施对小麦田杂草发生规律的影响

2.2　不同处理方式对小麦田杂草发生规律的影响

玉米收获后采用 WX-CX、WX-CM、WM-CX、WM-CM 等 4 种耕作方式种植小麦。从图 4 至图 6、表 2 中可以看出，4 种处理方式对小麦田杂草的总种类、出苗高峰期及主要杂草的种类没有影响，但对小麦田杂草的发生数量影响较大。采用 WX-CM 处理方式下，小麦田杂草出苗最多；采用 WM-CM 处理方式下，小麦田杂草出苗最少。同时，4 种处理方式对发生于小麦田“转嫁”到下茬作物田的杂草种类和出苗高峰期没有影响，但对杂草的数量影响较大，其中 WM-CM 方式下杂草的发生数量最大，WM-CX 方式下杂草的发生数量最小。

图 5 为小麦田杂草的发生规律。从图中可以看出，4 种处理方式下小麦田杂草在小麦整个生长周期内共出现了 2 次出苗高峰期。在冬前，4 种处理方式杂草出苗高峰期发生在小麦播种 4 周后，且杂草出苗数量最多的为处理 WX-CM，其余 3 个处理杂草出苗数量基本一致，此时出苗杂草主要为荠菜和播娘蒿。冬后杂草出苗高峰期发生在小麦播种后 24 周，其中处理 WX-CM 杂草发生数量最多，处理 WX-CX、WM-CX 杂草发生数量次之且基本一致，处理 WM-CM 杂草发生数量最少，此时杂草主要为荠菜和藜。

图 6 为发生于小麦生长后期但“转嫁”到下茬作物田中的杂草出苗规律。从图中可以看出，对小麦田发生的“转嫁”到下茬作物田杂草而言，4 种处理方式第一次杂草出苗高峰期发生在小麦播种后 26 周，此时杂草主要为反枝苋、牛筋草和狗尾草。此后由于小麦收获，此部分杂草发生规律没有继续调查。

从表 2 中可以看出，WX-CM 处理方式下小麦田杂草发生数量最多，为 479.09 株/m²，WM-CM 处理方式下小麦田杂草发生数量最少，为 278.07 株/m²。4 种处理方式下冬后小麦田杂草出苗数量大于冬前小麦田杂草发生数量，其原因可能为，2007 年 10 月降雨较多，小麦播种期比其他年份推迟大约 10 天左右，导致小麦田冬前杂草出苗少。

表 2　小麦生长期内杂草出苗统计表　（株/m²）

处理方式	冬前小麦田杂草出苗总数	冬后小麦田杂草出苗总数	冬后发生的“转嫁”到下茬作物田杂草总数	小麦田杂草出苗总数
WX-CX	105.87b	252.54b	425.42b	358.41b
WX-CM	182.6a	296.49a	1 130.67a	479.09a

（续表）

处理方式	冬前小麦田杂草出苗总数	冬后小麦田杂草出苗总数	冬后发生的“转嫁”到下茬作物田杂草总数	小麦田杂草出苗总数
WM-CX	90.72c	267.30b	377.36b	358.02b
WM-CM	101.46b	176.61c	1 268.71a	278.07c

注：数据采用 SPSS 统计软件，经 Duncan 新复极差法测验，在 $P_{0.05}$水平上进行方差分析，含有相同字母表示差异不显著，不同字母表示差异显著。

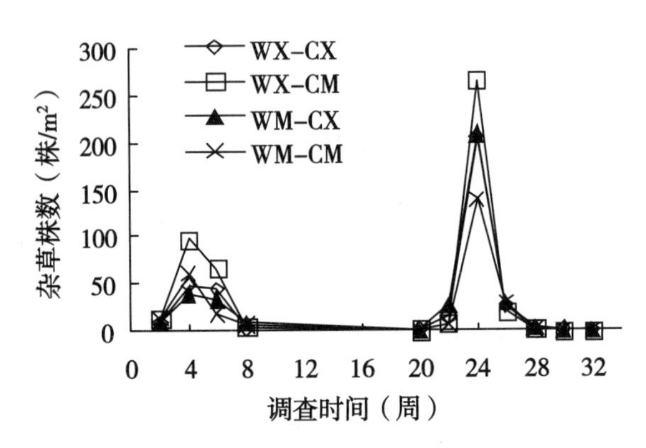

图 5　4 种不同耕作措施对小麦田杂草发生规律的影响

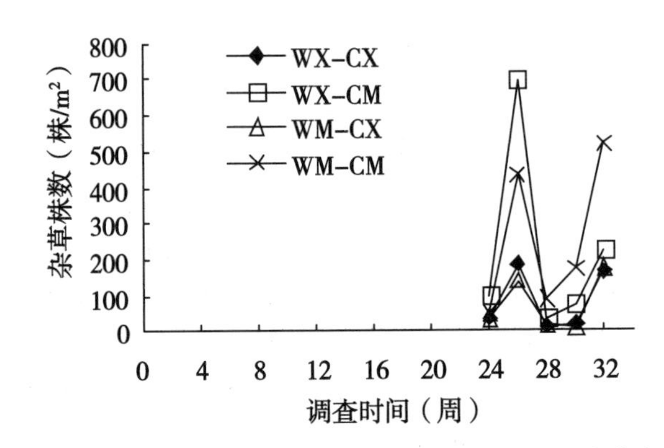

图 6　4 种不同耕作措施对发生于小麦田“转嫁”到下茬作物田杂草发生规律的影响

注：图 4 至图 6 中，WX 代表麦田旋耕种植玉米，WM 代表麦田免耕种植玉米，WX-CX 代表麦田旋耕种植玉米+玉米田旋耕种植小麦，WX-CM 代表麦田旋耕种植玉米+玉米田免耕种植小麦，WM-CX 代表麦田免耕种植玉米+玉米田旋耕种植小麦，WM-CM 代表麦田免耕种植玉米+玉米田免耕种植小麦。

3　结论与讨论

国外研究结果表明，免耕处理方式可以使一年生杂草的密度显著减少，并且在连续经过 5~10 年免耕后，杂草总体密度降低；同时研究还发现，免耕能提高作物产量，降低生产成本，因此能有效增加农民收入[8]。国外试验结果显示，免耕连续达 3 年以上可使农作物产量增产 3%[9]，采用免耕处理的同时合理对农作物进行轮作，可使农作物产量最高增产 15%[10]。我国学者研究结果表明，保护性耕作体系可以使小麦产量平均提高 7.2%，玉米产量提高 11.9%[11]。我国北方黄淮海地区干旱缺水，种植制度主要为小麦—玉米轮作，推广免耕耕种方式将有效增加粮食产量，同时可以防治土地沙化、抑制地表起沙、改善生态环境。同时在积极推行免耕耕种方式的情况下，应该加紧研究适宜的作物轮作制度，以便更大幅度增加粮食产量。

采用免耕处理方式下玉米田杂草发生数量远远少于旋耕处理方式下杂草发生数量，这与国外研究结果相一致。造成免耕处理方式下玉米田杂草出苗数量低于旋耕处理方式的原因可能是：①本试验于上茬作物小麦收获后，小麦秸秆还田处理，免耕处理使土壤表面有较多的作物残体，因作物残体可以改变土壤表面环境、对杂草幼苗生长有物理阻碍作用和释放化感物质抑制杂草生长；②土壤中的微生物及动物对杂草的发芽、生长等有抑制作用，由于采用免耕处理方式对土壤的破坏作用小，使土壤中的微生物和土壤动物区系得以持续繁衍生长，其数量明显高于旋耕处理方式下的数量。

上茬作物玉米收获后采用 4 种不同的耕作方式种植小麦试验的结果表明，采用 WX-CM 处理方式下，小麦田杂草发生数量最多；采用 WM-CM 处理方式下，小麦田杂草发生数量最少。从本研究结果可以看出，小麦田杂草发生的总数量与上茬作物的耕种方式关系密切。采用 WM-CM 处理方式下，小麦田杂草出苗数量最少为 278.07 株/m^2，而出苗的“转嫁”到下茬作物田杂草数量却最多为 1 268.71株/m^2。造成 WM-CM 耕种方式下“转嫁”到下茬作物田杂草发生数量最多的原因可能为玉米收获后生长在玉米地里的杂草种子主要分布于地表，当小麦田里的条件适宜其生长后，就开始出苗，而埋藏于地表以下的杂草种子出苗相对较晚。根据本试验研究结果可以推测，在小麦、玉米两茬作物整个生长周期内采用 WM-CM 处理方式下杂草的总发生数量应该为最少，此项结果还应该进一步研究。

参考文献

[1] 杨学明，张晓平，方华军，等．北美保护性耕作及对中国的意义［J］．应用生态学报，2004，15（2）：335-340.

[2] Phillips R E，Phillips S H. No Tillage Agriculture Principles and Practices［M］. New York：Van Nostrand Reinhold Company Inc，1984.

[3] 张海林，高旺盛，陈阜，等．保护性耕作研究现状、发展趋势及对策［J］．中国农业大学学报，2005，10（1）：16-20.

[4] CTIC. Conservation tillage and other tillage types in the United States-1990-2004 http：//www2.ctic. purdue. edu/ctic/CRM2004/1990-2004data. pdf，2008-12. 5.

[5] 赵廷祥．农业保护性耕作与生态环境保护［J］．农村牧区机械化，2002（4）：7-8.

[6] 刘振友．我国保护性耕作的发展应用［J］．农机化研究，2005（7）：312.

[7] Scott Tubbs R，Raymond Gallaher N. Conservation Tillage and Herbicide Management for Two Peanut Cultivars［J］. American Society of Agronomy，2005，97：500-504.

[8] Blackshaw R E，*et al.* 保护性耕作制度下的杂草治理［J］．中国农技推广，2006，3：18-19.

[9] Campbell C A，*et al.* Converting from no-tillage to pre-seeding tillage：Influence on weeds，spring wheat grain yields and soil quality［J］. Soil & Tillage Research，1998，46：175-185.

[10] Hussain I，Olson K R，Ebelhar S A. Impacts of tillage and no -till on production of maize and soybean on an eroded Illinois siltloam soil［J］. Soil & Tillage Research，1999，52：37-49.

[11] 周兴祥，高焕文，刘晓峰．华北平原一年两熟保护性耕作体系试验研究［J］．农业工程学报，2001，17（6）：81-84.

加拿大一枝黄花绿色防控“四到位”

宋巧凤* 袁玉付 仇学平 谷莉莉 曹方元
（江苏省盐城市盐都区植保植检站，盐城 224002）

摘 要：加拿大一枝黄花是2005年开始入侵盐都区的一种有害植物，系外来有害物种，在其生长过程中，与其他物种竞争养分、水分和空间，给境内农作物生产带来严重危害，一旦防治不力，将导致农作物减产，同时破坏农作物的正常生长，影响生态平衡。盐都区植保植检站通过全方位多层面摸底调查，掌握了其传入、发生与分布的春秋季现状，做到“宣传发动、技术培训、实地防除和督查指导”4个绿色防控措施到位，有效地控制住其传播、扩散和蔓延，保护着境内种植业生产的安全。

关键词：加拿大一枝黄花；绿色防控；到位

盐都区位于江苏省中部偏东、苏北平原中部，镶嵌盐城市区，辖20个镇（区、街道），257个村（居），总人口74.75万人，其中农业人口40.96万人，耕地面积5.26万hm^2。加拿大一枝黄花 *Solidago canadensis* L. 是菊科一枝黄花属的多年生草本植物，外来入侵，被列入江苏省农业植物检疫性有害生物补充名单。盐都区2005年零星发现，此后，每年都及时组织查除，发生面积和发生程度均控制在可控范围内，对农业生态未形成明显破坏。但由于近年来，绿化力度加大、新林地、新公路绿化的不断增加，特别是“一片林”工程的建设，加之高速公路两侧老发生区处理不彻底，加速了加拿大一枝黄花的传播与扩散，因此，加拿大一枝黄花的绿色防控已经成为重点植保植检工作之一。

1 发生情况及特点

2017年春、秋两季，由区植检员指导、镇（区、街道）植保员牵头、基层农技人员和村居干部广泛参与，组成加拿大一枝黄花查治队伍，对20个镇（区、街道）加拿大一枝黄花发生情况进行全面调查，重点对老发生区、公路沿线、沟河围堤、绿化林地、废弃厂区、集镇住地、匡围拆迁待建地等进行全面踏查，发现疫情及时记载，GPS定位，认真汇总，为全面开展绿色防控工作提供依据。

1.1 春季发生情况

春季调查，20个镇（区、街道）都有加拿大一枝黄花发生，合计铺地发生面积136.6hm^2，折实面积37.7hm^2，较上年秋季增加56.4%。新增面积主要在楼王、中兴、郭猛、张庄等地新建成路段沿线新植绿化带、高速公路两侧。疫情特点是，除复垦复种地以外，凡是上年以割除地上茎叶、未挖除地下根茎的地块，普遍查见加拿大一枝黄花幼苗；成片移栽的新生林地，以成簇或单株散生为主；抛荒、闲置地块则为小片发生；高速公路

* 第一作者：宋巧凤，副站长，高级农艺师，主要从事植保技术推广工作；E-mail：yyf829001@163. com

两侧成片发生。

1.2 秋季发生情况

11月上旬普查，合计铺地发生面积155.3hm^2，折实面积30.2hm^2。铺地发生面积比春季增加13.7%，折实面积减少20%。分析原因是6—7月份对老发生地、易化除的地段加强了绿色防控，特别是楼王、大纵湖、中兴、龙冈、北龙港加拿大一枝黄花发生折实面积明显下降。但由于绿化力度加大、新林地、新公路绿化的不断增加，加上有的林地无人管理或管理力度差，"增点扩面"现象在部分地区反弹，防控压力加大，其中：滨湖、学富、秦南、张庄、盐渎等铺地发生面积增幅较大，其余地方发生情况有所减轻或增幅不大。

2 绿色防控"四到位"

2.1 宣传发动到位

为提高全社会对加拿大一枝黄花危害性的认知度，以倡导绿化从业者引进种植无携带加拿大一枝黄花繁殖体的绿化种苗，减少初次侵染源为前提，增强社会的参与度，营造群防群控的氛围，确保防控效果，3月27日区植保植检站印发《认真查除加拿大一枝黄花》情报，发送到全区各镇农业服务中心及相关单位。在春秋季加拿大一枝黄花防除季节，通过《植保专栏》开展加拿大一枝黄花防除专题宣传，在电视、《盐都现代农业网》《盐都区植保植检站网》上公布举报加拿大一枝黄花电话号码，接受电话咨询、举报；9月，以开展全国植物检疫宣传月活动为契机，利用电视、广播、报纸、信息网、盐都植保微信群、盐都植保QQ群、张贴标语、悬挂横幅、现场咨询、发放资料、设宣传栏、展板等进行宣传发动；区农委10月10日向各镇（区、街道）农业服务中心、委属有关单位下发《关于突击查除加拿大一枝黄花的通知》的传真电报，要求各地利用10月加拿大一枝黄花开花时节、容易识别的有利时期，按照属地管理要求，认真查清疫情，及时组织专业防除队伍，在加拿大一枝黄花种子成熟前防除到位，确保疫情不扩散、不危害。

2.2 技术培训到位

针对加拿大一枝黄花发生情况，3月31日、4月30日、10月20日区植保植检站3度召开各镇（区、街道）农业服务中心主任、植保技干及相关人员会议，对绿色防控工作进行了布置落实。会上进行了加拿大一枝黄花绿色防控技术培训，要求以镇（区、街道）为牵头单位，属地开展防控防除。各镇（区、街道）都分别召开了会议，进行宣传布置和技术培训，据统计，全区共召开培训、会议80多次，培训人员2 687人次，发放技术资料近8 000份，进行媒体宣传32次，接受电话咨询650多次。

2.3 实地防除到位

根据不同类型发生地块选用适宜防除方式。春季苗期和秋季开花初期是防除最佳时段。苗期防治：与作物相间发生地段宜人工拔除法；空闲地块宜复垦复种法或化学防除法。

2.3.1 适期防控

根据不同地段特点，春季4月，出土不久的幼苗，抗药性弱，推广化除或人工拔除、挖除。闲置地段适宜4月底前突击一次性化除；园林绿化地除突击防治外，与绿化管护单位协调，做到在绿化管护过程中，对加拿大一枝黄花随见随除。秋季要求在种子成熟前必须铲除地上部分。

2.3.2 人工铲除

对园林绿化地带、不宜进行化除地段或发生量较小地块以人工挖（拔）除为主。加强对绿化管护人员的技术培训，使绿化管护员能识别加拿大一枝黄花的特征特性，以便在平时管护工作中及时发现，及时挖（拔）除，挖（拔）除的植株、根系均带出田外销毁。同一地块要复查几遍，避免漏株。秋季主要采取人工割除的办法，减少种子成熟传播的机会，连根挖除、拾净根茎，集中到水泥场地晒干处理是最佳的绿色防控措施。

2.3.3 化学防除

药剂配方：对非耕地或远离农耕植被的地方，每 667m^2 用 41%草甘膦 600ml 加 20%氯氟吡氧乙酸异辛酯 60ml，喷头上加防护罩定向茎叶喷雾。

用药时间：6 月上中旬进行第一次喷雾，6 月下旬、7 月上旬第二次喷雾。

财政支持：区财政经费统一采购化除药剂，根据调查的铺地发生面积，免费发放除草剂到各镇。春季防除发放 41%草甘膦（230ml/瓶）3 250瓶，20%氯氟吡氧乙酸异辛酯（40ml/瓶）1 700瓶。

注意事项：坚决禁止使用甲磺隆、绿磺隆及其复配剂，防止雨淋、渗透、漂移间接对周边或下茬作物产生药害。严禁药液漂移到在茬其他植被，防治产生药害。

2.4 督查指导到位

按照加拿大一枝黄花绿色防控部署安排，6 月上中旬、11 月上中旬，区植保植检站成立督查组，实行分片负责，进行两次专项督查，指导防控技术，对各镇（区、街道）加拿大一枝黄花防除效果检查验收。发现有防除遗漏的地段，及时与所在地农业中心主任联系，并到现场对接，落实在规定时间内补治到位，对补治的地方，区植保植检站再进行复查。

随着四到位落地，加拿大一枝黄花绿色防控工作开展扎实，防控效果好。全区各镇（区、街道）加拿大一枝黄花绿色防控共成立专业队 123 个，出动人工 4 286人次，投入防除经费 38. 24 万元，累计绿色防控防除面积 317hm^2 次，其中，人工防除 133. 4hm^2 次，复耕复种 0. 9hm^2，铲除 3. 2hm^2，化除 182. 6hm^2 次，有效地控制了加拿大一枝黄花向农田扩展蔓延，保护了农业生产的安全。

3 问题与建议

3.1 存在的问题

加拿大一枝黄花绿色防控公益性强、资金投入大，有的镇级政府难以接受；苗木的检疫频次不高，还没有真正开展起来，个别林地管护不到位；部门协调难，跨部门的工作开展起来难度大。

3.2 建议

加大政府财政支持力度，安排防控加拿大一枝黄花疫情的专项资金，确保防除工作可持续开展。建议林业部门规范开展苗木的调运检疫，严禁外来调进苗木、繁殖材料携带加拿大一枝黄花等检疫性有害生物；涉绿单位、绿化人员强化对绿化地带、成片林地的管护，将加拿大一枝黄花防除纳入管护日常工作职责。建议加强与交通运输、园林绿化、林业等部门协作沟通，争取全社会合力参与加拿大一枝黄花绿色防控。

上海市水稻田杂草种类组成及群落特征

袁国徽[1]　田志慧[1]　王依明[2]　高　萍[1]　沈国辉[1]
（1. 上海市农业科学院生态环境保护研究所；2. 上海市浦东新区农业技术推广中心）

摘　要：为明确上海市水稻田杂草种类组成及其群落结构，采用倒置“W”取样法对上海市水稻田杂草进行了调查。结果表明，上海市水稻田杂草共有55种（含变种），隶属于16科35属，其中禾本科和莎草科杂草种类最多。优势杂草有无芒稗、千金子、多花水苋、耳叶水苋等4种，区域性优势杂草有马唐、杂草稻、鳢肠、假稻、稗、空心莲子草、水莎草等7种，这11种杂草是上海市水稻田杂草群落的重要建群种，此外常见杂草有8种，一般杂草有36种。从杂草区域分布来看，上海西部地区水稻田杂草群落的物种多样性最高，但优势种集中性最低；东部地区的物种丰富度和优势种集中性均最高；江中沙洲地区的物种丰富度和多样性均最低。从相似性指数和聚类分析来看，上海市水稻田杂草群落可划分为3组，其中东部地区和江中沙洲地区各一组，西部地区和中部地区的杂草群落结构最类似为一组。水稻田杂草种类及其群落发生特点与地理区域、耕作制度、栽培方式和除草剂种类等多种因素相关。

关键词：稻田；杂草群落；物种多样性；相似性

绿叶菜田杂草发生为害及其防除技术研究*

田志慧** 袁国徽 高萍 沈国辉***

（上海市农业科学院生态环境保护研究所，上海 201403）

摘 要：绿叶菜是一类主要以鲜嫩的绿叶、叶柄和嫩茎为产品的速生蔬菜，由于其生长期短，采收灵活，因而在上海市乃至全国栽培十分广泛。绿叶菜种类和品种繁多，且栽培方式主要以直播为主，因而给除草剂应用带来了诸多不便和困难。为了摸清上海地区绿叶菜田杂草为害现状，解决除草用工的矛盾，2013—2017 年我们开展了上海地区绿叶菜田杂草发生为害及其防除技术的研究。

通过春夏、秋冬两季对上海市域 9 个区各绿叶菜品种菜田杂草的调查，共发现杂草 67 种，隶属 24 科 54 属，以禾本科和菊科杂草最多，其中禾本科杂草有 11 属 13 种，菊科杂草有 9 属 10 种。杂草分布具有季相变化明显、一年生为主和本地种占优势三大特点。春夏季出现频率较高的杂草有稗［*Echinochloa crusgalli*（L.）Beauv.］、马唐［*Digitaria sanguinalis*（L.）Scop.］、牛筋草［*Eleusine indica*（L.）Gaertn.］、小藜（*Chenopodium serotinum* L.）、醴肠［*Eclipta prostrata*（L.）L.］和凹头苋（*Amaranthus lividus* L.），秋冬季出现频率较高的杂草有小藜、繁缕［*Stellaria media*（L.）Cyr.］和荠菜［*Capsella bursa-pastoris*（L.）Medic.］，这些出现频率较高的物种均已成群落状分布于各个区的绿叶菜田中。

开展了稗和繁缕对茼蒿和小白菜产量影响的研究。结果表明，茼蒿田当稗草为 150 株/m^2、300 株/m^2 时，茼蒿产量分别损失 36. 8%、48. 7%，当稗草为 900 株/m^2 时，茼蒿产量损失率可高达 87. 1%；小白菜田当繁缕密度达到 150 株/m^2 时，小白菜产量即开始受到明显影响，200~250 株/m^2 时小白菜产量损失率高达 42. 0%~48. 1%。

开展了芽前处理除草剂二甲戊灵（pendimethalin）、精异丙甲草胺（s-metolachlor）、禾草丹（thiobencarb）、敌草胺（napropamide）、丁草胺（butachlor）、噁草酮（oxadiazon）、扑草净（prometryn）、乙氧氟草醚（oxyfluorfen）和苗后处理防除阔叶类杂草除草剂甜菜宁（phenmedipham）、草除灵（benazolin-ethyl）、灭草松（bentazone）、氟磺胺草醚（fomesafen）、乙羧氟草醚（fluoroglycofen-ethyl）等品种的除草效果及对绿叶菜生长的安全性评价。结果表明，小白菜田芽前除草剂首选 96%精异丙甲草胺 EC 900~1 125ml/hm^2，其次为 90%高效禾草丹 EC 1 875~2 250ml/hm^2 和 50%敌草胺 WDG 1 500~3 000g/hm^2，33%二甲戊灵 EC 1 125~2 250ml/hm^2 各处理虽对小白菜出苗没有影响，但对小白菜生长有一定影响，表现为地上部鲜重和株高受一定抑制；茼蒿田首选 50%敌草

---

* 基金项目：上海市绿叶蔬菜产业技术体系杂草专项

** 第一作者：田志慧，副研究员，从事杂草管理学研究；E-mail：tianzhihui@ saas. sh. cn

*** 通信作者：沈国辉，研究员，主要从事杂草管理学研究；E-mail：zb5@ saas. sh. cn

胺 WDG 2 250~3 000g/hm^2，其次是 90%高效禾草丹 EC 1 875~2 250ml/hm^2；豌豆田土壤处理使用 33% 二甲戊灵 EC 2 250~ 3 000 ml/hm^2、96% 精异丙甲草胺 EC 1 125~1 500ml/hm^2、24%乙氧氟草醚 EC 750ml/hm^2 和 50%敌草胺 WDG 1 500~2 250g/hm^2，豌豆生长期茎叶处理使用 480g/L 灭草松 AS 1 500~3 000ml/hm^2，可以有效防除田间杂草的为害，且对豌豆出苗和生长无任何不良影响；菠菜田土壤处理使用 96%精异丙甲草胺 EC 1 500ml/hm^2 和 90%高效禾草丹 EC 2 250ml/hm^2，可有效控制一年生杂草的发生为害，菠菜生长期、阔叶杂草 4~6 叶期使用 160g/L 甜菜宁 EC 3 000~4 500ml/hm^2，能有效防除田间阔叶杂草的为害，上述除草剂对菠菜出苗和生长均无不良影响。33% 二甲戊灵 EC 2 250ml/hm^{2}和 96%精异丙甲草胺 EC 1 500ml/hm^2 防除移栽生菜田一年生杂草不仅除草效果好，而且对生菜生长安全。

关键词：绿叶菜；杂草；除草剂；除草效果；安全性

我国燕麦主产区综合除草技术集成及示范研究进展*

王　东**　张笑宇　孟焕文　周洪友***

（内蒙古农业大学，呼和浩特　010018）

摘　要：近年来，草害严重制约着我国燕麦产业的发展。本研究主要针对燕麦主产区草害发生的特点及单项除草技术的应用效果，进一步对综合除草技术进行集成；并于2016—2017年在内蒙古、河北和山西等多个地点开展田间除草示范工作，取得了较好的防治效果。

关键词：燕麦；综合除草；技术集成；示范；进展

燕麦（*Avena sativa* L.）属小杂粮，其营养价值高且具有平稳血糖、降低胆固醇等多种功效，是国际公认的功能性食物。随着人们生活水平的提高，对于燕麦及其产品的需求量日益增加。近年来，我国燕麦产业迅猛发展，这对于燕麦主产区的地区经济发展具有重要意义。在我国，燕麦田草害发生普遍且严重，是影响燕麦产量及品质最为重要的因素之一；而目前，尚缺乏针对燕麦田的高效除草应用技术。鉴于此，本课题组自2011年开始对我国燕麦主产区开展杂草调查、除草剂筛选、栽培控草等研究工作；在前期研究的基础上，对单项除草技术进行综合和集成；并于2016—2017年在内蒙古、山西、河北等燕麦主产区进行田间示范，获得了较为理想的杂草防除效果。

1　燕麦田综合除草技术集成

本课题组针对我国内蒙古、河北、山西等燕麦主产区草害发生的特点，在单项燕麦田除草技术研究的基础上，综合分析燕麦播种时期、播种密度、栽培管理、除草剂筛选及施药方法等相关环节后，对燕麦田综合除草技术进行集成。具体方案如下。

（1）在播种期内，推迟燕麦播种时间1周左右，促使杂草种子充分萌发；

（2）在播种前10天左右浇透水，待杂草种子充分萌发，再浅耕10cm左右，除去部分已经萌发的杂草幼苗；也使杂草种子处于耕作层，后期出苗整齐，便于使用除草剂一次性防除杂草；

（3）根据地块的地力情况，控制行间距和用种量。在保证高产的前提下，尽量密植；

（4）施药方法：有两种除草剂施用方案可供参考，应根据田间杂草发生的实际情况进行选择。

方法1：播种后，随即喷施除草剂田普（450g/L二甲戊灵微胶囊剂，德国巴斯夫股

---

* 基金项目：现代农业产业技术体系建设专项（CARS-08-C-3）

** 第一作者：王东，在站博士后；E-mail：wangdong19852008@163.com

*** 通信作者：周洪友，教授，主要从事作物病虫草害综合防控研究；E-mail：hongyouzhou2002@aliyun.com

份有限公司生产)，用药量为 2 250~2 700mL/hm^2，沙土地用药量适当减少，有机质含量高的土壤用量适当增加。用水量为 900kg/hm^2。喷施前保证土壤湿润，土地平整，喷药土层为 2~3cm，喷后不能破坏药土层。

方法 2：在燕麦苗期，头一茬草尽量出全后，叶面喷施化学除草剂 40%“立清”乳油（400g/L 2 甲 · 溴苯腈，江苏辉丰农化股份有限公司生产)，用药量为 1 200~1 500ml/hm^2，用水量为 450ml/hm^2。

(5) 在燕麦封垄前浇水施肥，促使快速封垄。

2 燕麦田综合除草示范进展

应用燕麦田综合除草技术，于 2016—2017 年在内蒙古、河北及山西等多个地点进行田间示范。

2.1 示范地及示范面积

2016 年，设置示范田共计 780 亩，其中内蒙古察右后旗、商都、化德和察右中旗共 430 亩；河北沽源、张北共 300 亩；山西右玉 50 亩。2017 年在内蒙古察右前旗、商都、化德、集宁和兴和共计 500 亩。

2.2 调查方法

采用样方取样方法，随机调查 10 个点，每点 1m^2，共计 10m^2。药剂处理 25 天、45 天左右调查防效；燕麦成熟后收获，并测定产量。

2.3 示范结果

2016 年调查结果表明（表 1)，在内蒙古察右中旗示范点施用除草剂“立清”乳油后，杂草防效达到 91.6%，增产 14.2%；而在该地点施用除草剂田普，防效 55.4%，增产 8.7%；在示范地商都、化德、土左旗和察右后旗燕麦田，防效均在 85%以上。河北张北示范地的防效为 94.1%，增产 15.0%；但沽源示范地由于杂草较少，对照田杂草也很少，效果不明显。山西右玉示范点燕麦田杂草防效 79.5%，增产 12.0%。

2017 年调查结果表明（表 1)，内蒙古察右前旗农业措施应用较好，该地块杂草很少，防效不高（18.5%)；但其他示范点，杂草防除效果均较好，与对照相比防效均超过 50%，其中在集宁示范点杂草防效达到 90.0%。

表 1　燕麦田综合除草示范结果

地点	调查年份	药剂处理	防治效果（%）	增产（%）	示范面积（亩）
商都	2016	田普	88.9	14.8	50
察右后旗	2016	田普	85.1	13.0	50
察右中旗	2016	田普	55.4	8.7	50
察右中旗	2016	立清乳油	91.6	14.2	150
化德	2016	立清乳油	85.0	12.6	50
土左旗	2016	立清乳油	88.4	10.5	80
张北	2016	田普	94.1	15.0	200

（续表）

地点	调查年份	药剂处理	防治效果（%）	增产（%）	示范面积（亩）
沽源	2016	田普	30.0	—	100
右玉	2016	田普	79.5	12.0	50
商都	2017	田普	56.9	8.3	130
兴和	2017	田普	65.0	—	80
察右前旗	2017	田普	18.5	6.6	130
化德	2017	田普	75.0	9.7	60
集宁	2017	立清乳油	90.0	—	100

注："—"表示未进行调查

环境因素对新疆不同地区田旋花种子萌发的影响*

王　颖[1**]　马　艳[2]　马小艳[1,2***]
（1. 塔里木大学植物科学学院，阿拉尔　843300；2. 中国农业科学院棉花研究所/
棉花生物学国家重点实验室，安阳　455000）

摘　要：田旋花（*Convolvulus arvensis* L.），属旋花科旋花属多年生草本植物。作为世界十大恶性杂草之一，田旋花具有极强的环境适应能力及强大的繁殖和再生能力，在我国新疆广泛分布，严重危害新疆棉田及果园生态系统。田旋花为多年生杂草，可同时通过地下根系和种子进行繁殖，其中，营养繁殖是田旋花在小范围内（如某一田块）持续危害的主要方式，而种子繁殖是其扩散危害的主要方式。通过室内生测试验，研究了温度、盐碱度、干旱、pH 值等环境因子对新疆阿拉尔市和新和县 2 个地区田旋花种子萌发的影响。

研究结果表明，田旋花种子具有较强的耐低温能力，5℃时种子即可发芽，阿拉尔市和新和县种子发芽率分别为 52%和 14%；随着温度的升高，2 个地区的种子发芽率均表现为先升高后降低，当温度上升到 30～40℃时，2 个地区的田旋花种子发芽率均达到最大值；当温度继续上升到 45～50℃时，种子发芽率明显降低，仅为 6%～15%，且随着培养时间的延长，高温导致多数已发芽种子腐烂。同时，田旋花种子在 15/5～45/35℃的变温条件下均可发芽，且当温度为 40/30℃时发芽率达到最大值；虽然当温度达 50/40～55/45℃时，部分种子仍可以萌发，但高温可导致种子腐烂，不能正常生长。相同温度条件下，阿拉尔市田旋花种子的发芽率高于新和县种子发芽率。

盐碱胁迫可降低田旋花种子的发芽率，当 NaCl、$NaHCO_3$ 浓度均为 12. 5mmol/L 时，阿拉尔市和新和县种子发芽率分别为 75%、70%和 50%、56%，随着 NaCl 和 $NaHCO_3$ 浓度的增加，2 个地区田旋花种子的发芽率降低，当 NaCl、$NaHCO_3$ 浓度分别增加到 250mmol/L、200mmol/L 时，种子发芽率明显降低，仅为 5%～19%、1%～7%，当 NaCl 浓度大于 300mmol/L 或 $NaHCO_3$ 浓度大于 250mmol/L 时，2 个地区的田旋花种子不萌发。

田旋花种子的萌发受水势的影响，当水势为 0MPa 时，阿拉尔市和新和县种子发芽率分别为 84%和 51%。随着水势的降低，田旋花种子的发芽率逐渐降低，当水势达到-0. 4MPa时，新和县种子的发芽率明显降低，仅为 15%，当水势达-0. 6MPa 时，新和县种子不能发芽；然而当水势达到-1. 0MPa 时，阿拉尔市的田旋花种子仍有少量可以发芽，发芽率为 2%。上述结果表明，阿拉尔地区的田旋花种子对干旱胁迫的耐受性更强，这可能与种子采集地的土壤含水量有关。位于沙漠绿洲腹地的新和县，水资源较为丰富，年均

* 基金项目：国家自然科学基金地区科学基金项目，新疆棉田恶性杂草田旋花根状茎的休眠机制研究（31660525）

** 第一作者：王颖，硕士研究生；E-mail：wy794063680@ 163. com

*** 通信作者：马小艳；E-mail：maxy_caas@ 126. com

降水量为70~140mm，且田旋花种子采自可灌溉的农田系统，而位于沙漠边缘的阿拉尔市年均降水量仅为40~80mm，而年均蒸发量却高达1 800~2 500mm，种子采自仅依靠天然降水的荒地，因此，阿拉尔地区的田旋花种群所面临的干旱风险远高于新和县种群，导致阿拉尔地区的田旋花种子对土壤干旱的耐受性更强。

在pH值5~10范围内，2个地区的田旋花种子均能正常萌发，但酸性（pH 5和6）和中性（pH 7）环境有利于田旋花种子发芽，碱性条件下（pH 8~10）田旋花种子发芽率略有降低。当pH值为5时，阿拉尔市和新和县种子的发芽率分别为94%和67%，当pH值增加到7时，2个地区的发芽率分别为93%和57%，而当pH值达到8时，阿拉尔市和新和县种子发芽率分别降低为81%和45%。但总的来说，pH值不是限制田旋花种子萌发的主要因素。我国新疆土壤盐渍化较为严重，农田土壤的pH值一般在8~9之间，但此酸碱范围内田旋花种子均可以萌发，因此土壤pH值不是农田系统杂草种子萌发的一个限制因素。

关键词：田旋花；种子萌发；温度；盐碱度；干旱；pH值

微生态制剂等用于连作障碍土壤处理的持效性初探*

吴全聪[1**]　何天骏[1]　陈利民[1]　缪叶旻子[1]　章金明[2]
（1. 丽水市农业科学研究院，丽水　323000；
2. 浙江省农业科学院植物保护与微生物研究所，杭州　310021）

摘　要：为了明确微生态制剂及微生物菌剂用于连作障碍土壤处理的持效性，试验分析比较了常规的高温闷棚、高温闷棚+中农绿康抗重茬微生态制剂等5个处理及1个空白对照田块内在6~10个月后的第2季作物的发病率、生长和产量。结果表明，高温闷棚+中农绿康抗重茬微生态制剂、高温闷棚+石灰氮或棉隆+地衣·枯草芽胞杆菌能够显著降低第2季作物发病死亡率，显著增加产量，高温闷棚+中农绿康抗重茬微生态制剂等4个处理对第2季作物尚有显著的促生长作用，其株高、穗位高、叶长、叶片数均比对照有显著增加。可见，高温闷棚+中农绿康抗重茬微生态制剂、高温闷棚+石灰氮或棉隆+地衣·枯草芽胞杆菌，用于连作障碍土壤处理具有较好的持效性，高温闷棚+中农绿康抗重茬微生态制剂综合表现尤佳，值得推广应用。

关键词：连作障碍；微生态制剂；持效性

连作障碍是指在同一块土壤中连续种植同一种作物或近亲缘作物时，即使在正常的栽培管理条件下也会出现生长势变弱、病虫害加剧、产量降低、品质下降等现象[1]其不仅发生在同一种蔬菜的连年种植，甚至还包括亲缘关系较近的同科作物连年种植[2]，有表现为，生长势变弱，生长发育迟缓，产量降低，品质下降[3]，也有表现为生长发育受阻，抗逆性降低，病虫害加剧。连作障碍产生的原因多个，其中土壤有害病原菌的积累是最主要的原因[4-5]。

为缓解连作障碍，前人研究了轮作模式改善土壤环境[6]，降低土壤中病原菌含量，同时起到增产效果，对克服连作障碍具有积极的效果[7]；有研究了药剂处理对当季作物及土壤的影响[8-9]。但是，微生态制剂等用于连作障碍土壤处理的持效性未见报道。为了进一步明确微生态制剂等用于连作障碍土壤处理的持效性，开展了本试验。

1　材料与方法

1.1　供试材料

地衣·枯草芽胞杆菌由社旗谢氏农化有限公司生产；复合型微生物菌肥抗重茬微生态制剂由中农绿康（北京）生物技术有限公司生产；石灰氮由宁夏大荣化工冶金有限公司生产；棉隆由南通施壮化工有限公司生产。

试验地位于浙江省丽水市莲都区碧湖镇郎奇村，多年进行黄瓜-甜玉米轮作，春季种植玉米，秋季种植黄瓜，有塑料薄膜大棚，地势低洼易积水，连作障碍严重。试验选取面

* 基金项目：浙江省丽水市院地合作项目（Ls20160010）
** 第一作者：吴全聪，研究员；E-mail：lsqcw@ 163. com

积相同且相连的5个大棚进行，每个大棚面积约为300m²，内设3个小区。试验地上季种植黄瓜，7—8月土壤处理，9月上旬种植黄瓜，本季观察的玉米为‘雪甜7401’，2017年12月25日播种育苗，2018年1月25日移栽，5月15—25日陆续收获。

1.2 试验处理

试验共设5个处理，分别为处理Ⅰ——高温闷棚处理，处理Ⅱ——高温闷棚+地衣·枯草芽胞杆菌处理，处理Ⅲ——高温闷棚+中农绿康抗重茬微生态制剂处理，处理Ⅳ——石灰氮高温闷棚+地衣·枯草芽胞杆菌处理，处理Ⅴ——棉隆高温闷棚+地衣·枯草芽胞杆菌处理，对照处理Ⅵ为空白对照不做任何处理。各处理均为上半年种植玉米，下半年种植黄瓜，其他施肥用药以及农事操作均相同。

对试验选取的5个田块平整土地去除杂草后，处理Ⅳ撒施石灰氮50kg/667m²，处理Ⅴ撒施棉隆15kg/667m²，用旋耕机旋一遍；除处理Ⅵ外其他各处理均地表盖银黑地膜后覆大棚顶膜，各处理均灌入足量的水，利用夏季高温时间段闷棚30~40天左右；待闷棚结束后，选取晴朗天气，去掉地膜后和大棚顶膜，晾晒田块5~7天；处理Ⅱ、Ⅳ和Ⅴ分别按照1kg/667m²用量撒施地衣·枯草芽胞杆菌，处理Ⅲ按5kg/667m²用量撒施中农绿康抗重茬微生态制剂，各处理撒施等量复合肥和有机肥后旋耕覆膜待种。

1.3 调查方法

等玉米苗期开始的青枯病等病害稳定后，逐株调查发病死亡率；玉米产量以及主要性状的采集参照孟凡凡关于玉米-大豆带状间作下玉米品种产量和主要农艺性状比较分析的研究[10]，叶绿素含量采用SPAD-502Plus叶绿素测定仪直接测定。

2 结果与分析

2.1 不同措施对甜玉米发病率的影响

甜玉米苗期开始的青枯病、枯萎病等病害稳定后，查得处理Ⅰ至Ⅵ的平均发病死亡率分别为：4.22%、4.07%、1.96%、2.87%、2.87%和6.94%。如图1所示，空白对照处理Ⅵ田块甜玉米因青枯病等病害发生死亡的死亡率显著高于处理Ⅲ、处理Ⅳ和处理Ⅴ。处理Ⅰ和处理Ⅱ比空白对照处理Ⅵ田块甜玉米因青枯病等病害发生死亡的死亡率略低但未达到显著水平，但存在显著降低甜玉米死亡率的趋势（$P=0.07$，$P=0.58$）。可见，高温闷棚+中农绿康抗重茬微生态制剂、高温闷棚+石灰氮或棉隆+地衣·枯草芽胞杆菌，用于连作障碍土壤处理，对第2季作物尚具有显著的降低病害发生的作用。

2.2 不同处理对甜玉米生长的影响

不同处理甜玉米主要农艺性状调查结果经方差分析显示如表1所示：各试验处理组株高均显著性高于空白对照Ⅵ，并且处理Ⅱ和处理Ⅳ显著性高于处理Ⅰ；各处理穗位高和叶片数均显著性高于空白对照Ⅵ；在叶长方面处理Ⅱ、处理Ⅲ、处理Ⅳ和处理Ⅴ均显著性高于空白对照Ⅵ；在叶绿素含量方面以处理Ⅳ最低，且显著性低于其他各处理和空白对照。在未到达显著的农艺性状中，各处理表现也不一致。在茎粗方面以处理Ⅲ和处理Ⅴ最高；在穗结数方面以处理Ⅳ最多；在叶宽方面以处理Ⅳ最宽，空白对照Ⅵ最窄。

可见，高温闷棚+中农绿康抗重茬微生态制剂等4个处理对第2季作物尚有显著的促生长作用，其株高、穗位高、叶长、叶片数均比对照有显著增加。

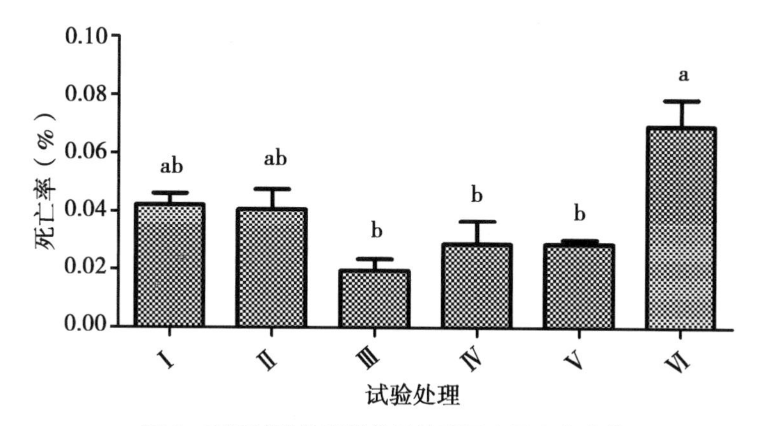

图1　不同试验处理措施田块甜玉米死亡率比较

注：不同字母表示各处理间差异显著（*P*<0.05）

表1　不同处理田块甜玉米主要农艺性状的比较

处理	株高（cm）	茎粗（mm）	穗位高（cm）	穗结数（个）	叶宽（cm）	叶长（cm）	叶片数（片）	叶绿素
Ⅰ	135.56±3.334b	18.26±0.546	28.89±1.111a	4.00±0.000	9.06±0.201	62.33±1.362ab	7.67±0.167b	60.48±2.054a
Ⅱ	154.11±2.150a	19.50±0.337	32.22±1.451a	3.89±0.111	9.27±0.311	67.77±1.914a	8.56±0.176b	61.08±1.040a
Ⅲ	152.44±4.210ab	21.42±0.808	30.56±2.334a	3.67±0.167	9.39±0.353	66.50±1.129a	8.56±0.242b	58.77±0.996a
Ⅳ	153.67±3.210a	19.69±0.535	33.78±2.338a	4.44±0.444	9.50±0.105	64.16±0.855a	8.56±0.176b	51.70±1.653b
Ⅴ	151.33±4.781ab	21.58±1.541	29.78±1.362a	4.11±0.389	8.84±0.251	64.60±1.769a	8.67±0.236b	57.79±1.172a
Ⅵ	103.89±5.999c	19.15±0.540	19.56±3.594b	3.78±0.401	8.48±0.438	57.56±1.813b	6.11±0.423a	59.90±0.468a

注：数据为平均数±标准误，不同字母表示差异性显著（单因素方差分析，*P*<0.05）。

2.3　不同处理对甜玉米产量的影响

如表2所示，在单穗重方面空白对照Ⅵ显著低于处理Ⅲ、处理Ⅳ和处理Ⅴ，试验处理Ⅰ和试验处理Ⅱ略高于试验处理Ⅵ但未形成显著性差异；在穗粗方面，各处理之间差异不显著；在穗长方面试验处理Ⅴ显著长于空白对照Ⅵ，其他各试验处理虽然均长于空白对照Ⅵ，但未形成显著性差异；在百粒鲜重方面以处理Ⅳ最重，与处理Ⅰ、处理Ⅱ和处理Ⅲ均存在显著性差异；在百粒干重方面，同样以处理Ⅳ最重，且与处理Ⅰ、处理Ⅱ、处理Ⅲ和空白对照Ⅵ均存在显著性差异；在干鲜比方面处理Ⅰ、处理Ⅱ、处理Ⅲ和处理Ⅴ显著高于处理Ⅴ和空白对照Ⅵ；在最为重要的裸穗产量方面以处理Ⅴ产量最高，处理Ⅲ次之，空白对照Ⅵ最低且显著性低于处理Ⅲ、处理Ⅳ和处理Ⅴ。可见，高温闷棚+中农绿康抗重茬微生态制剂、高温闷棚+石灰氮或棉隆+地衣・枯草芽胞杆菌，用于连作障碍土壤处理，对第2季作物尚具有显著的增产作用。

表2　不同试验处理措施田块甜玉米产量及相关性状的比较

处理	单穗重（g）	穗粗（mm）	穗长（cm）	百粒鲜重（g）	百粒干重（g）	干鲜比	裸穗产量（kg）
Ⅰ	195.14±8.561ab	50.56±0.761	15.36±1.005ab	37.02±0.874c	8.62±0.203b	0.23±0.001a	687.81±30.177ab
Ⅱ	209.89±13.123ab	49.35±0.860	14.82±0.952ab	37.62±0.746bc	8.72±0.128b	0.23±0.002a	740.97±46.329ab

（续表）

处理	单穗重（g）	穗粗（mm）	穗长（cm）	百粒鲜重（g）	百粒干重（g）	干鲜比	裸穗产量（kg）
Ⅲ	231.42±16.652a	50.66±1.548	15.07±0.569ab	37.02±0.215c	8.62±0.037b	0.23±0.001a	834.95±60.078a
Ⅳ	226.33±11.396a	49.26±0.785	16.25±0.372ab	40.58±0.744a	9.40±0.187a	0.23±0.001a	809.00±40.733a
Ⅴ	242.47±12.462a	48.64±0.909	17.31±0.432a	39.68±0.48ab	8.80±0.184ab	0.22±0.002b	866.70±44.543a
Ⅵ	173.67±3.930b	48.88±1.392	13.59±0.581b	38.52±0.229abc	8.30±0.126b	0.22±0.002b	594.74±13.458b

注：数据为平均数±标准误，不同字母表示差异性显著（单因素方差分析，$P<0.05$）。

3 结论与讨论

高温闷棚，添加土壤消毒剂石灰氮和棉隆，以及微生物菌肥地衣·枯草芽胞杆菌和中农绿康抗重茬微生态制剂对6个月后的第2季作物甜玉米具有一定的降低发病率、促生长及增产作用，尤其是高温闷棚+中农绿康抗重茬微生态制剂、高温闷棚+石灰氮或棉隆+地衣·枯草芽胞杆菌能够显著降低第2季作物发病死亡率，显著增加产量，高温闷棚+中农绿康抗重茬微生态制剂等4个处理对第2季作物尚有显著的促生长作用，其株高、穗位高、叶长、叶片数均比对照有显著增加。可见，高温闷棚+中农绿康抗重茬微生态制剂、高温闷棚+石灰氮或棉隆+地衣·枯草芽胞杆菌，用于连作障碍土壤处理具有较好的持效性，高温闷棚+中农绿康抗重茬微生态制剂综合表现尤佳，值得推广应用。

作为连作障碍产生的主要原因，土壤有害生物的累积与土壤微生物群落结构有着密切联系[11]。目前，国内为通过重建土壤微生物群落多样性，用以防治土传病害的研究已经成为解决土壤连作障碍的研究热点[12-13]。土壤微生物群落结构和功能的丰富度与多样性对维持土壤健康，保障农作物生产安全起着极为重要的作用。

参考文献

[1] 刘素慧，刘世琦，张自坤，等．大蒜连作对其根际土壤微生物和酶活性的影响［J］．中国农业科学，2010，43（5）：1000-1006.

[2] 李兴龙，李彦忠．土传病害生物防治研究进展［J］．草业报，2015（3）：204-212.

[3] 李世东，缪作清，高卫东．我国农林园艺作物土传病害发生和防治现状及对策分析［J］．中国生物防治学报，2011，27（4）：433-440.

[4] 吴凤芝，赵凤艳，刘元英．设施蔬菜连作障碍原因综合分析与防治措施［J］．东北农业大学学报，2000，31（3）：241-247.

[5] 吴凤芝，赵凤艳．根系分泌物与连作障碍［J］．东北农业大学学报，2003，4（1）：114-118.

[6] 唐艳领，于迪，胡凤霞，等．黄瓜-玉米轮作对设施连作土壤性状的影响［J］．北方园艺，2014（11）：161-164.

[7] 胡凤霞．设施黄瓜-玉米轮作模式对连作障碍的克服效果［D］．河南农业大学，2013.

[8] 刘恩太，李园园，胡艳丽，等．棉隆对苹果连作土壤微生物及平邑甜茶幼苗生长的影响［J］．生态学报，2014，34（4）：847-852.

[9] 张超，卜东欣，张鑫，等等．棉隆对辣椒疫霉病的防效及对土壤微生物群落的影响［J］．植物保护学报，2015，42（5）：834-840.

[10] 孟凡凡，王博，刘宝泉，等．玉米-大豆带状间作下玉米品种产量和主要农艺性状比较分析［J］．作物杂志，2014（3）：101-105.

[11] René C P, Kuijken, Jan F H Snel, Martijn M Heddes, *et al.* The importance of a sterile rhizosphere when phenotyping for root exudation [J]. Plant & Soil, 2015, 387 (1-2): 131-142.

[12] Magnusson J, Ström K, Roos S, *et al.* Broad and complex antifungal activity among environmental isolates of lactic acid bacteria [J]. Fems Microbiology Letters, 2003, 219 (1): 129-135.

[13] Hage-Ahmed K, Moyses A, Voglgruber A, *et al.* Alterations in Root Exudation of Intercropped Tomato Mediated by the Arbuscular Mycorrhizal Fungus Glomus mosseae and the Soilborne Pathogen *Fusarium oxysporum* f. sp. *lycopersici* [J]. Journal of Phytopathology, 2013, 161 (11 - 12): 763-773.

农药助剂研发进展及在农药减量增效行动中的作用*

张宗俭[1,2]　张春华[1,2]
（1. 中化化工科学技术研究总院有限公司，北京　100083；
2. 北京广源益农化学有限责任公司，北京　100083）

摘　要：本文阐述了农药助剂的研究进展和农药助剂在农药减量增效行动中的作用。

关键词：农药；配方助剂；喷雾助剂；减量增效

国家为了推行绿色生产方式，促进农业可持续发展，2016 年由农业部首次提出“农药化肥双减”和“农药零增长”的概念和目标，多个肥药双减项目列入国家重大研发计划专项，标志着我国农业发展进入新时代。农药减量的研究工作是综合技术研发工作，涉及种子、栽培技术、土壤处理技术、化学农药协同增效技术、农药施药技术、农药产品和助剂等多学科的研究。本文在介绍农药助剂研究进展基础上，阐述了农药助剂在农药减量增效研究中所产生的作用和贡献。

1　农药助剂定义

农药助剂（pesticide adjuvant），是指除农药有效成分以外的，任何被添加在农药产品中，本身不具有农药活性和有效成分功能的，但能够或者有助于提高或者改善农药产品理化性能的单一组分或者多个组分的物质[1]。农药助剂在提高农药药效，改善药剂性能，稳定制剂质量等多方面都起着相当重要的作用[2]。

农药助剂品种多，分类方法也较多，可以按照其在农药中的使用方式、功能、表面活性、化学结构类型、分子量大小等进行分类，通常按照其在农药中使用方式分为两大类，即配方助剂和桶混助剂（也称喷雾助剂）。

2　农药配方助剂的研究进展

农药配方助剂（formulation additive）是用于农药剂型加工的各种助剂的总称，主要在农药产品生产过程中添加在配方之中，以满足剂型加工和产品物理化学稳定性能的要求[3]。目前农药制剂中涉及的助剂品种超过 3 000种[2]，包括溶剂、乳化剂、润湿剂、渗透剂、分散剂、载体、消泡剂、防腐剂、防冻剂、增稠剂、着色剂等。

近几年，我国农药制剂发展迅速，绿色乳油、悬浮剂、水分散粒剂、水乳剂、泡腾片剂等安全、高效、省力化的剂型得到开发和应用。制剂的变革带动了农药助剂的相关研究，下面分类介绍。

---

* 基金项目：国家重点研发计划：化学农药协同增效关键技术及产品研发（2016YFD0200500）

2.1 乳油

乳油是一种加工方法简单、使用方便的传统剂型，使用的主要助剂是溶剂和乳化剂，其中乳化剂国内生产厂家多，种类多，基本满足国内乳油制剂加工的需求。20 世纪 50 年代至 21 世纪初，由于农药厂缺乏制剂配方开发人员，乳油中多使用复配型专用乳化剂，随着配方开发技术的发展，乳化剂单体的使用越来越多。常用的乳化剂单体品种主要有十二烷基苯磺酸钙、烷基酚聚氧乙烯醚（含壬基酚聚氧乙烯醚）、脂肪醇聚氧乙烯醚、蓖麻油聚氧乙烯醚、苯乙烯基酚聚氧乙烯（聚氧丙烯）醚、烷基酚甲醛树脂聚氧乙烯醚等。由于常用的壬基酚聚氧乙烯醚在环境中会分解成壬基酚（NP），而壬基酚是一种生物内分泌干扰剂、对生殖系统有毒的环境激素，因此壬基酚聚氧乙烯醚在欧盟已经被限制使用。我国在乳油中也要重视壬基酚聚氧乙烯醚的替代工作，将不同结构的脂肪醇聚氧乙烯醚作为重点乳化剂进行应用。另外由于乳油中苯类等溶剂用量大，不属于环保剂型，部分品种已被水乳剂替代。

随着《农药乳油中有害溶剂限量》标准的实施，乳油中的溶剂品种有了较大的变化，苯、甲苯、二甲苯、甲醇、DMF 的使用受到限制，重芳烃类溶剂（C_9-C_{10}）、植物油或改性植物油、矿物油等作为替代溶剂被应用到乳油配方中，另外合成有机溶剂如碳酸二甲酯、醋酸仲丁酯、癸酰胺等也作为溶剂或助溶剂被应用到乳油中。

2.2 悬浮剂

悬浮剂是固体原药以微粒形式均匀分散于水中的制剂，是水基性制剂中发展最快、可加工活性成分最多、加工工艺最成熟、相对成本较低、市场前景非常好的一种环保剂型。主要组成是原药、分散剂、润湿剂、稳定剂、防冻剂、防腐剂、消泡剂、增稠剂和水等。分散剂对悬浮剂产品质量影响最大，近年发展较快，品种变化较大，由烷基酚聚氧乙烯醚、NNO、司盘等，逐步发展为以高分子聚羧酸盐、改性萘磺酸盐、木质素磺酸盐、磷酸酯、高分子嵌段聚醚为主，但我国对磷酸酯和嵌段聚醚的研究起步晚，应用助剂品种较少[4]。能够控制粒径长大、提高分散性能的新型嵌段聚醚类分散剂将是悬浮剂中需要的重要助剂。

2.3 水分散粒剂

水分散粒剂是入水后能迅速崩解并分散成悬浮液的颗粒状制剂。近十多年在我国发展迅速，市场份额越来越大，成为目前市场上占据主流的农药剂型之一。水分散粒剂使用的主要助剂是分散剂、润湿剂、填料，其中润湿剂以萘磺酸盐、烯基磺酸盐、烷基硫酸盐等为主，填料以无机盐、淀粉和土类为主，这些常规品种基本能满足要求。分散剂对水分散粒剂的质量影响较大，研究很活跃，以新型高分子聚羧酸盐为代表的共聚物类分散剂迅速发展，目前国产聚羧酸盐分散剂质量已经赶超国外进口的同类产品，如北京广源益农的 GY-D800。萘磺酸盐和木质素磺酸盐类分散剂正朝着高分子量、高磺化度方向发展，但与国外进口的高性能萘磺酸盐和木质素磺酸盐产品相比质量还存在差异。

2.4 水乳剂

水乳剂是替代乳油的环保型制剂，是热力学不稳定体系，因此所需要的助剂不仅局限于乳油中常用的乳化剂，具有多点吸附的新型高分子乳化剂被用于水乳剂中提高产品稳定性，如英国禾大公司开发的一款具有星型结构的高分子乳化分散剂可保持水乳体系的持久稳定。

2.5 可分散油悬浮剂

可分散油悬浮剂是一种以脂肪酸甲酯、植物油或矿物油为分散介质的环保型农药剂型。相比其他剂型有很多优点，最突出的可以概括为2个方面：一是安全环保，二是药效好[5]。2004年国内登记产品只有3个，2015年达到了400多个，该剂型已成为农药剂型发展的热点。可分散油悬浮剂使用的主要助剂是乳化剂，包含了醚类非离子乳化剂、阴/非离子复配型乳化剂等不同类型。为了提高产品分散性，减少析油、沉淀，还需要加入分散剂和增稠剂，目前可选用的分散剂品种少，主要是进口助剂，如日本竹本油脂的分散剂EP60P，韩国星飞的SK-560EP，英国禾大的PD2206等，国产分散剂有北京广源益农的GY-EM05；增稠剂主要是有机膨润土、白炭黑。

另外随着特种剂型的发展，特殊作用的助剂也将逐渐被市场关注，如水面漂浮粒剂用的扩散剂、种子处理剂用成膜剂等。而随着航空植保事业的快速发展，航空喷雾专用剂型与制剂的开发将被重视，随之将带动相关助剂的发展。

3 农药喷雾助剂的研究进展

喷雾助剂（spray adjuvant）是农药在喷洒前直接添加在喷药桶或药箱中，混合均匀后能改善药液理化性质的一种农药助剂，通常也被称为桶混助剂。喷雾助剂按照化学类别分类，主要有有机硅类、植物油类、矿物油类、非离子表面活性剂类以及无机盐类等。

喷雾助剂种类、功能多样，用量不固定，具备很强的灵活性，可与化学农药和微生物农药桶混使用[6]。通过喷雾助剂的使用，可以从多方面改善农药的使用性能，如改善药液的表面张力，增加药剂的渗透能力，提高抗雨水冲刷的能力，防飘移，抗蒸发，抗光解等[7]，并能满足不同农药产品对助剂的要求，弥补农药水基化与高含量制剂产品对喷雾作业的特殊要求，从而提高防治效果，推动精准施药、减量施药等新技术的应用。

喷雾助剂作为助剂领域的一个重要分支，在许多国家研究应用都非常活跃。美国、澳大利亚等发达国家在农药喷雾时一般都要加入喷雾助剂，起到沉降、抗飘移、改善水质等不同作用，从而提高了农药的使用效果。桶混喷雾助剂在除草剂中使用更为普遍，可降低除草剂用量或在环境不良情况下保证除草效果。国外喷雾助剂的种类也较多，很多大的农用助剂公司都有喷雾助剂产品，常用的如有机硅（赢创德固赛的240）、植物油类（如北京广源益农的迈丝，澳大利亚的黑森，美国的信得宝）、非离子表面活性剂类（如陶氏化学的ECOSURFTMEH系列），还有阳离子表面活性剂（如阿克苏诺贝尔公司的Adsee AB-600）、高分子聚合物、无机盐等。喷雾助剂的应用技术研究更精细，更具有针对性，不同的农药产品针对不同的作物和靶标搭配使用不同的增效剂，美国北卡罗来纳州立大学就花生上使用的农药如何选用桶混助剂进行了研究，所研究的农药品种包括除草剂、杀虫剂、杀菌剂等48个品种，每种农药都给出了适合加入的桶混助剂类型[8]。

我国农药喷雾助剂的开发和应用发展都比较晚，直到20世纪70年代有机硅助剂出现，使人们对喷雾助剂有了新的认识，2005年迈图高新材料集团与农业部技术推广中心的合作，推动了有机硅在国内的大量应用。植物油喷雾助剂是近10年来才发展起来的一类喷雾助剂，最初主要在除草剂上应用，后来逐渐发展到在杀虫剂和杀菌剂上使用，北京广源益农化学有限责任公司作为国内第一家正式生产销售植物油类喷雾助剂的开发商，为该类助剂的发展起到有力的推动作用。矿物油类助剂即可作为杀虫剂使用，也可添加到农药中作为增效剂使用，主要用于柑橘红蜘蛛、介壳虫等防治上，代表品种有韩国绿颖和北京广源益农化学有限责任公司的领美。其他类型喷雾助剂应用较少。随着我国农药减施增效技术的研究，人们对喷雾助剂的认识更加深入，该类助剂的研究开发和应用都将迈向快速发展阶段。

4 农药助剂管理

随着环境保护和食品安全管理力度的加大，农药助剂安全性和管理问题也受到广泛重视。欧美等发达国家对农药助剂的使用制订了相关规定和管理措施，欧洲一些国家明确规定在农药制剂中限用或禁用苯类有机溶剂、壬基酚聚氧乙烯醚类表面活性剂；美国环保局早在1978年发布农药助剂清单，将农药助剂归为四类分别进行管理，要求提供登记所需资料，并根据进展情况，不断更新清单内容；加拿大2004年起也参照美国对助剂分4类管理，并在2016年进行了修订；澳大利亚（APVMA）2006年发布农药助剂管理和登记办法。

我国目前虽然还未对农药助剂出台特定的管理政策，但国家对农药助剂的管理已经开始重视，2015年在农药信息网公开对《禁限用农药助剂名单》征求意见。并在过去的10多年，针对一些特殊农药剂型和助剂制订了相关规定：2004颁布“关于限制氯氟化碳物质作为推进剂的卫生杀虫气雾剂产品登记的通知”；2006年根据农业部公告第747号规定，禁止使用农药增效剂八氯二丙醚（S2/S421）；2008年农业部1132号公告规定同一卫生用农药产品最多可以申请使用3种香型，对香型实行备案制度；2013年工信部颁布了《农药乳油中有害溶剂限量标准》，限制苯类、甲醇等有机溶剂在乳油中的使用。

5 助剂在农药减量增效研究中的应用

农药减量一方面要提高农药产品质量，通过农药配方助剂的使用和性能改进，提高制剂产品的性能；另一方面通过喷雾助剂的应用，提高农药利用率和药效，最终达到减量增效目的。

近两年随着农药减量项目的实施，关于喷雾助剂的研究应用成为热点领域，中国农业大学博士王潇楠研究了喷雾助剂类型、浓度、密度等溶液特性对雾滴漂移潜力指数DIX的影响，结果表明喷雾助剂在一定程度上可减少雾滴漂移[9]。陈立涛等研究了甲基化植物油助剂对防治花生棉铃虫的减量增效作用，结果表明可减药10%~20%[10]。张锦伟等通过室内试验研究表明，甲基化大豆油助剂（MSO）显著提高了苯唑草酮对禾本科杂草的防治效果（表1）[11]，同时笔者建议施药时降低对水量，提高单位体积内药剂有效成分含量，利于减量用药的研究和实施。

表1 不同对水量条件下苯唑草酮对2种禾本科杂草的防治效果

处理	ED_{50}（g a.i./hm^2）	
	狗尾草	牛筋草
苯唑草酮单用 对水200L/hm^2	9.15±1.66a	6.18±0.46a
苯唑草酮添加MSO 对水200L/hm^2	2.48±0.67ab	0.63±0.23b
苯唑草酮添加MSO 对水400L/hm^2	0.51±0.11b	0.54±0.12b

在国家植保专业化统防统治补助政策和农机补贴政策的支持下，无人机、大型自走式喷雾机等新型施药器械近几年发展迅速，带来了农药使用技术的革新，促进了统防统治专业植保防治队伍的快速崛起。无人机每亩施药量 1L 左右，1 亩地只需 1min，喷雾作业高度在 2m 左右，无人机的超低量喷雾对药液的性能有了更高要求，在常规农药制剂中尚未添加抗漂移抗蒸发成分或难以添加，因此需要在配药时加入具有抗漂移、抗蒸发等综合性能的飞防专用增效剂来提高药液的沉积率。目前市场上常用的飞防专用增效剂是植物油型增效剂“迈飛”，该助剂具有抗蒸发、抗漂移、促沉降、促进药液吸收等性能，与农药配伍性好，已在全国多个省区的小麦、水稻、玉米、棉花等多种作物上进行示范推广，在保证同等药效前提下，添加“迈飛”后，可节省农药使用量 20%~30%。

参考文献

[1] 佚名. 农药管理条例 [J]. 青海农技推广，2017（2）：1-9.

[2] 卜元卿，王昝畅，智勇，等. 368 种农药制剂中助剂使用状况调查研究 [C] //2014 中国环境科学学会学术年会，2014：2963-2970.

[3] 张宗俭. 农药助剂的应用与研究进展 [J]. 农药科学与管理，2009，30（1）：42-47.

[4] 陈蔚林. 农药新剂型中助剂的研究与开发 [J]. 安徽化工，2002（2）：4-5.

[5] 张宗俭，张鹏. 可分散油悬浮剂（OD）的加工技术与难点解析 [J]. 农药，2016，55（6）：391-395.

[6] 刘怀高，曾爱军，何雄奎，等. 喷雾助剂在微生物农药中的应用 [J]. 安徽农业科学，2007，35（13）：3898-3899.

[7] 卢向阳. 茎叶处理型除草剂使用中应注意的问题 [J]. 农药科学与管理，2003，24（8）：25-27.

[8] Lancaster S H，Jordan D L，Dewayne J P. Influence of Graminicide Formulation on Compatibility with Other Pesticides [J]. Weed Technology，2008，22（4）：580-583.

[9] 王潇楠. 农药雾滴漂移及减飘方法研究 [D]. 北京：中国农业大学，2017.

[10] 陈立涛，高军，马建英，等. 甲基化植物油助剂在花生棉铃虫农药减量增效防治中的效果 [J]. 河北农业，2017（5）：40-42.

[11] 张锦伟，刘露萍，倪汉文，等. 不同兑水量条件下甲基化大豆油对苯唑草酮药效的影响 [J]. 杂草科学，2014，32（1）：83-86.

氟啶虫胺腈的杀虫作用机理及亚致死剂量影响昆虫生殖的研究进展*

王 立[1**] 崔 丽[1] 王芹芹[1] 王奇渊[1] 芮昌辉[1***]
（1. 中国农业科学院植物保护研究所，
农业部作物有害生物生物综合治理重点实验室，北京 100193）

摘 要：砜亚胺类杀虫剂如氟啶虫胺腈代表着一类新的杀虫剂，其表现出与新烟碱类等对乙酰胆碱酯酶（nAChRs）不同的作用方式及对其他药剂产生抗药性的刺吸式害虫优异仿效而被人们所关注。结合之前报道，本文综述了氟啶虫胺腈的杀虫作用机理及与其他杀虫剂的交叉抗性和抗性管理。同时综述了杀虫剂对昆虫生殖力、发育的影响和有关解毒酶的作用机制。阐述了卵黄原蛋白（Vg）及卵黄原受体蛋白（Vgr）对昆虫生殖力的影响。杀虫剂亚致死效应对农业生态系统具有深远的影响，应展开更加深入、全面的研究。

关键词：氟啶虫胺腈；交叉抗性；亚致死效应；卵黄原蛋白；卵黄原蛋白受体

氟啶虫胺腈（sulfoxaflor）［1-［6-（三氟甲基）吡啶-3-基］乙基］甲基（氧）-λ4-巯基氨腈是由美国陶氏益农公司（Dow AgroSciences）2010研制的、第1个含有独特化学结构的Sulfoximine类农用杀虫剂，对刺吸式害虫有优异的防治效果，并且尚未发现与现有杀虫剂存在交互抗性[1]，可以说是抗性管理方面的一个新防治药剂[2]。由于氟啶虫胺腈包含独特的结构，缺失新烟碱类杀虫剂的胺氮，因此被杀虫剂抗性行动委员会（Insecticide Resistance Action Committee，IRAC）认定为全新Group 4C类杀虫剂中唯一成员[3]。杀虫剂对靶标害虫不仅具有致死作用，随着时间的推移以及个体间接触药量的差异，对部分个体还存在亚致死效应。亚致死效应具体表现为昆虫繁殖力的增加或抑制、寿命、取食活性、生长发育、抗药性等方面的变化。杀虫剂的亚致死效应还可以通过对个体行为和生理的改变而影响种群数量的变化。近年来，关于杀虫剂对害虫的亚致死效应已逐渐成为杀虫剂毒理学研究的热点课题[4-6]。

蚜虫对吡虫啉等新烟碱杀虫剂的抗药性已普遍发生，氟啶虫胺腈作为一种新型杀虫剂被广泛应用于抗性棉蚜等刺吸式口器害虫的综合防治。在田间，随着施药时间的推移和个体接触药量的差异而形成的潜在的亚致死剂量对蚜虫的生长繁殖的影响，可能会诱导蚜虫的再猖獗，因此，研究氟啶虫胺腈对抗吡虫啉棉蚜亚致死剂量下对种群繁殖的影响十分有必要。

---

* 基金项目：国家重点研发计划项目（2016YFD0200500）

** 第一作者，王立，男，硕士研究生，E-mail：18810610082@163.com

*** 通信作者，芮昌辉，男，研究员，主要从事农药毒理学和植物保护研究；E-mail：chrui@ipp-caas.cn

1　概述

1.1　氟啶虫胺腈的化学结构

试验代号：XDE-208；CAS 登录号：946578-00-3；CIPAC No：820。中文化学名称：［1-［6-（三氟甲基）吡啶-3-基］乙基］甲基（氧）λ 4-巯基氨腈。英文通用名称：sulfoxaflor. 分子式为 C10H10F3N3OS，结构式为：

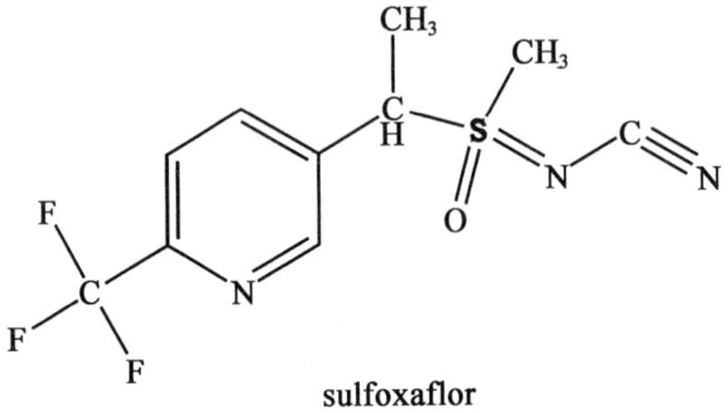

sulfoxaflor

1.2　特点、毒性及对环境的影响

杀虫方式多样：氟啶虫胺腈可通过直接接触杀死靶标害虫，具有触杀作用。同时具有渗透性，在植物叶片正面施药，可渗透到植物叶片背面杀死靶标害虫。具有内吸传导性，可在植物体内通过木质部由下向上传导到新生组织叶片，并且具有胃毒作用。氟啶虫胺腈原药急性经口 LD_{50}：雌大鼠 1 000mg/kg，雄大鼠 1 405mg/kg；原药急性经皮 LD_{50}：大鼠（雌/雄）>5 000mg/kg；制剂急性经口 LD_{50}>2 000mg/kg。

1.3　登记与使用情况

专利名称：Insecticidal N-Substituted（6-haloalkylpyridin-3-yl-）alkyl Sulfoximines。专利号：WO2007095229，专利公开日：2007-8-23。

美国环保署于 2012 年授予氟啶虫胺腈在安纳西州，美国环保署，路易斯安那州，密西西比州和阿肯色州的临时准许权，允许其用于控制棉花盲蝽，并批准用于棉花，大麦，柑橘，油菜，果蔬和观赏植物等，同年氟啶虫胺腈首先在韩国获得登记，主要用于防治苹果、梨、红辣椒上的蚜虫，随后在印度尼西亚、巴拿马、危地马拉、越南、获得登记，2013 年在全球同步上市。2010 年 6 月，陶氏益农公司在中国取得 50%氟啶虫胺腈水分散粒剂防治棉花盲蝽、棉花粉虱和小麦蚜虫的田间试验批准证；同年 7 月又在中国取得了 21.8%氟啶虫胺腈悬浮剂防治水稻飞虱和 22%氟啶虫胺悬浮剂防治黄瓜粉虱田间试验批准证[7]。2013 年 5 月氟啶虫胺腈在中国获得黄瓜、水稻和棉花上的临时登记，于 2014 年 3 月在小麦蚜虫和柑橘介壳虫上取得登记，其在我国登记的原药含量为 95.5%。

当前氟啶虫胺腈应用范围广，可用于棉花、油菜、果树等作物害虫如蚜虫、盲蝽、飞虱、蓟马等多种刺吸式害虫[8]，能有效防治对烟碱类、有机磷类、菊酯类和氨基甲酸酯类农药产生抗性的刺吸式害虫，是害虫综合防治方面的优选药剂[9]。

2　作用机理研究

目前，氟啶虫胺腈的作用方式还在进一步研究中，但已有资料表明，氟啶虫胺腈和与之密切相关的 Sulfoximine 类杀虫剂都是作用于昆虫的神经系统、通过激活烟碱型乙酰胆碱受体内独特的结合位点而发挥其杀虫功能[2,7]。氟啶虫胺腈可经叶、茎、根吸收而进入植物体内，能有效防治刺吸式害虫。

由于氟啶虫胺腈对新烟碱类杀虫剂（Group 4A）的作用位点亲合力低，并具有抗单氧化酶代谢分解的能力，因此其与新烟碱类和其他已知类别杀虫剂均无交互抗性，对非靶标节肢动物毒性低，具有高效、广谱、安全、快速、残效期长等优点。氟啶虫胺腈通过作用于昆虫烟碱型乙酰胆碱受体（nAChR）内独特的结合位点而发挥杀虫作用[10]，与吡虫啉等新烟碱类杀虫剂相比，氟啶虫胺腈的不同结构在与 nAChR 的结合也表现出不同[11]。Watson 初步证明了氟啶虫胺腈对^{3}H IMI 的结合低与对桃蚜对毒性显著相关[12]。而与大多数新烟碱类农药如吡虫啉相比，氟啶虫胺腈对桃蚜的乙酰胆碱受体（nAChR）亲和力相对较弱[12-15]。由桃蚜中毒的症状最初是兴奋性的，包括震颤、触角挥动、伸腿或卷曲，然后是部分或完全瘫痪和死亡[12]，证明氟啶虫胺腈也是昆虫的一种神经激动剂。Watson 等从果蝇中克隆并表达 nAChRs，测定测定了由氟啶虫胺腈引起的 nAChR 介导电流明显大于除噻虫胺以外的新烟碱类杀虫剂的电流[12]。也有报道对氟啶虫胺腈敏感的 nAChR 并没有表现出像之前研究的高活性，例如，一项对棒虫神经元的研究，发现氟啶虫胺腈可能作为一种脱敏的部分激动剂，其对这一物种的中毒主要症状是抑制性的，这与吡虫啉表现出明显的不同[16]。

3 氟啶虫胺腈的交叉抗性与代谢差异

氟啶虫胺腈的一个显著特点是对防治已产生抗药性的害虫有这很好的效果[17-19]。新烟碱类杀虫剂的抗药性常与新陈代谢的强弱有关，因此，吡虫啉抗性品系对氟啶虫胺腈缺乏交叉抗性的一个假设是氟啶虫胺腈不被代谢吡虫啉的酶所代谢。Sparks 证实了这一假设，证明了氟啶虫胺腈不能被一种对拟除虫菊酯、有机磷和新烟碱类杀虫剂抗药性有关的单加氧酶 CYP6G1 体外代谢[20,21]。分子模拟研究表明代谢缺乏是因为氟啶虫胺腈的三维形状阻止它接近血红素代谢活性位点[21]。而单加氧酶 CYP6G1 的代谢敏感性与该三维形状的数量及其相关的 Hückle 电荷有关[21]。这一理论得到了一些研究的支持，在这些研究中，将 SP3 氮引入砜亚胺的结构中导致 CYP6G1 对新陈代谢的易感性增加[21]。相比之下，CYP6G1 能够代谢多种杀虫剂，包括有机磷、拟除虫菊酯、有机氯和类新烟碱杀虫剂[21]，表明 CYP6G1 含有更广泛的底物范围大于 CYP6CM1vQ。因此，CYP6G1 对氟啶虫胺腈的代谢能力更为显著，这就进一步证明了砜亚胺类结构在整个杀虫效果中的重要性和独特性。

4 氟啶虫胺腈的交互抗性与抗性管理

之前也有很多关于氟啶虫胺腈对抗新烟碱害虫的防治效果研究，总的来说，这些研究表明，在许多物种中普遍缺乏对氟啶虫胺腈的交互抗药性。例如：仅在法国、西班牙和意大利几个地区的桃树上发现的桃蚜品系具有增强代谢和 nAChR 靶位点的突变[22,23]；并且这种品系对吡虫啉的抗性倍数超过 2 300倍，但对氟啶虫胺腈的抗性倍数只有 43 倍[22]。尽管氟啶虫胺腈的交互抗药性高于其他非新烟碱类杀虫剂（例如抗虫威、吡蚜酮），但仍低于任何一种新烟碱类杀虫剂的交互抗药性水平[22]。研究表明，氟啶虫胺腈有限的抗性水平可能由于其本身具有的代谢稳定性，这种极小化的影响也存在于此桃蚜品系的代谢中[19,22]。此外，氟啶虫胺腈对nAChRs的独特作用与新烟碱类杀虫剂相比同样可能使氟啶虫胺腈对这一特定的靶位点突变位点（R81T）的影响要小于对如吡虫啉等新烟碱类农药。同时这一突变位点与抗吡虫啉棉蚜品系的抗性有关[24,25]。但氟啶虫胺腈对R81T的作用的具体影响仍需要进一步研究的一个领域。其他关于对新烟碱产生抗药性的黑腹果蝇拥有涉及两个nAChR亚基（Dα1和Dβ2）的目标位点抗性时，对氟啶虫胺腈和另一种磺胺杀砜亚胺类虫剂的交互抗药性非常有限或没有交互抗药性而同时表现出对新烟碱类杀虫剂广泛的抗性[26]。因此，氟啶虫胺腈对刺吸式害虫有着广泛的活性，包括由于代谢或者由于某位点的突变而对新烟碱类农药产生抗药性的害虫。

尽管氟啶虫胺腈与新烟碱类杀虫剂缺乏交互抗药性，陶氏农业科学支持并遵循IRAC的指导方针并建议采用不同亚组中的化合物。除非别无选择，否则不建议轮换使用[27]。然而，现有的数据表明，氟啶虫胺腈是一种极有潜力的新烟碱类杀虫剂替代品，并将成为解决他种类的蚜虫杀虫剂（如吡蚜酮、氟啶虫酰胺），对新烟碱抗药性的潜在问题的IRM轮作计划中的优良基础杀虫剂。

5 亚致死剂量研究

亚致死剂量定义为昆虫个体受到一定的毒害，但未致死，仍具有一定的行为能力时的剂量。亚致死剂量是一个区间剂量，不同的研究采用的亚致死剂量值不同，基本分布在LD_1～LD_{50}之间[28]。杀虫剂对靶标害虫不仅具有致死作用，随着时间的推移以及个体间接触药量的差异，对部分个体还存在亚致死效应。亚致死效应具体表现为昆虫繁殖力的增加或抑制、寿命、取食活性、生长发育、抗药性等方面的变化。杀虫剂的亚致死效应还可以通过对个体行为和生理的改变而影响种群数量的变化。近年来，关于杀虫剂对害虫的亚致死效应已逐渐成为杀虫剂毒理学研究的热点课题[29-31]。

5.1 亚致死效应的作用机制

关于亚致死效应的作用机制研究，当前主要集中在解毒酶方面。黄诚华等（2006）用氟虫腈亚致死剂量（LD15）处理二化螟和大螟幼虫后，两者羧酸酯酶（CarE）和谷胱甘肽S-转移酶（GSTs）的比活力和最大反应速率（Vmax）均显著增强，而多功能氧化酶则显著降低。高希武等（1997）以LD_5剂量的对硫磷和灭多威处理棉铃虫3龄幼虫24h和48h后，发现其GSTs对底物的亲和力及谷胱甘肽S-转移酶（GSTs）的比活力均明显降；魏辉等（2006）用不同浓度多杀菌素处理小菜蛾，结果表明，小菜蛾体内JHE和MFOs活性与多杀菌素浓度有关。夏冰（2002）用亚致死剂量的高效氯氰菊酯和阿维菌素处理小菜蛾阿维菌素抗性和敏感种群，敏感种群羧酸酯酶（CarE）比活力提高，而抗性种群比活力下降。说明这两种药剂的亚致死剂量对小菜蛾的CarE有一定诱导作用。尹显慧等（2008）用多杀菌素亚致死剂量（LD_{25}）处理小菜蛾敏感种群和亚致死选育种群（即用LC25连续处理5代后的种群），Sub-SS种群的GarE活力高于SS种群；说明了多杀菌素对GSTs具有明显的诱导作用，对细胞色素P450酶系的O-脱甲基酶活性具有明显的抑制作用。曾春祥等（2007）发现，不同亚致死剂量吡虫啉显著抑制桃蚜AChE的活力。韦存虚等（2004）研究发现，辛硫磷能抑制棉铃虫多功能氧化酶催化的环氧化酶和O-脱甲基酶，结果导致氰戊菊酯的代谢减慢。李晓涛等（2006）用亚致死剂量的氟虫腈处理二化螟4龄幼虫后，发现羧酸酯酶活性具有明显的诱导效应和时间效应。

5.2 亚致死剂量对昆虫生殖的影响

近年来，关于亚致死剂量对害虫生殖的影响有众多报道，但不同药剂品种对不同害虫的研究结果也略有不同，一方面，亚致死剂量的杀虫剂具有刺激害虫增殖的作用，如Kerns报道，亚致死剂量的联苯菊酯使棉蚜的产卵量增加，但内禀增长率没有显著变化[32]；Lowery用亚致死剂量的谷硫磷处理桃蚜，引起桃蚜增殖[33]；Wang等用亚致死剂量的吡虫啉和氰戊菊酯处理桃蚜后有明显的刺激生殖增长的现象[34]；Nandihalli等报道，亚致死剂量的溴氰菊酯、氯氰菊酯和氰戊菊酯能引起棉蚜的再猖獗[35]；高君晓用亚致死剂量的高效氯氰菊酯处理大豆蚜，F2代产蚜数显著高于对照[36]；Cutler等的研究表明吡虫啉亚致死剂量对当代桃蚜的繁殖率没有影响，但是能刺激其后代生殖[37]；马拉硫磷在亚致死浓度下也可以刺激大豆蚜虫的增殖，其表现为缩短大豆蚜虫的若蚜历期和生殖前期，延长大豆蚜生殖期，增加产蚜量。同时生命表参数也显示，净增值率（R_0）、内禀增长率（r_m）和周限增长率（λ）提高，种群倍增时间（D_t）缩短[38]。由此说明，在低浓度下，杀虫剂可能造成害虫的再猖獗，研究亚致死剂量对害虫生殖的影响可以为害虫综合治理提供新的思路。另一方面，亚致死剂量的杀虫剂能够抑制害虫生殖。如Mohammad用亚致死剂量（LD_{30}）的吡虫啉和吡嗪酮处理甘蓝蚜，降低了甘蓝蚜的产蚜数[39]；Kamlesh研究发现，用亚致死浓度（LC_1和LC_{50}）的氰戊菊酯、甲萘威和甲胺磷处理小菜蛾3龄幼虫后，雌虫的产卵量下降[40]；Yin等研究发现，用亚致死剂量（LD_{25}和LD_{50}）的多杀菌素处理小菜蛾3龄幼虫后，其产卵量、卵的大小和生殖力均显著降低，且浓度 越高影响越大[41]。Bao等研究 发现，亚致死剂量（LD_{20}）的吡虫啉和呋虫胺显著地降低了褐飞虱的繁殖力[42]；Mohammad报道，亚致死浓度（LC_{10}，LC_{25}）的氟铃脲处理小菜蛾显著降低了繁殖力[43]。Minsik报道，哒螨灵和唑螨酯的残留毒力均可降低二斑叶螨的产卵量[44]。

6 卵还原蛋白及其受体的相关研究

昆虫卵黄原蛋白（vg）及卵黄原蛋白受体蛋白（vgr）主要参与昆虫的卵黄发生过程，此过程主要依靠卵母细胞积累充足的卵黄蛋白等物质作为生命必须的营养物质（氨基酸、蛋白质、脂类、磷酸盐、碳水化合物、离子和维生素等），是昆虫生殖调控的核心[45]。已有的研究显示脂肪体合成的vg是通过受体vgr介导的内吞作用（receptor mediated endocytosis，RME）被正在发育中的卵母细胞摄取[46-49]。卵黄原蛋白受体是卵黄原蛋白的专一性胞吞作用受体，与卵生动物，尤其是昆虫的生殖过程密切相关[50]，它属于低密度脂蛋白家族，在结构与特性上具其家族的共性[51]。昆虫以及许多其他卵生生物体内的卵黄蛋白（vitellin，vn）是一种重要的胚胎营养物质，卵黄蛋白的前体物质是vg[52]。在昆虫中，在卵黄原蛋白受体介导的卵黄原蛋白胞吞作用过程中，卵黄原蛋白受体与卵黄原蛋白结合形成的受体—配体复合物引发细胞质膜局部内化，随后在网格蛋白的作用下形成被膜小窝，包裹着卵黄原蛋白的被膜小窝逐步深陷，直至脱离质膜形成被膜小泡，最后转运至卵母细胞内，进入细胞内的被膜小泡脱离包被，卵黄原蛋白/卵黄原蛋白受体复合体在核内酸化作用下解离，卵黄原蛋白被胞内体包裹后沉淀形成卵黄蛋白，卵黄原蛋白受体重 新回到卵母细胞表面，再次介导卵黄原蛋白转运[53]。

有研究报道，褐飞虱取食吡虫啉、三唑磷以及溴氰菊酯处理的水稻后所羽化的雌虫脂肪体和卵巢中蛋白质含量均显著提高 [54,55]。Raikhel等人报道埃及按蚊的卵黄发生过程是在脂肪体和卵母细胞中进行，其通过由受体介导的细胞内吞作用来协调而进行的生理活动[56]，并指出，卵黄蛋白的摄取和积累过程在卵生动物中很普遍，甚至发生在相当原始的昆虫中[57]，表明卵黄发生这一过程对于卵生生物的普遍性和重要意义。埃及伊蚊（Aedes aegypti）在羽化成成虫时，其 vgr 在卵巢中被检测到，并且在 5 日龄成虫时，vgr 蛋白含量显著升高[58]。在 Ca^{+}存在的前提下，对长红猎蝽（Rhodnius prolixus）的 vg 研究中指出其 vg 由受体介导的生理过程，并通过免疫细胞学证实在 4 日龄成虫卵巢中富含 vgr，说明 vgr 对埃及伊蚊的整个生育过程十分重要，由此推断，vg 和 vgr 对卵生昆虫具有重要意义[48]。

7 讨论

砜亚胺类杀虫剂，特别是氟啶虫胺腈在化学结构与生化机制上与新烟碱类、多杀菌素类、沙蚕毒素类在 nAChRs 受体上的活性明显不同。氟啶虫胺腈对各种刺吸式口器的害虫都有很好的防治效果[17,19,53]，包括对新烟碱和其他种类杀虫剂产生抗药性的害虫[17-18,54,55]。鉴于这一事实，IRAC 将氟啶虫胺腈列入 Group 4C 中，与新烟碱类的 Group 4A 区分开来。因此，氟啶虫胺腈为农业种植提供了新的控制害虫观点与害虫中和防治策略。杀虫剂的亚致死效应能够导致昆虫生理、行为的改变，生殖力及发育历期的变化等。虽然一些研究表明，杀虫剂的亚致死效应能够提高其对害虫种群的防治效果，但另一方面也为害虫提供了持续的药剂选择压力，有使害虫产生抗药性的风险。对于亚致死效应的评价指标在不断完善中，许多研究已采用生命表技术研究其对种群带来的影响。杀虫剂被广泛施用，其在环境中的降解速率不同，对昆虫产生多方面的影响，因此应加强亚致死剂量对昆虫种群多代影响的研究。此外，还应了解杀虫剂的亚致死剂量对害虫种群产卵分布的影响，以便有计划地合理施用药剂。

参考文献

[1] Longhurst C, Babcock J M, Denholm I, *et al.* Cross-resistance relationships of the sulfoximine insecticide sulfoxaflor with neonicotinoids and other insecticides in the white flies *Bemisia tabaci* and *Trialeurodes vaporariorum* [J]. Pest Management Science, 2013, 69 (7): 809-813.

[2] 叶萱 . 新颖杀虫剂 sulfoxaflor 的生物特性 [J]. 世界农药，2011，33 (4): 19-24.

[3] 杀虫剂抗性行会（Insecticide Resistance Action Committee，IRAC）http://www.irac-online.org/ [EB/OL].

[4] Cui L, Sun L N, Yang D B, *et al.* Effects of cycloxaprid, a novel cis-Nitromethylene neonicotinoid insecticide, on feeding behavior of *Sitobion avenae* [J]. Pest Management Science 2012, 68: 1484-1491.

[5] Cui L, Sun LN, Shao XS, Cao YZ, Yuan HZ. Systemic action of novel neonicotinoid insecticide IPP-10 and the effect on feeding behaviour of Rhopalosiphum padi on wheat [J]. Pest Management Science 2010, 66: 779-785.

[6] Burgess ER, Kremer A, Elsawa SF, King BH. Sublethal effects of imidacloprid exposure on *Spalangia endius*, a pupal parasitoid of filth flies [J]. Biocontrol 2017, 62 (1): 53-60.

[7] 石小丽 . 2010 年世界农药会议新品种——氟啶虫胺腈 [J]. 农药 研究与应用，2010，14 (6): 42-43.

[8] 邓金宝 . 道农科杀虫剂 sulfoxaflor 第一次在全球获得登记 [J]. 农药研究与应用，2012

(1): 33.

[9] 韩翔. 美国陶氏益农公司计划扩大新型杀虫剂氟啶虫胺腈(Sulfoxaflor)的生产 [J]. 农药市场信息, 2013 (13): 33.

[10] Zhu Y M, Michael R L, Watson G B, *et al.* Discovery and characterization of sulfoxaflor, a novel insecticide targeting sap-feeding Pests [J]. Journal of Agricultural and Food Chemistry 2011, 59 (7): 2950-2957.

[11] Thomas C S , Gerald B W, Michael R L, *et al.* Sulfoxaflor and the sulfoximine insecticides: Chemistry, mode of action and basis for efficacy on resistant insects [J]. Pesticide Biochemistry and Physiology, 2013, 107: 1-7.

[12] Watson G B, Loso M R, Babcock J M, *et al.* Novel nicotinic action of the sulfoximine insecticide sulfoxaflor [J]. Insect Biochemistry & Molecular Biology, 2011, 41 (7): 432-439.

[13] Zhu Y, Loso M R, Watson G B, *et al.* Discovery and characterization of sulfoxaflor, a novel insecticide targeting sap-feeding pests [J]. J Agric Food Chem, 2011, 59 (7): 2950-2957.

[14] Cutler P, Slater R, Edmunds A J, *et al.* Investigating the mode of action of sulfoxaflor: a fourth-generation neonicotinoid [J]. Pest Management Science, 2013, 69 (5): 607.

[15] Salgado V L, London B, Paulini R, *et al.* Selective actions of insecticides on nicotinic receptor subtypes [R]. 244th Annual meeting of the American Chemical Society, Oral presentation #211, August 22, 2012.

[16] Oliveira E E, Schleicher S, Buchges A, *et al.* Desensitization of nicotinic acetylcholine receptors in central nervous system of the stick insect (*Carausius morosus*) by imidacloprid and sulfoximine insecticides [J]. Insect Biochem. Mol. Biol., 2011, 41: 872-880.

[17] Babcock J M, Gerwick C B, Huang J X, *et al.* Biological characterization of sulfoxaflor, a novel insecticide [J]. Pest Manag. Sci., 2011, 67: 328-334.

[18] Zhu M R, Loso G B, Watson T C, *et al.* Discovery and characterization of sulfoxaflor, a novel insecticide targeting sap-feeding pests [J]. J. Agric. Food Chem., 2011, 59 : 2950-2957.

[19] Sparks T C, Loso M R, Watson G B, *et al.* Sulfoxaflor [M] // Kramer W, Schirmer U, Jeschke P, *et al.* Modern Crop Protection Compounds, Insecticides, second ed., vol. 3, Wiley-VCH, Weinheim, GR, 2012: 1226-1237.

[20] Sparks T C, Deboer G J, Wang N X, *et al.* Differential metabolism of sulfoximine and neonicotinoid insecticides by Drosophila melanogaster, monooxygenase CYP6G1 [J]. Pesticide Biochemistry & Physiology, 2012, 103 (3): 159-165.

[21] Jones R T, Bakker S E, Stone D, *et al.* Homology modelling of Drosophila cytochrome P450 enzymes associated with insecticide resistance [J]. Pest Management Science, 2010, 66 (10): 1106â "1115.

[22] Cutler P, Slater R, Edmunds A J, *et al.* Investigating the mode of action of sulfoxaflor: a fourth-generation neonicotinoid [J]. Pest Management Science, 2013, 69 (5): 607-619.

[23] Field L M, Ian D, Crossthwaite A J, *et al.* Mutation of a nicotinic acetylcholine receptor Î² subunit is associated with resistance to neonicotinoid insecticides in the aphid Myzus persicae [J]. BMC Neuroscience, 2011, 12 (1): 51.

[24] Kim J L, Kwon M, Shim J D, *et al.* R81T mutation in nAChR associated with imidacloprid resistance in the cotton aphid, *Aphis gossypii* (Hemiptera: Aphididae) [C] //Annual Meeting of the Korean Society of Applied Entomology, 2012, 71 (abstract 0045).

[25] Shi Y K, Zhu X M, Xai K, *et al.* The mutation in nicotinic acetylcholine receptor b1 subunit may

confer resistance to imidacloprid in *Aphis gossypii* (Glover) [J]. J. Food Agric. Environ. 2010, 10 : 1227-1230.

[26] Karunker I, Benting J, Lueke B, *et al.* Over-expression of cytochrome P450 CYP6M1 is associated with high resistance to imidacloprid in the B and Q biotypes of *Bemisia tabaci* (Hemiptera: Aleyrodidae) [J]. Insect Biochem. Mol. Biol. 38 (2008) 634-644.

[27] Insecticide Resistance Action Committee 2012, http://www.irac-online.org/.

[28] Haynes K F. Sublethal Effects of Neurotoxic Insecticides on Insect Behavior [J]. Annu Rev Entomol, 1988, 33 (33): 149-168.

[29] Cui L, Sun L N, Yang D B, *et al.* Effects of cycloxaprid, a novel cis-Nitromethylene neonicotinoid insecticide, on feeding behavior of Sitobion avenae [J]. Pest Management Science 2012, 68: 1484-1491.

[30] Cui L, Sun L N, Shao X S, *et al.* Systemic action of novel neonicotinoid insecticide IPP-10 and the effect on feeding behaviour of *Rhopalosiphum padi* on wheat [J]. Pest Management Science, 2010, 66: 779-785.

[31] Burgess E R, Kremer A, Elsawa S F, *et al.* Sublethal effects of imidacloprid exposure on Spalangia endius, a pupal parasitoid of filth flies [J]. Biocontrol, 2017, 62 (1): 53-60.

[32] Kern D L, Stewart S D. Sublethal effects of insecticides on the intrinsic rate of increase of cotton aphid [J]. Entomol Exp. Appl, 2000, 94: 41-49.

[33] Lowery D T, Sears M K. Stimulation of reproductionof the green peach aphid by azinphosmethyl applied to potatoes [J]. J Econ Entomol, 1986, 79: 1 530-1 533.

[34] Wang X Y. Sublethal effects of selected insecticides on fecundity and wing dimorphism of green peach aphid [J]. J Appl Entomol, 2008, 132 (2): 135-142.

[35] Nandihali B S, Patil B V, Hugar P. Influence of synthetic pyrethroid usage on aphid resurgence in cotton [J]. Karnataka Jounral of A gricultural Sciences, 1992, 5 (3): 234-237.

[36] 高君晓. 高效氯氰菊酯亚致死剂量对大豆蚜实验种群的影响 [J]. 植物保护学报, 2008, 35 (4): 379-380

[37] Cutler G C, Ramanaidu K, Astatkie T, *et al.* Green peach aphid, *Myzus persicae* (Hemiptera: Aphididae), reproduction during exposure to sublethal concentrations of imidacloprid and azadirachtin [J]. Pest Management Science 2009, 65 (2): 205-209.

[38] 李锦钰, 肖达, 曲焱焱, 等. 马拉硫磷亚致死浓度对大豆蚜虫实验种群生理特征和生命表参数的影响 [J]. 农药学学报 2014, 16 (2): 119-124.

[39] Mohammad R L. Sublethal effects of imidacloprid and pymetrozine on population growth parameters of cabbage aphid, *Brevicoryne brassicae* on rapeseed, *Brassica napus* L. [J]. Insect Sci., 2007, 14 (3): 207-212.

[40] 刘芳, 包善微, 宋英, 等. 吡虫啉对稻虱缨小蜂的致死和亚致死效应研究 [J]. 扬州大学学报, 2009, 30 (4): 80-84.

[41] Yin X H, Wu Q J, Li X F, *et al.* Sublethal effects of spinosad on *Plutella xylostella* (Lepidoptera: Yponomeutidae) [J]. Crop Prot, 2008, 27 (10): 1 385-1 391.

[42] Bao H B, Liu S H, Gu J H, *et al.* Sublethal effects of four insecticides on the reproduction and wing formation of brown planthopper, *Nilaparvata lugens* [J]. Pest Manag Sci., 2009, 65: 170-174.

[43] Momammad M, Habib A, Aziz S G, *et al.* Sublethal effects of hexaflumuron on development and reproduction of the diamondback moth, *Plutella xylostella* [J]. Insect Sci., 2011, 100: 1-8.

[44] Minsik K, Cheolho S, Donyoung S, *et al*. Residual and sublethal effects of fenpyroximate and pyridaben on the instantaneous rate of increase of *Tetranychus urticae* [J]. Crop Prot, 2006, 25: 542-548

[45] Amdam G V, Page R E, Fondrk M K, *et al*. Hormone response to bidirectional selection on social behavior [J]. Evolution & Development, 2010, 12: 428-436..

[46] Telfer W H, Huebner E, Smith D S. The cell biology of vitellogenic follicles in Hyalophora and Rhodnius [M]. Insect Ultrastructure, Springer, 1982, pp. 118-149.

[47] Roth T F, Cutting J A, Atlas S B . Protein transport: A selective membrane mechanism [J]. Journal of Supramolecular Structure, 1976, 4: 527-548.

[48] Schonbaum C P, Perrino J J, Mahowald A P. Regulation of the vitellogenin receptor during Drosophila melanogaster oogenesis [J]. Molecular Biology of The Cell, 2000, 11: 511-521.

[49] Schneider W J. Vitellogenin receptors: oocyte-specific members of the low-density lipoprotein receptor supergene family [J]. International Review of Cytology, 1996, 166 : 103-137.

[50] Tufail M, Takeda M. Insect vitellogenin/lipophorin receptors: Molecular structures, role in oogenesis, and regulatiory mechanisms [J]. Insect Physiology, 2009, 55: 87-103.

[51] 汪明明，黄家兴，吴杰，等．昆虫卵黄原蛋白受体的研究进展 [J]. 昆虫知识, 2010, 47 (4) : 626-632.

[52] Tufail M, Nagaba Y, Elgendy A M, *et al*. Regulation of vitellogenin genes in insects [J]. Entomological Science, 2014, 17: 269-282.

[53] Tufail M, Takeda M. Molecular characteristics of insect vitellogenins [J]. Journal of Insect Physiology, 2008, 54: 1447-1458.

[54] Yin J L, Xu H W, Wu J C, *et al*. Cultivar and insecticide applications affect the physiological development of the brown planthopper, *Nialaprvata lugens* (Hemiptera: Delphacidae) [J]. Environmental Entomology, 2008, 37: 206-212.

[55] Hu J H, Wu J C, Yin J L, *et al*. Physiology of insecticide-induced stimulation of reproduction in the rice brown planthopper (*Nilaparvata lugens*): dynamics of protein in fat body and ovary [J]. International Journal of Pest Management , 2010, 56 (1): 23-30.

[56] Raikhel A S. The cell biology of mosquito vitellogenesis [J]. Memorias do Instituto Oswaldo Cruz, 1987, 82: 93-101.

[57] Raikhel A S, Dhadialla T. Accumulation of yolk proteins in insect oocytes [J]. Annual review of entomology, 1992, 37: 217-251.

[58] Sappington T W, Hays A R, Raikhel A S. Mosquito vitellogenin receptor: purification, developmental and biochemical characterization [J]. Insect biochemistry and molecular biology, 1995, 25: 807-817.

[59] Wang Z, Davey K. Characterization of yolk protein and its receptor on the oocyte membrane in *Rhodnius prolixus* [J]. Insect biochemistry and molecular biology, 1992, 22: 757-767.

[60] Zhao Y, Li D, Zhang M, *et al*. Food source affects the expression of vitellogenin and fecundity of a biological control agent, *Neoseiulus cucumeris* [J]. Experimental & Applied Acarology, 2014, 63 (3): 333-347.

[61] Almenara D P, de Moura J P, Scarabotto C P, *et al*. The molecular and structural characterization of two vitellogenins from the free - living nematode *Oscheius tipulae* [J]. Plos One, 2013, 8 (1): e53460.

天然抗性鼠类 *Vkorc*1 基因的适应性进化机制*

陈　燕** 马晓慧 李　宁 王大伟 刘晓辉 宋　英***
（中国农业科学院植物保护研究所，植物病虫害生物学国家重点实验室，北京　100193）

摘　要： 啮齿目动物是世界上分布最广泛的哺乳类动物，对不同环境有着很强的适应性。鼠类对抗凝血类灭鼠剂的抗药性被认为是鼠类在抗凝血类灭鼠剂选择作用下产生的一种适应性的性状。然而，有些生活在干旱地区的鼠类天生对抗凝血类灭鼠剂有着较强的耐药性或抗性。维生素 K 环氧化物还原酶复合体，亚单位 1（*Vkorc*1）是抗凝血类灭鼠剂作用的靶基因，天然抗性鼠类的 *Vkorc*1 为了适应特殊的生境可能发生了适应性的进化，但具体的分子机制还不十分清楚。本实验收集了 51 种不同啮齿目动物的 *Vkorc*1 基因的编码区序列，重建了 *Vkorc*1 基因的系统发育树，运用 PMAL 软件计算这些鼠类 *Vkorc*1 基因的 Ka/Ks（ω）值，进一步使用 CODEML 程序中的 Branch model、Site model 和 Branch site model 对这 51 种啮齿目动物的 *Vkorc*1 基因序列进行正选择分析。结果显示，地中海小家鼠（*Mus spretus*）、嗜沙肥鼠（*Psammomys obesus*）、金仓鼠（*Mesocricetus auratus*）的 *Vkorc*1 基因进化速率显著高于其他物种。因此，生活在干旱环境中的天然抗性鼠如金仓鼠、地中海小家鼠的 *Vkorc*1 基因的加速进化可能是对缺乏富含维生素 K 的干旱环境产生适应性进化的结果。

关键词： 抗凝血类灭鼠剂；*Vkorc*1；适应性进化；啮齿目；天然抗性

---

* 基金项目：中央级公益性科研院所基本科研业务费专项（S2018XM22）

** 第一作者：陈燕，女，硕士，研究方向为鼠类分子生态学；E-mail：18770911580@163.com

*** 通信作者：宋英，研究员；E-mail：ysong@ippcaas.cn

利用 *Vkorc1* 基因多态性评估我国褐家鼠种群的抗性水平*

马晓慧** 王大伟 李 宁 刘晓辉 宋 英***
（中国农业科学院植物保护研究所，植物病虫害生物学国家重点实验室，北京 100193）

摘 要：抗凝血类灭鼠剂是目前国内外鼠害控制中最广泛使用的一类化学灭鼠剂，但鼠类很容易对其产生抗药性，从而导致灭鼠效率降低。抗药靶基因 *Vkorc*1（维生素 K 环氧化物还原酶复合体，亚单位 1）上的基因变异是鼠类对抗凝血类灭鼠剂产生抗性的主要机制之一，也是鼠类抗性检测的主要分子标记。我国使用抗凝血类灭鼠剂已有 30 多年的使用历史，但对我国褐家鼠 *Vkorc*1 基因多态性的情况以及与抗性的相关性还缺乏了解。我们测序分析了我国 24 个省 32 个采样点的 893 只褐家鼠 *Vkorc*1 基因多态性，并重点分析了湛江和哈尔滨地区 2008—2015 年连续 8 年 641 只褐家鼠的 *Vkorc*1 基因上的变异，发现广东的雷州（18.75%）和湛江地区（0%~4.0%）褐家鼠携带 Ala140Thr 变异，河北保定的两只鼠中有 1 只携带 Cys96Tyr 变异，多数地区的褐家鼠的 *Vkorc*1 不携带任何抗性突变或者仅携带同义突变。生理抗性检测表明哈尔滨和湛江褐家鼠种群抗性率分别为 0% 和 5%~17%，两个同义突变 His68His、Ile105Ile 与抗性没有明显的相关性。Ala140Thr 位于杀鼠灵与 VKORC1 蛋白的结合位点上，很可能会导致褐家鼠对抗凝血类灭鼠剂的抗性。以上结果说明，我国多数地区的褐家鼠种群抗性水平较低，第一代抗凝血灭鼠剂仍然适用，局部地区出现了可能与抗性相关的氨基酸变异，今后需要加强对这些地区鼠类抗性的监测。

关键词：*Vkorc*1；褐家鼠；抗性；抗凝血类灭鼠剂

---

* 基金项目：国家自然科学基金青年项目（31401761）；北京市自然科学基金青年项目（15E10030）
** 第一作者：马晓慧，女，博士，研究方向为鼠类分子生态学；E-mail：maxiaohui_ ipp@ sina. com
*** 通信作者：宋英，研究员；E-mail：ysong@ ippcaas. cn

长期褪黑素注射抑制雄性布氏田鼠的性腺发育*

乔妍婷[1**] 耿远昭[1] 李 宁[1] 宋 英[1] 刘晓辉[1] 宋铭晶[2] 王大伟[1***]

(1. 中国农业科学院植物保护研究所，中国农业科学院杂草鼠害生物学与治理重点开放实验室，北京 100193；2. 中国医学科学院实验动物研究所，北京 100021)

摘 要：在呈现剧烈季节性波动的环境条件中，许多动物都把繁殖过程限定在特定季节中进行，大多数鼠类也是如此。这种季节性繁殖的行为特征是造成鼠类暴发成灾的重要原因之一，但是其调控机制尚未完全阐明。布氏田鼠（*Lasiopodomys brandtii*）是我国内蒙古东部草原区的主要害鼠之一，在近40年来曾多次暴发成灾，造成巨大损失。我们前期研究结果表明，布氏田鼠的繁殖具有严格的季节节律，短光照可以显著抑制雄鼠的性腺发育，推测其作用机制可能是通过每日的褪黑素分泌时长不同来实现调控的，但缺乏直接证据。本研究以出生于长光照（16h 光照）中的4周龄雄鼠作为研究对象，每日进行褪黑素（每只每天注射0μg、6μg 和 50μg）皮下注射，在2、4和7周解剖称量繁殖器官重量，以期阐明长期褪黑素注射是否可以抑制雄鼠的性腺发育。结果表明，与对照组雄鼠相比，6μg 组雄鼠在第7周、50μg 组雄鼠在第4周和第7周时睾丸和储精囊重量出现了显著降低。这一结果说明，褪黑素对雄性布氏田鼠性腺发育的抑制具有时间效应和剂量效应，是调节雄鼠出现短光照性腺抑制的重要神经内分泌因子。下一步我们将利用本次实验获取的血清和下丘脑样本，检测血清激素变化和下丘脑繁殖相关基因表达量变化，深入挖掘光周期和褪黑素在布氏田鼠性腺发育中的分子调控机制。

关键词：布氏田鼠；褪黑素；性腺发育；调控机制

---

* 基金项目：国家自然科学基金面上项目（31471790）；中央级公益性科研院所基本科研业务费（S2018XM18）

** 第一作者：乔妍婷，女，硕士，研究方向为鼠类神经生物学；E-mail：ytqiao1994@163.com

*** 通信作者：王大伟，副研究员；E-mail：dwwang@ippcaas.cn

雄性布氏田鼠的光周期不应现象研究*

田　林** 王大伟 李　宁 宋　英 刘晓辉***

（中国农业科学院植物保护研究所，中国农业科学院杂草鼠害生物学与治理重点开放实验室，北京 100193）

摘　要：光周期不应现象是指在繁殖功能受到光周期调控的动物中，长期处于繁殖抑制光周期相位中的动物，其性腺活性不被抑制，反而出现功能恢复的现象。我们前期研究表明，布氏田鼠（*Lasiopodomys brandtii*）具有季节性繁殖特点，短光照可抑制雄鼠性腺发育，但对于布氏田鼠是否存在光周期不应性现象，及其调控机制尚不清楚。本研究以实验室长期驯化种群的布氏田鼠为研究对象，在秋季（9 月）将自然光照中的孕鼠分别移入长光照（16h 光照）和短光照（8h 光照）长期处理，并与保持在自然光照中出生的幼鼠进行对比，以期深入解析光周期在幼鼠性腺发育中的调控作用及其光周期不应性现象。实验时间为秋季（9 月）到来年春季（3 月），在此期间内自然光周期从繁殖抑制光相位（渐短光照）逐渐转换到繁殖促进光相位（渐长光照）。在幼鼠出生后 6 周（初冬）、12 周（冬至）、24 周（春分）解剖称量睾丸和储精囊，并在 6～24 周内收集并检测粪便睾酮激素水平。结果表明，长光照组雄鼠的睾丸和储精囊发育迅速，在第 6 周已达到性成熟重量并保持稳定；而自然光照组和短光照组雄鼠的性腺发育迟缓，在春季才能达到长光照组雄鼠水平。长光照组雄鼠粪便睾酮在 6 周时已达到较高水平，并稳定保持；自然光照组雄鼠睾酮水平在冬至点 4 周后出现恢复，至春季恢复到长光照组雄鼠水平；而短光照组雄鼠睾酮水平恢复早于自然光照组雄鼠，在冬至点附近（第 12～16 周）出现迅速上升达到长光照组雄鼠水平，并保持至春季。这些结果说明，长光照可以促进雄性布氏田鼠性腺发育，而短光照则起到抑制作用；布氏田鼠存在光周期不应现象，短光照处理似乎加速了处于冬季抑制状态的性腺向春季活跃状态的快速恢复。下一步工作将利用分子生物学和组学分析技术，围绕布氏田鼠的光周期不应性现象，对其分子调控机制进行深入解析。

关键词：布氏田鼠；光周期不应现象；繁殖恢复；调控机制

---

* 基金项目：国家自然科学基金面上项目（31471790）；中央级公益性科研院所基本科研业务费（S2018XM18）

** 第一作者：田林，男，博士研究生，研究方向为动物分子生物学与基因工程；E-mail：tianlinlovelife@163.com

*** 通信作者：刘晓辉，研究员；E-mail：lxiaohui2000@163.com

褐家鼠睾丸发育相关基因的甲基化差异区 DNA 序列分析和功能验证*

周钰芳[1**]　李夕萱[1]　田　林[1]　刘晓辉[1***]
宋　英[1]　王大伟[1]　李　宁[1]　宋铭晶[2]
(1. 中国农业科学院植物保护研究所，中国农业科学院杂草鼠害生物学与治理重点开放实验室，北京　100193；2. 中国医学科学院实验动物研究所，北京　100021)

摘　要：褐家鼠（*Rattus norvegicus*）是为害人类生产生活的主要害鼠之一，广泛分布于世界各地。我们前期研究发现，相比于分布在我国南方的褐家鼠指名亚种（*Rattus norvegicus norvegicus*），北方的东北亚种（*Rattus norvegicus caraco*）在秋冬季存在睾丸抑制现象；基因组和精子甲基化组分析表明，多个睾丸发育相关基因（*Fshr*、*Gsk3b*、*Pitx2*、*Ar* 等）存在差异甲基化区（Differentially methylated regions，DMRs）。这些 DMR 与相关基因启动子区上存在多个共同的且具有调控睾丸发育功能的转录因子结合位点，但其对基因调控功能还不清楚。本研究选取来自北方哈尔滨（N=55）和南方湛江（N=41）共计 96 个褐家鼠睾丸样品，扩增并分析群体中 DMR 的 DNA 序列特征，结果表明在哈尔滨和湛江群体 DMR 序列中确实存在 SNP，且发生了明显分化，这些 SNP 分别组成了多个单倍型和基因型。我们进一步在南北群体中选取具有代表性的单倍型，构建褐家鼠睾丸相关基因启动子区和 DMR 荧光素酶报告基因载体，并将其转染到 293T 细胞中检测 DMR 可能存在的调控活性，结果表明筛选到的 DMR 均可作为远端调控元件影响对应基因的表达调控，并且湛江种群和哈尔滨种群的优势单倍型序列在多次重复实验中均显示出对基因表达调控的差异。这些结果表明，南北方褐家鼠亚种 DMR 的 DNA 序列及相关功能出现了明显分化，这说明 DMR 序列在两地褐家鼠的睾丸发育中可能起到不同的调控作用。我们下一步将研究分析 DMR 序列的调控机制以及南北两地褐家鼠睾丸发育的表观遗传学调控机制。

关键词：褐家鼠；甲基化差异区域；核苷酸多态性；睾丸发育基因；表达调控

---

* 基金项目：中国新西兰国际科技合作专项课题（2014DFG31760）；国家自然科学基金面上基金项目（31401761）；中央级公益性科研院所基本科研业务费（S2018XM22）

** 第一作者：周钰芳，女，硕士，研究方向为动物基因工程与分子生物学；E-mail：zhouyufang0117@163.com

*** 通信作者：刘晓辉，研究员；E-mail：lxiaohui2000@163.com